- Aufgaben in drei Anforderungsbereichen: üben, anwenden und vernetzen lassen

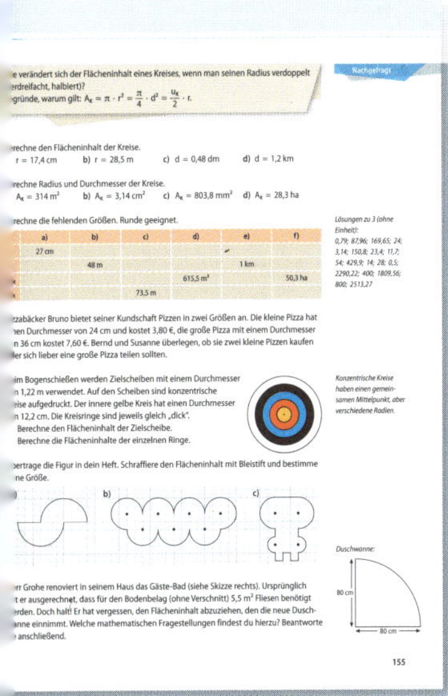

Entdecken

- Erkunden und entdecken lassen
- alternative Einstiege gestalten

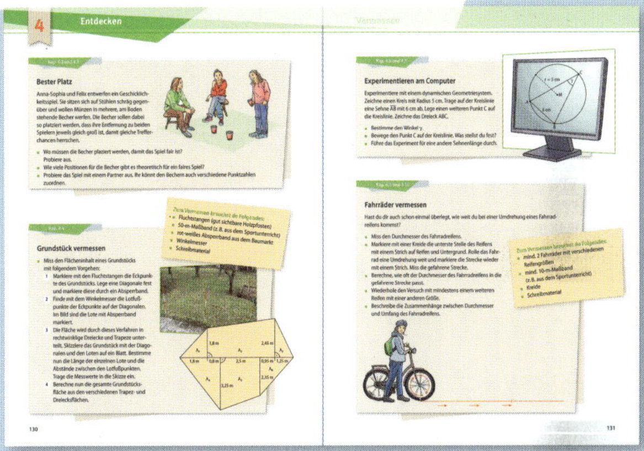

Das kann ich!

- Kompetenzzuwachs erlebbar machen und sichern
- Lösungen im Anhang

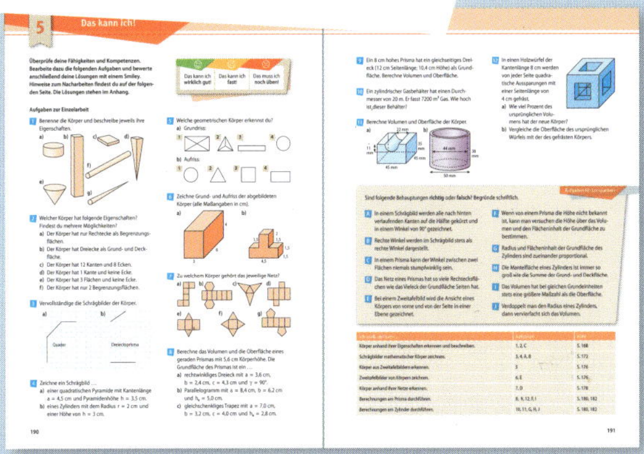

Werkzeug und Themenseite

- Prozessbezogene Kompetenzen schulen
- Sprach- und Medienbildung fördern
- Bei „Themenseite" drei Anforderungsbereiche (◐, ◐◐, ◐◐◐)

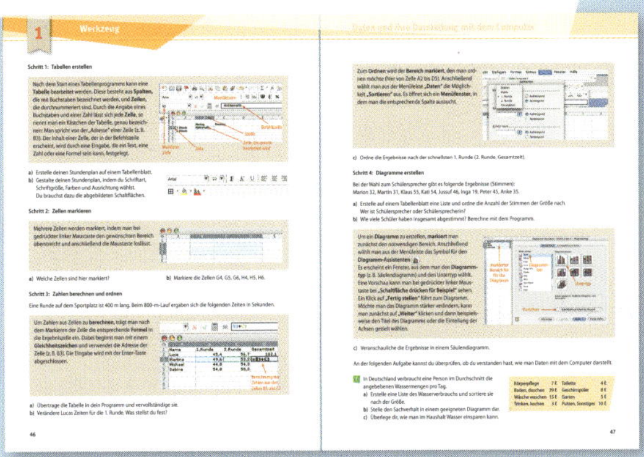

mathe.delta 7

Mathematik für das Gymnasium

Berlin / Brandenburg

C.C.Buchner

mathe.delta
Berlin/Brandenburg
Herausgegeben von Viola Adam und Michael Kleine

mathe.delta 7 – Berlin/Brandenburg
Bearbeitet von Viola Adam, Michael Kleine, Jacqueline Pachal, Eleonore Sander und Carsten Stoeter

Zu diesem Lehrwerk sind erhältlich:
- Digitales Lehrermaterial **click & teach** Einzellizenz, Bestell-Nr. 611271
- Digitales Lehrermaterial **click & teach** Box (Karte mit Freischaltcode), ISBN 978-3-661-61131-0
- **Lösungsband**, ISBN 978-3-661-61127-3
- **Arbeitsheft**, ISBN 978-3-661-61117-4
- **mathe.startklar**, ISBN 978-3-661-61116-7

Weitere Materialien finden Sie unter www.ccbuchner.de.

Dieser Titel ist auch als digitale Ausgabe **click & study** unter www.ccbuchner.de erhältlich.

1. Auflage, 4. Druck 2020
Alle Drucke dieser Auflage sind, weil untereinander unverändert, nebeneinander benutzbar.

Dieses Werk folgt der reformierten Rechtschreibung und Zeichensetzung. Ausnahmen bilden Texte, bei denen künstlerische, philologische oder lizenzrechtliche Gründe einer Änderung entgegenstehen.

An keiner Stelle im Schülerbuch dürfen Eintragungen vorgenommen werden.

Redaktion: Frederik Töpfer
Layout und Satz: tiff.any GmbH, Berlin
Illustrationen: Jacqueline Urban, Berlin
Druck, Umschlag und Bindung: mgo360 GmbH & Co. KG, Bamberg

www.ccbuchner.de

ISBN 978-3-661-**61107**-5

1 Rationale Zahlen

2 Zuordnungen und Zinsrechnung

3 Terme und Gleichungen

4 Figuren

5 Rund um Prisma und Zylinder

6 Daten

$\mathbb{N}$	Menge der natürlichen Zahlen	$\bar{x}$	arithmetisches Mittel
$\mathbb{Z}$	Menge der ganzen Zahlen	$\|n\|$	Betrag der Zahl n
$\mathbb{B}, \mathbb{Q}^+$	Menge der gebrochenen Zahlen	P, A, …	Punkte
$\mathbb{Q}$	Menge der rationalen Zahlen	P (x|y)	Punkt P mit den Koordinaten x und y
$\mathbb{D}$	Definitionsbereich	AB, g, h, …	Geraden, Halbgeraden (Strahlen)
$\mathbb{L}$	Lösungsmenge	$\overline{PQ}$	Strecke mit den Endpunkten P und Q, auch Länge der Strecke
{ }	Leere Menge	$m_{\overline{AB}}$	Mittelsenkrechte der Strecke $\overline{AB}$
{a; b; c}	Menge mit den Elementen a, b und c	w_α	Winkelhalbierende des Winkels α
$\mathbb{Q} \setminus \{a; b\}$	Menge $\mathbb{Q}$ ohne die Elemente a und b	LE	Längeneinheit
$a \in \mathbb{Q}$	a ist Element von $\mathbb{Q}$	$\cap$	geschnitten mit
=	gleich	$\sphericalangle$ BAC	Winkel mit dem Scheitel A, dem 1. Schenkel AB und dem 2. Schenkel AC
$\approx$	ungefähr gleich	$\alpha, \beta, \gamma, \ldots$	Winkelbezeichnungen
>	größer als	°	Grad, Maßeinheit für Winkel (z. B. 30°)
<	kleiner als	d (P; AB)	Abstand des Punktes P von der Geraden AB
$\geq$	größer oder gleich	k (M; r)	Kreislinie mit Mittelpunkt M und Radius r
$\leq$	kleiner oder gleich	A	Flächeninhalt
$\widehat{=}$	entspricht	A_O	Oberflächeninhalt
+	plus	FE	Flächeneinheit
−	minus	V	Volumen, Rauminhalt
·	mal, multipliziert mit	d	Durchmesser des Kreises
:	geteilt durch, dividiert durch	u	Umfangslänge
a^n	Potenz: „a hoch n“	r	Radius des Kreises
$\frac{a}{b}$	Bruch mit Zähler a und Nenner b	π	Kreiszahl, $\pi \approx 3{,}14$
%	Prozent	$\perp$	senkrecht auf
$T_n = \{\ldots\}$	Teilermenge der Zahl n	$\parallel$	parallel zu
$V_n = \{\ldots\}$	Vielfachenmenge der Zahl n	$\mapsto$	ist zugeordnet
H (Z)	absolute Häufigkeit, mit der das Ergebnis Z (z. B. Zahl) vorkommt	$\Rightarrow$	daraus folgt
h (Z)	relative Häufigkeit, mit der das Ergebnis Z (z. B. Zahl) vorkommt		

F Fit für Klasse 7

Die Lösungen zu den Aufgaben findest du unter www.ccbuchner.de (Eingabe im Suchfeld: 61107-01).

Teilbarkeit

Eine natürliche Zahl ist teilbar durch …

- **2,** wenn die Endziffer gerade ist.
- **4,** wenn ihre letzten beiden Ziffern eine durch 4 teilbare Zahl bilden oder Nullen sind.
- **5,** wenn die Endziffer 0 oder 5 ist.
- **10,** wenn die Endziffer 0 ist.

Eine natürliche Zahl ist teilbar durch **3** bzw. **9,** wenn ihre **Quersumme** durch 3 bzw. 9 teilbar ist.
Die Quersumme erhält man, indem man alle Ziffern der Zahl addiert.

Beispiel: Quersumme von 845:
$8 + 4 + 5 = 12$
12 ist durch 3 teilbar, also ist auch 845 durch 3 teilbar.
12 ist nicht durch 9 teilbar, also ist auch 845 nicht durch 9 teilbar.

1 Bestimme die Quersumme der Zahlen.
342; 8345; 47 573; 592 458; 934 462

2 Übertrage ins Heft und überprüfe auf Teilbarkeit. Welche Zusammenhänge erkennst du?

	345	728	3780	3972	8568
2	–	×			
4					
5					
10					
3					
9					

3 Setze Ziffern so ein, dass die Zahl durch 3 (4) teilbar wird. Findest du mehrere Möglichkeiten?

a) 352□ **b)** 4□6 **c)** 847□
d) 24□1 **e)** 5□3□ **f)** □6□6

Brüche

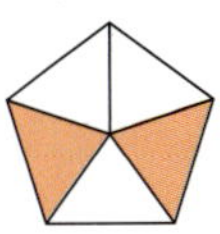

$\frac{2}{5}$

Bei Brüchen gibt der **Zähler** die Anzahl der Teile an, die betrachtet werden.

Der **Nenner** gibt an, in wie viele Teile das Ganze zerlegt wird.

Stammbrüche bezeichnen **einen** Teil vom Ganzen.
Echte Brüche bezeichnen Anteile, die kleiner als das Ganze sind.
Unechte Brüche bezeichnen Anteile, die gleich oder größer als das Ganze sind; man kann sie auch als **gemischte Zahlen** schreiben.

Ein Bruch wird **erweitert (gekürzt),** indem man Zähler und Nenner mit derselben Zahl **multipliziert (dividiert).**

Erweitern →

$$\frac{2}{5} = \frac{4}{10} = \frac{40}{100} = \frac{80}{200} = \ldots$$

← Kürzen

Brüche, die denselben Anteil darstellen, sind **gleichwertig.**

4 Welcher Bruchteil wurde eingefärbt, welcher ist weiß? Bezeichne Zähler und Nenner.

a)
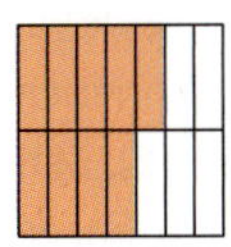
b)
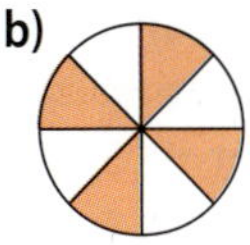
c)
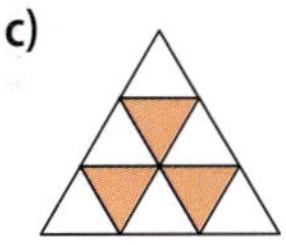

5 Bestime den Bruchteil.

a) $\frac{2}{5}$ von 40 cm **b)** $\frac{3}{8}$ von 32 € **c)** $\frac{1}{6}$ von 24 h

6 Um welche Art von Bruch handelt es sich?
$\frac{2}{3}$; $\frac{7}{5}$; $\frac{1}{9}$; $\frac{8}{7}$; $1\frac{3}{4}$; $\frac{6}{1}$; $3\frac{2}{7}$; $\frac{1}{11}$; $\frac{7}{13}$; $\frac{12}{5}$

7 Kürze (erweitere) mit der angegebenen Zahl und wandle wenn möglich in eine gemischte Zahl um.

a) mit 3: $\frac{21}{9}$; $\frac{15}{12}$; $\frac{3}{27}$; $\frac{27}{24}$ **b)** mit 8: $\frac{48}{56}$; $\frac{72}{24}$; $\frac{16}{32}$; $\frac{64}{88}$

8 Übertrage in dein Heft und setze <, > oder =.

a) $\frac{5}{6}$ □ $\frac{3}{6}$; $1\frac{1}{3}$ □ $\frac{4}{3}$; $\frac{4}{5}$ □ $\frac{9}{10}$; $\frac{21}{7}$ □ 3
b) $\frac{2}{3}$ □ $\frac{2}{7}$; $\frac{7}{11}$ □ $\frac{7}{17}$; $\frac{6}{8}$ □ $\frac{15}{20}$; $\frac{7}{11}$ □ $\frac{5}{2}$

Brüche addieren und subtrahieren

Gleichnamige Brüche werden **addiert (subtrahiert),** indem man die Zähler addiert (subtrahiert). Der Nenner wird beibehalten.

Ungleichnamige Brüche werden zuerst gleichnamig gemacht. Anschließend werden die Brüche wie gleichnamige Brüche **addiert (subtrahiert).**

9 Vervollständige die Additionsmauern im Heft.

a)

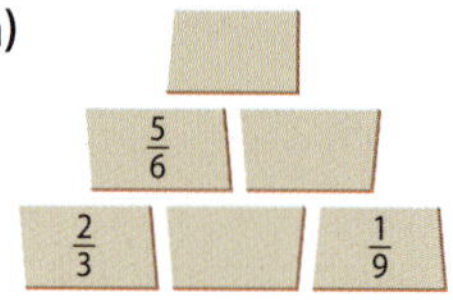

b)

Brüche multiplizieren und dividieren

Brüche werden **multipliziert,** indem man **Zähler mit Zähler** und **Nenner mit Nenner** multipliziert. Vor dem Multiplizieren sollte man – falls möglich – kürzen.

Beispiel: $\frac{3}{4} \cdot \frac{7}{9} = \frac{\overset{1}{\cancel{3}}}{4} \cdot \frac{7}{\underset{3}{\cancel{9}}} = \frac{1}{4} \cdot \frac{7}{3} = \frac{1 \cdot 7}{4 \cdot 3} = \frac{7}{12}$

Man **dividiert** eine Zahl durch einen **Bruch,** indem man sie mit seinem **Kehrwert** (Reziproke) **multipliziert.**

Beispiel: $\frac{5}{8} : \frac{7}{12} = \frac{5}{8} \cdot \frac{12}{7} = \frac{5}{\underset{2}{\cancel{8}}} \cdot \frac{\overset{3}{\cancel{12}}}{7} = \frac{5}{2} \cdot \frac{3}{7} = \frac{5 \cdot 3}{2 \cdot 7} = \frac{15}{14}$

Beachte: Erst Kehrwert bilden, dann kürzen.

10 Übertrage die Multiplikationstabelle in dein Heft und ergänze. Kürze Ergebnisse so weit wie möglich.

a)

$\cdot$	$\frac{1}{5}$	$\frac{5}{6}$	$\frac{3}{4}$
$\frac{9}{10}$			
$\frac{6}{7}$			
$\frac{8}{15}$			

b)

$\cdot$	$\frac{3}{10}$	$\frac{2}{7}$	$\frac{12}{21}$
$\frac{8}{9}$			
$\frac{2}{3}$			
$\frac{7}{8}$			

11 Vervollständige die Multiplikationsmauern im Heft.

a)

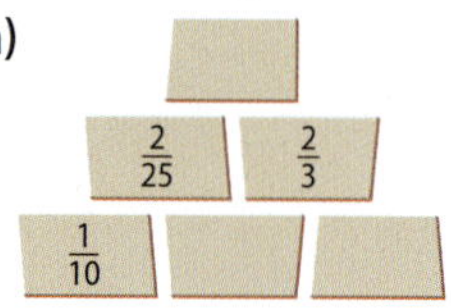

b)

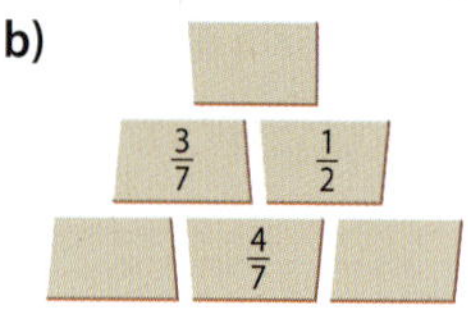

Dezimalzahlen

Brüche, deren Nenner **Zehnerpotenzen** sind, können besonders einfach als **Dezimalzahlen** geschrieben werden. Das Komma trennt die Ganzen (**Einer (E), Zehner (Z), Hunderter (H),** …) von den Bruchteilen des Ganzen (**Zehntel (z), Hundertstel (h), Tausendstel (t),** …). Die Ziffern nach dem Komma nennt man Dezimalen oder Dezimalstellen.

Ordnet man Dezimalzahlen **der Größe nach,** untersucht man die Stellenwerte von **links nach rechts.** Entscheidend ist die erste Stelle, an der verschiedene Ziffern stehen.

Dezimalzahlen **rundet** man anhand der Nachkommastellen (Dezimalen) nach denselben Regeln wie natürliche Zahlen.

12 Schreibe als Dezimalzahl.

a) $\frac{7}{10}$; $2\frac{6}{10}$; $14\frac{17}{100}$; $\frac{125}{100}$; $\frac{324}{1000}$

b) $\frac{2}{50}$; $\frac{7}{25}$; $\frac{124}{125}$; $3\frac{4}{5}$; $2\frac{8}{25}$; $1\frac{9}{20}$; $\frac{5}{8}$

13 Schreibe als Bruch. Kürze so weit wie möglich.
0,6; 1,9; 2,45; 1,765; 2,12; 3,85; 7,2; 0,002; 0,78

14 Ordne der Größe nach. Beginne mit der kleinsten Zahl. Wie heißt das Lösungswort?

a) T 1,001 E 0,111 B 0,001 S 0,1111 I 0,101

b) S 4,414 E 4,44 A 4,401 W 4,4 R 4,444 S 4,404

Besondere Dezimalzahlen

Bei der Division können an den Dezimalstellen Reste entstehen, die nach einem Muster wiederkehren. Eine solche Ziffer/Zifferngruppe nennt man **Periode.**

Man unterscheidet **reinperiodische** Dezimalzahlen, deren Periode direkt nach dem Komma beginnt, von **gemischtperiodischen** Dezimalzahlen.

Beispiel: a) reinperiodisch: 0,333... = $0,\overline{3}$
b) gemischtperiodisch: 0,4333... = $0,4\overline{3}$

15 Ordne die Dezimalzahlen den Begriffen reinperiodisch, gemischtperiodisch und endlich zu.

a) 0,4666... **b)** 0,464646... **c)** 0,4646
d) $0,\overline{7}$ **e)** $0,6\overline{9}$ **f)** 0,48
g) $1,\overline{25}$ **h)** $5,36\overline{12}$ **i)** 14,38254
j) $7,9\overline{125}$ **k)** $100,\overline{386}$ **l)** 17,0

16 Wandle in eine Dezimalzahl um.

a) $\frac{1}{3}$; $\frac{1}{6}$; $\frac{1}{9}$; $\frac{1}{11}$; $\frac{1}{90}$ **b)** $\frac{2}{3}$; $\frac{4}{9}$; $\frac{11}{15}$; $\frac{17}{33}$; $2\frac{5}{6}$

Dezimalzahlen addieren und subtrahieren

Dezimalzahlen werden wie natürliche Zahlen **stellenweise addiert (subtrahiert),** „Komma unter Komma".
Nicht besetzte Dezimalstellen werden mit Nullen aufgefüllt.

Beispiel:

a)

	Z	E	z	h
	3	3,	7	4
+		7,	8	0
	1	1		
	4	1,	5	4

b)

	H	Z	E	z	h
	0	9	17	4	16
	~~1~~	~~0~~	~~7~~,	~~5~~	~~6~~
−		9	8,	3	7
			9,	1	9

17 **a)** Ordne die Begriffe Summand, Summe, Summenwert, Subtrahend, Differenz, Minuend und Differenzwert den Zahlen in den Beispielen zu.
b) Erkläre das Vorgehen zur Addition und Subtraktion in den Beispielrechnungen.

18 Übertrage die Tabellen ins Heft und berechne.

a)

+	0,34	2,8
3,45		
2,647		
3,012		

b)

−	1,56	0,563
12,34		
3,172		
5		

Dezimalzahlen multiplizieren und dividieren

Dezimalzahlen werden mit natürlichen Zahlen und mit Dezimalzahlen so **multipliziert,** als ob **kein Komma** vorhanden wäre. Anschließend wird das Komma gesetzt: Dabei erhält das Ergebnis so viele **Nachkommastellen** wie **beide Faktoren** zusammen haben.

Dividiert man Dezimalzahlen durch eine natürliche Zahl, so geht man genauso vor, wie wenn man eine natürliche Zahl durch eine natürliche Zahl dividiert. Wird im Dividenden das **Komma überschritten,** so wird im Ergebnis das Komma gesetzt.

Das Ergebnis einer Division ändert sich nicht, wenn Dividend und Divisor mit derselben Zahl multipliziert werden.

Dividiert man eine Dezimalzahl durch eine Dezimalzahl, so verschiebt man das Komma bei Dividend und Divisor um gleich viele Stellen so weit nach rechts, bis der Divisor kommafrei ist. Anschließend verfährt man wie zuvor.

19 Erkläre die Multiplikationsregel anhand der Rechnung.

$2,5 \cdot 1,47 = \frac{25}{10} \cdot \frac{147}{100} = \frac{25 \cdot 147}{10 \cdot 100} = \frac{3675}{1000} = 3,675$

20 Es gilt: 163 · 3418 = 557 134
Gib den Produktwert an, ohne zu rechnen.

a) 16,3 · 34,18 **b)** 0,163 · 341,8 **c)** 1,63 · 3,418

21 Berechne.

a) 32,65 · 1,4 **b)** 0,352 · 4,21 **c)** 7,45 · 8,02

22 Gib an, durch welche Zahl geteilt wurde.

a) 15,67 : ▢ = 1,567 **b)** 156,75 : ▢ = 0,15675

23 Berechne.

a) 2,4 : 0,3
1,575 : 3,5
8,8 : 0,125

b) 1,12 : 5,6
6,66 : 0,18
25,4 : 3,2

c) 0,992 : 0,8
0,375 : 0,75
3,6245 : 0,005

Rechengesetze für natürliche Zahlen

Vertauschungsgesetz **(Kommutativgesetz)**
Addition: $224 + 112 = 112 + 224$
Multiplikation: $6 \cdot 475 = 475 \cdot 6$

Verbindungsgesetz **(Assoziativgesetz)**
Addition: $(179 + 14) + 36 = 179 + (14 + 36)$
Multiplikation: $(12 \cdot 25) \cdot 4 = 12 \cdot (25 \cdot 4)$

Verteilungsgesetz **(Distributivgesetz)**

$7 \cdot (30 + 6) = 7 \cdot 30 + 7 \cdot 6$

$7 \cdot 30 + 7 \cdot 6 = 7 \cdot (30 + 6)$

Regeln

1. **Klammern** zuerst
2. **Potenzen** vor Grundrechenarten
3. **Punkt**rechnung (Multiplikation, Division) **vor Strich**rechnung (Addition, Subtraktion)

24 Erkläre den Unterschied zwischen Ausklammern und Ausmultiplizieren an einem Beispiel.

25 Rechne möglichst geschickt. Nenne die Rechengesetze, die du anwendest.

a) $87 + 44 + 13$ **b)** $56 + (17 + 44) + 33$
c) $(25 \cdot 17) \cdot 8$ **d)** $4 \cdot 36 \cdot 14 \cdot 250$
e) $45 + 55 \cdot 7 - 5$ **f)** $16 \cdot (5 \cdot 12 - 12) : 6$

26 Wende das Distributivgesetz an.

a) $15 \cdot 7 + 15 \cdot 8$ **b)** $(70 - 4) \cdot 5$
c) $14 \cdot 32 + 38 \cdot 32 - 2 \cdot 32$ **d)** $101 \cdot 562$

27 Stelle zunächst den Term auf und berechne dann.

a) Addiere zum Produkt von 23 und 12 den Summanden 156.
b) Dividiere die Summe aus 249 und 207 durch die Differenz aus 87 und 63.

Terme und Gleichungen

Ein **Term** ist jede Zahl, jede Variable oder eine sinnvolle Verknüpfung aus Zahlen, Variablen und Rechenzeichen.

Eine **Gleichung** besteht aus zwei Termen, die durch ein Gleichheitszeichen miteinander verbunden sind. Die Terme auf beiden Seiten haben den **gleichen Wert.** Es gibt verschiedene Möglichkeiten, eine Gleichung zu lösen, z. B. mit Umkehraufgaben, systematischem Probieren, …

Beispiel: $3x + 2 = 11$

a) Lösung durch Einsetzen

x	Rechnung	Probe
1	$3 \cdot 1 + 2 = 5$	5 = 11, falsch
2	$3 \cdot 2 + 2 = 8$	8 = 11, falsch
3	$3 \cdot 3 + 2 = 11$	11 = 11, richtig
4	$3 \cdot 4 + 2 = 14$	14 = 11, falsch

b) Lösung durch Umkehraufgabe

$x \xrightarrow{\cdot 3} 3 \cdot x \xrightarrow{+2} 3 \cdot x + 2$

$\parallel \qquad\qquad\qquad\qquad \parallel$

$3 \xleftarrow{:3} 9 \xleftarrow{-2} 11$

28

1
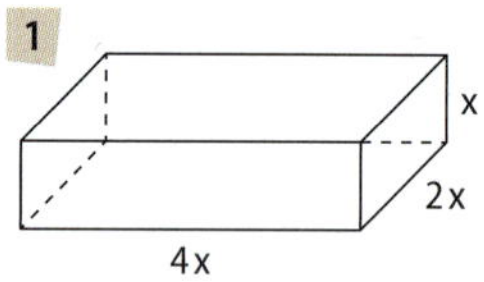

2
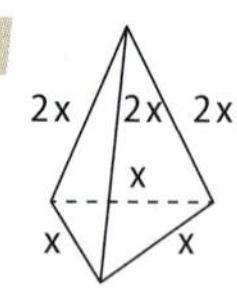

a) Stelle einen Term für die gesamte Kantenlänge des Körpers auf.
b) Bestimme x, wenn die Gesamtkantenlänge 126 cm (84 cm) beträgt.

29 Bestimme alle Lösungen der Gleichungen.

a) $5x + 4 = 34$ **b)** $4x - 3 = 45$
c) $2x - 6 = 11$ **d)** $x \cdot 0{,}4 + 17 = 20$
e) $11{,}75 - 3x = 6{,}5$ **f)** $2^3x - 42 = 4$

30 Schreibe jeweils eine Gleichung auf und löse sie. Überlege zunächst, was du mit einer Variable bezeichnest.

a) Frau Großmann entdeckt in einem Prospekt ein Angebot: 12 Becher Joghurt für 5,40 €. Wie teuer ist ein Becher?
b) Kevin sagt: „Meine Oma ist fünfmal so alt wie ich, meine Mutter ist dreimal so alt wie ich. Zusammen sind die beiden 104 Jahre alt.“ Wie alt ist jeder?

Daten erheben und darstellen

Strichlisten sind Tabellen, in denen man mit Strichen notiert, wie oft etwas vorkommt.

Die Anzahl, wie oft ein Ergebnis vorkommt, bezeichnet man als **absolute Häufigkeit,** ihre Anordnung in einer Tabelle als **Häufigkeitstabelle.**

Zur Darstellung von Daten verwendet man **Diagramme** (z. B. Säulen-, Balken- oder Bilddiagramme).

Die **relative Häufigkeit h** gibt den Anteil an, mit dem die **absolute Häufigkeit H** eines Ergebnisses bei n-maliger Durchführung eines Zufallsexperiments vorkommt:
$h = \frac{H}{n}$.

31 Beim Würfeln mit einem normalen Würfel ergaben sich folgende Augenzahlen:
3; 4; 2; 2; 5; 6; 1; 1; 4; 6; 3; 5; 2; 1; 6; 6; 2; 4; 5; 3; 2; 5; 6; 4; 1; 2; 4; 1; 5; 2; 6; 4; 2; 1; 2; 6

a) Erstelle eine Strichliste.

b) Bestimme die absoluten Häufigkeiten der einzelnen Augenzahlen.

c) Erstelle ein geeignetes Säulendiagramm.

32 Beim Würfeln erhält Stefanie folgende Ergebnisse:
1; 3; 6; 6; 2; 5; 3; 4; 2; 3; 1; 5; 6; 1; 3; 5; 2; 6; 6; 1; 5; 3; 2; 3; 4; 4; 6; 2; 1; 5; 4; 3; 6; 1; 5; 5; 1; 2; 4; 1; 6; 2; 4; 3; 3; 2; 6; 1; 3; 4
Bestimme die relativen Häufigkeiten für jede Augenzahl als Bruch und in Prozent.

Grundbegriffe der Geometrie

- Eine **Strecke** ist die gerade Verbindung zwischen zwei Punkten. Schreibweise: $\overline{AB}$
  Länge der Strecke: $\overline{AB}$
- Eine **Gerade** besitzt keinen Anfangs- und keinen Endpunkt. Schreibweise: AB bzw. g oder h
- Eine **Halbgerade** besitzt einen Anfangs- und keinen Endpunkt (oder umgekehrt). Schreibweise: [AB oder AB]
- **Parallele** Geraden schneiden sich nicht.
  Schreibweise: $g \parallel h$
- **Senkrechte** Geraden schneiden sich unter einem rechten Winkel. Schreibweise: $g \perp h$

33 Bestimme die Länge der Strecken.

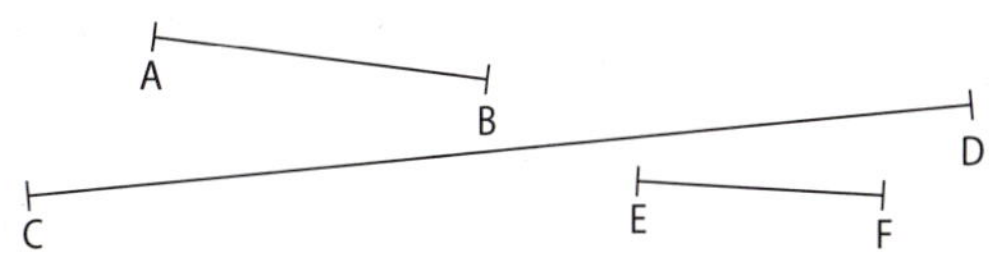

34 Überprüfe, welche Geraden parallel bzw. senkrecht zueinander sind.

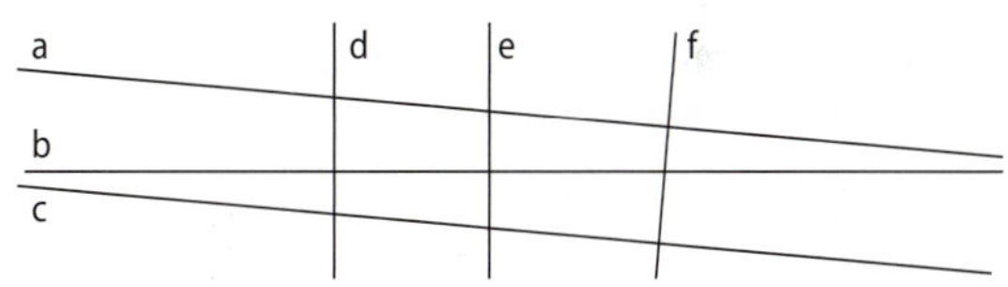

Winkel

Der Vollwinkel wird in 360 gleich große Teile geteilt.
Einheit: **1 Grad (1°)**
Winkelarten:

spitzer: $\alpha < 90°$	rechter: $\alpha = 90°$
stumpfer: $90° < \alpha < 180°$	gestreckter: $\alpha = 180°$
überstumpfer: $180° < \alpha < 360°$	Vollwinkel: 360°

Schneiden sich zwei Geraden, dann gilt:

- Nebeneinanderliegende Winkel heißen **Nebenwinkel.** Sie ergeben **zusammen stets 180°.**
- Gegenüberliegende Winkel heißen **Scheitelwinkel.** Sie sind **gleich groß.**

35 **1** 20°; 75°; 90°; 135°; 180°; 210°; 280°
2 34°; 176°; 360°; 54°; 274°; 321°; 98°; 16°

a) Zeichne Winkel mit dem betreffenden Maß in dein Heft.

b) Gib zu jedem Winkel die Winkelart an.

36 Bestimme die fehlenden Winkelmaße.

a)

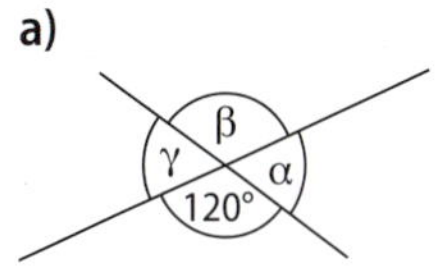

b)

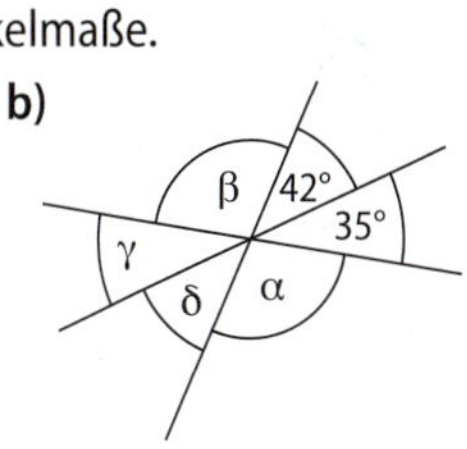

Achsensymmetrie

Eine Figur heißt **achsensymmetrisch,** wenn man sie so falten kann, dass beide Hälften genau aufeinander fallen. Die Faltgerade heißt Symmetrieachse.

37 Ergänze zu einer achsensymmetrischen Figur.

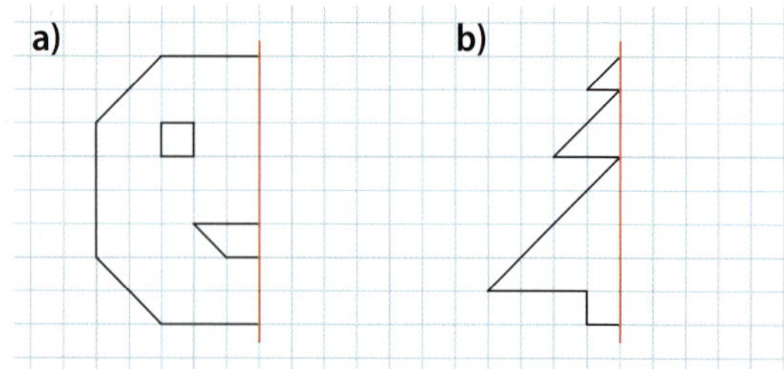

Vierecke und Flächeninhalte

- Ein **Parallelogramm** ist ein Viereck, bei dem gegenüberliegende Seiten jeweils gleich lang und parallel sind.
- Ein Parallelogramm mit vier gleich langen Seiten nennt man **Raute.**
- Ein Parallelogramm mit vier rechten Winkeln nennt man **Rechteck.**
- Ein Rechteck mit vier gleich langen Seiten heißt **Quadrat.**

Rechteck

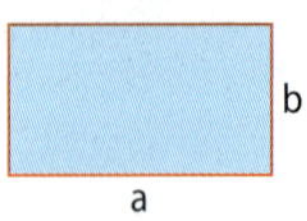

Quadrat

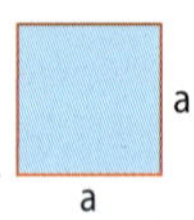

Umfang: $u_R = 2 \cdot a + 2 \cdot b$ $\quad u_Q = 4 \cdot a$

Flächeninhalt: $A_R = a \cdot b$ $\quad A_Q = a \cdot a = a^2$

Flächeneinheiten

$\ldots \xrightleftharpoons[:100]{\cdot 100} 1\,dm^2 \xrightleftharpoons[:100]{\cdot 100} 1\,m^2 \xrightleftharpoons[:100]{\cdot 100} 1\,a \xrightleftharpoons[:100]{\cdot 100} \ldots$

38 Übertrage in dein Heft und ergänze zu einem Parallelogramm. Handelt es sich um ein besonderes Parallelogramm?

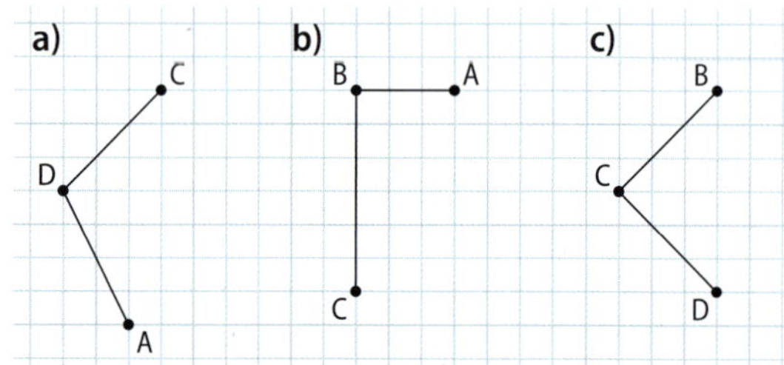

39 Berechne Umfang und Flächeninhalt des Rechtecks.

a) a = 5 cm; b = 12 cm **b)** a = b = 5,5 cm
c) a = 2,3 dm; b = 5 cm **d)** a = b = 0,45 m

40 Gib in zwei weiteren Einheiten an.

a) 15 m^2 **b)** 27,3 dm^2 **c)** 0,5 ha
d) 846 cm^2 **e)** 3617 a **f)** 0,003 m^2

41 Wie ändert sich der Flächeninhalt (Umfang) eines Rechtecks, wenn man …

a) nur die Breite verdoppelt, verdreifacht, …?
b) Länge und Breite jeweils halbiert, viertelt, …?

Körper und Volumen

Quader / **Würfel**

Oberflächeninhalt:

$A_{O_Q} = 2 \cdot (a \cdot b + a \cdot c + b \cdot c)$ $\quad A_{O_W} = 6 \cdot a^2$

Volumen:

$V_Q = a \cdot b \cdot c$ $\quad V_W = a \cdot a \cdot a = a^3$

Volumeneinheiten

$1\,mm^3 \xrightleftharpoons[:1000]{\cdot 1000} 1\,cm^3 \xrightleftharpoons[:1000]{\cdot 1000} 1\,dm^3 \xrightleftharpoons[:1000]{\cdot 1000} 1\,m^3$

42 Bestimme das Volumen des Quaders und gib es in verschiedenen Einheiten an.

a) a = 4,5 cm; b = 3,7 cm; c = 0,4 dm
b) a = b = c = 12,8 dm
c) a = 12,3 dm; b = 2,3 m; c = 4,7 dm

43 Zeichne ein Netz eines Würfels (Quaders) mit Kantenlänge a = 2 cm (a = 1 cm, b = 2 cm, c = 3 cm) und bestimme seinen Oberflächeninhalt.

1 Rationale Zahlen

Einstieg

- Beim Start eines Raumschiffs gibt es einen Countdown. Was bedeutet er?
- Wie viel Zeit ist zwischen den Zeitangaben jeweils vergangen?
- Welche Bedeutung hat das „Minuszeichen" vor der Zeitangabe?
- Finde weitere Beispiele aus dem Alltag, in denen ein Minuszeichen vorkommt, und erkläre dessen Bedeutung.

Ausblick

Am Ende dieses Kapitels hast du gelernt, …
- was ganze und rationale Zahlen sind.
- wie man rationale Zahlen vergleichen kann.
- wie man mit rationalen Zahlen rechnen kann.
- dass die bisherigen Rechengesetze auch bei den rationalen Zahlen gelten.

1 Das kann ich schon ...

Brüche vergleichen und ordnen

Brüche mit gleichem Nenner heißen gleichnamig.
Gleichnamige Brüche kann man der Größe nach ordnen, indem man ihre Zähler vergleicht: Derjenige Bruch ist größer, der den größeren Zähler hat.

$\frac{2}{3} > \frac{1}{3}$, denn $2 > 1$

Ungleichnamige Brüche lassen sich der Größe nach ordnen, indem man sie zuerst durch Erweitern oder Kürzen **gleichnamig macht** und anschließend vergleicht.

gleichnamig machen

$\frac{1}{3} > \frac{1}{4}$, denn $\frac{1}{3} = \frac{4}{12}$; $\frac{1}{4} = \frac{3}{12}$ und $\frac{4}{12} > \frac{3}{12}$.

Brüche und Dezimalzahlen addieren und subtrahieren

Gleichnamige Brüche werden addiert (subtrahiert), indem man die Zähler addiert (Zähler subtrahiert). Der Nenner wird beibehalten.

Zähler addieren; Zähler subtrahieren; kürzen

$\frac{4}{5} + \frac{2}{5} = \frac{4+2}{5} = \frac{6}{5}$; $\frac{11}{12} - \frac{8}{12} = \frac{11-8}{12} = \frac{3}{12} = \frac{1}{4}$

Ungleichnamige Brüche werden addiert (subtrahiert), indem man die Nenner zunächst gleichnamig macht und anschließend die Zähler addiert (Zähler subtrahiert).

gleichnamig machen; Zähler addieren; kürzen

$\frac{5}{6} + \frac{2}{3} = \frac{5}{6} + \frac{4}{6} = \frac{5+4}{6} = \frac{9}{6} = \frac{3}{2}$;

gleichnamig machen; Zähler subtrahieren; kürzen

$\frac{4}{5} - \frac{3}{10} = \frac{8}{10} - \frac{3}{10} = \frac{8-3}{10} = \frac{5}{10} = \frac{1}{2}$

Dezimalzahlen werden stellenweise addiert (subtrahiert). Dazu schreibt man die Dezimalzahlen **stellengerecht untereinander** („Komma unter Komma") und füllt gegebenenfalls nicht besetzte Dezimalen mit Nullen auf.

1 23,09 − 8,23

```
  23,09
−  8,23
   1 1
  14,86
```

2 8,214 + 11,39

```
   8,214
+ 11,390
     1
  19,604
```

Brüche und Dezimalzahlen multiplizieren und dividieren

Zwei Brüche werden miteinander **multipliziert**, indem man Zähler mit Zähler und Nenner mit Nenner multipliziert.

Zähler · Zähler; Nenner · Nenner

$\frac{2}{3} \cdot \frac{4}{5} = \frac{2 \cdot 4}{3 \cdot 5} = \frac{8}{15}$

Man **dividiert** eine Zahl durch einen Bruch, indem man sie mit ihrem Kehrwert (Reziproke) multipliziert.

Kehrwert; multiplizieren; Zähler · Zähler; Nenner · Nenner; kürzen

$\frac{2}{3} : \frac{4}{5} = \frac{2}{3} \cdot \frac{5}{4} = \frac{2 \cdot 5}{3 \cdot 4} = \frac{10}{12} = \frac{5}{6}$

Dezimalzahlen werden zunächst so multipliziert, als ob **kein Komma** vorhanden wäre. Anschließend wird das Komma gesetzt: Dabei erhält das Ergebnis so viele **Nachkommastellen**, wie **beide Faktoren** zusammen haben.

```
2,35 · 13,2
    23500
     7050
      470
    1 1 1
   31,020
```

$2{,}35 \cdot 13{,}2 = 31{,}020$ (2 Nachkommastellen; 1 Nachkommastelle; 3 Nachkommastellen)

Bei der Division von zwei Dezimalzahlen werden beide Zahlen so erweitert, dass der Divisor **kein Komma** hat. Dann dividiert man wie bei natürlichen Zahlen.

```
7,56 : 1,2 = 75,6 : 12 = 6,3
             72
              36
```

Brüche vergleichen und ordnen

1 Vergleiche die Brüche bzw. Dezimalzahlen.
Übertrage in dein Heft und setze <, > oder = ein.

a) $\frac{1}{2}$ □ $\frac{3}{4}$ **b)** $\frac{3}{6}$ □ $\frac{2}{4}$ **c)** $\frac{1}{5}$ □ $\frac{1}{6}$ **d)** $\frac{2}{7}$ □ $\frac{3}{8}$

e) $\frac{1}{2}$ □ 0,5 **f)** 0,25 □ 0,35 **g)** 12,34 □ 123,4 **h)** 0,38 □ $\frac{3}{8}$

2 Ordne die folgenden Brüche der Größe nach. Beginne mit dem kleinsten Bruch.

$\frac{2}{10}$; $\frac{4}{3}$; $2\frac{1}{2}$; $\frac{15}{18}$; $\frac{3}{6}$

3 Ordne die folgenden Brüche bzw. Dezimalzahlen. Beginne mit der größten Zahl.

$\frac{4}{3}$; 0,125; 1,4; $\frac{1}{4}$; 1,33

Brüche und Dezimalzahlen addieren und subtrahieren

4 Berechne.

a) $\frac{3}{4} + \frac{2}{4} =$ □ $\frac{5}{8} - \frac{3}{8} =$ □ $1\frac{1}{12} + \frac{1}{12} =$ □

b) $\frac{3}{4} + \frac{1}{8} =$ □ $\frac{7}{6} - \frac{1}{4} =$ □ $1\frac{2}{3} + 2\frac{1}{2} =$ □

c) 14,3 + 6,1 = □ 48,72 − 19,41 = □ 536,67 − 107,99 = □

5 Übertrage die Zahlenmauern in dein Heft und vervollständige sie.

Der Wert eines Steins ergibt sich aus den beiden darunter liegenden Steinen (von links nach rechts).

+

□
27,4 | □
□ | □ | 5,8
12,4 | 4,9 | □ | 0,6

−

□
□ | 5,7
19 | □ | □
□ | 17 | 5,8 | 0,3

Brüche und Dezimalzahlen multiplizieren und dividieren

6 Übertrage die Tabelle in dein Heft und vervollständige sie.

a)

·	$\frac{1}{10}$	$\frac{3}{5}$	2,5
$\frac{1}{2}$			
$\frac{4}{7}$			
0,3			

b)

·		$\frac{5}{6}$	
$\frac{1}{2}$	$\frac{4}{9}$		
		$\frac{5}{8}$	$\frac{1}{4}$
	$\frac{8}{15}$		

7 Berechne.

a) $\frac{4}{3} : 2$ **b)** $\frac{27}{18} : \frac{1}{2}$ **c)** 23,708 : 2

d) $\frac{8}{3} : \frac{16}{9}$ **e)** 10,35: 2,3 **f)** 0,0603 : 0,03

Kap. 1.1

Der Taschenrechner – geliebtes Hilfsmittel

Im Laufe der nächsten Jahre wird der Taschenrechner dich bei vielen Einsätzen begleiten. Zunächst geht es darum, den Taschenrechner und diejenigen seiner Möglichkeiten kennen zu lernen, mit denen du bereits jetzt rechnen kannst. Die Tasten können sich in der Lage und von der Bezeichnung bei verschiedenen Modellen unterscheiden. Weitere Tastenbezeichnungen sind in den Kästen abgebildet.

- Suche an deinem Taschenrechner die Tasten mit den Grundfunktionen für Rechnungen rund um die Grundrechenarten. Probiere auch die weiteren Funktionen rund um Brüche, Quadratzahlen und Potenzen aus. Mit der zweiten Tastenfunktion kannst du weitere Möglichkeiten aktivieren.
- Bestimme den Wert zunächst ohne, dann mit Taschenrechner. Besprich mit deinem Nachbarn oder deiner Nachbarin, bei welchen Rechnungen der Einsatz des Taschenrechners sinnvoll ist.

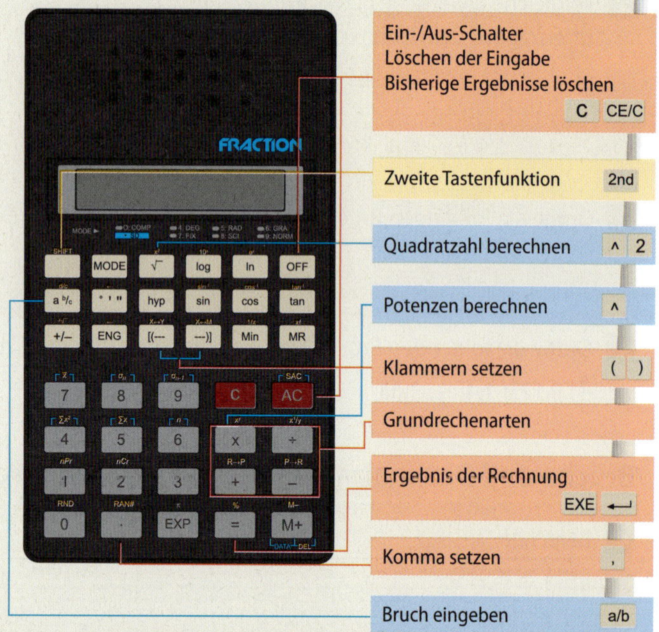

1	51 233 · 789	79 986 + 14
2	999 · 1001	666 777 · 38 · 0
3	8097 − 57	344 988 − 74 865 − 5 837 957
4	2 295 043 : 241	5000 : 50

Kap. 1.3

Frostige Zeiten

Paul wohnt seit dem 12. Februar 2009 in Neuruppin. Seitdem misst er in jedem Jahr am 12. Februar die Temperatur. In seinem Einzugsjahr zeigt sein Thermometer eine Temperatur von 4,3 °C an.

- Übernimm die Tabelle in dein Heft und vervollständige sie zu Pauls ermittelten Werten im Februar mithilfe des Taschenrechners.

Jahr	2009	2010	2011	2012	2013	2014	2015
Temperatur in °C			−1,9		−0,8	0,4	
Veränderung zum Vorjahr	Keine Angabe	−4,3	−1,9	1,8			4,0

Kap. 1.8

Regelgerecht

Ein Taschenrechner sollte die Rechenregeln beachten: Klammern zuerst, Potenz vor Punkt, Punkt vor Strich.

- Probiere aus. Rechnet dein Rechner richtig?
- Was passiert, wenn du durch „0" dividierst?

Term	richtig	falsch
$170 - 10 \cdot 5$	$170 - 50 = 120$	$160 \cdot 5 = 800$
$85 + 3^3$	$85 + 27 = 112$	$88^3 = 681\,472$
$(145 - 13) \cdot 10$	$132 \cdot 10 = 1320$	$145 - 130 = 15$
$3 \cdot (45 - 5)^2$	$3 \cdot 40^2 = 4800$	$(3 \cdot 45 - 5)^2 = 16\,900$

Kap. 1.9

Wunderbare Berechnungen

Lass eine Person, deren Geburtstag du nicht kennst, folgende Rechnung durchführen:

(2 · Geburtstag + 3) · 50 + Geburtsmonat + 38 · 8

Die Person teilt dir das Ergebnis mit. Subtrahiere davon 454 und du kannst Geburtstag und Geburtsmonat direkt ablesen.

- Probiere aus. Kannst du den „Trick" erklären?

Beispiel: 20. März, also 20.03.

$(2 \cdot 20 + 3) \cdot 50 + 3 + 38 \cdot 8 = 2457$

$2457 - 454 = 2003$

Kap. 1.10

Geheime Botschaften

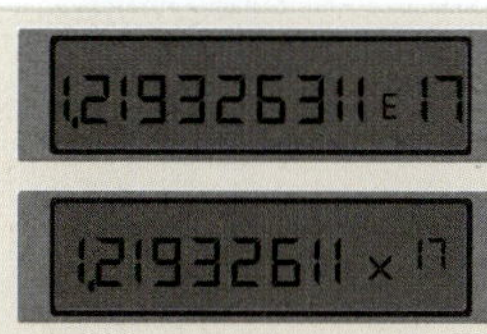

Berechne mit dem Taschenrechner: 123 456 789 · 987 654 321

Doch was ist das? Dein Ergebnis kann wie rechts abgebildet aussehen.

Wenn das Ergebnis zu groß ist für die Anzeige des Taschenrechners, dann wird die Zahl auf die letzte Anzeigestelle gerundet und als Zehnerpotenz ausgegeben. Die Anzeige bedeutet: $1{,}219326311 \cdot 10^{17}$

Das Ergebnis muss also multipliziert werden mit $10^{17} = 100\,000\,000\,000\,000\,000$, d.h. das Komma verschiebt sich um 17 Stellen nach rechts: $1{,}219326311 \cdot 10^{17} = 121\,932\,631\,100\,000\,000$

- Berechne und schreibe das Ergebnis mit und ohne Zehnerpotenz.

  1 12^{10} 7^{12} 25^9 $456\,123^2$

  2 $8\,529\,637\,410 \cdot 147\,258\,369$ $111\,222\,333 \cdot 999\,888\,777$
- Erfinde selbst Aufgaben, deren Ergebnis in der Anzeige als Zehnerpotenz dargestellt wird.

Entdecken

Sina informiert sich über die Wettervorhersage.

	Fr	Sa	So	Mo	Di	Mi
Tiefstwert (4 Uhr)	−3 °C	0 °C	−1 °C	−1 °C	−2 °C	1 °C
Höchstwert (14 Uhr)	2 °C	0 °C	0 °C	3 °C	4 °C	9 °C
Wetter						

- Was bedeuten die verschiedenen Zahlen und Zeichen in der Vorhersage?
- Schreibe einen Radiobeitrag der Wettervorhersage für die kommenden Tage.

Verstehen

Das positive Vorzeichen wird oft weggelassen, statt +2 °C schreibt man 2 °C. Das negative Vorzeichen darf man nicht weglassen.

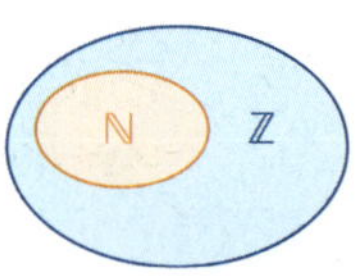

Die natürlichen Zahlen sind in den ganzen Zahlen enthalten.

Temperaturen und andere Größen können Werte unterhalb der Null annehmen.

Zahlen unter null werden mit einem **Minuszeichen** geschrieben: −1 °C, −2 °C, ….
Die Zahlen −1, −2, −3, −4, −5, … heißen **negative Zahlen** und haben ein **negatives Vorzeichen**. Alle bisherigen Zahlen haben ein **positives Vorzeichen**. Die Zahl **Null** ist weder positiv noch negativ, sie hat **kein Vorzeichen**.

Jede Zahl außer der Null hat eine Gegenzahl, die ein anderes Vorzeichen hat.
Man bezeichnet die Menge der natürlichen Zahlen zusammen mit ihren Gegenzahlen als **ganze Zahlen**: $\mathbb{Z} = \{\ldots; -3; -2; -1; 0; +1; +2; +3; \ldots\}$.

Unser bisheriger Zahlenstrahl lässt sich mit den negativen Zahlen zur **Zahlengeraden** erweitern. Die natürlichen Zahlen werden quasi an der Null „gespiegelt".

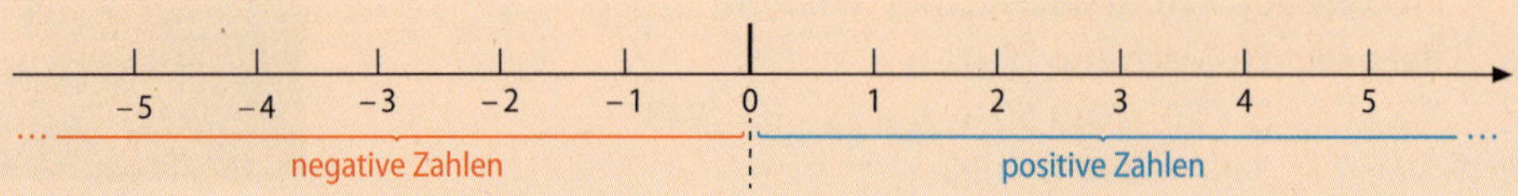

Beispiele

1. a) Zeichne eine Zahlengerade und markiere folgende Zahlen: −16; 2; −5; 0; −11.
b) Welche Zahlen sind hier markiert?

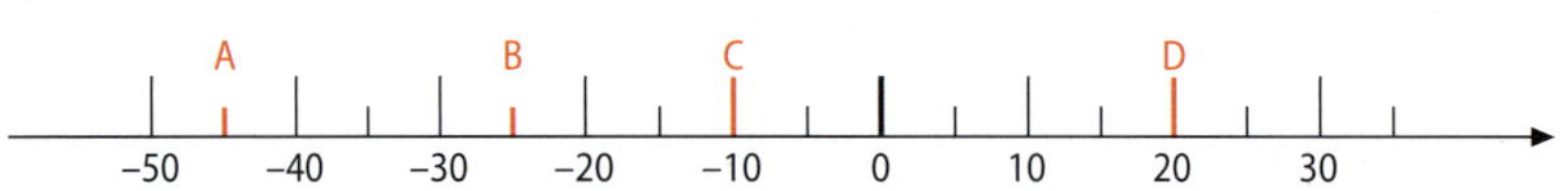

Lösung:

a)

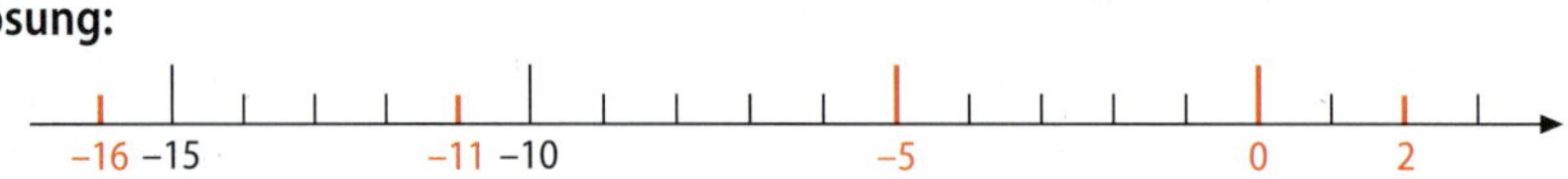

b) A: −45 B: −25 C: −10 D: +20 = 20

2. Finde die Gegenzahl (GZ) zu den Zahlen +4; −6; −12; +8 und 4.

Lösungsmöglichkeiten:
+4, GZ: −4 −6, GZ: +6 −12, GZ: +12 +8, GZ: −8 4 = +4, GZ: −4

- Gibt es natürliche Zahlen, die keine ganzen Zahlen sind? Gibt es ganze Zahlen, die keine natürlichen Zahlen sind? Begründe deine Antwort.
- Bei welchen Zahlen ist die Gegenzahl größer als die ursprüngliche Zahl?

Nachgefragt

Aufgaben

1 Finde zu jeder Situation eine passende ganze Zahl. Achte auf das Vorzeichen.

a) Das Thermometer zeigt heute 14 °C unter dem Gefrierpunkt.
b) Gestern hatten wir noch 7 °C über dem Gefrierpunkt.
c) Unser Haus steht 183 m über dem Meeresspiegel.
d) Das Tote Meer liegt 412 m unter dem Meeresspiegel.
e) Meine Freundin wohnt im 5. Obergeschoss.
f) Die Tiefgarage befindet sich im 2. Untergeschoss.
g) Im Erdgeschoss ist eine Arztpraxis.
h) Ich schulde Moritz noch 11 €.
i) Auf meinem Konto habe ich ein Guthaben von 67 €.

2 Zeichne jeweils eine Zahlengerade und markiere die Zahlen.

a) −3; 5; 2; −1; 8; −4; −9; −7
b) −12; −5; −24; 6; 11; −20; 0; 9
c) −400; 800; −150; −350; 200; 650; −50; 400
d) −2500; 1500; 0; 800; −1200; −500; 2200

Tipp für das Zeichnen einer Zahlengeraden:
1 *Prüfe, welche der Zahlen am weitesten links und rechts auf der Zahlengeraden liegen.*
2 *Überlege, wie viele Zahlen dazwischen liegen.*
3 *Teile die Breite deines Hefts so ein, dass du möglichst den ganzen Platz ausnutzt.*

3 Die Bilder zeigen Abschnitte von Zahlengeraden, auf denen zwei Zahlen und deren Mitte markiert sind. Für welche Zahl steht jeweils das Fragezeichen?

a)
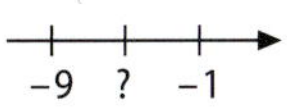

b)
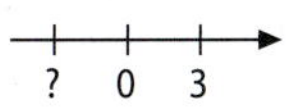

c)
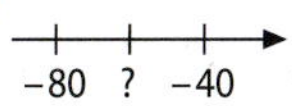

d)
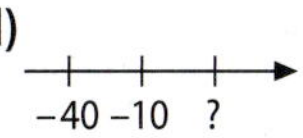

e)
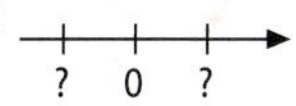

4 Welche Zahl liegt genau in der Mitte der angegebenen Zahlen? Überprüfe deine Lösungen, indem du die Zahlen auf einer Zahlengeraden einträgst.

a) 7 und 19 **b)** 8 und 0 **c)** 9 und −9 **d)** 12 und −4
e) −3 und 5 **f)** −6 und −26 **g)** −11 und −21 **h)** −100 und −48

5 Um wie viele Grad Celsius (°C) unterscheiden sich die Temperaturen?

a) 5 °C und 12 °C **b)** 20 °C und 1 °C **c)** −13 °C und −15 °C
d) −7 °C und −17 °C **e)** −10 °C und 5 °C **f)** 80 °C und −22 °C

6 In einer Fabrik wird Zucker in Päckchen abgefüllt, die ein Füllgewicht von 1000 g haben sollen. Bei einer Kontrollmessung von acht zufällig ausgewählten Päckchen werden folgende Gewichte gemessen:

1008 g	1003 g	995 g	999 g
1002 g	997 g	1007 g	995 g

a) Bestimme das mittlere Gewicht der Zuckerpäckchen.
b) Gib die Abweichungen der einzelnen Päckchen vom vorgesehenen Gewicht an.

Entdecken

Die Tabelle zeigt einen Ausschnitt der Handball-Bundesliga nach dem 2. Spieltag. Darunter findest du Ergebnisse vom 3. Spieltag.

- Erkläre den Aufbau der Tabelle.
- Aktualisiere den Ausschnitt der Tabelle nach dem 3. Spieltag.
- Welche Vereine haben sich nach dem Spieltag verbessert (verschlechtert)? Gib die jeweiligen Änderungen an.

Tabelle 2. Spieltag

	Team	Sp.	S	U	N	Tore	+/–	P
5	SG Flensburg-Handewitt	2	2	0	0	61:50	11	4:0
6	TuS N-Lübbecke	2	1	0	1	56:52	4	2:2
7	Füchse Berlin	2	1	0	1	52:50	2	2:2
8	TV Großwallstadt	2	1	0	1	53:52	1	2:2
9	Rhein-Neckar Löwen	2	1	0	1	58:59	–1	2:2
10	HSG Wetzlar	2	1	0	1	55:56	–1	2:2
11	TSV Hannover-Burgdorf	2	1	0	1	57:60	–3	2:2
12	Frisch Auf! Göppingen	2	1	0	1	55:61	–6	2:2

3. Spieltag

Rhein-Neckar Löwen	–	HSV Hamburg	30:34
SG Flensburg-Handewitt	–	Füchse Berlin	27:24
TV Großwallstadt	–	TuS N-Lübbecke	32:32
TSV Hannover-Burgdorf	–	TV Großwallstadt	26:28
Frisch Auf! Göppingen	–	SC Magdeburg	29:26
GWD Minden	–	HSG Wetzlar	22:24

Verstehen

Zustand:
„Wie groß ist mein Vermögen?"

Änderung:
„Um wie viel ändert sich mein Vermögen?"

Die Änderung eines Werts kann sowohl positiv sein (Zunahme) als auch negativ (Abnahme).

Man unterscheidet zwischen dem **Zustand**, der durch das Vorzeichen einer Zahl angegeben wird, und der **Änderung**, die durch das Rechenzeichen markiert wird.

1 Ich habe 30 € Schulden (–30 €), es kommen 20 € Schulden (–20 €) hinzu, dann habe ich 50 € Schulden (–50 €).

(–30 €) + (–20 €) = –50 €
Zustand — Änderung — Zustand

oder kurz: –30 € – 20 € = –50 €

2 Ich habe 30 € Schulden (–30 €), ich habe 20 € Schulden (–20 €) reduziert, dann habe ich noch 10 € Schulden (–10 €).

(–30 €) – (–20 €) = –10 €
Zustand — Änderung — Zustand

oder kurz: –30 € + 20 € = –10 €

Eine Änderung aus Vorzeichen und Rechenzeichen schreibt man häufig auch kurz als Änderung durch ein einziges Zeichen.
Zwei **unterschiedliche** Zeichen ergeben stets „–", **gleiche** Zeichen stets „+".

Beispiele

Beachte:
Treffen Vorzeichen und Rechenzeichen aufeinander, so wird eine Klammer gesetzt.

1. Finde eine Sachsituation, die zu dem Term –3 °C + (–5 °C) passt und berechne ihn.

   Lösungsbeispiel:
   Es herrschen –3 °C. Heute sollen noch einmal 5 °C Kälte hinzukommen.
   Insgesamt wird es also 5 °C kälter: –3 °C + (–5 °C) = –3 °C – 5 °C = –8 °C

2. Letzte Nacht hatten wir –12 °C. Tagsüber stieg die Temperatur auf –7 °C. Veranschauliche die Änderung an einer Zahlengerade.

   Lösung:

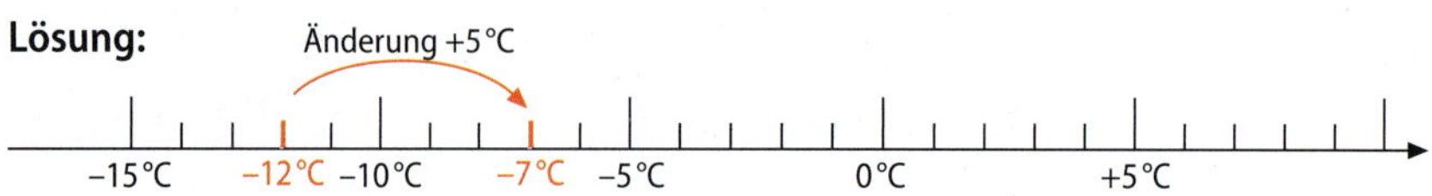

Nachgefragt

- Beschreibe den Unterschied in den folgenden Aussagen: „Die Temperatur ist auf 4 °C unter null gefallen." „Die Temperatur ist um 4 °C gefallen."
- Finde Sachverhalte, in denen das Rechenzeichen (Vorzeichen) „+" bzw. „−" verwendet wird.

Aufgaben

1 Wie groß ist jeweils der Temperaturunterschied? Veranschauliche den Sachverhalt an einer Temperaturskala. Beschreibe die Änderung umgangssprachlich.

a) von −6 °C auf +7 °C **b)** von +3 °C auf −8 °C **c)** von −5 °C auf −12 °C
d) von −19 °C auf −11 °C **e)** von −15 °C auf −21 °C **f)** von −5 °C auf +18 °C

2 Bestimme bei den folgenden Kontobewegungen jeweils den alten Kontostand.

	Kontoauszug			
	Datum	**Art der Transaktion**	**Betrag**	**neuer Kontostand**
a)	18.05.	Auszahlung am Geldautomat	− 150,00 €	256 ,00 €
b)	02.06.	Arbeitslohn Mai	+ 1860,00 €	2093 ,00 €
c)	16.06.	Bezahlung: City Bike	− 999,00 €	−506 ,00 €
d)	30.07.	Geburtstags-Überweisung	+ 200,00 €	−836 ,00 €
e)	02.08.	Arbeitslohn Juli	+ 1860,00 €	1147 ,00 €

3 Stelle an einer Zahlengeraden dar. Bestimme das Ergebnis.

a) 6 − 8; 12 − 20 **b)** −4 − 7; −19 − 1 **c)** −14 + 11; −9 + 15
d) −3 + 8; −9 + 16 **e)** 3 − 4; −6 − 5 **f)** −1 + 17; −5 − 2

Lösungen zu 3:
−20, −11; −11; −8; −7; −3; −2; −1; 5; 6; 7; 16

4 Marco hat die Lösungen der folgenden Gleichungen gefunden. Bei den Vorzeichen ist er sich nicht ganz sicher. Hilf ihm und setze die richtigen Vorzeichen ein.

a) a + 3 = 12   a = □ 9   **b)** b − 28 = −50   b = □ 22
c) c − 100 = −76   c = □ 24   **d)** d + 2011 = −1000   d = □ 3011

5 Zu jeder Zahlengeraden gehören zwei Gleichungen. Ordne sie zu.

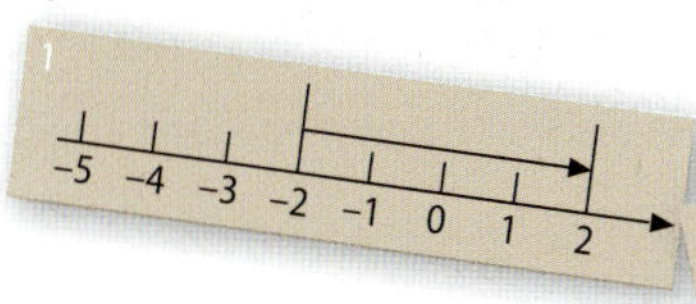

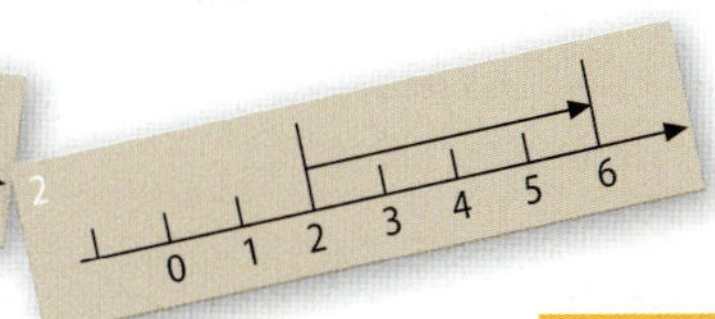

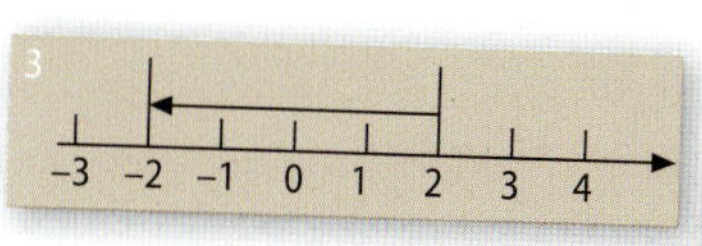

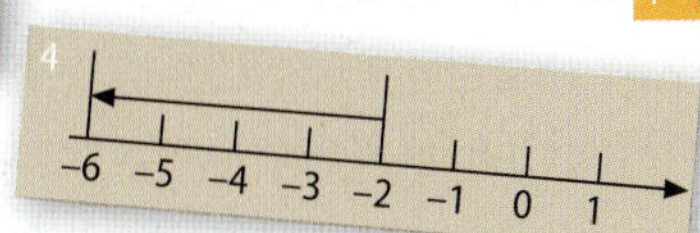

A 2 + 4 = 6
B (+2) − (+4) = (−2)
C (+2) + (+4) = (+6)
D −2 + 4 = 2
E 2 − 4 = −2
F (−2) − (+4) = (−6)
G (−2) − (−4) = (+2)
H −2 − 4 = −6

6 Erfinde eine Aufgabe zu jedem Term. Berechne den Term anschließend.

a) 99 € + 7,50 € **b)** −99 € + 7,50 € **c)** $10\,\ell - \frac{1}{2}\,\ell$ **d)** 2,5 km + 3,5 km
e) −16 °C + 7 °C **f)** −16 °C − 6 °C **g)** $2\frac{2}{3}\,m^2 - \frac{3}{5}\,m^2$ **h)** −11 034 m − 8848 m

Entdecken

Das Schaubild stellt ein Modell dar das zeigt, wie die Höhe des Meeresspiegels im Laufe der letzten 3000 Jahre auf der Erde geschwankt hat. Die Meereshöhe wird dabei in „Normalnull" (NN) angegeben und stellt die mittlere Höhe dar.

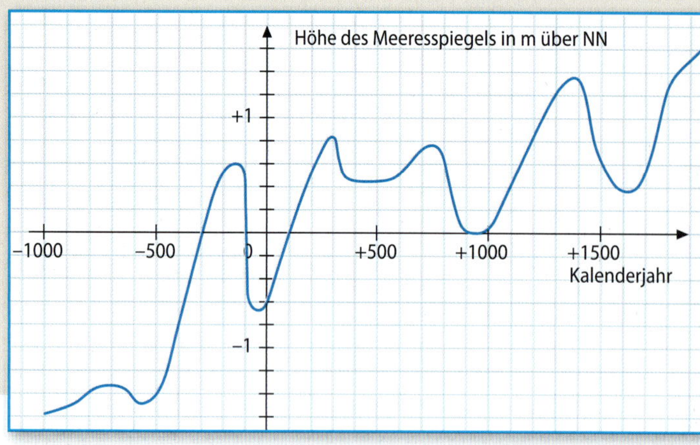

- Zu welchen Zeitpunkten lag die Meereshöhe bei 0 m NN (−0,5 m NN)?
- Welche Bedeutung haben die negativen Zahlen bei Angabe der Meereshöhe?
- Wie stark schwankte die Meereshöhe in den letzten 3000 Jahren?
- Beschreibe eine Möglichkeit, wie man den Wert „0" (NN) bei der Meereshöhe bestimmen könnte.
- Stelle weitere Fragen zu dem Sachverhalt.

Verstehen

Im Alltag begegnen uns an vielen Stellen negative Dezimalzahlen, wie beispielsweise bei Temperaturen im Winter oder auf Kontoauszügen.

Gebrochene Zahlen:
$\mathbb{B} = \{0; \ldots; \frac{2}{3}; \ldots; 1{,}5; \ldots\}$
Für das Symbol $\mathbb{B}$ kann auch $\mathbb{Q}^+$ geschrieben werden.

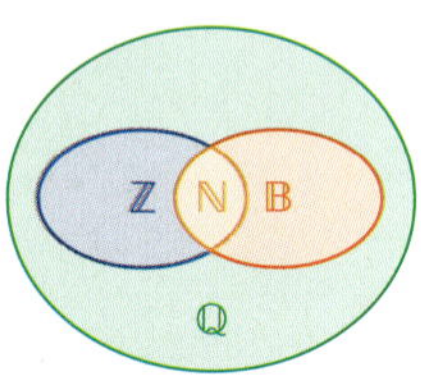

Natürliche Zahlen:
$\mathbb{N} = \{0; 1; 2; 3; 4; \ldots\}$
Ganze Zahlen:
$\mathbb{Z} = \{\ldots; -2; -1; 0; 1; 2; \ldots\}$

Negative Zahlen können **ganze Zahlen** sein, aber auch **Brüche** oder **Dezimalzahlen**. Die **Zahlengerade** ist somit mit ganzen Zahlen, positiven und negativen Brüchen bzw. Dezimalzahlen besetzt.

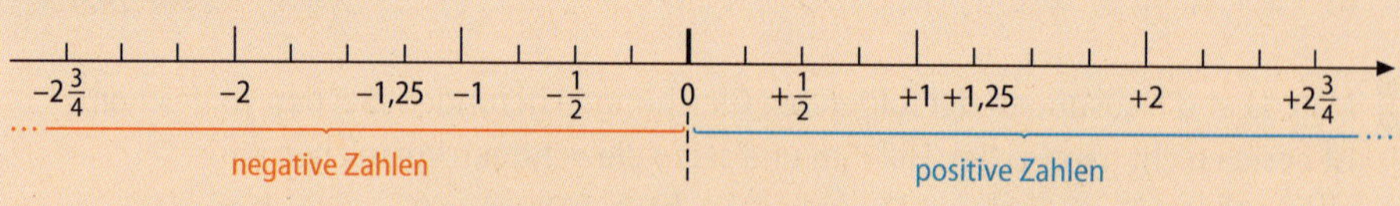

Jede Zahl außer Null hat eine **Gegenzahl** (entgegengesetzte Zahl) mit anderen Vorzeichen.

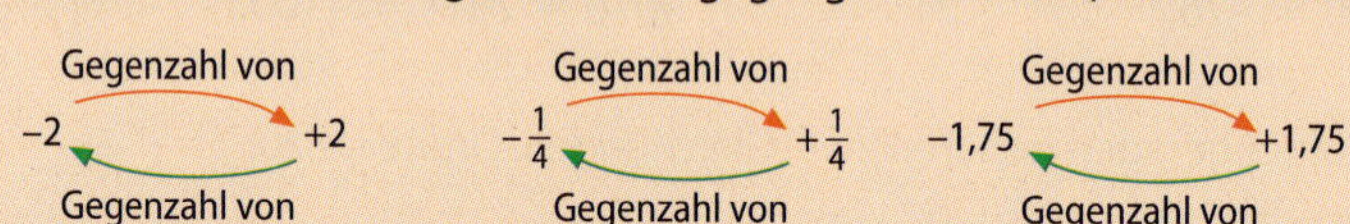

Nimmt man alle positiven und negativen Zahlen sowie die Null zusammen, dann erhält man die Menge der **rationalen Zahlen** $\mathbb{Q}$.

Beispiel

Gegeben sind die Zahlen $-2{,}8$; $+1{,}2$; $\frac{3}{5}$; $-2\frac{1}{5}$ und 0.

a) Bestimme zu jeder Zahl a die Gegenzahl (GZ) −a.

b) Zeichne eine Zahlengerade und markiere die Zahlen und ihre Gegenzahlen.

Lösung:

a) $-2{,}8$; GZ: $+2{,}8$ $\quad +1{,}2$; GZ: $-1{,}2$ $\quad \frac{3}{5}$; GZ: $-\frac{3}{5}$ $\quad -2\frac{1}{5}$; GZ: $2\frac{1}{5}$ $\quad 0$; GZ: 0

b)

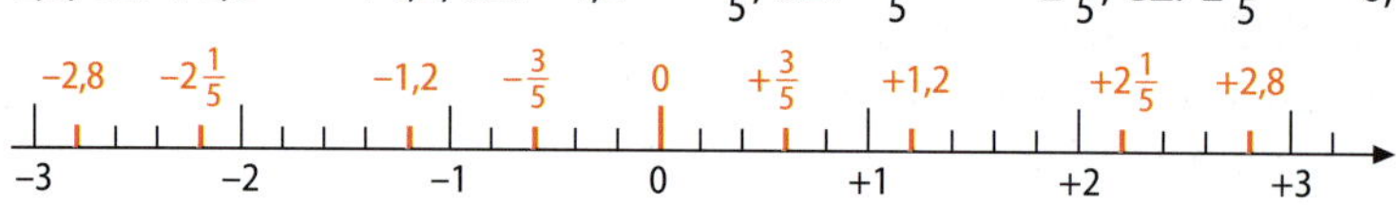

- Gibt es mehr positive oder negative Zahlen? Begründe deine Antwort.
- Erkläre ein Verfahren, mit dem man zwischen zwei rationalen Zahlen stets eine weitere rationale Zahl finden kann. Verdeutliche das Verfahren an der Zahlengeraden.

Nachgefragt

Aufgaben

1 Welche Zahlen wurden auf der Zahlengeraden markiert? Gib jeweils als gekürzten Bruch und als Dezimalzahl an.

a)
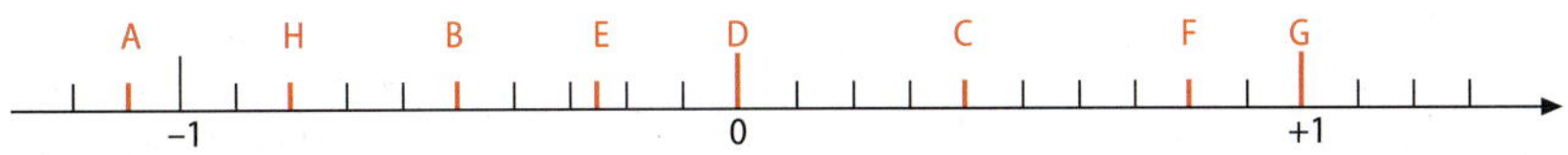

b)

c)
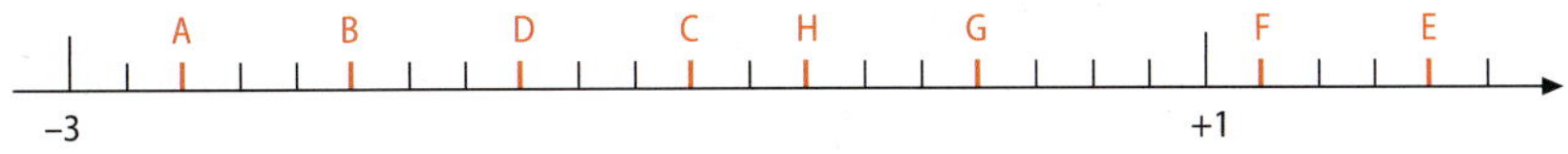

Lösungen zu 1:
–3; –2,6; –2,5; –2; –1,75; –1,4; –1,1; –1; –0,8; –0,8; –0,75; –0,5; –0,4; –0,25; 0; 0,2; 0,25; 0,4; 0,8; 1; 1,2; 1,5; 1,8; 2; $-\frac{3}{1}$; $-2\frac{3}{5}$; $-\frac{5}{2}$; $-\frac{2}{1}$; $-\frac{7}{4}$; $-\frac{7}{5}$; $-1\frac{1}{10}$; $-\frac{1}{1}$; $-\frac{4}{5}$; $-\frac{4}{5}$; $-\frac{3}{4}$; $-\frac{1}{2}$; $-\frac{2}{5}$; $-\frac{1}{4}$; $\frac{0}{1}$; $\frac{1}{5}$; $\frac{1}{4}$; $\frac{2}{5}$; $\frac{4}{5}$; $\frac{1}{1}$; $\frac{6}{5}$; $\frac{3}{2}$; $\frac{9}{5}$; $\frac{2}{1}$

2 Die Thermometer zeigen die Temperaturen am 2. Januar in sechs Orten.

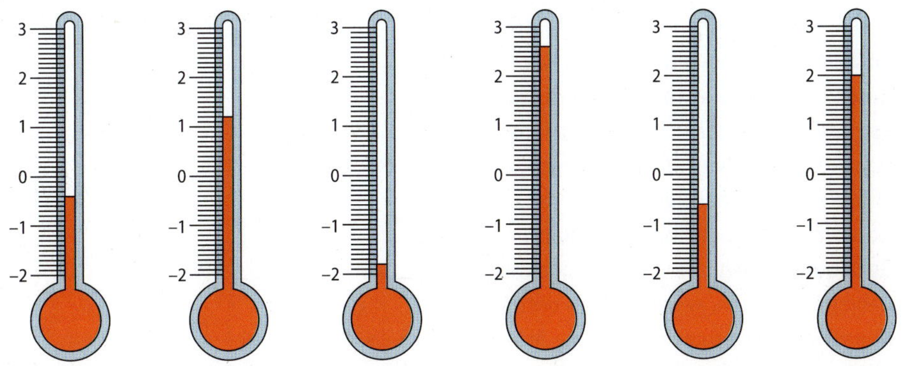

a) Lies so genau wie möglich ab, welche Temperatur in den einzelnen Orten herrschte.
b) Zeichne eine Zahlengerade und markiere daran die Temperaturen der Orte.

3 Vervollständige die Tabelle in deinem Heft.

a)

a	–a	–(–a)
27		
–14		
100		
0		

b)

a	–a	–(–a)
$-\frac{2}{3}$		
	–5,6	
	$1\frac{3}{4}$	
		–100,45

4 a) Nenne zehn rationale Zahlen, die auch natürliche Zahlen sind.
b) Nenne zehn rationale Zahlen, die keine natürlichen Zahlen sind.
c) Nenne zehn natürliche Zahlen, die auch ganze Zahlen sind.
d) Nenne zehn ganze Zahlen, die keine natürlichen Zahlen sind.
e) Nenne zehn rationale Zahlen, die keine ganzen Zahlen sind.

Aufgaben

5 Finde zu jeder Situation eine passende negative Zahl.
a) Das Death Valley liegt rund 85,5 m unter dem Meeresspiegel.
b) Das Thermometer fiel in der Nacht auf 18,4 Grad unter dem Gefrierpunkt.
c) Die niedrigste Temperatur liegt bei 273,15 °C unter null.
d) Für mein neues Skateboard habe ich mir von meinen Eltern 23,95 € geliehen.
e) Lisa hat bei einem Wurfspiel 9 Punkte erreicht.

6 Gegeben sind die Zahlen

1 −3,4 und +4,3 | 2 +8 und +1,2 | 3 −2,3 und −4,3 | 4 0 und −10,6

a) Bestimme zu jeder Zahl die Gegenzahl.
b) Zeichne eine Zahlengerade und markiere die Zahlen daran.
c) Welche Zahl liegt jeweils genau in der Mitte zwischen den angegebenen Zahlen? Erkläre, wie man diese Zahl berechnen kann.

Weiterdenken

Die Punkte auf den Koordinatenachsen ordnet man keinem Quadranten zu.

Nicht nur die Zahlengerade kann man erweitern, sondern auch die Achsen unseres bisherigen Koordinatensystems.

Zur Bezeichnung von Punkten in einem Koordinatensystem gibt die **erste Koordinate (x-Koordinate)** an, wie weit du dich vom Ursprung entlang der x-Achse bewegen musst: positive Zahlen nach rechts, negative Zahlen nach links. Die **zweite Koordinate (y-Koordinate)** bestimmt die Bewegung entlang der y-Achse: positive Zahlen nach oben, negative nach unten. Das Koordinatensystem wird durch die Achsen in vier Bereiche (**Quadranten**) unterteilt, die **entgegen des Uhrzeigersinns durchnummeriert** werden.

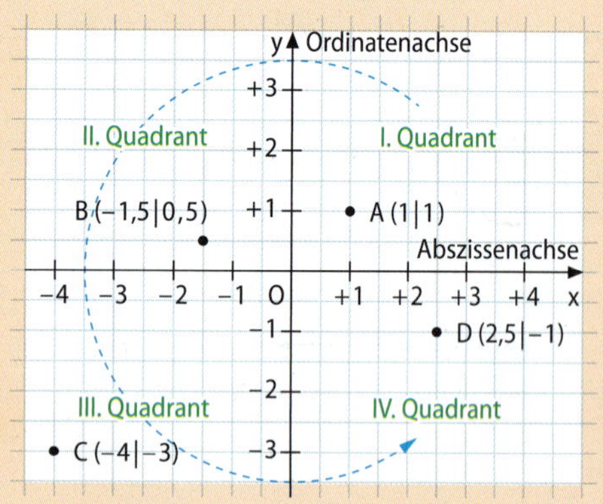

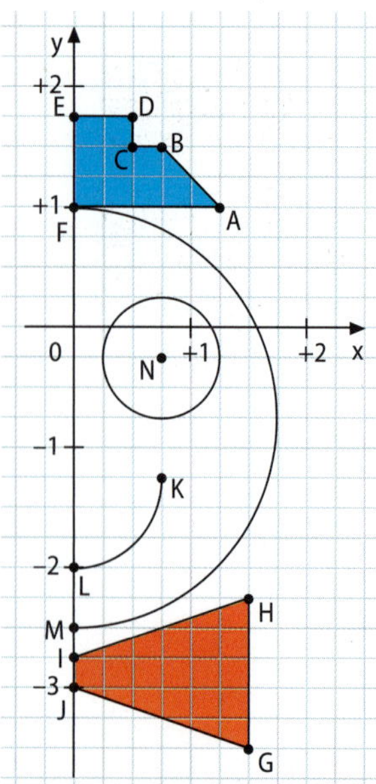

7 **a)** In welchem Quadranten liegen die folgenden Punkte? Was stellst du fest?

A (−3,5 | +4) B (1,2 | −5) C $\left(-0{,}2 \,\middle|\, \frac{1}{2}\right)$ D (1,4 | 2,5) E $\left(-6{,}6 \,\middle|\, -\frac{16}{5}\right)$
F (7,1 | −0,3) G (12,8 | 9,4) H (−17,1 | −7) I (+15,6 | −8,8) J (−8,3 | 5,6)

b)

	I. Quadrant	II. Quadrant	III. Quadrant	IV. Quadrant
x-Koordinate	positiv			
y-Koordinate				

Übertrage die Tabelle ins Heft und ergänze die Vorzeichen der Koordinaten.

c) Im Koordinatensystem ist das halbe Gesicht eines Clowns gezeichnet.
1 Bestimme die Koordinaten der angegebenen Punkte des Clowns.
2 Übertrage das Koordinatensystem und das halbe Gesicht ins Heft.
3 Führe die Spiegelung an der y-Achse durch und bestimme die Koordinaten der Spiegelpunkte.

8 Übertrage die Punkte in ein Koordinatensystem und verbinde sie der Reihe nach. Welche Figur erhältst du?

a) A (2,5 | 0,5); B (2 | 1); C (1 | 1,5); D (0,5 | 2); E (−1 | 2); F (−0,5 | 1,5); G (−2 | 0,5); H (−2 | 0); I (−3,5 | 1); J (−2,5 | −1,5); K (−2 | −0,5); L (1,5 | −0,5); A

b) Z (−0,2 | 1,8); A (0 | 1,6); B (1 | 2,2); C (1 | 2,6); D (−1,4 | 1); E (−1,4 | 1,4); F (−0,4 | 2); Z; G (0 | 2); H (−0,6 | 3); I (−1 | 3); J (0,6 | 0,6); K (0,2 | 0,6); L (−0,4 | 1,6); Z; A; L; M (−0,4 | 0); N (0 | 0); A

c) A $\left(1\frac{2}{3} \middle| -1\frac{2}{3}\right)$; B $\left(1\frac{2}{3} \middle| 1\frac{1}{3}\right)$; C $\left(1\frac{1}{3} \middle| 1\right)$; (D $1 \mid 1\frac{1}{3}\big)$; E $\left(\frac{2}{3} \middle| 1\right)$; F $\left(\frac{1}{3} \middle| 1\frac{1}{3}\right)$; G $\left(\frac{1}{3} \middle| -\frac{1}{3}\right)$; H $\left(-1 \middle| -\frac{1}{3}\right)$; I $\left(-1 \middle| 1\frac{1}{3}\right)$; J $\left(-1\frac{1}{3} \middle| 1\right)$; K $\left(-1\frac{2}{3} \middle| 1\frac{1}{3}\right)$; L (−2 | 1); M $\left(-2\frac{1}{3} \middle| 1\frac{1}{3}\right)$; N $\left(-2\frac{1}{3} \middle| -1\frac{2}{3}\right)$; O $\left(-2 \middle| -1\frac{2}{3}\right)$; P $\left(-2 \middle| -\frac{2}{3}\right)$; Q $\left(-1\frac{1}{3} \middle| -\frac{2}{3}\right)$; R $\left(-1\frac{1}{3} \middle| -1\frac{2}{3}\right)$

Tipp zu Aufgabe 8:
a) 1 Einheit ≙ 4 Kästchen
b) 1 Einheit ≙ 10 Kästchen
c) 1 Einheit ≙ 6 Kästchen

9 Die Punkte ABCD bilden ein Rechteck. Gib die Koordinaten des Punktes D an.

a) A (−2 | 1,5); B (2 | 1,5); C (2 | 3,5)
b) A (−3 | −1); B (−3 | −4); C (−2 | −4)
c) A (1,5 | −4); B (2,5 | −3,5); C (1,5 | −1,5)

10 Die Tabelle zeigt Temperaturen an einer Wetterstation in Potsdam.

	Mo	Di	Mi	Do	Fr	Sa	So
Wetterlage							
Tageshöchstwerte	1,3	0,4	−0,3	−2,1	−3,5	−5,6	−6,1
Tagestiefstwerte	−2,9	−3,2	−3,3	−4,3	−5,3	−8,2	−8,7

a) Zeichne ein geeignetes Diagramm, in dem man die Tageshöchst- und Tagestiefstwerte für jeden Tag ablesen kann.
b) An welchem Tag herrschten die größten (kleinsten) Temperaturunterschiede?
c) Suche im Internet nach der Wettervorhersage deines Heimatorts für die nächste Woche. Erstelle damit eine ähnliche Tabelle wie oben.

11 Das Schaubild zeigt Aufzeichnungen über die Dauer der Tauchgänge eines Pottwals. Bestimme so genau wie möglich:

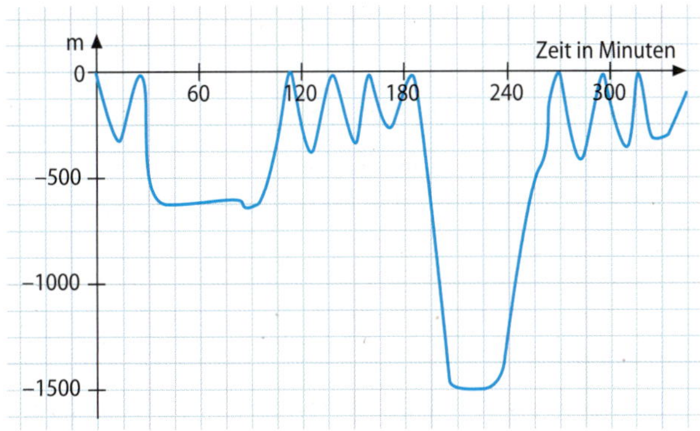

a) Welches ist die tiefste Tiefe, die der Pottwal erreicht hat?
b) Wie lange tauchte der Pottwal während der Aufzeichnungen tiefer als 500 m?
c) Die Tauchgänge lassen sich in Tieftauchen (über 500 m Tauchtiefe) und Flachtauchen (unter 500 m Tauchtiefe) unterscheiden. Wie groß war im Durchschnitt die maximale Tiefe des Wals beim Flachtauchen (Tieftauchen)? Beschreibe dein Vorgehen.
d) Stelle weitere Fragen zu dem Sachverhalt und beantworte sie.

Entdecken

Beispiele:

Spielt in einer Gruppe mit 3–4 Spielern „Zahlen-Uno“: Pro Spieler werden 8 Spielkarten vorbereitet, auf denen jeweils eine rationale Zahl zwischen −20 und +20 steht.

- Die Karten werden gemischt und an alle Spieler gleichmäßig verteilt. Der jüngste Spieler beginnt und legt eine Karte in die Mitte.
- Der jeweils linke Nachbar muss einen höheren Zahlenwert in die Mitte legen, als dort bereits liegt. Wenn er das nicht kann, dann muss er aussetzen.
- Kann eine Runde lang kein Spieler eine Karte ablegen, dann wird von dem Spieler, der dran ist, eine neue Karte in die Mitte gelegt. Der Spieler, der als erster alle Karten losgeworden ist, hat gewonnen.

Verstehen

Auch rationale Zahlen lassen sich ordnen.

Von zwei Zahlen ist immer diejenige **kleiner**, die auf der **Zahlengeraden weiter links** liegt.

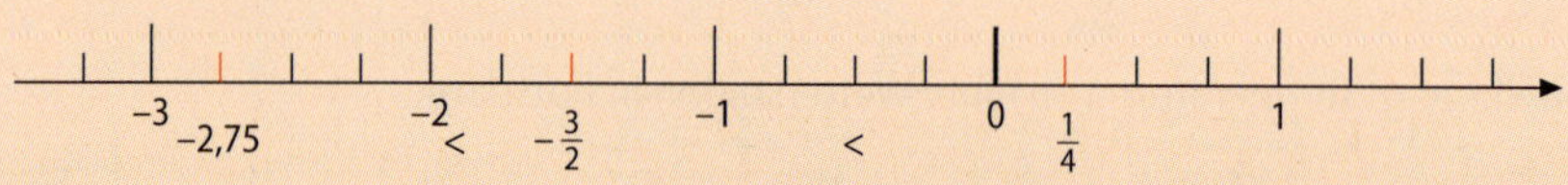

Der Betrag einer Zahl kann niemals negativ werden.

Zahl und Gegenzahl haben denselben Abstand zur Null, den man als **Betrag** bezeichnet: $|-2{,}4| = +2{,}4$ und $|+2{,}4| = +2{,}4$.

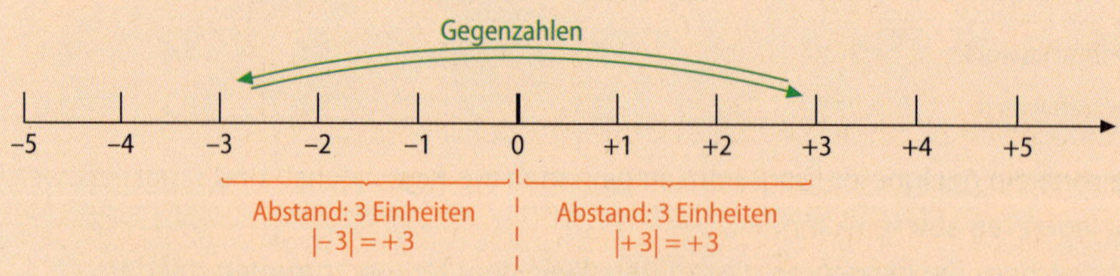

Beachte beim Runden mit negativen Zahlen:
$-3{,}42 \approx -3{,}4$ heißt abrunden, obwohl $-3{,}42 < -3{,}40$.

$-3{,}47 \approx -3{,}5$ heißt aufrunden, obwohl $-3{,}47 > -3{,}50$.

Rationale Zahlen lassen sich wie üblich **runden**. Beim Runden auf einen bestimmten Stellenwert zählt der benachbarte kleinere Stellenwert.
Bei 0, 1, 2, 3, 4 **bleibt** die **Ziffer** des Stellenwerts **gleich** („abrunden“).
Bei 5, 6, 7, 8, 9 **wird** die **Ziffer** des Stellenwerts **um 1 erhöht** („aufrunden“).

Beispiele

1. Welche Punkte sind auf der Zahlengeraden markiert? Ordne sie der Größe nach.

Lösung:

$-\frac{7}{10} < -\frac{1}{2} < -\frac{1}{5} < \frac{3}{10} < \frac{2}{5} < \frac{9}{10}$

2. Runde die Zahlen −17,4692; 27,8355 und −16,9902 auf Zehntel (Tausendstel).

Lösung:

$-17{,}4692 \approx -17{,}5$	$27{,}8355 \approx 27{,}8$	$-16{,}9902 \approx -17{,}0$
$(-17{,}4692 \approx -17{,}469)$	$(27{,}8355 \approx 27{,}836)$	$(-16{,}9902 \approx -16{,}990)$

Nachgefragt

- Begründe, warum positive Zahlen stets größer sind als negative Zahlen.
- Wenn man eine positive Zahl aufrundet, dann ist das Ergebnis stets größer als die ursprüngliche Zahl. Stimmt das auch für negative Zahlen? Begründe.

Aufgaben

1 Markiere die Zahlen auf einer Zahlengeraden. Ordne sie dann der Größe nach.

Wähle einen geeigneten Ausschnitt der Zahlengeraden.

a) −4,5; 2,3; −5,3; 3,2; −1,8; 1,0; 3,4; −0,2 **b)** $-\frac{1}{2}$; $\frac{3}{4}$; $-\frac{5}{8}$; 1,5; 0; $-\frac{3}{8}$; $\frac{7}{8}$; $-1\frac{1}{4}$

c) −10,5; 17,5; 8,0; −4,5; −2,5; 4; −1,5; −8 **d)** $-\frac{5}{6}$; $\frac{1}{3}$; $-\frac{9}{9}$; $-\frac{2}{6}$; $+3\frac{3}{9}$; $\frac{2}{6}$; $-\frac{1}{2}$

2 Runde die Zahlen auf Hundertstel (Tausendstel).

a) −12,5387; −0,0039 **b)** 87,32813; −27,59452 **c)** −99,0001; −99,90909 **d)** 67,35241; −56,19520

3 Ordne die Zahlen aufsteigend der Größe nach. Wie lautet das Lösungswort?

a)	I 0,2	Z −1,7	E 4,9	A −4,2	E 0	N −2,5	G 0,4
b)	S −0,01	N 0,1	U $-\frac{1}{10}$	E 1,0	A $-\frac{1}{1000}$	S $-\frac{1}{1}$	N $\frac{1}{100}$
c)	F $-\frac{1}{6}$	A $-\frac{1}{9}$	L $-\frac{5}{8}$	T $\frac{1}{3}$	E $-\frac{2}{3}$	N $\frac{1}{4}$	E $-\frac{2}{5}$
d)	S |−99,99|	C −99,99	U |−99,9|	O −99,909	T −99,9	B |−99,0|	T −99,0

4 Übertrage die Tabelle in dein Heft. Bestimme jeweils die kleinstmögliche und größtmögliche Zahl, die gerundet die gegebene Zahl ergibt.

gerundet auf	Tausendstel	Hundertstel	Tausendstel	Zehntel
gerundete Zahl	34,475	−16,83	−96,459	7,5
kleinstmögliche Zahl				
größtmögliche Zahl				

Überlege, ob die ursprüngliche Zahl größer oder kleiner als die gerundete Zahl ist.

5 Übertrage ins Heft und setze für ■ das richtige Vorzeichen ein.

Manchmal ist die Aussage für beide oder kein Vorzeichen wahr.

a) $-\frac{2}{3} <$ ■$\frac{2}{3}$; $|$■$1,35| = 1,35$ **b)** $-1\frac{3}{5} >$ ■$4,5$; ■$9,4 < -7,2$ **c)** ■$2,46 >$ ■$2,50$; $|$■$3\frac{2}{5}| < +3,4$ **d)** $|0| =$ ■0; $|$■$\frac{5}{6}| < |$■$\frac{7}{8}|$

6 Übertrage ins Heft und setze eine Ziffer so ein, dass die Aussage stimmt.

Findest du mehrere Möglichkeiten?

a) 7,35■ < 7,354 **b)** −0,1■9 < −0,129 **c)** −123,■22 < −123,222
d) 0,1■ < |−0,10| **e)** −■5,34 < −35,34 **f)** |−14,■64| < 14,264

7 Bestimme jeweils vier Zahlen, die …

a) zwischen −2 und 0 liegen, und deren Betrag größer als $\frac{3}{4}$ ist.
b) kleiner als −3 sind, und deren Betrag größer als 4 ist.
c) kleiner als −1 sind, und deren Betrag kleiner als 1,2 ist.
d) größer als −7 sind, und deren Betrag kleiner (größer) als 10 ist.

Entdecken

Welche Rechnungen führen zum selben Ergebnis?

Aufgaben ablaufen: Lege auf dem Boden je ein Blatt Papier mit den Zahlen zwischen −7 bis +7 der Reihe nach hin. Laufe eine Rechnung wie folgt ab:

1 Die erste Zahl ist der Startwert.

2 Das Rechenzeichen gibt an, in welche Richtung du schauen musst:
+ Blick in positive Richtung − Blick in negative Richtung

3 Bei der zweiten Zahl gibt das Vorzeichen an, wie du dich bewegst: positives Vorzeichen vorwärts, negatives Vorzeichen rückwärts. Die Ziffer legt die Anzahl der Schritte fest, die du gehen musst. Am Endpunkt erhältst du das Ergebnis.

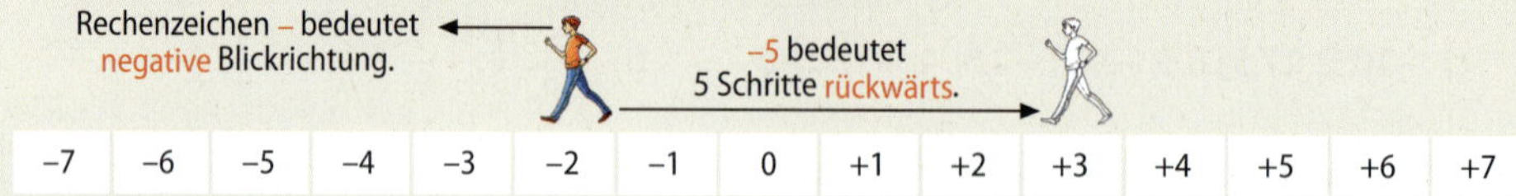

- Gehe die folgenden Aufgaben an der Zahlengeraden ab und löse sie.

a) (−3) + (−4)	(−3) − (+4)	(−3) + (+4)	(−3) − (−4)
b) (+4) − (−2)	(+4) + (−2)	(+4) − (+2)	(+4) + (+2)

- Ersetze in den Aufgaben die Rechenzeichen und Vorzeichen aus den Schritten 2 und 3 durch ein einziges Zeichen. Wie lautet die Bewegungsvorschrift?

Verstehen

Wenn man rationale Zahlen addiert bzw. subtrahiert, so kann die Summe bzw. Differenz positiv, negativ oder null sein.

Addition bei gleichen Vorzeichen:
(−1) + (−3)
1 *Beträge addieren*
1 + 3 = 4
2 *gemeinsames Vorzeichen im Ergebnis*
(−1) + (−3) = −4

Addition bei verschiedenen Vorzeichen:
(−1) + (+3)
1 *großer minus kleiner Betrag*
3 − 1 = 2
2 *Vorzeichen der Zahl mit größerem Betrag im Ergebnis*
(−1) + (+3) = +2

Addition rationaler Zahlen

1 **Addiert** man eine **positive Zahl**, ist die Gesamtänderung **positiv**.

(−1) + (+3) = +2

Kurzform: −1 + 3 = 2

2 **Addiert** man eine **negative Zahl**, ist die Gesamtänderung **negativ**.

(−1) + (−3) = −4

Kurzform: −1 − 3 = −4

Bei gleichen Vorzeichen der Summanden werden die Beträge addiert; das gemeinsame Vorzeichen der Summanden bleibt im Ergebnis erhalten.
Bei verschiedenen Vorzeichen der Summanden wird der kleinere Betrag vom größeren Betrag subtrahiert; das Ergebnis hat das Vorzeichen des Summanden mit dem größeren Betrag.

Subtraktion rationaler Zahlen

1 **Subtrahiert** man eine **negative Zahl**, ist die Gesamtänderung **positiv**.

(−1) − (−3) = +2

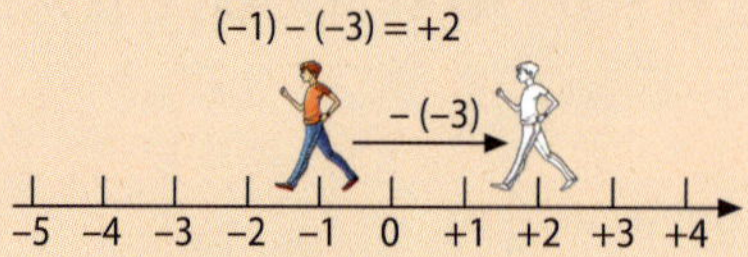

Kurzform: −1 + 3 = 2

2 **Subtrahiert** man eine **positive Zahl**, ist die Gesamtänderung **negativ**.

(−1) − (+3) = −4

Kurzform: −1 − 3 = −4

Die Subtraktion einer rationalen Zahl lässt sich stets durch die **Addition ihrer Gegenzahl** ersetzen.

Beispiel

Schreibe in Kurzform und berechne.

a) $4{,}5 + (-2{,}3)$

b) $-6{,}7 - (-3{,}8)$

Lösung:

a) $4{,}5 + (-2{,}3) = 4{,}5 - 2{,}3 = 2{,}2$

b) $-6{,}7 - (-3{,}8) = -6{,}7 + 3{,}8 = -2{,}9$

Treffen Vorzeichen und Rechenzeichen aufeinander, dann muss eine Klammer gesetzt werden.

Nachgefragt

- Wie lautet das Ergebnis, wenn du zu einer Zahl ihre Gegenzahl addierst (subtrahierst)? Probiere mit positiven und negativen Zahlen aus.
- Finde Sachverhalte aus dem Alltag, in denen das Rechenzeichen (Vorzeichen) „+" bzw. „–" verwendet wird.

Aufgaben

1 Stelle folgende Aufgaben jeweils an einer Zahlengeraden dar. Bestimme das Ergebnis.

Zeichne die Bewegungen wie im Merkkasten.

a) $-7 + (-3)$; $+9 - (-6)$; $-12 - (+11)$; $-6 - (-23)$

b) $-2{,}5 - (-4{,}5)$; $-8 - (-5{,}5)$; $-12{,}5 + (+11)$; $+9\frac{1}{2} + (-7{,}5)$

c) $-\frac{2}{3} + \left(-\frac{1}{9}\right)$; $\frac{5}{6} - \left(-1\frac{2}{3}\right)$; $-\frac{1}{2} - (+1{,}25)$; $-\frac{5}{8} + (-2{,}375)$

d) $2{,}3 - \left(-\frac{8}{10}\right)$; $-3{,}6 + (+1{,}8) - (+2{,}4)$; $+4{,}6 + (-2{,}1) - \left(-\frac{4}{5}\right)$; $-2{,}9 - (+1{,}4) + (-1{,}4)$

2 Berechne im Kopf.

a) $(-14) + (-27)$; $(+15) - (-34)$; $(-18) + (+21)$; $(-27{,}4) - (-12{,}4)$

b) $(+86) - (-44)$; $(-112) - (+36)$; $(-250) + (-185)$; $(+15{,}4) + (-17{,}3)$

c) $(+2{,}4) - (+3{,}6)$; $(-4{,}8) + (-1{,}9)$; $(+3{,}9) + (+12{,}1)$; $(-13{,}7) + (+10{,}9)$

d) $\left(+2\frac{5}{8}\right) - \left(+3\frac{7}{8}\right)$; $\left(-2\frac{1}{5}\right) + \left(+1\frac{3}{10}\right)$; $\left(+\frac{5}{9}\right) + \left(-2\frac{2}{9}\right)$

e) $\left(+\frac{4}{5}\right) + \left(-1\frac{2}{5}\right)$; $\left(-2\frac{3}{4}\right) - \left(-1\frac{1}{4}\right)$; $\left(-3\frac{5}{6}\right) + (-2)$

f) $\left(-\frac{2}{3}\right) + \left(-\frac{1}{9}\right)$; $\left(+\frac{3}{10}\right) - \left(+\frac{7}{50}\right)$; $\left(-1\frac{1}{6}\right) - \left(-2\frac{4}{15}\right)$

Lösungen zu 2:
-435; -148; -41; -15; $-6{,}7$; $-5\frac{5}{6}$; $-2{,}8$; $-1{,}9$; $-1\frac{2}{3}$; $-1{,}5$; $-1\frac{1}{4}$; $-1{,}2$; $-\frac{9}{10}$; $-\frac{7}{9}$; $-0{,}6$; $\frac{4}{25}$; $1\frac{1}{10}$; 3; 16; 49; 130

3 Berechne.

a) $-12 + 14 + 6$; $-10 - 8 - 11$

b) $5{,}6 - 0{,}8 + 0{,}2$; $-7{,}8 + 9{,}2 - 9{,}1$

c) $1{,}5 - \frac{1}{2} + \frac{3}{2} - 0{,}25$; $-\frac{8}{9} + \frac{2}{3} - \frac{1}{6} + \frac{1}{3}$

Lösungen zu 3:
-29; $-7{,}7$; $-\frac{1}{18}$; 2,25; 5; 8

4 Bestimme jeweils die fehlenden Angaben auf dem Kontoauszug.

delta

Konto Nr. 31321	alter Kontostand:	–453,45 €
Rechnung Küchenbau		–1233,12 €
Aktueller Kontostand:		€

delta

Konto Nr. 89221	alter Kontostand:	–1543,76 €
Lohn/Gehalt		€
Aktueller Kontostand:		801,56 €

delta

Konto Nr. 16057	alter Kontostand:	€
Kreditkartenabrechnung		–435,76 €
Aktueller Kontostand:		–2350,31 €

delta

Konto Nr. 64971	alter Kontostand:	–596,34 €
Gutschrift SB-Bank		€
Aktueller Kontostand:		–360,84 €

Aufgaben

5 Übertrage in dein Heft und vervollständige.

a	b	a + b	−a + b	a − b	−a − b	|a| − |b|
0,5	−1,25					
$-\frac{4}{5}$	1,2					
$-\frac{5}{8}$	$-\frac{3}{4}$					

Der Wert einer Traube ergibt sich aus der Summe bzw. Differenz (von links nach rechts) der beiden Trauben, die darüber liegen.

6 a) Übertrage in dein Heft und berechne die Summe.

b) Übertrage in dein Heft und bilde die Differenz.

7 Übertrage ins Heft und bestimme die fehlenden Temperaturangaben.

a) ■ $\xrightarrow{+6{,}4\,°C}$ 12,3 °C
■ $\xrightarrow{-2{,}7\,°C}$ −1,3 °C

b) −2,8 °C $\xrightarrow{■}$ 6,2 °C
+12,6 °C $\xrightarrow{-4{,}9\,°C}$ ■

c) 7,4 °C $\xrightarrow{■}$ 3,6 °C
■ $\xrightarrow{-3{,}8\,°C}$ +4,4 °C

a) −0,4 °C $\xrightarrow{-6{,}1\,°C}$ ■
0 °C $\xrightarrow{■}$ −1,8 °C

Findest du mehrere Möglichkeiten?

8 Stelle die Zahlen auf dem Stein jeweils als Ergebnis eines Terms dar mit den angegebenen Bedingungen. Das Ergebnis ist die …

a) Summe zweier Zahlen mit gleichem Vorzeichen.
b) Summe zweier Zahlen mit verschiedenen Vorzeichen.
c) Differenz zweier Zahlen mit gleichem Vorzeichen.
d) Differenz zweier Zahlen mit verschiedenen Vorzeichen.

Beispiel: −8: **a)** −6,5 + (−1,5) = −6,5 − 1,5 = −8

9 Übertrage in dein Heft und setze das richtige Vorzeichen ein.

a) $\square 12 + (\square 8) = +20$
$\square 123 - (-56) = \square 67$
$79 + (\square 1342) = \square 1421$

b) $\square 14{,}3 - (\square 12{,}9) = -1{,}4$
$-27{,}5 + (\square 34{,}2) = \square 6{,}7$
$-76{,}8 - (\square 54{,}7) = \square 131{,}5$

c) $\square \frac{2}{3} + \left(\square \frac{5}{6}\right) = 1\frac{1}{2}$
$1\frac{7}{8} - \left(\square 1\frac{3}{4}\right) = \square 3\frac{5}{8}$
$\square \frac{5}{12} - \left(\square \frac{13}{3}\right) = -\frac{19}{4}$

Oftmals reicht es aus, das Ergebnis zu überschlagen, um die Lücke zu füllen.

10 Mit dem Taschenrechner lassen sich die Vorzeichen für eine negative Zahl oft durch eine der abgebildeten Tasten angeben, die man drücken muss, bevor man die Zahl eingibt.

+/− *oder* −

a) Finde die Vorzeichentaste auf deinem Rechner und berechne dann.

1	$+3{,}5 - (-1{,}2)$	$-3{,}5 - (-1{,}2)$	$-3{,}5 + (-1{,}2)$
2	$0{,}75 + (-0{,}75)$	$-12{,}6 - (+1{,}95)$	$+12{,}5 - (-0{,}8)$
3	$-\frac{7}{15} + \left(\frac{5}{18}\right)$	$\frac{7}{12} + \left(-\frac{1}{9}\right)$	$-\frac{11}{36} - \left(-\frac{6}{19}\right)$
4	$-14\frac{2}{3} + \left(-7\frac{5}{9}\right)$	$-112{,}53 - (-27{,}914)$	$214{,}371 + (-483{,}04)$

b) Schreibe eine kurze Anleitung, wie man mit dem Taschenrechner rationale Zahlen addieren und subtrahieren kann.

11 Übertrage in dein Heft und setze jeweils <, > oder = ein.

a) $\frac{1}{2} - \left(-\frac{1}{3}\right) \square \frac{1}{2} + \left(-\frac{1}{3}\right)$

b) $0{,}5 + (-0{,}7) \square 0{,}2$

c) $-2{,}5 \square 2{,}1 + (-4{,}8)$

d) $0 \square -\frac{1}{4} - \left(-\frac{1}{8}\right)$

e) $-4{,}5 + (+2{,}3) \square 4{,}5 + (-2{,}3)$

f) $12{,}3 + (-112{,}7) \square 12{,}3 - (+112{,}7)$

g) $-\frac{1}{3} + \left(-\frac{1}{9}\right) \square -\frac{1}{9} + \left(-\frac{1}{3}\right)$

h) $0{,}4 + (+1{,}32) - (-0{,}8) \square 2$

12 Die Abbildung zeigt den Pegelstand der Unteren Havel bei Ketzin vom 7.12. bis 12.12.2015.

a) Übertrage die Tabelle in dein Heft und setze sie weiter fort. Bestimme die Pegelstände jeweils so genau wie möglich durch Ablesen.

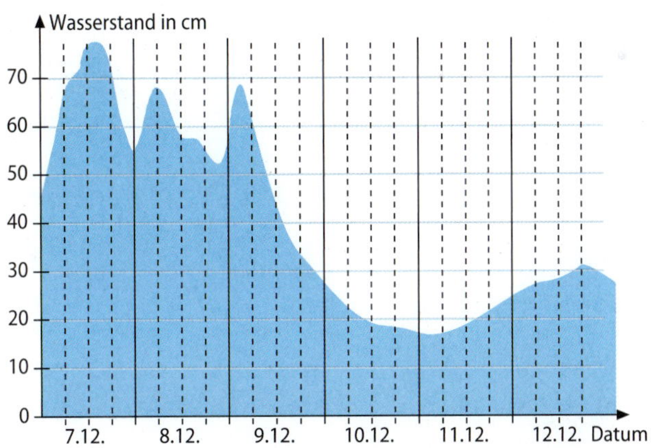

Tag	**7.12.**				**8.12.**				**9.12.**		
Uhrzeit	0 h	6 h	12 h	18 h	0 h	6 h	12 h	18 h	0 h	6 h	
Pegel in cm											

b) Bestimme an jedem Tag die Veränderung zwischen 0.00 Uhr und 24.00 Uhr. Markiere durch das Vorzeichen „+" einen insgesamt gestiegenen Pegel und durch „−" einen insgesamt gefallenen Pegel.

c) Bestimme mit den Ergebnissen von a) den durchschnittlichen Pegel an jedem Tag. Beschreibe auch, wie du den Durchschnittswert „verbessern" kannst.

Entdecken

Die Abbildung zeigt den Ausschnitt aus einer Multiplikationstafel. Die hinterlegten Zahlen stellen die Faktoren für die Multiplikation dar. Das Ergebnis in jeder Zelle erhältst du, indem du Faktoren in x-Richtung mit denen in y-Richtung multiplizierst.

- Übertrage den Ausschnitt in dein Heft und vervollständige.
- Betrachte die Ergebnisse einer Zahlenreihe jeweils in beide Richtungen. Beschreibe die Änderungen von Zelle zu Zelle.
- Betrachte die Vorzeichen der einzelnen Faktoren und des Produkts in den einzelnen Bereichen („Quadranten") der Tafel. Welche Regel lässt sich bezüglich der Vorzeichen erkennen?

						5	10	15		
						4	8	12	16	
						3	6	9	12	
						2	4	6	8	10
−5	−4	−3	−2	−1	0	1	2	3	4	5
						0				
						−1				
						−2				
						−3				
						−4				
						−5				

Verstehen

Das Produkt zweier rationaler Zahlen kann positiv oder negativ sein.

Man **multipliziert** zunächst die **Beträge** (also ohne Rücksicht auf das Vorzeichen) der Zahlen.
Das Ergebnis hat dann ein positives Vorzeichen, wenn die **beiden Faktoren** das gleiche Vorzeichen haben.
Das Ergebnis hat ein negatives Vorzeichen, wenn die **beiden Faktoren** verschiedene Vorzeichen haben.

Beispiele:

$-2{,}3 \cdot (-1{,}5) =$
1 Beträge: $2{,}3 \cdot 1{,}5 = 3{,}45$
2 gleiche Vorzeichen ⟶ +
3 Ergebnis: $-2{,}3 \cdot (-1{,}5) = +3{,}45$

$2{,}3 \cdot (-1{,}5) =$
1 Beträge: $2{,}3 \cdot 1{,}5 = 3{,}45$
2 verschiedene Vorzeichen ⟶ −
3 Ergebnis: $2{,}3 \cdot (-1{,}5) = -3{,}45$

kurz:
+ mal + ⟶ +
+ mal − ⟶ −
− mal + ⟶ −
− mal − ⟶ +

Beispiele

1. Berechne.

a) $-4{,}5 \cdot (-1{,}3)$ **b)** $-\frac{4}{11} \cdot \left(+\frac{2}{3}\right)$

Lösung:

a) $-4{,}5 \cdot (-1{,}3) = +5{,}85$ **b)** $-\frac{4}{11} \cdot \left(+\frac{2}{3}\right) = -\frac{8}{33}$

2. Welches Vorzeichen hat das Ergebnis? Bestimme, ohne zu rechnen.

a) $125{,}6 \cdot (-12{,}4)$ **b)** $-\frac{5}{12} \cdot \frac{17}{13}$ **c)** $0{,}2 \cdot (-3{,}5) \cdot (-1{,}9)$

Lösung:
Die Ergebnisse von a) und b) sind negativ, weil die beiden Faktoren jeweils unterschiedliche Vorzeichen haben.
Bei c) ist das Produkt der ersten beiden Faktoren negativ. Somit ist das Produkt aus diesem Ergebnis mit dem dritten Faktor positiv.

Hat ein Produkt mehr als zwei Faktoren, dann wird das Vorzeichen für das Ergebnis immer nacheinander paarweise aus zwei Faktoren bestimmt.

Nachgefragt

- Ein Produkt besteht aus drei Faktoren mit jeweils positivem (negativem) Vorzeichen. Welches Vorzeichen hat das Ergebnis? Begründe.
- Welches Vorzeichen hat das Produkt, wenn einer der Faktoren null ist?

Aufgaben

1 Bestimme das fehlende Vorzeichen.

a) $(-3{,}4) \cdot (-27{,}6) = \square\, 93{,}84$
$(+12{,}3) \cdot (+8{,}9) = \square\, 109{,}47$
$\left(-\frac{1}{7}\right) \cdot \left(+\frac{8}{9}\right) = \square\, \frac{8}{63}$

b) $(\square\, 11{,}7) \cdot (-7{,}3) = +85{,}41$
$(-1{,}7) \cdot (-0{,}2) \cdot (+2) = \square\, 0{,}68$
$(-4{,}5) \cdot \left(\square\, \frac{2}{5}\right) \cdot \left(-\frac{3}{4}\right) = +1\frac{7}{20}$

2 Berechne im Kopf.

a) $-5 \cdot (+6)$
$+8 \cdot (+4)$
$-9 \cdot (-9)$
$6 \cdot (-10)$

b) $+7 \cdot (-9)$
$-7 \cdot (+8)$
$11 \cdot (-11)$
$-12 \cdot (-12)$

c) $20 \cdot (-6)$
$-50 \cdot (+0{,}5)$
$-1{,}5 \cdot (-22)$
$-30 \cdot 2{,}6$

d) $-\frac{1}{2} \cdot \left(-\frac{1}{3}\right)$
$\frac{5}{8} \cdot \left(-\frac{8}{5}\right)$
$-\frac{3}{4} \cdot 8$
$-\frac{1}{2} \cdot \left(-\frac{1}{2}\right) \cdot \left(-\frac{1}{2}\right)$

3 Übertrage die Multiplikationstabelle in dein Heft und vervollständige.

a)

·	+4,5	−3,2	−10	2,9
−2,1				
+9				
−1,1				
5,6				

b)

·	−2,25		$-\frac{2}{5}$	0
$-\frac{7}{8}$				
7,5		−2,25		
+12				
$-\frac{5}{6}$				

Lösungen zu 3:
−90; −56; −28,8; −27; −17,92; $-16\frac{7}{8}$; −9,45; −6,09; −4,95; $-4\frac{4}{5}$; $-3\frac{3}{5}$; −3,19; −3; $-\frac{3}{10}$; 0; 0; 0; 0; $\frac{1}{4}$; $\frac{21}{80}$; $\frac{1}{3}$; $\frac{7}{20}$; $1\frac{7}{8}$; $1\frac{31}{32}$; 3,52; 6,72; 11; 16,24; 21; 25,2; 26,1; 40,5

4 Ergänze die fehlende Zahl. Beachte das Vorzeichen.

a) $\square \cdot (-6) = -24$
$-8 \cdot \square = 56$
$+17 \cdot \square = 85$

b) $\square \cdot (-2{,}5) = -10$
$\square \cdot 1{,}2 = -18$
$-25 \cdot \square = 5$

c) $-\frac{2}{3} \cdot \square = 4$
$\square \cdot \frac{4}{5} = -1$
$-0{,}6 \cdot \square = -9$

d) $-1{,}65 \cdot \square = 4{,}95$
$\square \cdot \left(-\frac{5}{4}\right) = \frac{5}{8}$
$-\frac{14}{17} \cdot \square = 0$

5 Berechne das Ergebnis.

a) $7 \cdot (-12) \cdot 8$
$-5 \cdot (-3) \cdot (-10) \cdot 8$

b) $-1{,}4 \cdot 5{,}6 \cdot (-2{,}1)$
$-0{,}5 \cdot (-3{,}4) \cdot (-13) \cdot (-1)$

c) $\frac{2}{5} \cdot \left(-\frac{3}{8}\right) \cdot \left(-\frac{5}{12}\right)$
$-\frac{4}{3} \cdot \frac{1}{9} \cdot \left(-\frac{4}{15}\right)$

6 Setze Karten mit den Ziffern und Vorzeichen jeweils so ein, dass das Produkt …
a) möglichst groß wird. b) möglichst klein wird. c) nahe bei null liegt.

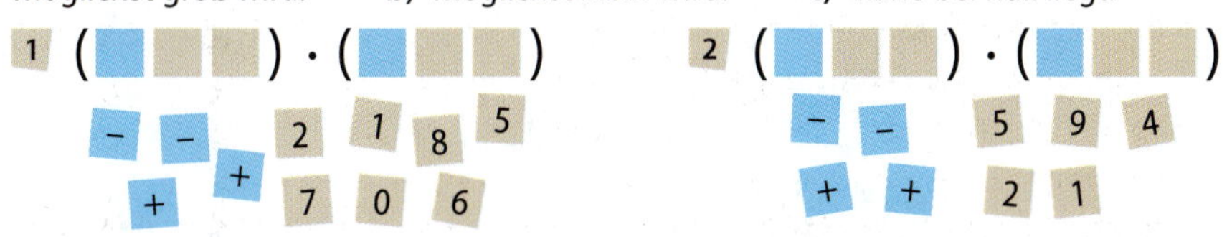

7 Multipliziere eine beliebige rationale Zahl mit −1. Beschreibe das Ergebnis anschaulich an einer Zahlengeraden.

1.7 Rationale Zahlen dividieren

Entdecken

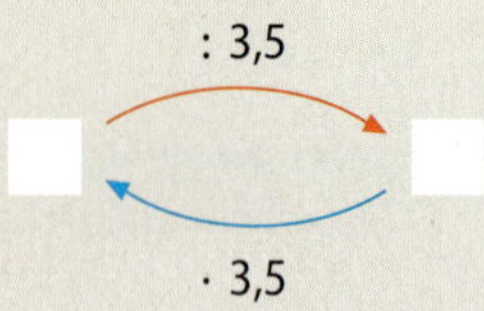

Die Division ist die Umkehrung der Multiplikation.

- Übertrage die Darstellungen in dein Heft und ergänze die fehlenden Angaben.
- Betrachte die Vorzeichen bei den Rechnungen zur Division. Welche Zusammenhänge erkennst du? Stelle eine Regel auf und erkläre sie.

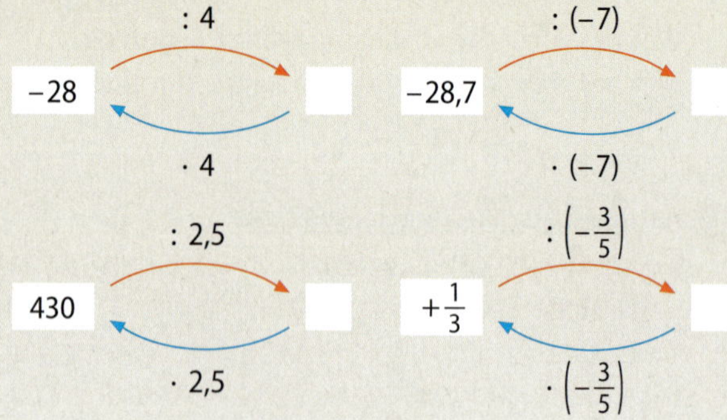

Verstehen

Zwei rationale Zahlen, die ungleich null sind, werden nach den gleichen Vorzeichenregeln dividiert wie bei der Multiplikation.

Bei rationalen Zahlen **dividiert** man zunächst ihre **Beträge** (also ohne Rücksicht auf das Vorzeichen). Das Ergebnis hat ein positives Vorzeichen, wenn Dividend und Divisor das gleiche Vorzeichen haben.
Das Ergebnis hat ein negatives Vorzeichen, wenn Dividend und Divisor verschiedene Vorzeichen haben.

Beispiele:

$-12{,}5 : (-2{,}5) =$
1 Beträge: $12{,}5 : 2{,}5 = 5$
2 gleiche Vorzeichen → +
3 Ergebnis: $-12{,}5 : (-2{,}5) = +5$

$12{,}5 : (-2{,}5) =$
1 Beträge: $12{,}5 : 2{,}5 = 5$
2 verschiedene Vorzeichen → −
3 Ergebnis: $12{,}5 : (-2{,}5) = -5$

kurz:
+ geteilt durch + → +
+ geteilt durch − → −
− geteilt durch + → −
− geteilt durch − → +

Beispiel

Berechne ausführlich.

a) $-0{,}72 : 1{,}1$

b) $-\frac{4}{11} : \left(-\frac{3}{5}\right)$

Lösung:

a) $-0{,}72 : 1{,}1 =$

1 Beträge: $0{,}72 : 1{,}1 = 0{,}6\overline{54}$
2 Vorzeichen: −
3 Ergebnis: $-0{,}72 : 1{,}1 = -0{,}6\overline{54}$

b) $-\frac{4}{11} : \left(-\frac{3}{5}\right) =$

1 Beträge: $\frac{4}{11} : \frac{3}{5} = \frac{4}{11} \cdot \frac{5}{3} = \frac{20}{33}$
2 Vorzeichen: +
3 Ergebnis: $-\frac{4}{11} : \left(-\frac{3}{5}\right) = \frac{20}{33}$

Beachte:

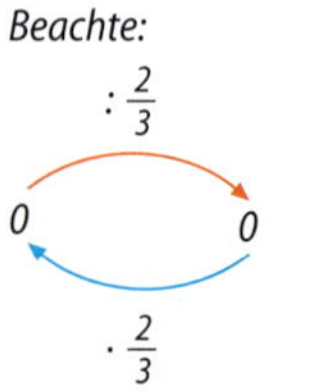

aber:

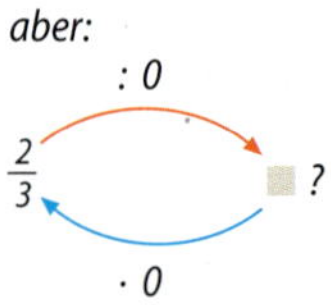

Man findet keine Zahl, die mit 0 multipliziert $\frac{2}{3}$ ergibt.

Nachgefragt

- Wie groß ist der Quotient, wenn der Divisor 1 bzw. −1 ist?
- Wie groß ist der Quotient, wenn Dividend und Divisor gleich sind (Gegenzahlen sind)?
- Für welche Divisoren ist das Ergebnis der Division kleiner (größer) als der Dividend? Finde Beispiele.

Aufgaben

1 Übertrage die Pfeilbilder in dein Heft und ergänze die fehlenden Angaben.

a) $-90 \xrightarrow{:\,12}$ ☐ ; ☐ $\xrightarrow{\cdot\,☐}$ -90

b) $-18 \xrightarrow{:\,☐}$ ☐ ; ☐ $\xrightarrow{\cdot\,(-15)}$ -18

c) ☐ $\xrightarrow{:\,(-3{,}5)}$ $4{,}9$; $4{,}9 \xrightarrow{\cdot\,☐}$ ☐

2 Du weißt bereits, dass man durch einen Bruch dividieren kann, indem man mit seinem Kehrwert multipliziert.

a) Erkläre, warum man die Regel für die Division rationaler Zahlen bereits mit dieser Kenntnis aus der Regel für die Multiplikation bekommen kann.

b) Übertrage die Pfeilbilder in dein Heft und ergänze die fehlenden Angaben.

1. $-\frac{2}{3}$; $: \frac{5}{6}$; $\cdot$ ☐ (oben) ; Ergebnis ☐ ; zurück $\cdot$ ☐
2. $-\frac{3}{11}$; $:$ ☐ ; $\cdot$ ☐ (oben) ; Ergebnis ☐ ; zurück $\cdot \frac{4}{9}$
3. $1\frac{2}{7}$; $:$ ☐ ; $\cdot \frac{3}{10}$ (oben) ; Ergebnis ☐ ; zurück $\cdot$ ☐
4. $-\frac{4}{15}$; $:$ ☐ ; $\cdot$ ☐ (oben) ; Ergebnis ☐ ; zurück $\cdot (-8)$
5. $-\frac{4}{15}$; $:$ ☐ ; $\cdot$ ☐ (oben) ; Ergebnis $-3\frac{3}{32}$; zurück $\cdot$ ☐

Erweiterung:

$\frac{3}{4}$; $\cdot \frac{3}{2}$; $: \frac{2}{3}$; $\frac{9}{8}$; zurück $\cdot \frac{2}{3}$

$: \frac{2}{3}$ und $\cdot \frac{3}{2}$ führt zum selben Ergebnis.

3 Berechne im Kopf.

a) $-42 : (-6)$
$-81 : 9$
$(+56) : (-8)$

b) $76 : (-4)$
$-85 : (-5)$
$+96 : 8$

c) $15 : (-2{,}5)$
$-9{,}6 : (+1{,}2)$
$-8{,}75 : (-1{,}25)$

d) $-\frac{1}{2} : \frac{1}{3}$
$\frac{4}{5} : \left(-\frac{6}{15}\right)$
$-\frac{7}{8} : \left(-\frac{5}{16}\right)$

4 Übertrage in dein Heft und bestimme die fehlenden Vorzeichen und Zahlen.

a) ☐ $182 : (-13) = -$ ☐

b) $-$ ☐ $: 17 =$ ☐ $12{,}5$

c) $-\frac{24}{5} : (+$ ☐ $) =$ ☐ 12

d) $(-$ ☐ $) : ($ ☐ $2{,}6) = -14{,}3$

e) $-29{,}04 : ($ ☐ ☐ $) = 1{,}1$

f) $\frac{8}{3} : (-$ ☐ $) = \frac{9}{2}$

5 Übertrage die Divisionstabelle in dein Heft und vervollständige.

a)

:	+2	−5	−7	8
−560				
840				
−700			100	

b)

:	+1,5	$-\frac{3}{5}$	$-1\frac{2}{3}$	4,5
−1,5				$-\frac{1}{3}$
78,6				
$-\frac{3}{8}$				

Lösungen zu 5:
-350; -280; -168; -131; -120; $-87{,}5$; -70; $-47{,}16$; -1; $-\frac{1}{4}$; $-\frac{1}{12}$; $\frac{9}{40}$; $\frac{5}{8}$; $0{,}9$; $2{,}5$; $17\frac{7}{15}$; $52{,}4$; 80; 105; 112; 140; 420

6 Beginne mit dem Startstein. Die Lösung der Aufgabe führt dich zum neuen Stein.

-7	Start	$-\frac{3}{4} : \frac{5}{8}$
$-1\frac{1}{5}$	T	$\frac{7}{6} : \left(-\frac{5}{18}\right)$
$-4\frac{1}{5}$	E	$1\frac{7}{9} : \frac{5}{27}$
$-12\frac{2}{5}$	O	$-\frac{19}{16} : \left(+\frac{95}{324}\right)$
$-4\frac{1}{20}$	W	$-\frac{7}{3} : \frac{2}{6}$
$+9\frac{3}{5}$	L	$-\frac{11}{7} : \left(-\frac{5}{7}\right)$
$+2\frac{1}{5}$	T	$3\frac{7}{8} : \left(-\frac{5}{16}\right)$

Entdecken

Hilf Sven, die Rechengesetze, die er kennt, bei den rationalen Zahlen zu überprüfen.

- Welche Rechengesetze kennst du?
- Überprüfe an Zahlenbeispielen, ob du bei den einzelnen Grundrechenarten die Reihenfolge beliebig vertauschen und Klammern beliebig setzen kannst.

Verstehen

Für die Berechnung von Termen gelten auch bei rationalen Zahlen Rechengesetze.

1. Was in **Klammern** steht, wird immer **zuerst** ausgerechnet. Bei mehreren Klammern beginnt man mit der innersten.
2. **Potenzen** werden **vor** den vier **Grundrechenarten** berechnet.
3. **Punktrechnung** (Multiplikation, Division) geht **vor Strichrechnung** (Addition, Subtraktion).

Ebenso können bei alleiniger **Addition** bzw. **Multiplikation** rationale Zahlen **beliebig vertauscht** oder durch **Klammern zusammengefasst** werden.

Man bezeichnet das Vertauschungsgesetz auch als **Kommutativgesetz** (KG).

1 Addition:
$4{,}2 + (-2{,}3) + 3{,}8 = 5{,}7$
$4{,}2 + 3{,}8 + (-2{,}3) = 5{,}7$

2 Multiplikation:
$2{,}5 \cdot (-1{,}8) \cdot (-6) = 27$
$2{,}5 \cdot (-6) \cdot (-1{,}8) = 27$

Das Verbindungsgesetz zum Setzen von Klammern heißt **Assoziativgesetz** (AG).

1 Addition:
$(-0{,}8) + [2{,}8 + (-1{,}5)] = 0{,}5$
$[(-0{,}8) + 2{,}8] + (-1{,}5) = 0{,}5$

2 Multiplikation:
$\left(-\frac{3}{4}\right) \cdot \left[\left(-\frac{1}{2}\right) \cdot \frac{5}{7}\right] = \frac{15}{56}$
$\left[\left(-\frac{3}{4}\right) \cdot \left(-\frac{1}{2}\right)\right] \cdot \frac{5}{7} = \frac{15}{56}$

Beispiel

Beachte: Da wir eine Subtraktion auch als Addition der Gegenzahl und eine Division stets als Multiplikation mit ihrem Kehrwert verstehen können, lassen sich diese Grundrechenarten auch in den Rechengesetzen wiederfinden.

Erkläre, warum die folgenden Aufgaben richtig umgestellt wurden.

a) $6{,}2 - 5{,}6 + 2{,}8 = 6{,}2 + 2{,}8 - 5{,}6$ **b)** $0{,}2 \cdot (-1{,}4) : (-5) = 0{,}2 : (-5) \cdot (-1{,}4)$

Lösung:

a) Die Subtraktion kann auch als Addition geschrieben werden. Hier darf man die Summanden vertauschen.
$6{,}2 - 5{,}6 + 2{,}8 = 6{,}2 + (-5{,}6) + 2{,}8 = 6{,}2 + 2{,}8 + (-5{,}6) = 6{,}2 + 2{,}8 - 5{,}6$

b) Die Division kann man in eine Multiplikation umwandeln.
$0{,}2 \cdot (-1{,}4) : (-5) = 0{,}2 \cdot (-1{,}4) \cdot \left(-\frac{1}{5}\right) = 0{,}2 \cdot \left(-\frac{1}{5}\right) \cdot (-1{,}4) = 0{,}2 : (-5) \cdot (-1{,}4)$

- Wandle $-2,4 - (-4,7)$ in eine Addition um.
- Mit welchem Rechengesetz hast du hier einen Vorteil: $(-2,4) + (-1,8) + (-4,6)$?

Nachgefragt

Aufgaben

1 Erkläre die Rechnungen. Welches Rechengesetz wurde verwendet?

a) $15 + [(-25) + 132]$
$= [15 + (-25)] + 132$
$= (-10) + 132$
$= 122$

b) $-12,6 + (-6,9) + 4,6$
$= -12,6 + 4,6 + (-6,9)$
$= -8 + (-6,9)$
$= -14,9$

c) $1,2 \cdot (-13,6) \cdot (-5)$
$= (-13,6) \cdot 1,2 \cdot (-5)$
$= (-13,6) \cdot (-6)$
$= 81,6$

2 Vertausche und berechne geschickt.

a) $24 + (-27) + 16 + (-13)$ **b)** $139 + 25 + (-15) + (-19)$
c) $-166 + 34 + (-16) + (-14) + 116$ **d)** $-16,7 + 16,6 + (-11,9) + 4,1 + 1,9$
e) $2 \cdot (-6) \cdot 5 \cdot 17$ **f)** $(-4) \cdot 2,5 \cdot (-25) \cdot (-5)$
g) $125 \cdot (-40) \cdot (-8) \cdot 2$ **h)** $-4 \cdot (-6) \cdot (-250) \cdot 5 \cdot (-5)$

Lösungen zu 2:
-1250; -1020; -46; -6; 0; 130; 80 000; 150 000

3 Nutze die Rechengesetze und bestimme das Ergebnis.

a) $-45 + (-69 + 55) - 37$ **b)** $28 + (-17 + 42) + (-87 + 66)$
c) $(-9,3 + 3,7) - 6,5 + (-12,3 + 6,1) + 3,3$ **d)** $-5,2 + (-2,7 + 4,4 - 5,3) + (-1,8 + 3,4)$

4 Rechne vorteilhaft. Nenne das Rechengesetz, das du anwendest.

a) $-12,4 + 17,9 + (-4,6)$
$78,6 + [34,4 + (-129,7)]$
$-3,4 + 1,8 + 3,7 - 5,4$

b) $[(-7) \cdot 2,25] \cdot (-8)$
$(-5) \cdot 12 \cdot (-1,2)$
$6 \cdot (-12,6) \cdot \frac{1}{6}$

c) $15 \cdot 4,5 - 2,5$
$22 - 4 \cdot (-1,25)$
$[34 + (-16)] \cdot 2,3$

5 Stelle die Karten zu möglichst vielen unterschiedlichen Aufgaben zusammen und berechne sie. Welcher Term liefert das größte (kleinste) Ergebnis?

a) + ( ) +10 + + −4 +25 −8

b) + −1,2) +2,5 (− + −5 −26 + +8

c) + −3 +1,8 · $\frac{1}{6}$ +9 · −12 −

6 **a)** Vergleiche die Rechnungen miteinander, bei denen ein Klammerausdruck subtrahiert wird, und bestimme jeweils das Ergebnis. Welche Ergebnisse sind gleich?

Wird ein Klammerausdruck subtrahiert, dann spricht man oftmals von einer ***Minusklammer****.*

1

$-13 - (-16 + 24) \overset{?}{=}$
$-13 + 16 + 24$
$-13 + 16 - 24$
$-13 - 16 + 24$
$-13 - 16 - 24$

2

$29 - (17 - 34) \overset{?}{=}$
$29 - 17 + 34$
$29 - 17 - 34$
$29 + 17 + 34$
$29 + 17 - 34$

b) Beschreibe eine Regel, wie man eine Minusklammer auflösen kann. Überlege dir eigene Aufgaben wie in a) und überprüfe die Regeln daran.

Entdecken

- Welche Terme gehören zusammen? Setze die Zahlenwerte passend ein und probiere aus.
- Finde und beschreibe eine Regel für die Verbindung von Addition und Multiplikation.

Verstehen

Addition und Multiplikation werden über eine Rechenregel miteinander verbunden.

*Treffen Vorzeichen und Rechenzeichen aufeinander, so **muss** eine **Klammer** gesetzt werden. In allen anderen Fällen kann man die Klammer auch weglassen.*

> Wird eine Summe (Differenz) mit einer rationalen Zahl multipliziert, dann lässt sich diese Zahl wie bisher auf die einzelnen Teile der Summe (Differenz) „verteilen". Diesen Vorgang nennt man ausmultiplizieren.
> Umgekehrt lassen sich gemeinsame Faktoren in den Teilen einer Summe (Differenz) auch aus der Summe (Differenz) „herausziehen", was man als ausklammern bezeichnet. Dieses Rechengesetz kennen wir bereits als **Distributivgesetz** (DG).
>
> ausmultiplizieren → ausmultiplizieren →
>
> $(-5) \cdot (-17 + 6) = (-5) \cdot (-17) + (-5) \cdot 6$ oder $(-17 + 6) \cdot (-5) = (-17) \cdot (-5) + 6 \cdot (-5)$
>
> ← ausklammern ← ausklammern

Beispiele

1. Berechne den Wert des Terms. Wende das Distributivgesetz an.

a) $-6 \cdot (70 + 11)$ **b)** $(-8) \cdot (-99)$ **c)** $27 \cdot (-17) + 13 \cdot (-17)$

Das DG kann auch hier helfen:
$98 \cdot (-23)$
$= (100 - 2) \cdot (-23)$
$= 100 \cdot (-23) - 2 \cdot (-23)$

Lösung:

a) $-6 \cdot (70 + 11) = -6 \cdot 70 + (-6) \cdot 11 = -420 + (-66) = -486$

b) $(-8) \cdot (-99) = (-8) \cdot (-100 + 1) = (-8) \cdot (-100) + (-8) \cdot 1 = 800 - 8 = 792$

c) $27 \cdot (-17) + 13 \cdot (-17) = (27 + 13) \cdot (-17) = 40 \cdot (-17) = -680$

2. Finde verschiedene Möglichkeiten, um $-56 \cdot 24$ zu berechnen.

Tipp: Bei Summen in den Klammern gibt es meist weniger Fehler mit dem Vorzeichen.

Lösungsmöglichkeiten:

1
$-56 \cdot 24$
$= (-60 + 4) \cdot 24$
$= -60 \cdot 24 + 4 \cdot 24$
$= -1440 + 96$
$= -1344$

2
$-56 \cdot 24$
$= (-50 + (-6)) \cdot 24$
$= -50 \cdot 24 + (-6) \cdot 24$
$= -1200 - 144$
$= -1344$

3
$-56 \cdot 24$
$= -56 \cdot (20 + 4)$
$= -56 \cdot 20 + (-56) \cdot 4$
$= -1120 - 224$
$= -1344$

Nachgefragt

- Beschreibe verschiedene Situationen, bei denen man sich durch das Distributivgesetz Rechenvorteile verschaffen kann.
- Das Distributivgesetz lässt sich auch auf Differenzen anwenden. Begründe.

Aufgaben

1 Beschreibe, wie man mithilfe des Distributivgesetzes die Anzahl der Flaschen jeder Sorte auf verschiedene Arten bestimmen kann.

a) 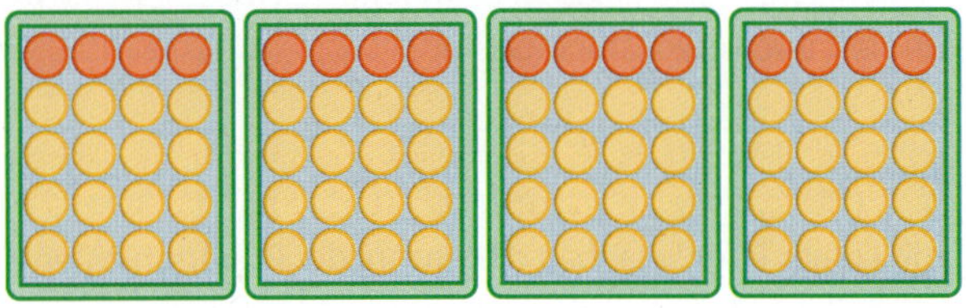

b) 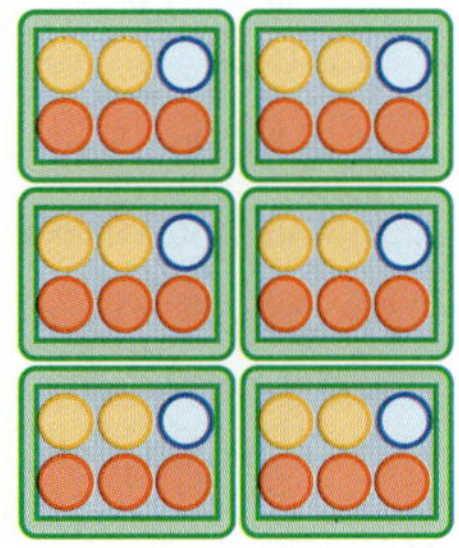

2 Wende das Distributivgesetz an und bestimme das Ergebnis.

a) $-2 \cdot 19 + (-2) \cdot (-39)$ b) $0{,}4 \cdot (-1{,}8) + 0{,}4 \cdot (-0{,}2)$ c) $-25 \cdot (50 - 17)$

d) $19{,}2 \cdot (0{,}5 - 10{,}1)$ e) $-28 \cdot \left(\left(\frac{7}{4}\right) + \left(-\frac{4}{7}\right)\right)$ f) $\left((-0{,}4) + \frac{3}{4}\right) \cdot 100$

g) $(-36) \cdot \left(\left(-\frac{7}{12}\right) + \frac{7}{18}\right)$ h) $\frac{4}{5} \cdot 2{,}6 - \frac{4}{5} \cdot (-4{,}6)$ i) $7{,}5 \cdot (-16{,}3) + 4{,}3 \cdot 7{,}5$

Lösungen zu 2:
$-825; -184{,}32; -90; -33; -0{,}8; 5{,}76; 7; 35; 40$

3 Berechne.

a) $50{,}66 \cdot \left(-\frac{1}{2}\right) - 0{,}76 \cdot \left(-\frac{1}{2}\right)$ b) $(-0{,}57) \cdot 86{,}5 + (-0{,}57) \cdot 3{,}1$

c) $(-21{,}9) \cdot \frac{1}{3} + (-21{,}9) \cdot \frac{1}{3}$ d) $6{,}75 : (-0{,}25) - 1{,}8 : (0{,}25)$

e) $14{,}4 : (-0{,}9) + (-16{,}2) : 0{,}9$ f) $(-14{,}7) : 3\frac{1}{2} + 14{,}7 : \left(-3\frac{1}{2}\right)$

g) $(35{,}2 - 17{,}3) \cdot (77{,}3 - 86{,}3)$ h) $(34{,}7 - 43{,}8) \cdot (43{,}8 - 34{,}7)$

i) $(48{,}3 - 49{,}3) : (7{,}2 + 2{,}8)$ j) $(-4{,}802 + 23{,}902) : (2{,}1 - 0{,}4)$

4 Nutze das Distributivgesetz geschickt, um die Terme zu berechnen.

a) $-45 \cdot 17$ $(-32) \cdot 98$ $1{,}6 \cdot (-102)$ $1{,}27 \cdot (-55)$

b) $-27 \cdot (-9{,}9)$ $5{,}5 \cdot (-6{,}7)$ $-12{,}9 \cdot (-10{,}5)$ $-9{,}5 \cdot 34{,}25$

5 a) Gib wie in **Beispiel 2** verschiedene Möglichkeiten an, um vorteilhaft zu rechnen.

1 $-76 \cdot 21$ **2** $-126 \cdot (-25)$ **3** $-24{,}8 \cdot (-3{,}6)$ **4** $5{,}6 \cdot (-8{,}9)$

b) Tamara erinnert sich: „In der Grundschule haben wir beim Multiplizieren doch auch die Faktoren immer zerlegt. Wie war das möglich?" Begründe das damalige Vorgehen mit dem Distributivgesetz.

Multiplikation aus Klasse 3:

$126 \cdot 12 =$	
$100 \cdot 12 =$	1200
$20 \cdot 12 =$	240
$6 \cdot 12 =$	72
$126 \cdot 12 =$	1512

6 Lässt sich das Distributivgesetz auch immer auf Divisionen anwenden?

1 $121 : (-11) + 66 : (-11) \stackrel{?}{=} (121 + 66) : (-11)$

2 $-144 : 12 + (-144) : 8 \stackrel{?}{=} -144 : (12 + 8)$

3 $756 : (-7) - 756 : 9 \stackrel{?}{=} 756 : [(-7) - 9]$

4 $-117 : 26 + (-117) : (-9) \stackrel{?}{=} -117 : (26 + (-9))$

a) Überprüfe die Gültigkeit der Gleichungen.

b) Stelle eine Regel für das Distributivgesetz für die Division auf und überprüfe an weiteren selbst gewählten Beispielen.

Entdecken

Ein DIN-A4-Blatt wird fortlaufend zusammengefaltet, sodass sich die Fläche halbiert.

- Schätze zunächst: Kann man auf diese Weise ein Blatt zehnmal falten?
- Übertrage die Tabelle in dein Heft und vervollständige sie.

Anzahl Faltungen	0	1	2	3	4	5	6	7	8	9	10
Anzahl Papierschichten	1	2									

- Beschreibe in Worten und mit einem Term, wie man die Anzahl der Papierschichten bestimmen kann, wenn man die Anzahl der Faltungen kennt.
- Wie ändert sich die sichtbare Fläche abhängig von den Faltungen? Beschreibe.

Verstehen

Produkte aus lauter gleichen Faktoren kann man auch als **Potenz** schreiben.

5 gleiche Faktoren		Potenz		Wert
$2 \cdot 2 \cdot 2 \cdot 2 \cdot 2$	=	2^5	=	32

Exponent: 5, Basis: 2 (2^5)

Diese Schreibweise gilt auch für **rationale Zahlen** a als Basis: $a^n = \underbrace{a \cdot a \cdot \ldots \cdot a}_{\text{n Faktoren}}$

Es gilt weiterhin: $\mathbf{a^1 = a}$ und $\mathbf{a^0 = 1}$ für alle rationalen Zahlen a.
Bei einer **negativen Zahl als Basis** können folgende Fälle auftreten:

1 Gerader Exponent:	2 Ungerader Exponent:
$(-4)^2 = (-4) \cdot (-4) = +16$ $(-4)^4 = (-4) \cdot (-4) \cdot (-4) \cdot (-4) = +256$ … Ist der Exponent eine gerade Zahl, dann kommt die Basis in einer geraden Anzahl vor. Also ist der Wert der Potenz stets positiv.	$(-4)^1 = (-4) = -4$ $(-4)^3 = (-4) \cdot (-4) \cdot (-4) = -64$ … Ist der Exponent eine ungerade Zahl, dann kommt die Basis in einer ungeraden Anzahl vor. Also ist der Wert der Potenz stets negativ.

Eine Zahl lässt sich als Produkt einer rationalen Zahl und einer **Zehnerpotenz** in der Form $a \cdot 10^n$ $(1 \le a < 10 \mid n \in \mathbb{Z})$ schreiben.

Unterscheide:
- *Das Vorzeichen gehört zur Basis:* $(-3)^2 = (-3) \cdot (-3) = 9$
- *Das Vorzeichen gehört zur Potenz:* $-3^2 = -(3 \cdot 3) = -9$

Beispiele

1. Schreibe als Potenz und berechne.

a) $(-7) \cdot (-7) \cdot (-7)$ **b)** $\left(-\frac{1}{4}\right) \cdot \left(-\frac{1}{4}\right) \cdot \left(-\frac{1}{4}\right) \cdot \left(-\frac{1}{4}\right)$

Lösung:

a) $(-7) \cdot (-7) \cdot (-7) = (-7)^3 = -343$ **b)** $\left(-\frac{1}{4}\right) \cdot \left(-\frac{1}{4}\right) \cdot \left(-\frac{1}{4}\right) \cdot \left(-\frac{1}{4}\right) = \left(-\frac{1}{4}\right)^4 = \frac{1}{256}$

2. Schreibe mithilfe einer Zehnerpotenz. Runde auf eine Stelle nach dem Komma.

a) 16 500 000 **b)** −0,000 000 201

Lösung:

a) $16\,500\,000 = 165 \cdot 10^5 \approx 1{,}7 \cdot 10^7$ **b)** $-0{,}000\,000\,201 = -201 \cdot 10^{-9} \approx -2{,}0 \cdot 10^{-7}$

Tipp:
$10^{-1} = \frac{1}{10} = 0{,}1$
$10^{-2} = \frac{1}{100} = 0{,}01$
$10^{-3} = \frac{1}{1000} = 0{,}001$
…

Nachgefragt

- Warum ist $-5^3 = (-5)^3$, aber $-5^4 \neq (-5)^4$? Erkläre mit eigenen Worten.
- In welchen Fällen stimmt folgende Aussage: „Wenn meine Basis eine negative Zahl ist, die kleiner ist als −1, dann ist der Wert der Potenz stets kleiner als die Basis.“

Aufgaben

1 Schreibe als Potenz und berechne den Wert.

a) $8 \cdot 8 \cdot 8 \cdot 8$

b) $(-2) \cdot (-2) \cdot (-2) \cdot (-2) \cdot (-2)$

c) $\left(-\frac{2}{5}\right) \cdot \left(-\frac{2}{5}\right) \cdot \left(-\frac{2}{5}\right) \cdot \left(-\frac{2}{5}\right)$

d) $(-1) \cdot (-1) \cdot (-1) \cdot (-1) \cdot (-1) \cdot (-1)$

e) $1\frac{2}{3} \cdot 1\frac{2}{3} \cdot 1\frac{2}{3} \cdot 1\frac{2}{3} \cdot 1\frac{2}{3}$

f) $(-2{,}5) \cdot (-2{,}5) \cdot (-2{,}5) \cdot (-2{,}5)$

2 Scheibe als Produkt und berechne.

a) 5^3; $(-4)^1$; 8^3; $(-5)^4$; $(+7)^3$

b) $\left(-\frac{1}{2}\right)^6$; $1{,}3^3$; $(-0{,}4)^2$; $\frac{1}{4^4}$; 0^9

3 Bestimme das fehlende Vorzeichen.

Gibt es mehrere Möglichkeiten? Finde sie.

a) $\square\,(3)^3 = -27$
$(\square\,3)^3 = +27$
$(-3)^3 = \square\,27$
$-3^3 = \square\,27$

b) $(+5)^4 = \square\,625$
$(-5)^4 = \square\,625$
$(\square\,5)^4 = +625$
$-5^4 = \square\,625$

c) $(-1)^2 \cdot (-4)^3 = \square\,64$
$\square\,(-1)^3 \cdot (-4)^2 = +64$
$(-1)^2 \cdot (-4)^2 = \square\,64$
$(-1)^3 \cdot (\square)^3 = +64$

4 Vergleiche und ersetze □ durch <, > oder =.

a) $2^3 \;\square\; 3^2$

b) $(-1{,}2)^4 \;\square\; (+1{,}2)^4$

c) $0{,}7^3 \;\square\; (-0{,}7)^3$

d) $\left(-\frac{1}{7}\right)^3 \;\square\; \frac{1}{(-7)^3}$

e) $-(-2{,}5)^3 \;\square\; -2{,}5^3$

f) $\left(-\frac{1}{3}\right)^3 \;\square\; \left(-\frac{1}{3}\right)^0$

5 Ordne die Potenzen der Größe nach. Beginne mit der Kleinsten.

a) 2^3; 3^2; $(-3)^3$; -3^2; $(-2)^3$; $\left(-\frac{1}{2}\right)^3$; $\left(-\frac{1}{2}\right)^2$

b) $(-0{,}6)^2$; $-\left(\frac{1}{6}\right)^2$; $-0{,}6 \cdot 10^{-2}$; $0{,}6 \cdot 10^2$; $(-0{,}6)^0$

6 a) Schreibe ohne Zehnerpotenz.

$6 \cdot 10^2$; $3{,}21 \cdot 10^4$; $76 \cdot 10^{-3}$; $31 \cdot 10^{-2}$; $42 \cdot 10^4$; $20\,000 \cdot 10^{-6}$; $0{,}3 \cdot 10^{-4}$

b) Schreibe als Zehnerpotenz. Runde auf eine Stelle nach dem Komma.

$3125 \cdot 200$; $0{,}535 \cdot 0{,}001$; $15\,000 \cdot 450$; $21\,250 \cdot 0{,}0003$; $0{,}000025 \cdot 6100$

Nutze zur Kontrolle die Taste EXP bzw. EE auf deinem Taschenrechner

Wissen

Einheiten und deren Umrechnung

Einheiten wie Meter, Gramm, … werden im alltäglichen Leben in Vielfachen oder Teilen der Einheit angegeben. Nach folgendem System werden Namen von Zahlen geschrieben:

Zusatz	Wert	Abkürzung
Kilo	$10^3 = 1000$	k
Hekto	$10^2 = 100$	h
Deka	$10^1 = 10$	da

Zusatz	Wert	Abkürzung
Dezi	$10^{-1} = \frac{1}{10}$	d
Zenti	$10^{-2} = \frac{1}{100}$	c
Milli	$10^{-3} = \frac{1}{1000}$	m

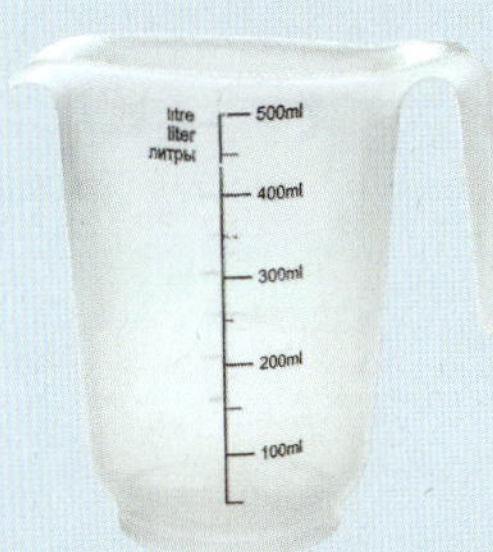

Der Zusatz „Kilo" beispielsweise bedeutet: „1000 mal", also das Tausendfache.

- Wandle in die angegebene Einheit um.

1 4,5 m = □ mm
2 15 ℓ = □ hℓ
3 0,02 km = □ m
4 750 g = □ mg
5 900 mm = □ dm
6 50900 g = □ kg

- Suche nach Werbung für Computer oder Handys. Recherchiere, was die dort auftretenden Zusätze bedeuten und übersetze die Zahlenangaben in unser Zehnersystem. Vergleiche anschließend die Leistungen verschiedener Computer und Handys miteinander.

1 Aufgaben zur Differenzierung

zu 1.1

1 Ordne die Zahlen der Größe nach. Das Ergebnis ergibt ein Lösungswort.

Beginne mit der größten Zahl.

−3	I	−20	N	0	Z	7	V	−14	H
5	O	−9	C	−18	E	4	R	−2	E

Beginne mit der kleinsten Zahl.

50	T	−1	G	−15	U	5	M	0	E
−30	G	30	H	8	A	−6	T	15	C

zu 1.2

2 Rechne zuerst in Einzelschritten. Fasse dann zu einem Rechenschritt zusammen.

a) $+8 \xrightarrow{-6} \square \xrightarrow{-6} \square$

b) $-5 \xrightarrow{+3} \square \xrightarrow{+12} \square$

c) $-4 \xrightarrow{+14} \square \xrightarrow{-6} \square$

a) $+10 \xrightarrow{-8} \square \xrightarrow{-6} \square$

b) $-4 \xrightarrow{+20} \square \xrightarrow{-7} \square$

c) $+10 \xrightarrow{-6} \square \xrightarrow{+4} \square$

zu 1.3

3 Übertrage in dein Heft und gib die markierten rationalen Zahlen an.

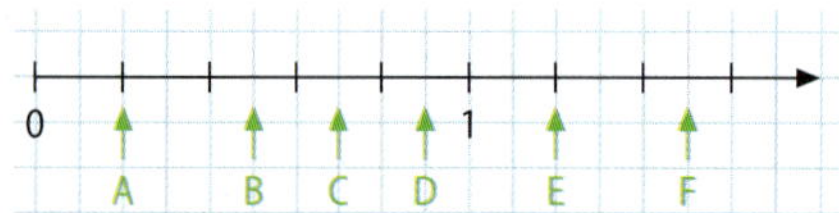

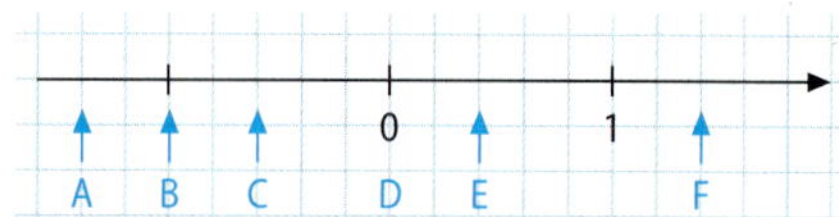

4 Gib jeweils an, zu welcher Menge $\mathbb{N}$, $\mathbb{Z}$ bzw. $\mathbb{Q}$ die Zahl gehört.

−7,5	$\frac{3}{11}$	5	1,8
−1000	$3\frac{1}{7}$	$-\frac{1}{2}$	0

Nenne jeweils zehn rationale Zahlen.

a) Drei Viertel der Mädchen und die Hälfte der Jungen gehen zum Schulchor.

b) $\frac{7}{8}$ der Mädchen und $\frac{5}{6}$ der Jungen haben ein Smartphone.

zu 1.4

5 Nenne die benachbarten ganzen Zahlen.

a) 5,4 b) −0,7 c) $-2\frac{1}{4}$ d) 7,7

e) −7,7 f) 0,9 g) −6,9 h) −15,6

Nenne die größte Zahl und begründe.

a) −2,3; −1,5; −3 b) 3,8; −0,1; 3,4

c) $3\frac{1}{4}$; 3,5; −3,5 d) −11; $8\frac{1}{2}$; 3,25

6 Notiere vier rationale Zahlen, die …

a) kleiner sind als 0,1.

b) kleiner sind als −2,5.

c) größer sind als −1,9.

a) zwischen −1,4 und 0,4 liegen.

b) zwischen −4,3 und − 2,9 liegen.

c) zwischen −0,2 und 0,1 liegen.

zu 1.5

7 Übertrage die Additionsmauer in dein Heft und berechne.

2,6	−1,8	−0,55	1,45

20			
−5,02	1,02	−5,72	

8

Berechne.

a) $\left(-\frac{1}{2}\right) + \left(+\frac{1}{8}\right)$ b) $\left(-\frac{3}{19}\right) + \left(-\frac{16}{19}\right)$

c) $\left(+\frac{2}{3}\right) - \left(-\frac{4}{18}\right)$ d) $\left(+\frac{4}{13}\right) + \left(-\frac{20}{65}\right)$

e) $\left(+\frac{7}{15}\right) - \left(+\frac{1}{2}\right)$ f) $(-0{,}09) + (-0{,}11)$

Gib jeweils durch Überlegen an, ob der Wert der Summe positiv, negativ oder null ist. Begründe deine Überlegung.

a) $\left(+\frac{2}{3}\right) + \left(-\frac{1}{5}\right)$ b) $\left(-1\frac{1}{3}\right) - \left(+1\frac{2}{3}\right)$

c) $\left(-\frac{2}{5}\right) - \left(+\frac{2}{7}\right)$ d) $(-0{,}33) + \left(+\frac{1}{3}\right)$

zu 1.5

9

Gib alle Produkte an, die man aus zwei Zahlen bilden kann und deren Wert …

a) nicht negativ ist. b) ganzzahlig ist.

-2 $-\frac{3}{2}$ -1 0 $\frac{1}{2}$ $1\frac{1}{2}$

Richtig oder falsch? Begründe.

a) $\left(-\frac{1}{2}\right)^{10} < 1$ b) $\left(-\frac{2}{3}\right)^{5} > 0$

c) $\left(-\frac{1}{3}\right)^{3} > \left(-\frac{1}{4}\right)^{4}$ d) $(-10)^{10} = (-1)^{100}$

zu 1.6

10 Übertrage die Tabelle in dein Heft und ergänze die fehlenden Zahlen.

zu 1.7

	a)	b)	c)	d)
x	$-\frac{2}{5}$	-2		$\frac{4}{5}$
y	$-\frac{3}{4}$		-1	$-\frac{4}{5}$
x · y			-1	
x : y		$\frac{1}{2}$		

	a)	b)	c)	d)
x	$-\frac{2}{5}$	$-1\frac{1}{3}$	4,1	$-\frac{4}{15}$
y	$-\frac{1}{3}$			
x · y				$\frac{1}{9}$
x : y		$\frac{1}{3}$	-410	

11 Bestimme x.

zu 1.9

a) $7{,}5 + x = (-1{,}7) \cdot 2{,}3$

b) $4{,}05 \cdot (-15{,}2) = x + (-59{,}31)$

c) $0{,}6x - 1{,}2 = 12$

a) $-\frac{1}{2} \cdot 4x - 5 \cdot -\frac{1}{2} = -12x$

b) $-8{,}75x + 9 \cdot (-1{,}25) + 285 = 2x$

c) $7 \cdot 3x + 3{,}5 - 6 \cdot 4x - \frac{1}{2} \cdot (-8) = 0$

12 Stelle einen Term auf und berechne.

a) Dividiere die Summe der Zahlen 66,8 und 21,2 durch die Zahl −0,88.

b) Addiere das Produkt der Zahlen 17 und 3432 zur größten zweistelligen negativen ganzen Zahl.

c) Multipliziere den Quotienten aus dem Dividenden 0,289 und dem Divisor −0,17 mit der Summe aus 100 und −98,3.

a) Aus den Zahlen $\frac{3}{4}$ und $\frac{4}{5}$ kannst du zwei Differenzen bilden. Dividiere die Differenz mit dem größeren Wert durch die Zahl $\frac{1}{40}$.

b) Dividiere die Differenz mit dem Minuenden $\frac{1}{5}$ und dem Subtrahenden $\frac{3}{8}$ durch das Quadrat der Zahl $-\frac{1}{2}$.

13 Berechne. Schreibe die Ergebnisse ohne und mit Zehnerpotenzen.

zu 1.10

a) $(5{,}6 \cdot 10^{3}) \cdot (8{,}3 \cdot 10^{-1})$

b) $(-2{,}3 \cdot 10^{-6}) \cdot (9 \cdot 10^{3})$

c) $0{,}000\,345 \cdot 40\,506$

a) $0{,}00003 \cdot 10^{10}\,\text{mg} \cdot 0{,}000\,000\,000\,001\,06\,\text{g}$

b) $(2{,}399 \cdot 10^{22}\,\text{m}) \cdot 0{,}000\,009\,78 \cdot 10^{-20}\,\text{km}$

1 a) Übertrage die Tabelle in dein Heft und ordne jede Zahl jeweils dem Zahlbereich zu, zu dem sie gehört. Manche Zahlen kannst du mehrfach einordnen.

natürliche Zahl	77; …
ganze Zahl	
gebrochene Zahl	
rationale Zahl	

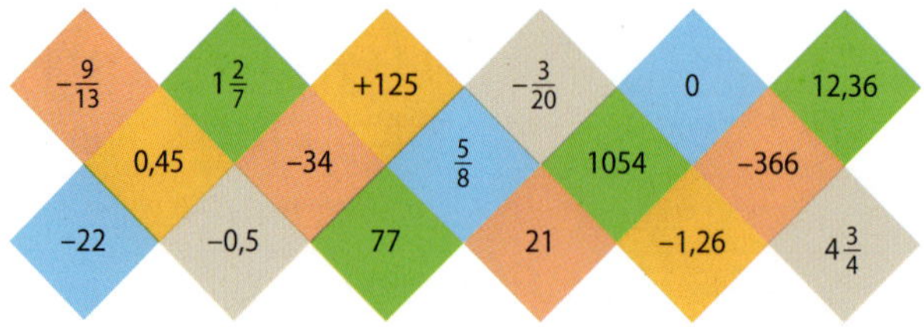

b) Welche Zusammenhänge zwischen den Zahlbereichen in a) stellst du fest?

2 a) Welche Zahlen wurden auf der Zahlengeraden markiert?

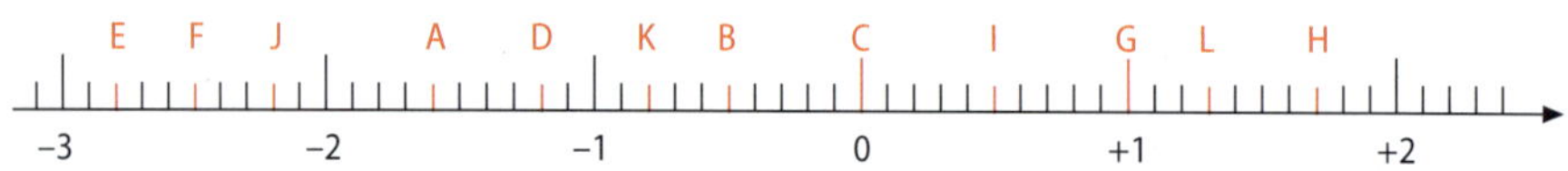

b) Bestimme zu jeder Zahl aus a) die Gegenzahl und den Betrag.

c) Zeichne einen geeigneten Zahlenstrahl und markiere die Zahlen.

1 −20; 35; +15; −5; −55; +70; −40; 0; 25; −80; −65; 5

2 1,4; −2,6; −4,2; +2,8; 0,6; −3,0; +5,2; −1,8; −0,4

3 Runde zuerst auf Zehntel (Einer) und ordne dann der Größe nach.

a) −17,45; 56,332; 9,034; −34,001; 27,49; −0,051; −4,11; +3,88; −12,541

b) −1,0122; −0,921; +1,21; +1,09; −0,56; +0,23; −0,443; +1,549; −1,049

Der Wert eines Steins ergibt sich aus den beiden darunter liegenden Steinen (von links nach rechts).

4 Übertrage die Zahlenmauern in dein Heft und vervollständige sie.

a) +

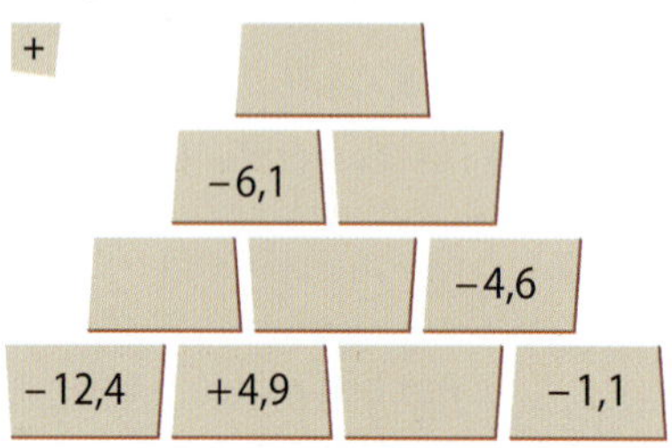

b) −

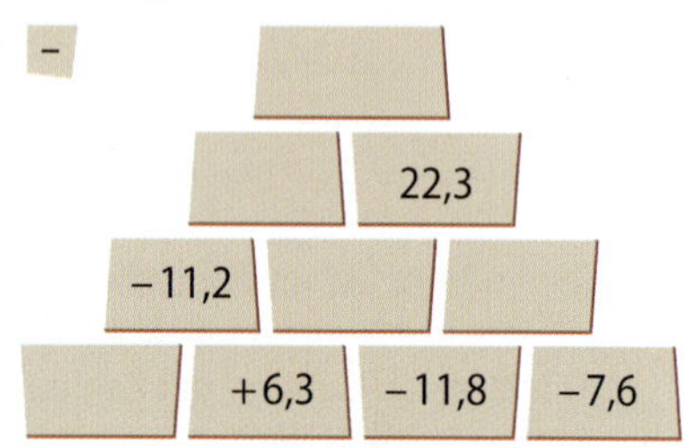

c) ·

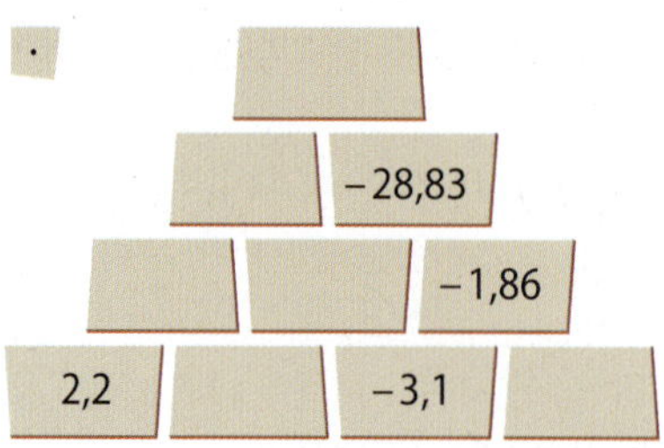

d) :

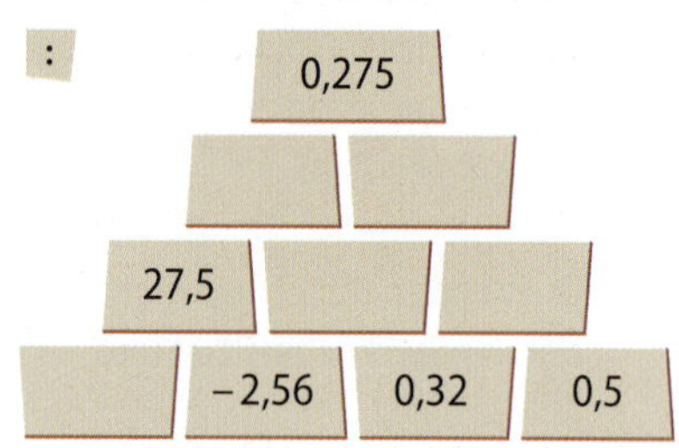

5 a) Wie ändert sich das Ergebnis eines Produkts, wenn du als Faktor −1 hinzufügst?

b) Acht rationale Zahlen (alle ungleich null) werden miteinander multipliziert. Welches Vorzeichen hat das Ergebnis, wenn von ihnen 8 (7, 6, 5, …, 1, 0) Zahlen negativ sind?

6 Im Koordinatensystem ist das halbe Gesicht eines Fuchses dargestellt.

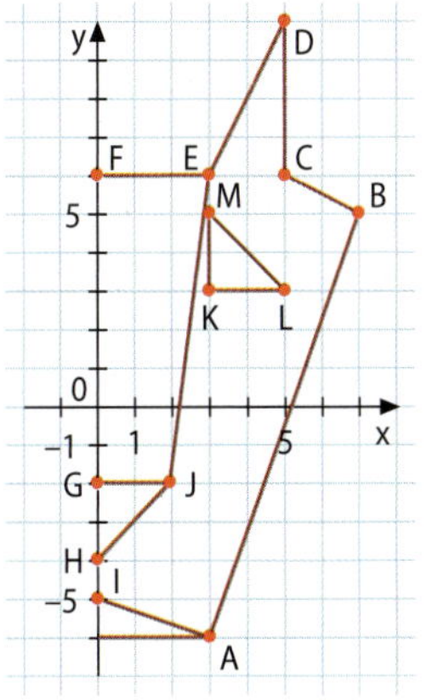

a) Bestimme die Koordinaten der gegebenen Punkte des Fuchses.

b) Zeichne das Koordinatensystem mit der Gesichtshälfte in dein Heft und vervollständige die Hälfte durch Spiegelung an der y-Achse.

c) Bestimme die Koordinaten der Spiegelpunkte von b).

d) Übertrage die Tabelle in dein Heft und trage für jeden Punkt und Spiegelpunkt ein, wo er liegt.

e) Welchen Zusammenhang erkennst du zwischen den Koordinaten der gegebenen Punkte und ihrer Spiegelpunkte? Beschreibe.

I. Quadrant	
II. Quadrant	
III. Quadrant	
IV. Quadrant	A,
Koordinatenachsen	

7 Finde die Fehler und berichtige sie.

a) $4{,}8 + 3{,}2 \cdot 4{,}3 = 8 \cdot 4{,}3 = 34{,}4$ f

b) $-2{,}4 + 2{,}5 \cdot 0{,}5 = -2{,}4 + 1{,}25 = 1{,}15$ f

c) $(1{,}5 - 2{,}5) : (-4) = 4 : (-4) = -1$ f

d) $\frac{3}{4} \cdot \left(\frac{1}{2} + \frac{5}{8}\right) - \frac{1}{8} = \frac{3}{4} \cdot \frac{1}{2} + \frac{5}{8} - \frac{1}{8} = \frac{3}{8} + \frac{5}{8} - \frac{1}{8} = \frac{7}{8}$ f

8 Vergleiche die Rechenschlangen miteinander. Was fällt dir auf? Berechne.

Multiplikation negativer Zahlen an zwei Zahlengeraden

Knobeln

Man kann mit zwei Zahlengeraden multiplizieren. Dazu kannst du dir für die Multiplikation mit einer negativen Zahl (hier: −2,5) ein Multiplikationsblatt wie folgt erstellen:

1 Zeichne auf einem Blatt zwei parallele Zahlengeraden von unten nach oben. Eine Gerade stellt den ersten Faktor dar, die andere das Ergebnis.

2 Verbinde die Null auf gleicher Höhe und unterteile beide Geraden gleich.

3 Verbinde die Punkte für den ersten Faktor und dem Ergebnis einer Multiplikation mit (−2,5). Die Verbindungslinie schneidet die Nulllinie in P. Jede weitere Verbindungslinie einer Multiplikation mit (−2,5) läuft durch P.

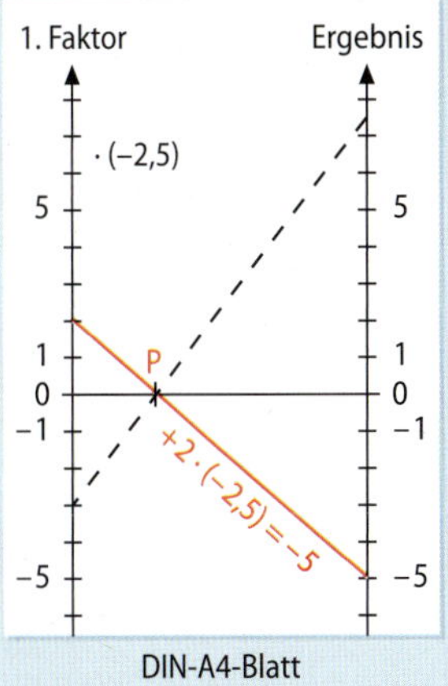

DIN-A4-Blatt

- Erstelle das Multiplikationsblatt. Überprüfe an eigenen Beispielen.
- Stelle dir ein Blatt für die Multiplikation mit einer anderen negativen Zahl her und teste wiederum.

Schritt 1: Tabellen erstellen

Nach dem Start eines Tabellenprogramms kann eine **Tabelle** bearbeitet werden. Diese besteht aus **Spalten,** die mit Buchstaben bezeichnet werden, und **Zeilen,** die durchnummeriert sind. Durch die Angabe eines Buchstaben und einer Zahl lässt sich jede **Zelle**, so nennt man ein Kästchen der Tabelle, genau bezeichnen: Man spricht von der „Adresse" einer Zelle (z. B. B3). Der Inhalt einer Zelle, der in der Befehlszeile erscheint, wird durch eine Eingabe, die ein Text, eine Zahl oder eine Formel sein kann, festgelegt.

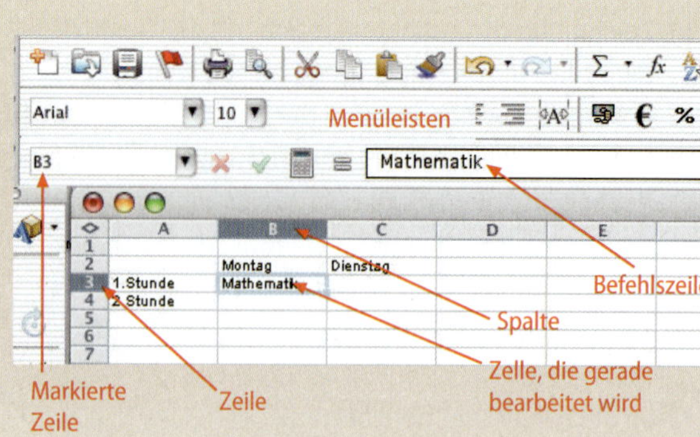

a) Erstelle deinen Stundenplan auf einem Tabellenblatt.

b) Gestalte deinen Stundenplan, indem du Schriftart, Schriftgröße, Farben und Ausrichtung wählst. Du brauchst dazu die abgebildeten Schaltflächen.

Schritt 2: Zellen markieren

Mehrere Zellen werden markiert, indem man bei gedrückter linker Maustaste den gewünschten Bereich überstreicht und anschließend die Maustaste loslässt.

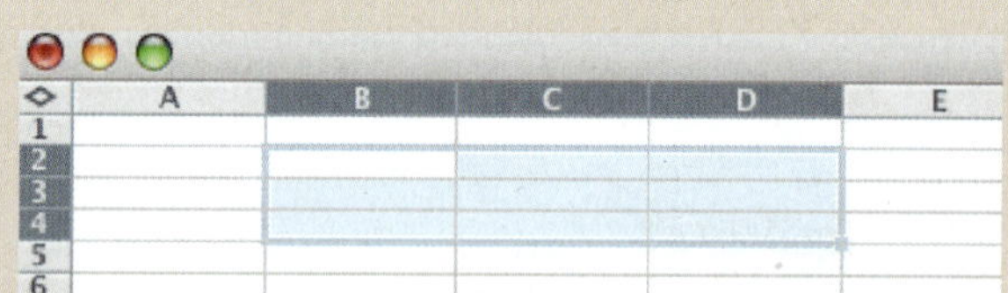

a) Welche Zellen sind hier markiert?

b) Markiere die Zellen G4, G5, G6, H4, H5, H6.

Schritt 3: Zahlen berechnen und ordnen

Eine Runde auf dem Sportplatz ist 400 m lang. Beim 800-m-Lauf ergaben sich die folgenden Zeiten in Sekunden.

Um Zahlen aus Zellen zu **berechnen**, trägt man nach dem Markieren der Zelle die entsprechende **Formel** in die Ergebniszelle ein. Dabei beginnt man mit einem **Gleichheitszeichen** und verwendet die Adresse der Zelle (z. B. B3). Die Eingabe wird mit der Enter-Taste abgeschlossen.

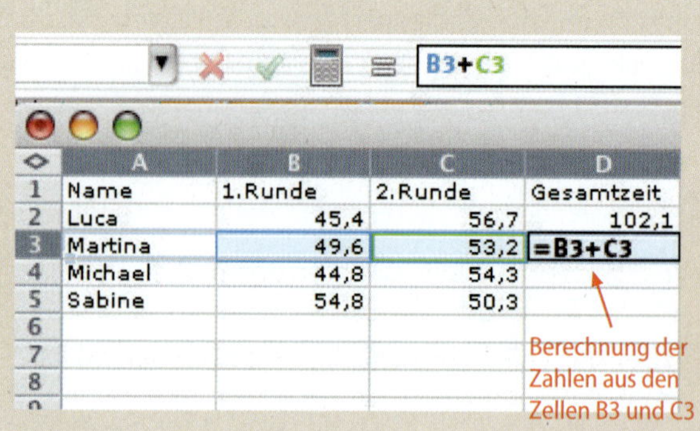

B3+C3

	A	B	C	D
1	Name	1.Runde	2.Runde	Gesamtzeit
2	Luca	45,4	56,7	102,1
3	Martina	49,6	53,2	=B3+C3
4	Michael	44,8	54,3	
5	Sabine	54,8	50,3	
6				
7				
8				

a) Übertrage die Tabelle in dein Programm und vervollständige sie.

b) Verändere Lucas Zeiten für die 1. Runde. Was stellst du fest?

Zum **Ordnen** wird der **Bereich markiert**, den man ordnen möchte (hier von Zelle A2 bis D5). Anschließend wählt man aus der Menüleiste **„Daten"** die Möglichkeit **„Sortieren"** aus. Es öffnet sich ein **Menüfenster**, in dem man die entsprechende Spalte aussucht.

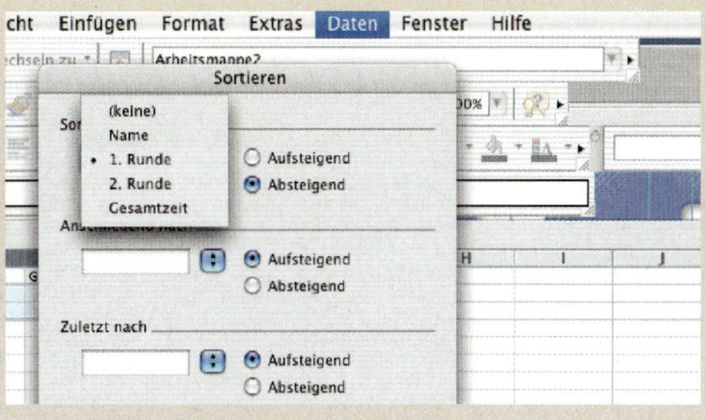

c) Ordne die Ergebnisse nach der schnellsten 1. Runde (2. Runde, Gesamtzeit).

Schritt 4: Diagramme erstellen

Bei der Wahl zum Schülersprecher gibt es folgende Ergebnisse (Stimmen):
Marion 32, Martin 31, Klaus 55, Kati 54, Jussuf 46, Inga 19, Peter 45, Anke 35.

a) Erstelle auf einem Tabellenblatt eine Liste und ordne die Anzahl der Stimmen der Größe nach. Wer ist Schülersprecher oder Schülersprecherin?
b) Wie viele Schüler haben insgesamt abgestimmt? Berechne mit dem Programm.

Um ein **Diagramm** zu erstellen, **markiert** man zunächst den notwendigen Bereich. Anschließend wählt man aus der Menüleiste das Symbol für den **Diagramm-Assistenten** [Symbol].
Es erscheint ein Fenster, aus dem man den **Diagrammtyp** (z. B. Säulendiagramm) und den Untertyp wählt. Eine Vorschau kann man bei gedrückter linker Maustaste bei **„Schaltfläche drücken für Beispiel"** sehen. Ein Klick auf **„Fertig stellen"** führt zum Diagramm. Möchte man das Diagramm stärker verändern, kann man zunächst auf **„Weiter"** klicken und dann beispielsweise den Titel des Diagramms oder die Einteilung der Achsen gezielt wählen.

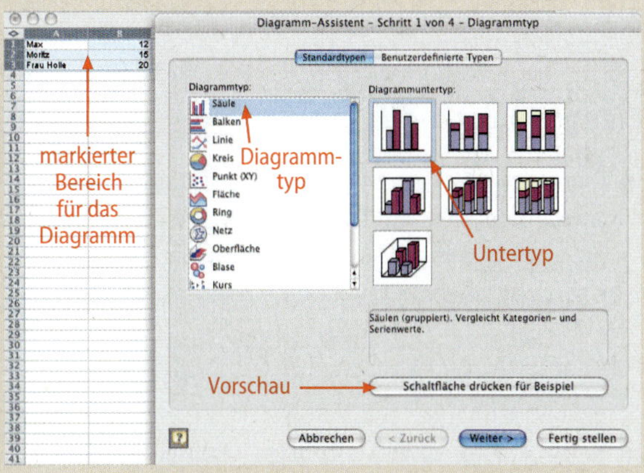

c) Veranschauliche die Ergebnisse in einem Säulendiagramm.

An der folgenden Aufgabe kannst du überprüfen, ob du verstanden hast, wie man Daten mit dem Computer darstellt.

1 In Deutschland verbraucht eine Person im Durchschnitt die angebebenen Wassermengen pro Tag.
a) Erstelle eine Liste des Wasserverbrauchs und sortiere sie nach der Größe.
b) Stelle den Sachverhalt in einem geeigneten Diagramm dar.
c) Überlege dir, wie man im Haushalt Wasser einsparen kann.

Körperpflege	7 ℓ	Toilette	4 ℓ
Baden, duschen	39 ℓ	Geschirrspüler	8 ℓ
Wäsche waschen	15 ℓ	Garten	5 ℓ
Trinken, kochen	3 ℓ	Putzen, Sonstiges	10 ℓ

Aufbau einer Sprungschanze

Skispringen ist eine olympische Sportart, bei der die Sportler auf Sprungschanzen, die an steilen Berghängen liegen, Sprünge von über 100 m schaffen. Eine solche Sprungschanze ist folgendermaßen aufgebaut:

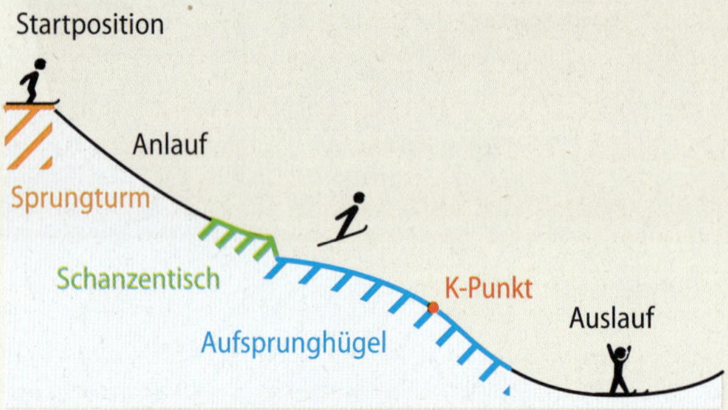

Der **Anlauf** erfolgt meistens von einem Sprungturm. Am Ende des Schanzentischs erfolgt der Absprung. Am Aufsprunghügel setzt der Springer nach seiner Flugphase auf. An dessen Ende, also dort, wo der Aufsprungbereich in den Auslaufbereich übergeht, befindet sich der sogenannte K-Punkt (kritischer Punkt oder Konstruktionspunkt). Hinter diesem Punkt wird der Hügel immer flacher und Landungen damit riskanter.
Im **Auslauf** werden die hohen Geschwindigkeiten der Springer abgebremst.

Luftige Sprünge

a) Der wichtigste Skisprungwettbewerb ist die Vierschanzentournee. Beim Auftaktspringen in Oberstdorf von der Schattenbergschanze liegt der K-Punkt bei der Sprungschanze 120 m vom Schanzentisch entfernt (eine K 120-Schanze). Die Tabelle zeigt die Flugweiten einiger Springer bei der Vierschanzentournee 2011. Bestimme die Abweichungen vom K-Punkt.

b) Jeder Springer erhält eine Punktzahl für seine Sprungweite und eine für seine Haltung. Beide Punktwerte werden für einen Sprung addiert. Zwei Durchgänge zusammen ergeben die Gesamtpunktzahl.
Die Punktzahl für die Sprungweite berechnet sich wie folgt: Ein Sprung auf den K-Punkt ergibt genau 60,0 Punkte. Bei Abweichungen werden 1,8 Punkte pro Meter abgezogen, wenn der Sprung kürzer ist, bzw. dazugezählt, wenn der Sprung weiter ist.

Name (LAND)		Sprungweite	Haltungspunkte
Hautamäki (FIN)	1. Durchgang	125,0	53,0
	2. Durchgang	137,5	56,5
Freund (GER)	1. Durchgang	127,0	54,0
	2. Durchgang	130,5	54,5
Morgenstern (AUT)	1. Durchgang	131,5	55,5
	2. Durchgang	138,0	57,0
Amman (SUI)	1. Durchgang	123,0	53,0
	2. Durchgang	134,5	55,0
Kofler (AUT)	1. Durchgang	128,5	55,0
	2. Durchgang	126,0	54,0
Fettner (AUT)	1. Durchgang	130,0	54,0
	2. Durchgang	131,5	55,0

1 Erkläre folgende Berechnung der Punktzahl für die Sprungweite 132 m: $60{,}0 + (132 - 120) \cdot 1{,}8$
2 Bestimme die Weitenpunktzahlen für die angegebenen Springer in deinem Heft.
3 Ordne die Springer der Reihe nach und ermittle die ersten Plätze für dieses Auftaktspringen.

Eisige Höhen

In der untersten Luftschicht unserer Erde verändert sich die Temperatur in Abhängigkeit von der Höhe. Messdaten mit Wetterballons haben gezeigt, dass die Temperatur von etwa 10 °C in Bodenhöhe auf 0 °C in zwei Kilometern Höhe absinkt. Bei fünf Kilometern sind es etwa –20 °C und in zehn Kilometern Höhe (Flughöhe von Langstreckenflugzeugen) ist es fast –55 °C kalt.

a) Stelle die Daten grafisch dar.

b) Bestimme anhand der Daten, um wie viel Grad die Temperatur pro Kilometer ungefähr abnimmt. Beschreibe dein Vorgehen.

Bergiges Rätsel

In den Bergen erzählt man sich die Geschichte von einem Vogel, der alle 100 Jahre in die Alpen fliegt und seinen Schnabel an einem Berg wetzt. Wenn die ganzen Alpen dadurch abgetragen werden, dann ist eine Sekunde der Ewigkeit vergangen.

a) Nimm einmal an, dass der Vogel bei jedem Mal ein Zehntel Milligramm von dem Gestein abträgt. Wie lange dauert es, bis ein Stein von 10 g (ein Stein von deinem Körpergewicht) weg ist?

b) Angenommen, der Vogel wetzt seinen Schnabel jeden Tag an deiner Schule. Nach welcher Zeit ist die Schule verschwunden? Beschreibe deinen Rechenweg und präsentiere das Ergebnis in deiner Klasse.

Höhenrekord

Bereits im Jahr 1901 stellten zwei deutsche Ballonfahrer einen Höhenrekord mit ihrem Ballon auf, der einige Jahrzehnte Bestand hatte. Eine Zeitung berichtete damals. Hintergrundinformation: Berlin und Cottbus liegen beide etwa 70 m über NN.

a) In der Regel dauert bei einem Ballonflug der Aufstieg doppelt so lange wie der Sinkflug. Mit welcher Geschwindigkeit erfolgt der Aufstieg (Sinkflug)? Runde sinnvoll.

b) Auf Meereshöhe sind etwa 21 % Sauerstoff in der Luft. Eine Faustregel besagt: Steigt man von einer Ausgangshöhe um 1000 m nach oben, so beträgt der Sauerstoffgehalt nur noch 90 % des vorherigen Werts.

1 Lege eine Tabelle an, aus der man den ungefähren Sauerstoffgehalt in der Luft nach jeweils 1000 m Flughöhe ablesen kann.

2 Skizziere den zur Tabelle aus 1 zugehörenden Graphen und beschreibe seinen Verlauf.

Weltrekord: Berson und Süring sind unglaublich

Berlin – Die beiden Luftfahrtpioniere Arthur Berson und Reinhard Süring haben es geschafft. In ihrem Ballon „Preußen" haben beide eine Höhe über 10 500 m über NN erreicht. So hoch war niemals ein Mensch zuvor.

Über 8000 Berliner sind beim Abflug in Tempelhof mit dabei. Pünktlich um 10.50 Uhr hebt der Ballon mit den beiden an Bord ab.

In 6000 m Höhe legen die beiden ihre Sauerstoffflaschen an.

Jetzt beginnt der gefährliche Teil des Unternehmens: Die Temperaturen sinken und der Sauerstoff wird immer weniger. Über 10 000 m werden die beiden bewusstlos. Berson registriert noch eine Höhe von 10 500 m über NN und zieht die Leine für den Sinkflug. Nachdem beide wieder zu sich kommen, landen sie um 18.25 Uhr sicher in Briesen nördlich von Cottbus.

Das kann ich!

Überprüfe deine Fähigkeiten und Kompetenzen. Bearbeite dazu die folgenden Aufgaben und bewerte anschließend deine Lösungen mit einem Smiley. Hinweise zum Nacharbeiten findest du auf der folgenden Seite. Die Lösungen stehen im Anhang.

☺	😐	☹
Das kann ich **wirklich gut!**	Das kann ich **fast!**	Das muss ich **noch üben!**

1 Beschreibe die dargestellten Situationen durch negative und positive Zahlen.

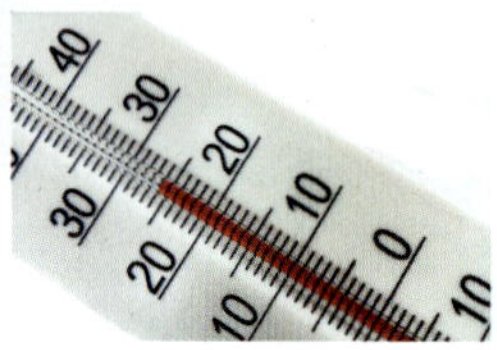

a) Tauchtiefe: 14,5 m

b) Höchstwert: 3,2 °C über null
Tiefstwert: 4,8 °C unter null

2 Lies die markierten Zahlen ab.

a)

b)

3 Zeichne eine Zahlengerade und markiere die Zahl und ihre Gegenzahl.

a) −5,5; 4,0; −1,5; 0; −3,0; +3,5

b) 2,4; −1,9; $\frac{2}{10}$; $-\frac{8}{5}$; −0,8; +1,4; −1,2

4 Welche Zahl liegt genau in der Mitte zwischen …

a) −8 und −3? b) −27 und +67?

c) −11,3 und −6,5? d) −25,3 und +11,8?

e) $-\frac{6}{7}$ und $\frac{4}{7}$? f) $-\frac{7}{9}$ und $\frac{2}{9}$?

5 Runde auf Hundertstel (Einer).

a) −11,487; −87,210; 34,999

b) 12,001; −45,987; −18,888

c) −254,9451; −153,909; −9999,919

6 Ordne die Zahlen der Größe nach. Beginne mit der kleinsten.

a) −4; +3,5; −17; $+22\frac{1}{7}$; −4,5; 0; 2,1

b) −33,2; |−33,2|; −33,1; |−33,1|; −33,3; $-33\frac{1}{3}$

7 Übertrage ins Heft und setze <, > oder = ein.

a) 0,235 □ −0,235
|−12,35| □ 12,35

b) |−17,14| □ −17,14
−35,78 □ −35,79

c) +123,21 □ |−123,20|
|−15,993| □ |−15,992|

d) $-\frac{15}{3}$ □ $-\frac{15}{4}$
$\left|-16\frac{1}{2}\right|$ □ $\left|16\frac{1}{3}\right|$

8 Übertrage in dein Heft und fülle die Tabellen aus.

a)

+	−2,75	+4,3	$-\frac{7}{10}$	$-2\frac{1}{5}$
−3,4				
9,2				
$-\frac{2}{3}$				
+0,9				

b)

−	7,2	−14,8	$-\frac{5}{8}$	+12,34
−15,7		−0,9		
+4,6				
$-\frac{9}{10}$				
2,78				

c) Begründe, warum in b) eine Zelle der Tabelle schon ausgefüllt ist.

9 Markus denkt sich eine Zahl. Er addiert zunächst die Zahl −56 hinzu und subtrahiert vom Ergebnis anschließend die Zahl −44. Sein Ergebnis ist 100. Welche Zahl hat sich Markus ausgedacht?

10 Übertrage ins Heft und berechne.

·	−3,5	+9,8	$-\frac{3}{5}$	−17,1
−6,7				
$+2\frac{3}{4}$				
−7,5				
+0,25				

11 Welches Vorzeichen hat das Ergebnis? Überlege ohne Rechnung.

a) $(-23{,}1) \cdot 12{,}7 \cdot (-4{,}3) \cdot (-2{,}9) \cdot (+3{,}7) \cdot (-9{,}1)$

b) $(-8{,}7) \cdot \left(-\frac{1}{2}\right) \cdot \left(-\frac{4}{5}\right) \cdot 0{,}12 \cdot \left(-\frac{2}{11}\right) \cdot (-1{,}4)$

12 Übertrage ins Heft und berechne.

:	−2,1	+5	$-\frac{3}{4}$	−3,5
220,5				
−15,75				
−94,5				
$-12\frac{3}{5}$				

13 Berechne. Nutze Rechenvorteile, wenn möglich.

a) $(-5) \cdot 3{,}5 + (-5) \cdot 4{,}5$

b) $36{,}7 + (-12{,}9) + (-6{,}7) - 5{,}1$

c) $\left(\frac{1}{4}\right) - \frac{1}{6} + \left(-\frac{7}{8}\right) + \left(-\frac{5}{12}\right)$

d) $-22{,}1 \cdot 98 + 5{,}6 \cdot (-98)$

e) $\left(-\frac{3}{4}\right) \cdot (-14{,}7) - \left(-\frac{4}{3}\right) \cdot (-14{,}7)$

f) $0{,}01 \cdot (-27{,}1) + (-15{,}9) \cdot (0{,}01)$

14 Ordne die Potenzen der Größe nach. Beginne mit der Größten.

a) $4{,}3^3$; $(-3{,}1)^3$; $(-4{,}3)^2$; $(-3{,}1)^2$; $3{,}1^3$

b) $(2a)^3$; $2a^3$; $\frac{1}{(-2)^2}a^3$; $(-2)^2a^3$; $\frac{1}{-2^2}a^3$ $(a \in \mathbb{Q}; a > 1)$

Aufgaben für Lernpartner

Sind folgende Behauptungen richtig oder falsch? Begründe schriftlich.

A Jede rationale Zahl ist eine ganze Zahl.

B An der Zahlengeraden ist diejenige Zahl größer, die weiter rechts liegt.

C Zwischen zwei rationalen Zahlen liegt stets eine weitere Zahl.

D Man kann jede Subtraktion einer rationalen Zahl in eine Addition mit ihrer Gegenzahl umwandeln.

E Treffen bei der Subtraktion einer rationalen Zahl zwei Minuszeichen aufeinander, dann kann man einfach eines dieser Zeichen weglassen.

F Wird eine Zahl durch einen negativen Bruch dividiert, dann wird diese Zahl mit dem positiven Kehrwert multipliziert.

G Das Assoziativgesetz und das Kommutativgesetz gelten nur für die Multiplikation und Division rationaler Zahlen.

H Die Division durch eine rationale Zahl kann man durch die Multiplikation mit ihrer Gegenzahl ersetzen.

I Potenziert man eine negative Zahl mit einem geraden Exponenten, dann ist das Ergebnis stets positiv.

Ich weiß und kann …	Aufgaben	Hilfe
ganze und rationale Zahlen erkennen und einordnen.	1, A	S. 18, 22
ganze und rationale Zahlen an der Zahlengeraden darstellen.	2, 3, 4	S. 18, 22
rationale Zahlen ordnen und runden.	5, 6, 7, B, C	S. 26
rationale Zahlen addieren und subtrahieren.	8, 9, D, E	S. 20, 28
rationale Zahlen multiplizieren.	10, 11	S. 32
rationale Zahlen dividieren.	12, F, H	S. 34
beim Rechnen mit rationalen Zahlen die Rechengesetze anwenden.	13, G	S. 36
Potenzen mit rationaler Basis berechnen.	14, I	S. 40

1 Auf einen Blick

Seiten 18, 22, 26

Rationale Zahlen

Alle positiven und negativen Zahlen ergeben zusammen mit der Null die Menge der **rationalen Zahlen** $\mathbb{Q}$. Die natürlichen und die ganzen Zahlen sowie die bekannten Dezimalzahlen und Brüche sind in den rationalen Zahlen enthalten.
Jede Zahl und ihre Gegenzahl haben denselben Abstand zur Null („**Betrag**").

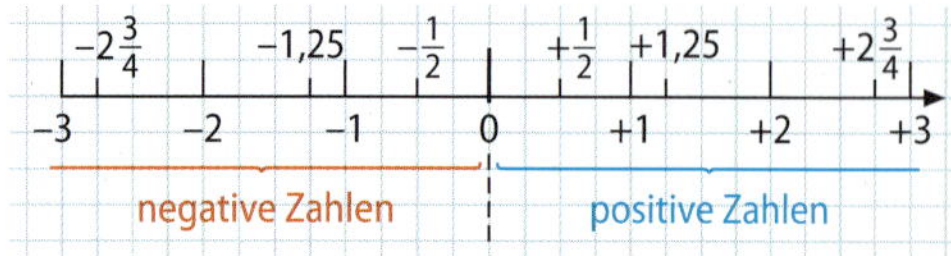

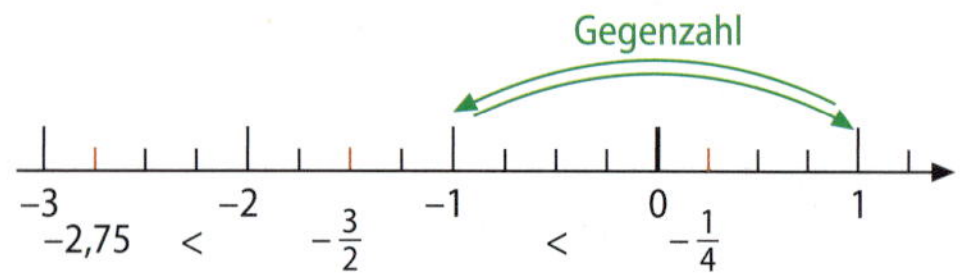

Seiten 20, 28

Addition rationaler Zahlen

Gleiche Vorzeichen: Beträge addieren. Das Ergebnis hat das gemeinsame Vorzeichen.
Verschiedene Vorzeichen: kleineren Betrag vom größeren subtrahieren. Das Ergebnis hat das Vorzeichen des Summanden mit größerem Betrag.

Subtraktion rationaler Zahlen

Ersetzen durch die **Addition der Gegenzahl**.

kurz:
+ (+ … ⟶ +
− (− … ⟶ +
+ (− … ⟶ −
− (+ … ⟶ −

Beispiele:

1 $(-1) + (-3) = -4$
$(-1) + (+3) = +2$

2 $(-1) - (+3) = (-1) + (-3) = -4$
$(-1) - (-3) = (-1) + (+3) = +2$

Seite 32, 34

Multiplikation und Division

Zwei **rationale Zahlen** werden **multipliziert** (**dividiert**), indem man zunächst ihre **Beträge** verrechnet. Das Ergebnis ist positiv, wenn beide Zahlen das gleiche Vorzeichen haben, es ist negativ bei verschiedenen Vorzeichen.

kurz:
+ mal + ⟶ +
+ mal − ⟶ −
− mal + ⟶ −
− mal − ⟶ +

kurz:
+ geteilt durch + ⟶ +
+ geteilt durch − ⟶ −
− geteilt durch + ⟶ −
− geteilt durch − ⟶ +

Seite 36, 38

Rechengesetze für rationale Zahlen

Es gelten die bekannten Rechengesetze auch bei rationalen Zahlen: Kommutativgesetz, Assoziativgesetz, Distributivgesetz

Kommutativgesetz
$2{,}5 \cdot (-1{,}8) \cdot (-6) = 2{,}5 \cdot (-6) \cdot (-1{,}8)$

Assoziativgesetz
$\left(-\frac{3}{4}\right) \cdot \left[\left(-\frac{1}{2}\right) \cdot \left(+\frac{5}{7}\right)\right] = \left[\left(-\frac{3}{4}\right) \cdot \left(-\frac{1}{2}\right)\right] \cdot \left(+\frac{5}{7}\right)$

Distributivgesetz
$(-5) \cdot (3 + 8) = (-5) \cdot 3 + (-5) \cdot 8$

Seite 40

Potenzen

Die Potenz ist eine Kurzschreibweise für ein Produkt aus gleichen rationalen Zahlen oder Variablen.
Eine Zahl lässt sich als Produkt einer rationalen Zahl und einer **Zehnerpotenz** in der Form $a \cdot 10^n$ ($1 \le a < 10 \mid n \in \mathbb{Z}$) schreiben.

$3 \cdot 3 \cdot 3 \cdot 3 = 3^4 = 81$
$(-4) \cdot (-4) \cdot (-4) = \cdot (-4)^3 = -64$

$16\,500\,000 = 165 \cdot 10^5 \approx 1{,}7 \cdot 10^7$

2 Zuordnungen und Zinsrechnung

Einstieg

- Zuordnungen, Prozente und Zinsen begegnen uns überall im Alltag. Finde Beispiele aus der Zeitung, im Internet, beim Einkaufen.
- Vergleiche die Größe der Kontinente miteinander.
- Gib ihre Anteile an der Landfläche der Erde als Bruch und als Dezimalzahl an. Fertige dazu eine Tabelle an.

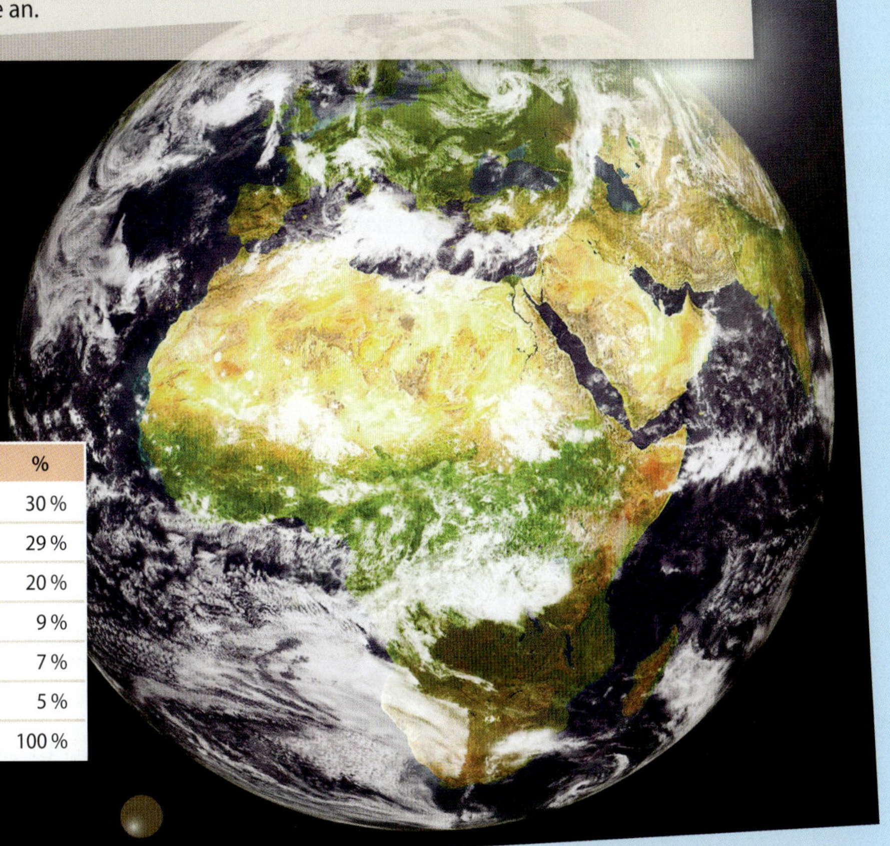

Die Oberfläche der Erde misst 510 Millionen km². Die Landfläche umfasst etwa 148,9 Mio. km², das sind 29 % der Erdoberfläche.

Kontinent	Landfläche	%
Asien	44,4 Mio. km^2	30 %
Amerika	42,5 Mio. km^2	29 %
Afrika	30,2 Mio. km^2	20 %
Antarktika	14,0 Mio. km^2	9 %
Europa	10,1 Mio. km^2	7 %
Australien	7,7 Mio. km^2	5 %
gesamt	148,9 Mio. km^2	100 %

Ausblick

Am Ende dieses Kapitels hast du gelernt, …

- wie man Zuordnungen mathematisch beschreiben kann.
- was direkt und indirekt proportionale Zuordnungen sind.
- wie man Prozente und Zinsen vergleichen kann.
- wie man fehlende Größen in der Prozent- und Zinsrechnung auf verschiedene Arten bestimmen kann.
- wie man in Alltagssituationen Prozent- und Zinsrechnung verwendet.

2 Das kann ich schon ...

Schreibweisen und Darstellungen von Zuordnungen

Im Diagramm ist dargestellt, welchen Weg (y-Achse) Sabrina in einer bestimmten Zeit (x-Achse) zu Fuß zurückgelegt hat. Jeder **Laufzeit** (in Minuten) ist eindeutig eine **Laufstrecke** (in Metern) zugeordnet. Selbst die eingelegten Pausen lassen sich dem Diagramm entnehmen. So wurde z. B. in den ersten 10 Minuten eine Strecke von 500 m zurückgelegt und anschließend eine Pause von 5 Minuten gemacht.

Laufzeit in min $\mapsto$ *Laufstrecke in m*

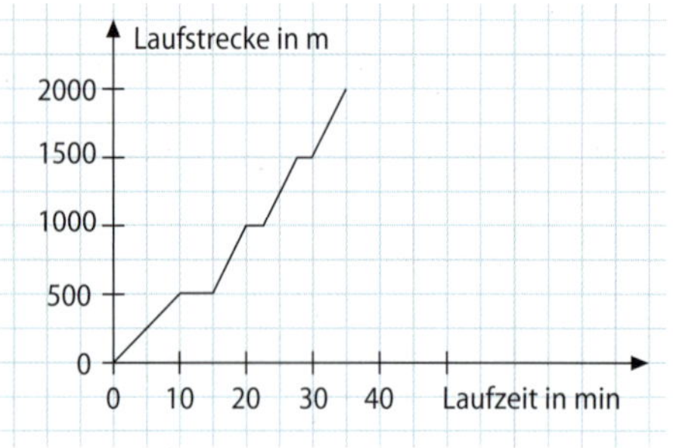

Brüche erweitern und kürzen

Ein Anteil bleibt gleich, wenn die Unterteilung **verfeinert** oder **vergröbert** wird.

Verfeinert man die Unterteilung, so vergrößern sich Zähler und Nenner des Bruches um denselben Faktor. Man nennt diesen Vorgang **Erweitern** von Brüchen.

$$\frac{4}{5} = \frac{3 \cdot 4}{3 \cdot 5} = \frac{12}{15}$$

Erweitern: Zähler und Nenner mit derselben Zahl multiplizieren

Vergröbert man die Unterteilung, so verkleinern sich Zähler und Nenner um einen gemeinsamen Teiler. Man nennt diesen Vorgang **Kürzen** von Brüchen.

$$\frac{15}{36} = \frac{15 : 3}{36 : 3} = \frac{5}{12} \quad \text{oder} \quad \frac{15}{36} = \frac{5 \cdot 3}{12 \cdot 3} = \frac{5}{12}$$

Kürzen: Zähler und Nenner durch dieselbe Zahl dividieren

Darstellung am Zahlenstrahl

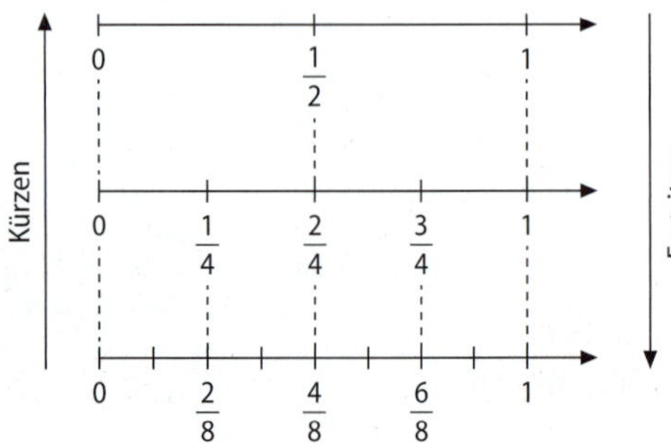

Darstellung an einer Abbildung

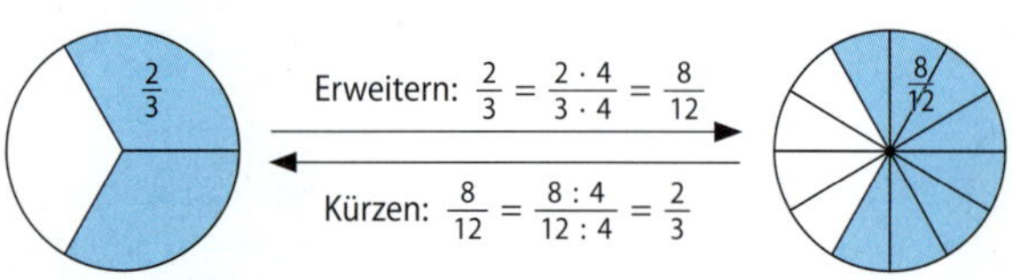

Umwandlung von Zehnerbrüchen

Brüche mit dem Nenner 10, 100, 1000, ... heißen Zehnerbrüche. Man kann sie auch als Dezimalzahlen schreiben.

$$\frac{1}{10} = 0{,}1; \ \frac{1}{100} = 0{,}01; \ \frac{1}{1000} = 0{,}001; \ldots$$

$$\frac{5}{100} = 0{,}05; \ \frac{25}{100} = 0{,}25; \ \frac{20}{10} = 2{,}0$$

Jede Zahl mit endlich vielen Dezimalstellen kann als Zehnerbruch geschrieben werden.

$$0{,}75 = \frac{75}{100}; \ 1{,}0 = \frac{10}{10}; \ 2{,}5 = \frac{25}{10}; \ 0{,}002 = \frac{2}{1000}$$

Schreibweisen und Darstellungen von Zuordnungen

1
1 *Stadt* $\mapsto$ *Einwohnerzahl*
2 *Zeit in s* $\mapsto$ *Strecke in m*
3 *Anzahl Eiskugeln* $\mapsto$ *Preis in €*
4 *Tag der Woche* $\mapsto$ *Höhe des Flusspegels*

a) Gib für die Zuordnungen je drei konkrete Größenpaare an, wie sie im Alltag vorkommen können.
b) Welches Diagramm wäre für die Darstellung der Zuordnung jeweils sinnvoll? Begründe.

2 In der Klassenarbeit der Klasse 7a gibt es folgende Ergebnisse:

Note	sehr gut	gut	befriedigend	ausreichend	mangelhaft	ungenügend
Anzahl	2	5	8	6	3	0

a) Handelt es sich hierbei um eine Zuordnung? Begründe deine Antwort.
b) Stelle die Ergebnisse in einem Säulendiagramm dar. Du kannst ein Tabellenprogramm nutzen.

Brüche erweitern und kürzen

3 Erweitere im Kopf.

a) $\frac{4}{5}$ mit 3; 5; 8 b) $\frac{2}{3}$ mit 2; 4; 10 c) $\frac{7}{11}$ mit 8; 9; 12 d) $\frac{12}{9}$ mit 4; 5; 7

4 Kürze im Kopf.

a) mit 3: $\frac{3}{9}; \frac{15}{12}; \frac{39}{72}; \frac{99}{111}$ b) mit 5: $\frac{10}{15}; \frac{25}{40}; \frac{45}{65}; \frac{110}{120}$ c) mit 8: $\frac{16}{48}; \frac{24}{72}; \frac{40}{96}; \frac{112}{120}$

d) mit 12: $\frac{12}{48}; \frac{36}{24}; \frac{108}{144}$ e) mit 15: $\frac{45}{60}; \frac{75}{120}; \frac{135}{225}$ f) mit 25: $\frac{75}{100}; \frac{275}{350}; \frac{925}{1275}$

5 Setze für $\square$ die passende Zahl ein. Gib die Erweiterungs- bzw. Kürzungszahl an.

a) $\frac{2}{9} = \frac{\square}{81}; \frac{8}{7} = \frac{48}{\square}$ b) $\frac{11}{12} = \frac{121}{\square}; \frac{7}{\square} = \frac{56}{96}$ c) $\frac{\square}{12} = \frac{54}{72}; \frac{13}{3} = \frac{\square}{27}$

d) $\frac{12}{16} = \frac{\square}{4}; \frac{56}{64} = \frac{7}{\square}$ e) $\frac{121}{77} = \frac{11}{\square}; \frac{9}{\square} = \frac{3}{14}$ f) $\frac{\square}{84} = \frac{5}{4}; \frac{13}{52} = \frac{\square}{4}$

6 Wo würdest du dir die Lose kaufen? Begründe deine Antwort.

Jedes 5. Los ein Treffer

100 Lose – 22 Gewinne

Auf 3 Nieten 1 Gewinn

Auf 10 Lose 3 Gewinne

Umwandlung von Zehnerbrüchen

7 a) Schreibe als kleinstmöglichen Zehnerbruch: 0,3; 0,006; 0,12; 0,105; 0,35; 0,0125; 1,2; 5,4; 1,0012
b) Schreibe als Dezimalzahl: $\frac{4}{10}; \frac{3}{1000}; \frac{17}{1000}; \frac{34}{100}; \frac{242}{10\,000}; \frac{12}{10}; \frac{1500}{100}; \frac{255}{10}$

8 Bringe den Bruch durch Erweitern oder Kürzen auf einen Zehnerbruch. Schreibe dann als Dezimalzahl.

a) $\frac{1}{5}$ b) $\frac{6}{20}$ c) $\frac{17}{50}$ d) $\frac{4}{25}$ e) $\frac{7}{5}$ f) $\frac{3}{4}$ g) $\frac{120}{40}$ h) $\frac{12}{125}$

2 Entdecken

Kap. 2.1 und 2.2

Bügeln für Schuhe

Sophia möchte sich neue Schuhe kaufen. Um dafür ihr Taschengeld aufzubessern, hilft sie ihrer Mutter beim Bügeln. Für die Berechnung ihres zusätzlichen Taschengeldes fertigt sie eine Tabelle an.

- Wie viele Kleidungsstücke muss sie bügeln, bis sie 18 € verdient hat?
- Wie viel Geld bekommt Sophia von ihrer Mutter, wenn sie eine Woche lang täglich vier Kleidungsstücke bügelt?
- Sophia braucht zum Bügeln eines Kleidungsstücks ca. 5 Minuten. Ergänze die Tabelle im Heft um eine Spalte „Arbeitszeit in min".
- Stelle die Zuordnung *Anzahl Kleidungsstücke* $\mapsto$ *Lohn in €* als Liniendiagramm dar. Welche Bedeutung haben Zwischenwerte? Erkläre.

Anzahl der Kleidungsstücke	Lohn in €
1	0,40
2	0,80
3	1,20
4	1,60
5	2,00

Kap. 2.4 und 2.5

Monatliche Kosten

Frau Hagermann hat 2200 € Ausgaben im Monat. Das Kreisdiagramm zeigt die Verteilung dieses Geldes auf verschiedene Bereiche.

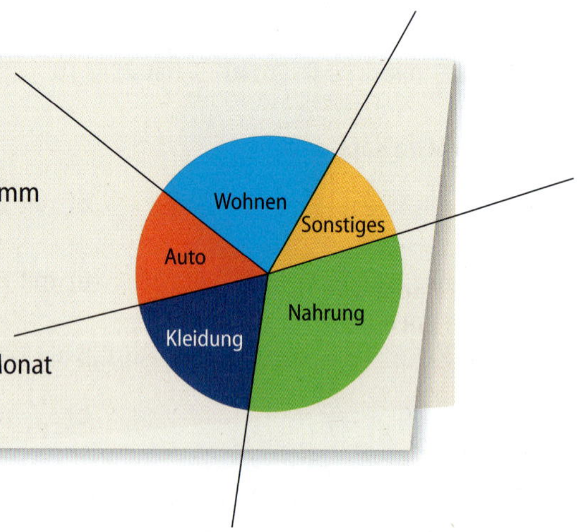

- Miss die zugehörigen Kreiswinkel so genau wie möglich und bestimme die zugehörigen prozentualen Anteile.
- Wie viel € ihrer Ausgaben wendet Frau Hagermann etwa pro Monat für die einzelnen Bereiche auf?

Kap. 2.5 und 2.6

Schlussverkauf

In Schlussverkäufen werden Produkte günstiger angeboten, um Platz für die Waren der kommenden Saison zu schaffen.

- Welche Möglichkeiten kennst du, um Vergünstigungen anzugeben? Nenne Beispiele.
- Die Firma „Schuh-Schock" wirbt in ihrem rechts abgebildeten Prospekt: „Unsere Schuhe jetzt bis zu 50 % günstiger." Findest du die Werbung passend? Erkläre.

Kap. 2.7

Beim Friseur

Der Staat erhebt auf viele Verkäufe und Dienstleistungen einen Aufschlag („Mehrwertsteuer") von 19 %.

- Ergänze in deinem Heft die fehlenden Angaben des Kassenzettels. Stelle deinen Rechenweg übersichtlich dar. Beachte, dass die Mehrwertsteuer auf den Nettobetrag erhoben wird.
- Besorge dir von deinen Eltern einen Kassenzettel von ihrem letzten Lebensmitteleinkauf. Wie hoch ist der Aufschlag dort?
- Recherchiere, in welchen Fällen welcher Aufschlag verwendet wird.

Trends

1 x Perform	21,82
1 x Trocknen	9,20
1 x Wimpern färben	5,00
1 x Augen zupfen	2,50
1 x Nagel Design	25,00
1 x Dauerwelle	65,00
Gesamt EUR:	
Gegeben:	130,00
Rückgeld:	
Nettobetrag:	108,00
MwSt. 19,00 %:	
Service: Frau Kutter	
10.10.15, 16:47	

Kap. 2.9

Mobilität hat ihren Preis

Nachdem man die Führerscheinprüfung bestanden hat, ist der Wunsch nach einem eigenen Roller oder Motorrad sehr groß. Meistens reicht das ersparte Geld nicht für ein Neufahrzeug aus. Rechts findest du Möglichkeiten, um ein solches Fahrzeug zu finanzieren.

- Berechne für jedes Angebot den Gesamtpreis und vergleiche die Angebote. Welches ist der „teuerste" Kredit?
- Was passiert, wenn die monatlich zu zahlenden Raten nicht mehr gezahlt werden können? Informiere dich auch im Internet.

Drive and fun	
Kredithöhe:	1690,00 €
Monate Laufzeit:	12
monatliche Rate:	143,65 €

Classic	
Kredithöhe:	1690,00 €
Monate Laufzeit:	9
monatliche Rate:	192,00 €

Easy and go	
Kredithöhe:	1690,00 €
Monate Laufzeit:	6
monatliche Rate:	281,60 €

Entdecken

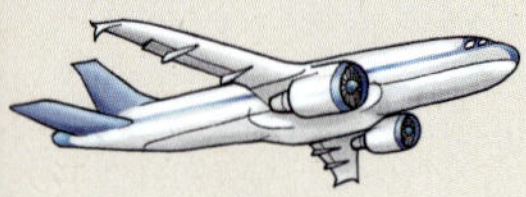

Auf ihrer Reise nach New York sieht Anna auf einem Bildschirm im Flugzeug die aktuellen Flughöhen. Sie entschließt sich, die Höhe zu jeder vollen Flugstunde zu notieren, und zeichnet einen Graphen dazu.

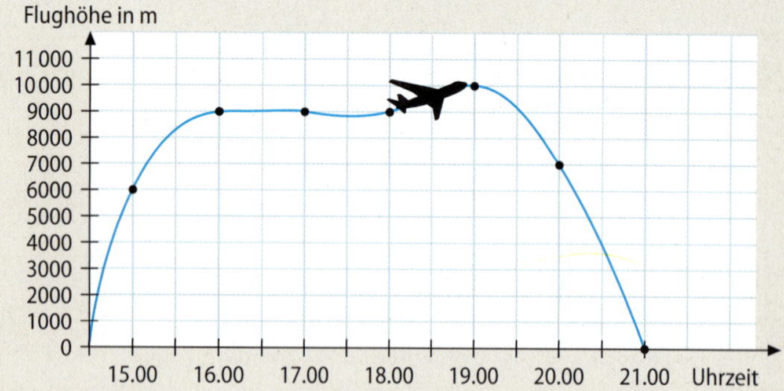

- Beschreibe den Verlauf des Fluges.
- Anna sagt: „Die Landung dauerte fast zwei Stunden!" Kannst du das bestätigen? Begründe.
- Kann ein Flugzeug zu einem festen Zeitpunkt auf zwei verschiedenen Höhen sein?

Verstehen

Bei Zuordnungen können einer Ausgangsgröße verschiedene Größen zugeordnet werden.

Beachte: Ausgangsgröße an der x-Achse und zugeordnete Größe an der y-Achse antragen.

Eine Zuordnung nennt man **eindeutig**, wenn jedem Wert einer Ausgangsgröße x genau eine Größe y zugeordnet ist.
Um den Graph einer eindeutigen Zuordnung zu zeichnen, werden in einem Koordinatensystem die Größenpaare eingetragen. Je nachdem, ob Zwischenwerte vorkommen können, kann man die Punkte verbinden. Der Graph zeigt Veränderungen, Hoch- und Tiefpunkte.

Beispiel

Im Schulgarten wurden Tomatensamen ausgesät und das Wachstum der Pflanzen beobachtet. Stelle das Wachstum grafisch dar. Beschreibe dein Vorgehen.

Zeit in Tagen	0	20	40	60	80	100	120
Höhe in cm	0	5	14	30	59	95	110

Vorgehen zum Zeichnen von Graphen:

1. *Länge der Einheit auf x- und y-Achse separat festlegen*
2. *Achsen zeichnen und beschriften*
3. *Punkte eintragen*
4. *Punkte verbinden, wenn es sinnvoll ist*

Lösung:
Vorgehen beim Zeichnen des Graphen der Zuordnung *Zeit in Tagen* $\mapsto$ *Höhe in cm:*

1. **x-Achse:** *Zeit in Tagen*
   Wenn 1 Einheit 10 Tagen entspricht, benötigt man 12 Kästchen, also 6 cm.
   y-Achse: *Höhe in cm*
   Wenn 1 Einheit 10 cm entspricht, benötigt man 12 Kästchen, also 6 cm.
2. Koordinatensystem zeichnen
3. Punkte eintragen
4. Punkte verbinden

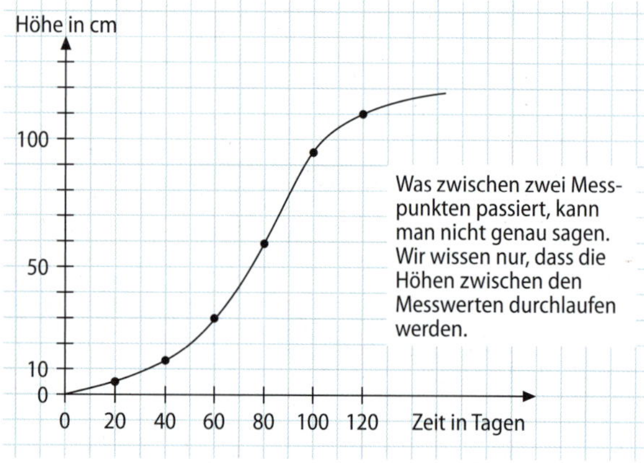

Nachgefragt

- Wie unterscheidet sich eine eindeutige von einer nicht-eindeutigen Zuordnung?
- Wie lassen sich Veränderungen im Graphen ablesen? Erkläre am Beispiel.

Aufgaben

1 Ist die Zuordnung eindeutig? Begründe jeweils mit Beispielen.

a) *Parkdauer in min ↦ Gebühr in €*
b) *Gebühr in € ↦ Parkdauer in min*
c) *Zeitdauer in s ↦ Regenmenge in cm*
d) *Euro ↦ US-Dollar*
e) *Temperatur in °C ↦ Uhrzeit*
f) *Uhrzeit ↦ Temperatur in °C*
g) *Benzinmenge in ℓ ↦ Preis in €*
h) *Preis in € ↦ Benzinmenge in ℓ*

2 **a)** Welche Zuordnung ist im Graphen dargestellt?
b) Lies den Höchst- und die Tiefstwerte der zugeordneten Größe möglichst genau ab.
c) Wann zeigte das Thermometer 2 °C (4 °C, −2 °C)?
d) Lies alle zwei Stunden die Werte im Graphen ab und stelle den Sachverhalt in einer Tabelle dar.
e) Schreibe einen Wetterbericht für den Tag.

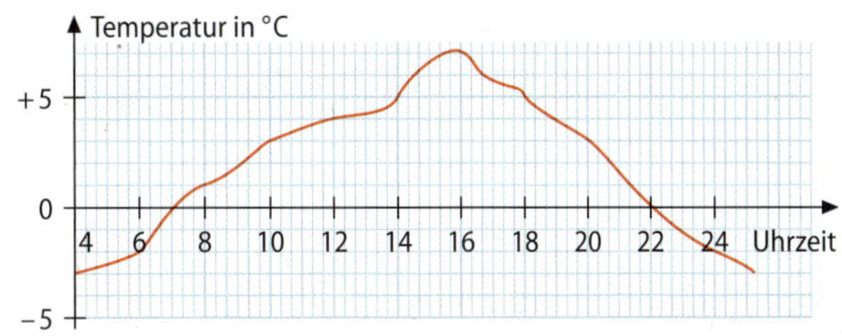

3 **a)** Jakob geht jeden Morgen zu Fuß zur Schule. Die beiden Graphen veranschaulichen seinen Schulweg an zwei verschiedenen Tagen. Erfinde eine Geschichte zu jedem Schulweg. Bestimme jeweils die gelaufene Strecke.

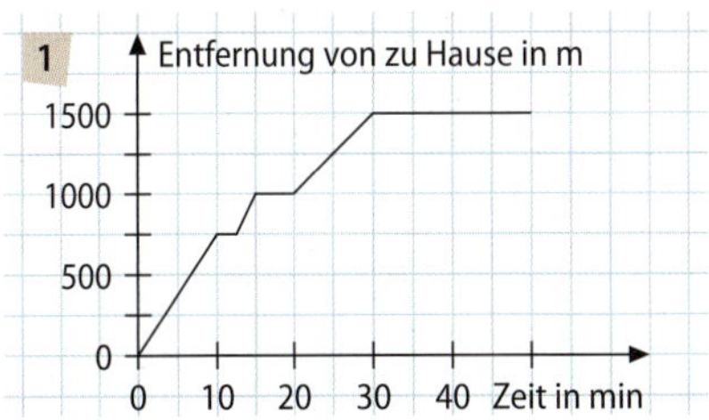

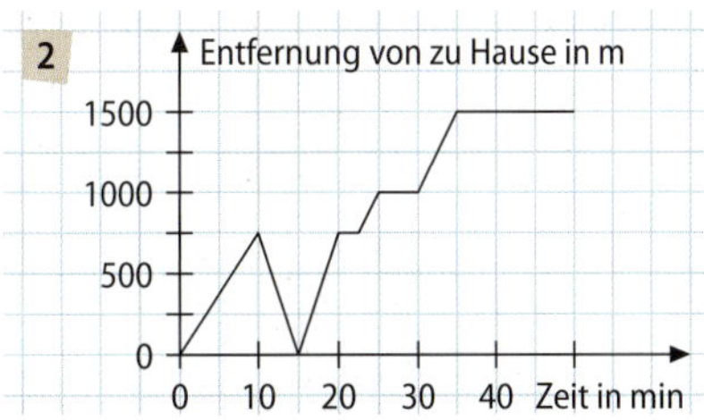

b) Jakobs Bruder Klaus geht auf dieselbe Schule. Jeder zeichnet für seinen Schulweg an einem Morgen einen eigenen Graphen. Finde Gemeinsamkeiten und Unterschiede.

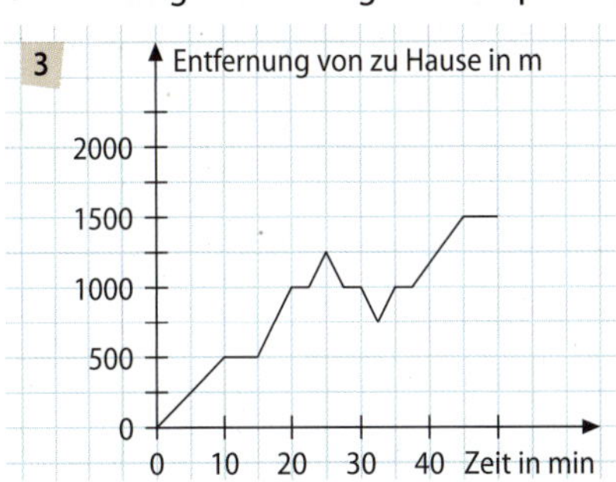

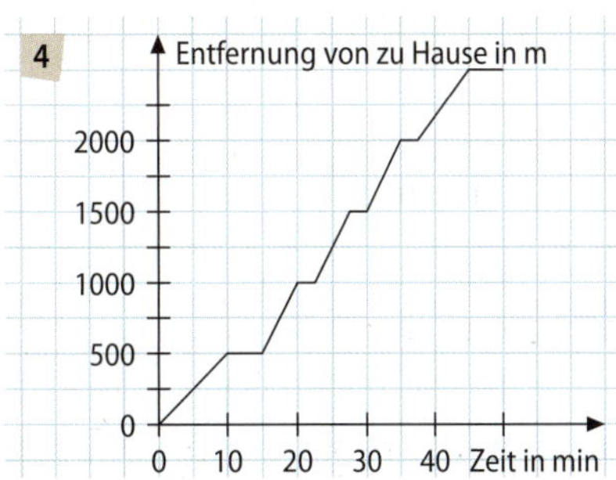

c) Beschreibe einem Partner oder einer Partnerin deinen Schulweg in Worten und lasse einen Graphen dazu zeichnen. Kontrolliere den Graphen, tauscht dann die Rollen.

4 Sabrina möchte ihren Hund Bello baden. Dazu lässt sie zunächst Wasser in die Badewanne. Als die Wanne halb voll ist, stellt sie das Wasser ab und lässt Bello in die Wanne. Nach einiger Zeit hat Bello fertig gebadet und springt aus dem Wasser. Kurz darauf lässt Sabrina das Wasser wieder ab. Skizziere einen Graphen, der die Höhe des Wasserstandes in der Wanne im Laufe der Zeit darstellt. Du kannst bei der Skizze auf Einheiten verzichten.

Entdecken

Suche Gegenstände, die es häufig in gleicher Qualität und Größe gibt, z. B. Schokolinsen oder Würfel. Untersuche die Masse dieser Gegenstände mit einer Haushaltswaage.

- Lege eine Tabelle an, in der die Masse in Abhängigkeit von der Anzahl der Gegenstände notiert wird.
- Wie verändert sich die Masse, wenn sich die Anzahl der Gegenstände verdoppelt (verdreifacht, verzehnfacht)? Beschreibe in Worten.
- Übertrage den Sachverhalt aus der Tabelle in ein Koordinatensystem. Beschreibe den Verlauf des Graphen, auf dem die Punkte liegen.

Beispiel:

Anzahl Würfel	5	10	20	40
Masse in g				

Verstehen

Bestimmten Zuordnungen liegen Gesetzmäßigkeiten zugrunde, die man beim Rechnen nutzen kann.

Derselbe Zusammenhang kann auch nur für Zahlen statt für Größen gelten.

Eine direkt proportionale Zuordnung liegt bereits vor, wenn nur eine dieser Eigenschaften zutrifft.

Eine Zuordnung nennt man **direkt proportional**, wenn folgender **Zusammenhang** gilt: Zum Doppelten (zum Dreifachen, zum Vierfachen, …, zur Hälfte, zum Drittel, …) der Ausgangsgröße gehört das Doppelte (das Dreifache, das Vierfache, …, die Hälfte, ein Drittel, …) der zugeordneten Größe.

Dieser Zusammenhang lässt sich neben dieser **Wortform** auch folgendermaßen darstellen:

Tabelle mit Dreisatz

Eiskugeln	Preis in €
2	1,40
1	0,70
5	3,50

(:2 von 2 zu 1 und von 1,40 zu 0,70; ·5 von 1 zu 5 und von 0,70 zu 3,50)

Schrittweises Rechnen mit gleichartiger Veränderung von der **Ausgangsgröße** zur **gesuchten Größe**.

Graph

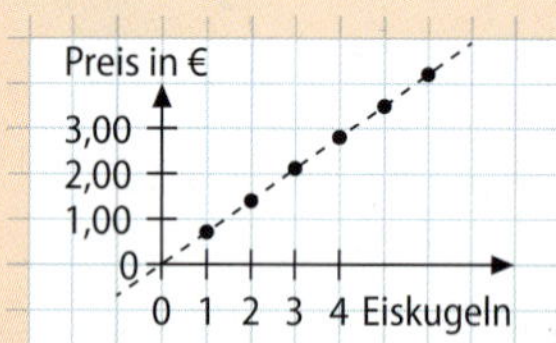

Die Punkte liegen auf einer **Geraden durch den Ursprung.**

Quotientengleichheit

$$\frac{0{,}70\,€}{1\text{ Kugel}} = \frac{1{,}40\,€}{2\text{ Kugeln}} = \frac{3{,}50\,€}{5\text{ Kugeln}} = \ldots$$

$$\frac{\text{zugeordnete Größe}}{\text{Ausgangsgröße}}\text{ bleibt gleich}$$

Der **Quotient** aus zugeordneter Größe und Ausgangsgröße ist stets gleich. Der Quotient, bei der die Ausgangsgröße eine Einheit ist, heißt Proportionalitätsfaktor.

Beispiel

250 g Hackfleisch kosten beim Metzger 3,00 €.

a) Erstelle eine Tabelle, die den Preis für verschiedene Mengen Hackfleisch angibt.

b) Überprüfe die Wertepaare dieser Zuordnung auf Quotientengleichheit.

Lösung:

Jedes Wertepaar in einer Tabelle kann Ausgangspunkt für die Berechnung sein.

a)

Menge	250 g	50 g	100 g	500 g
Preis	3,00 €	0,60 €	1,20 €	6,00 €

(:5 von 250 g zu 50 g; ·2 von 50 g zu 100 g; ·5 von 100 g zu 500 g; ·2 von 250 g zu 500 g)

b) $\frac{3{,}00\,€}{250\text{ g}} = \frac{0{,}60\,€}{50\text{ g}} = \frac{1{,}20\,€}{100\text{ g}} = \frac{6{,}00\,€}{500\text{ g}}$

Preis pro 100 g: Proportionalitätsfaktor

Die Quotientengleichheit ist gegeben.

Nachgefragt

- Nenne Beispiele für direkt proportionale Zuordnungen im Alltag.
- Begründe: Jede direkt proportionale Zuordnung ist stets eine eindeutige Zuordnung.
- Bei vielen Sachkontexten zeichnet man den Graphen einer direkt proportionalen Zuordnung nur gestrichelt. Warum?

Aufgaben

1 Sind die folgenden Zuordnungen direkt proportional? Begründe anhand von Beispielen.

a) *Körpergewicht ↦ Alter*
b) *Schweizer Franken ↦ Euro*
c) *Anzahl der Arbeiter ↦ Bauzeit auf einer Baustelle*
d) *Preis in € ↦ Menge Benzin in ℓ*
e) *Süßigkeiten in g ↦ Preis in €*
f) *Länge eines Musiktitels in min ↦ Anzahl der CD-Player*
g) *Seitenlänge eines Rechtecks ↦ Flächeninhalt*

2 Berechne die fehlenden Größen der direkt proportionalen Zuordnungen. Rechne zuerst auf einen geeigneten Zwischenwert und dann auf die gesuchte Größe.

a)

Äpfel in kg	Preis in €
2	4,30
1	
9	

b)

Anzahl Hefte	Masse in g
3	225
8	

c)

Erdbeeren in g	Preis in €
250	1,50
800	

d)

Euro	US-Dollar
120	180
180	

e)

Anzahl Bausteine	Turmhöhe in cm
7	10,5
15	

f)

Anzahl Kopien	Preis in €
450	13,50
800	

3 Welcher der Graphen gehört zu einer direkt proportionalen Zuordnung? Begründe.

a)
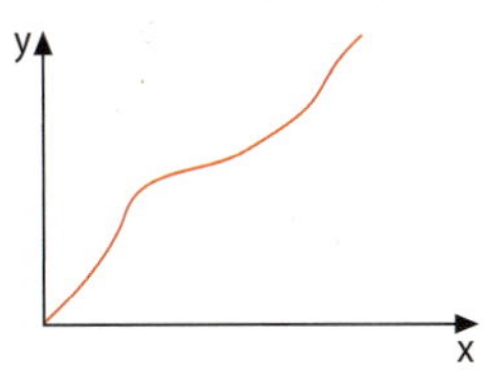

b)
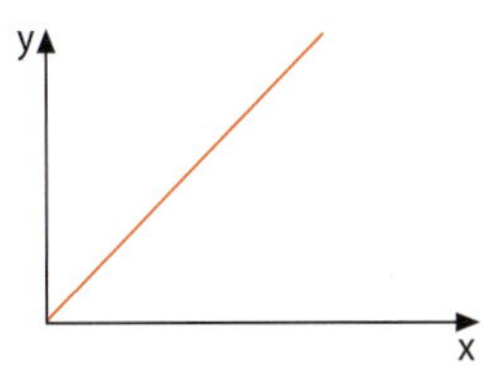

c)
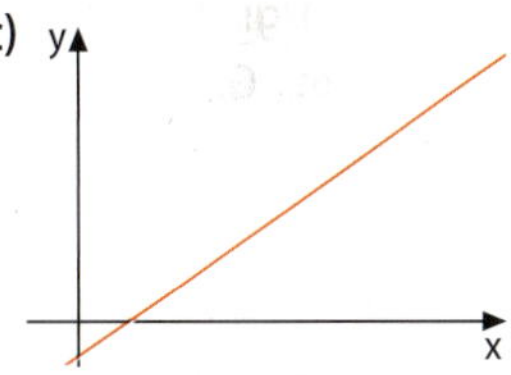

4 Familie Kremer fährt in den Urlaub an die Nordsee. Der Vater betankt das Auto mit 18 ℓ Benzin und zahlt an der Kasse 21,60 €.

a) Berechne den Preis für 36 ℓ (54 ℓ, 9 ℓ) Benzin. Schätze zuerst, lege dann eine Tabelle an.
b) Stelle den Sachverhalt grafisch dar. Beschreibe den Zusammenhang in Worten.
c) Lies den Preis für 20 ℓ (30 ℓ, 42 ℓ) aus dem Graphen von b) möglichst genau ab. Überprüfe die Werte auch rechnerisch.
d) Sicherlich kennst du die Anzeigeschilder von Tankstellen. Die Angaben an den Tankstellenschildern sind Proportionalitätsfaktoren. Begründe diese Aussage.

5 a) Zeige auf verschiedene Arten, dass die Zuordnungen direkt proportional sind. Beschreibe auch in Worten.

1

Gewicht in g	300	900	600
Preis in €	3,45	10,35	6,90

2

Länge in m	7	2	4
Preis in €	14,70	4,20	8,40

3

Länge in cm	5	7	4
Preis in €	2	2,80	1,60

4

Weg in km	3	4	6
Zeit in min	39	52	78

b) Beschreibe Situationen, die durch die Zuordnungen dargestellt werden können.

6 Für das Sommerfest des Hockeyclubs machen Monika und Andrea einen Reissalat.

a) Da es sich um eine große Feier handelt, möchten sie einen Salat für 12 Personen zubereiten. Berechne die notwendigen Mengen neu.

b) Wie berechnet man die Mengenangaben für die dreifache, vierfache, … Menge? Beschreibe.

c) Beim Fest haben sich 15 Personen angemeldet. Monika und Andrea streiten sich um die Anzahl der Zutaten. Was ist das Problem? Wie können sie es praktisch lösen? Mache verschiedene Vorschläge.

Reissalat für 6 Personen

- 200 g Reis, gekocht
- 3 Paprika (rot, gelb, grün)
- 1 Dose Mais
- 5 Gewürzgurken
- 50 g Sahne
- 250 g Mayonnaise

Das Gemüse in kleine Würfel schneiden, anschließend alle Zutaten vermischen. Mit Salz und Pfeffer abschmecken.

7 Recherchiere die aktuellen Umrechnungskurse für ausländische Währungen (US-Dollar, Britische Pfund, Schweizer Franken, …). Erstelle mithilfe eines Tabellenkalkulationsprogramms eine Datei, die jeden beliebigen Euro-Betrag in die entsprechende ausländische Währung umrechnet.

Weiterdenken

Man kann direkt proportionale Zuordnungen auch mit einer **Verhältnisgleichung** lösen. Bei einer Verhältnisgleichung stehen zwei Ausgangsgrößen genauso zueinander wie die zugeordneten Größen:

Beispiel: 5 kg Äpfel kosten 12,50 €. Wie teuer sind 2 kg Äpfel?

$$\frac{x\,€}{12{,}50\,€} = \frac{2\,\text{kg}}{5\,\text{kg}} \quad \text{bzw.} \quad \frac{x}{12{,}5} = \frac{2}{5}$$

Verändere das Verhältnis gleichartig:

$$\frac{x}{12{,}5} = \frac{2}{5} \overset{:2}{=} \frac{1}{2{,}5} \overset{\cdot 5}{=} \frac{5}{12{,}5}$$

(Zähler und Nenner jeweils : 2, dann · 5)

2 kg Äpfel kosten 5,00 €.

Masse Äpfel (kg)	Preis (Euro)
5	12,50
1 (: 5)	2,50 (: 5)
2 (· 2)	x (· 2)

8 a) Löse mit einer Verhältnisgleichung.

1 8 kg Weintrauben kosten 24 €. Wie teuer sind 3 kg Weintrauben?

2 Herr Müller bezahlt für 45 Liter Benzin 63 €. Wie viel kosten 30 Liter Benzin?

3 Für die Herstellung von 75 kg Holzkohle benötigt man 100 kg Holz. Wie viel Holz benötigt man für die Herstellung von 60 kg Holzkohle?

b) Stelle an einer Teilaufgabe aus a) alle Möglichkeiten dar, die du kennst, um eine Aufgabe zu einer direkt proportionalen Zuordnung zu lösen.

9 Lennard muss das große Einmaleins auswendig lernen und hat mit der 13er-Reihe Probleme. Er versucht, sie grafisch darzustellen.

a) Begründe, warum die Zahlenreihen eine direkt proportionale Zuordnung darstellt.

b) Stelle die Zuordnung *Natürliche Zahl* $n \mapsto 13 \cdot n$ grafisch dar.

1 Lies die Ergebnisse für drei mögliche Vielfache ab. Überprüfe rechnerisch.

2 Welche Bedeutung haben Zwischenwerte beim Graphen? Gib Beispiele an.

c) Wie ändert sich das Ergebnis, wenn du die Ausgangsgröße halbierst (versechsfachst, um 1 erhöhst)? Argumentiere auch mit der Verhältnisgleichheit.

10 Vergleiche den Flächeninhalt der Rechtecke mit der blauen Fläche. Welchen Zusammenhang erkennst du? Beschreibe mit eigenen Worten.

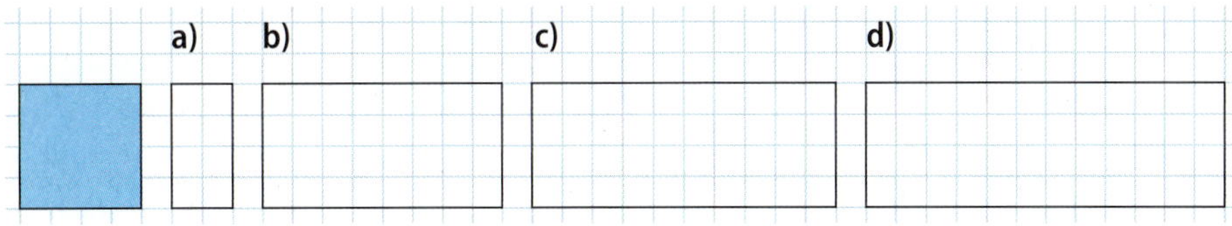

11 Betrachte die abgebildeten Graphen.

a) Erläutere die dargestellte Situation.

b) Übertrage und vervollständige die Tabelle.

Uhrzeit	8.00	9.00	10.00	11.00	12.00
Weg in km					
Weg in km					

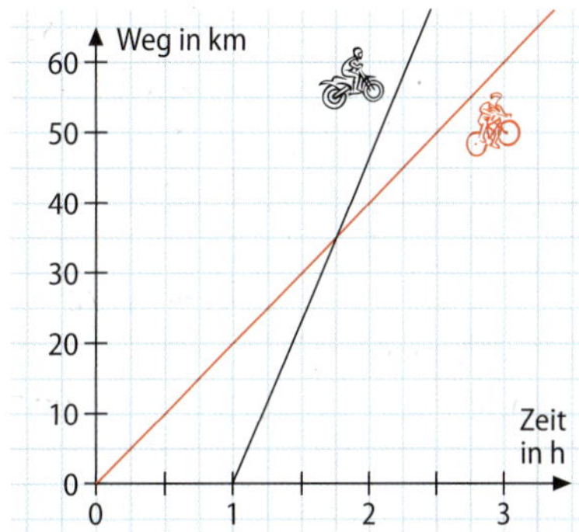

c) Bestimme die jeweilige Durchschnittsgeschwindigkeit.

d) Marko behauptet: „Die beiden Zuordnungen sind direkt proportional."
Wie kommt Marko zu dieser Behauptung? Was meinst du?

e) Erfinde eine Geschichte zu den Graphen.

Alltag

Füllhöhe von Gefäßen (Einzel- oder Gruppenarbeit)

Material

- Lineal
- Messbecher mit Skala
- Glasgefäße in verschiedenen Formen

Vorgehen

Fülle in jedes Glasgefäß mithilfe des Messbechers in 50-mℓ-Schritten Wasser ein. Miss die jeweilige Füllhöhe mit einem Lineal.

- Erstelle eine Tabelle und den Graphen der Zuordnung für jedes Gefäß.
- Überprüfe anhand der vorliegenden Tabellen und Graphen, bei welchen Glasgefäßen die Zuordnung direkt proportional ist. Erkläre die Ergebnisse anhand der Formen der Glasgefäße.

Entdecken

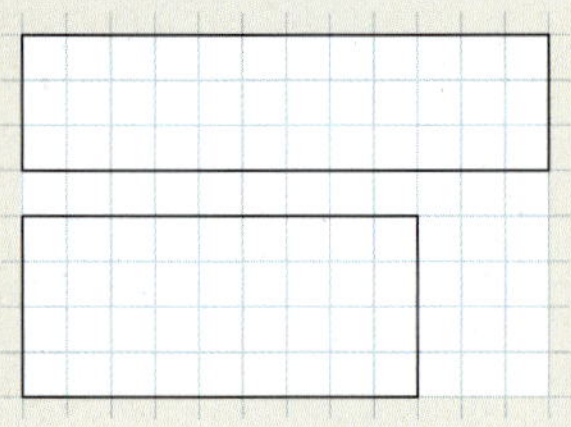

Zeichne auf kariertes Papier möglichst viele unterschiedliche Rechtecke, die alle den Flächeninhalt von 36 Kästchen haben.

- Lege eine Tabelle an, in der du die Längen und die zugehörigen Breiten (in Kästchenlängen) notierst.

Länge Rechteck	1	2	3	4	…	36
Breite Rechteck	36	18			…	

- Wie ändert sich die Breite des Rechtecks, wenn sich die Länge verdoppelt (verdreifacht, versechsfacht, halbiert)?
- Übertrage die zusammengehörenden Werte aus der Tabelle in ein Koordinatensystem. Beschreibe den Verlauf des Graphen, auf dem die Punkte liegen.

Verstehen

Viele Zuordnungen, die nicht direkt proportional sind, lassen sich durch eine weitere spezielle Zuordnung beschreiben. Diese wird im Folgenden vorgestellt.

Derselbe Zusammenhang kann auch nur für Zahlen gelten.

Eine indirekt proportionale Zuordnung liegt bereits vor, wenn eine dieser Eigenschaften zutrifft.

Eine Zuordnung nennt man **indirekt proportional**, wenn folgender Zusammenhang gilt: Zum Doppelten (zum Dreifachen, zum Vierfachen, …, zur Hälfte, zum Drittel, …) der Ausgangsgröße gehört die Hälfte (ein Drittel, ein Viertel, …, das Doppelte, das Dreifache, …) der zugeordneten Größe.

Dieser Zusammenhang lässt sich neben dieser **Wortform** folgendermaßen darstellen:

Tabelle mit Dreisatz

Anzahl Pferde	Hafervorrat in Tagen
2	20
1	40
5	8

(:2 von 2 zu 1, ·5 von 1 zu 5; ·2 von 20 zu 40, :5 von 40 zu 8)

Schrittweises Rechnen mit entgegengesetzter Veränderung von der **Ausgangsgröße** zur **gesuchten Größe**.

Graph

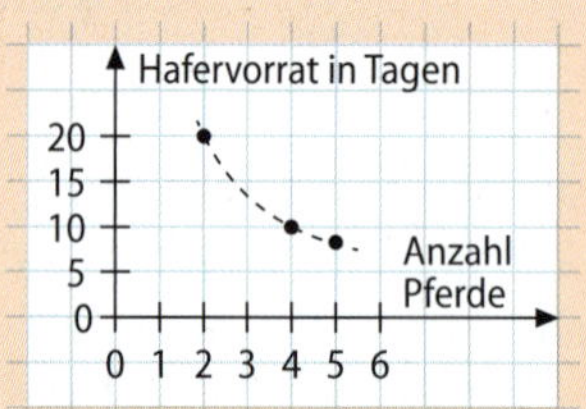

Die Punkte liegen auf einer Kurve, die **Hyperbel** heißt. Für große x- bzw. y-Werte nähert sie sich den Koordinatenachsen an.

Produktgleichheit

$2 \cdot 20 = 4 \cdot 10 = 5 \cdot 8 = 40$

Bedeutung:
40 Tagesportionen Pferdefutter

Das **Produkt** aus zugeordneter Größe und Ausgangsgröße ist stets gleich. Den gleichbleibenden Produktwert nennt man auch Gesamtgröße.

Beispiel

Wir gehen davon aus, dass jeder Arbeiter gleich viel schaffen kann und sich die Arbeiter nicht gegenseitig im Weg stehen.

Überprüfe die Zuordnung auf indirekte Proportionalität. Welche Bedeutung hat das Produkt der Wertepaare?

Anzahl Arbeiter	2	4	6
Bauzeit in Tagen	30	15	10

Lösung:
Man erkennt, dass bei einer Verdopplung der Anzahl der Arbeiter die Bauzeit halbiert wird. Ebenso ist das Produkt aus Anzahl der Arbeiter und Arbeitszeit immer gleich, nämlich 60. Es gibt die Gesamtarbeitszeit in Tagen an, mit der die Firma rechnet.

Nachgefragt

- Marion: „Indirekt proportionale Zuordnungen sind nicht eindeutig!“ Hat Marion Recht? Begründe.
- Gibt es Höchst- und Tiefstwerte bei indirekt proportionalen Zuordnungen?

Aufgaben

1 Welcher Graph gehört zu einer indirekt proportionalen (zu einer direkt proportionalen) Zuordnung? Begründe.

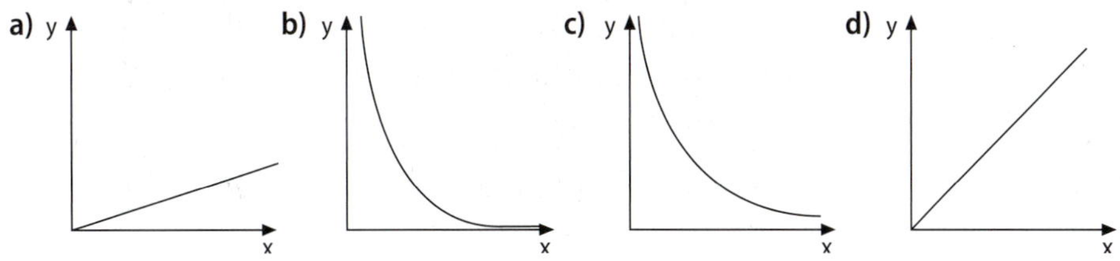

2 Übertrage die Tabellen in dein Heft. Rechne erst auf einen geeigneten Zwischenwert und bestimme dann die fehlenden Größen der indirekt proportionalen Zuordnungen.

a)

Anzahl Personen	12	4	8
Beitrag	140		

b)

Anzahl Lkw	6		9
Fahrten pro Lkw	12		

c)

Anzahl Arbeiter	4		10
Arbeitszeit in h	$7\frac{3}{4}$		

d)

Expeditionsteilnehmer	10		
Essensvorrat in Tagen	24		20

3

1

Anzahl der Arbeiter	6	3	2		18			
Arbeitszeit in Tagen	18			9		2	3	27

2

Schrittlänge in cm	50	100	10		80			
Gesamtzahl Schritte	40			80		60	75	10

a) Übertrage die Tabellen der indirekt proportionalen Zuordnungen in dein Heft und ergänze die fehlenden Werte. Beschreibe den Zusammenhang in Worten.

b) Wie realistisch sind die Werte aus a)? Welche Annahmen werden gemacht?

c) Überprüfe die Zuordnungen auf Produktgleichheit. Welche Bedeutung hat die Gesamtgröße jeweils?

Lösungen zu 3:
4; 6; 12; 20; 25; 25; $26\frac{2}{3}$; $33\frac{1}{3}$; 36; 36; 54; 54; 200; 200

4 Zeige auf verschiedene Arten, dass die Zuordnungen indirekt proportional sind.

a) Rechteck mit Flächeninhalt 24 cm^2

Länge in cm	4	4,8	3,2
Breite in cm	6	5	7,5

b) Fahrzeit von Potsdam nach Rathenow

Geschwindigkeit in $\frac{km}{h}$	80	120	60
Fahrzeit in min	36	24	48

5 Bei einem Schulfest verkauft die Klasse 7b Kuchen. Aus einem Kuchen kann man 20 Stücke schneiden und zu 1,20 € pro Stück verkaufen.

a) Christina macht den Vorschlag, nur 1 € pro Stück zu nehmen und die Anzahl der Stücke zu erhöhen. Mit wie vielen Stücken rechnet Christina wohl?

b) Welche Bedeutung hat das Produkt aus der Anzahl von Kuchenstücken und dem dazugehörigen Verkaufspreis?

Entdecken

Auf dem Bolzplatz schießen einige Kinder nacheinander Elfmeter. Frank und Lisa wechseln sich dabei im Tor ab.

- Wie viele Tore sind bei beiden Torhütern gefallen?
- Vergleiche die Leistungen der Torhüter. Welchen Torhüter würdest du in deine Mannschaft wählen? Begründe.
- Erstelle ein passendes Diagramm.

Verstehen

Zehnerbruch mit Nenner 100

Prozent

$0{,}35 = \frac{35}{100} = \frac{7}{20} = 35\,\%$

Dezimalzahl

gekürzter Bruch

Es gibt verschiedene Möglichkeiten, um Anteile zu bezeichnen.

Bruch	Dezimalzahl	Prozent
$\frac{3}{4}$ ← Zähler, ← Bruchstrich, ← Nenner	$\frac{3}{10} = 0{,}3$; $\frac{6}{100} = 0{,}06$	$1\,\% = \frac{1}{100}$ $1{,}2\,\% = 0{,}012$
Der Zähler gibt die Anzahl der gewählten Teile an. Der Nenner besagt, in wie viele Teile das Ganze zerlegt wurde.	Dezimalbrüche sind eine andere Schreibweise für Brüche mit den Nennern 10, 100, 1000, …	Prozente geben immer den Anteil von Hundert an (Zehnerbrüche mit Nenner 100).

Bei der Angabe in Prozent werden Anteile von einem Ganzen (oder auch mehreren Ganzen) Brüche mit dem Nenner 100 zugeordnet. Der Bruchstrich und der Nenner 100 werden durch das Prozentzeichen (%) ersetzt.

Beispiel

Frau Kurz pflanzt in ihrem Garten in zwei verschiedenen Beeten die Tulpenzwiebeln von zwei verschiedenen Anbietern. Anbieter A liefert die Zwiebeln in Tüten zu je 25 Stück aus. Die Tüten von Anbieter B enthalten 20 Zwiebeln. Leider blühen nur 21 Tulpen aus der Tüte von Anbieter A und 16 Tulpen von Anbieter B. Vergleiche die „Blühfreude" der Tulpenzwiebeln der beiden Anbieter.

Lösung:

Anbieter A: $\frac{21}{25} = \frac{84}{100} = 84\,\%$ Anbieter B: $\frac{16}{20} = \frac{80}{100} = 80\,\%$

Obwohl bei beiden Anbietern gleich viele (vier) nicht blühende Tulpenzwiebeln in der Tüte enthalten waren, liefert der Anbieter A bessere Tulpenzwiebeln.

Nachgefragt

- Erkläre den Zusammenhang zwischen Bruch, Zehnerbruch, Dezimalzahl und Prozentangabe mit eigenen Worten.
- Was ist gemeint, wenn man sagt: „Du machst alles 150-prozentig"?

Aufgaben

1 Wandle in eine Dezimalzahl und einen Bruch um. Kürze den Bruch, wenn möglich.

a) 7 %; 85 %; 40 %; 36 %; 66 %
b) 57 %; 21 %; 55 %; 96 %; 95 %
c) 1 %; 100 %; 125 %; 185 %
d) 120 %; 99 %; 250 %; 45 %; 0 %

2 Wandle in eine Dezimalzahl und in Prozent um.

a) $\frac{6}{100}$; $\frac{37}{100}$; $\frac{19}{100}$; $\frac{15}{100}$
b) $\frac{75}{50}$; $\frac{3}{25}$; $\frac{7}{50}$; $\frac{2}{50}$
c) $\frac{36}{40}$; $\frac{4}{20}$; $\frac{3}{4}$; $\frac{7}{10}$
d) $\frac{30}{200}$; $\frac{45}{300}$; $\frac{500}{500}$; $\frac{130}{100}$
e) $\frac{14}{35}$; $\frac{33}{30}$; $\frac{48}{12}$; $3\frac{54}{60}$
f) $\frac{35}{1000}$; $\frac{6}{500}$; $\frac{16}{250}$; $\frac{60}{80}$

3 Ordne die Anteile der Größe nach. Beginne mit dem kleinsten.

Übertrage die Anteile in eine Schreibweise und ordne sie dann.

a) $\frac{9}{12}$; $\frac{3}{4}$; $\frac{3}{8}$; $\frac{6}{24}$; $\frac{7}{12}$; $\frac{7}{3}$; $\frac{2}{24}$
b) $\frac{6}{50}$; 16 %; $\frac{14}{25}$; 0,14; 48 %; $\frac{14}{10}$; 0,99
c) $\frac{33}{150}$; 33 %; $\frac{12}{125}$; 0,12; $\frac{5}{4}$; 54 %; 0,54
d) $\frac{25}{20}$; $1\frac{2}{5}$; 1,5; 125 %; $\frac{9}{8}$; 112,4 %; 1,01

4 Übertrage die Tabelle in dein Heft und vervollständige sie.

Diese einfachen Zusammenhänge zwischen Brüchen, Dezimalzahlen und Prozenten werden häufig verwendet.

Prozent	1 %					50 %			
Dezimalzahl		0,05		0,2			0,75		2
Bruch			$\frac{1}{10}$		$\frac{1}{4}$			$\frac{1}{1}$	

5 Sonja und Svetlana berechnen 3 : 8 auf unterschiedliche Weise.

Sonja:
Ein Bruch ist eine andere Schreibweise, um eine Division zu notieren:

$3 : 8 = \frac{3}{8} = \frac{375}{1000} = 0{,}375$

Svetlana:

```
 3 : 8 = 0,375
-0
 30
-24
  60
 -56
   40
  -40
    0
```

a) Vergleiche die Vorgehensweise von Sonja und Svetlana miteinander.
b) Rechne ebenso auf zwei Arten:

1 5 : 8 **2** 7 : 4 **3** 5 : 16 **4** 7 : 16

6 Schreibe als Division und erfinde eine passende Sachsituation. Berechne anschließend.

a) $\frac{2}{5}$ b) $\frac{7}{8}$ c) $\frac{3}{40}$ d) $\frac{7}{25}$ e) $\frac{150}{200}$

7 <, > oder = ? Übertrage in dein Heft und vergleiche die Anteile miteinander.

a) 0,05 ▢ 5 %; 0,3 ▢ 30 %
b) 0,54 ▢ $\frac{1}{3}$; 13 % ▢ 1,3
c) $\frac{3}{25}$ ▢ 10 %; 0,033 ▢ 33 %
d) 0 ▢ $\frac{0}{7}$; 133 % ▢ 0,133

8 An einer Losbude kauft sich Timon 40 Lose. Er hat insgesamt 380 Punkte. Felix kauft sich 30 Lose und kommt auf 290 Punkte.

a) Wer hat das größere Glück? Vergleiche.
b) Mache Vorschläge für die Punkte, wenn beide gleiches Losglück gehabt haben.

9 An einer Schule wurden Fahrräder von der Polizei auf ihre Verkehrssicherheit kontrolliert. Die Tabelle zeigt die Ergebnisse zweier Kontrollen.

Jahr	2014	2015
kontrollierte Fahrräder	240	160
davon verkehrssicher	84	64

a) Vergleiche die Ergebnisse miteinander.
b) Schreibe einen kurzen Beitrag für die Schülerzeitung unter den Überschriften:
1 Immer mehr Fahrräder an unserer Schule sind verkehrssicher.
2 Fahrräder an unserer Schule werden immer unsicherer.

Weiterdenken

Um einen Bruch in eine Dezimalzahl umzuwandeln, teilt man den Zähler durch den Nenner. Dabei können sich unterschiedliche Arten von Dezimalzahlen ergeben.

1 Endliche Dezimalzahl
Bei der Division bleibt kein Rest.

Beispiele:
$\frac{5}{8} = 5 : 8 = 0{,}625$

2 Nicht endliche, periodische Dezimalzahl
Bei der Division entstehen fortlaufend Reste, die nach einem Muster wiederkehren und für sich ständig wiederholende Dezimalen sorgen.

Beginnt bei periodischen Dezimalzahlen die Periode sofort nach dem Komma, so nennt man sie **reinperiodisch**.
$\frac{5}{11} = 5 : 11 = 0{,}4545\ldots = 0{,}\overline{45}$

Gehört mindestens **eine Ziffer** nach dem Komma nicht zur Periode, dann nennt man sie **gemischtperiodisch**.
$\frac{5}{12} = 5 : 12 = 0{,}4166\ldots = 0{,}41\overline{6}$

*Die Ziffer bzw. Zifferngruppe im Ergebnis, die sich immer wiederholt, nennt man **Periode**. Man schreibt sie wie folgt: $0{,}4545\ldots = 0{,}\overline{45}$ („null Komma **Periode** vier fünf")*

10 Wandle in eine Dezimalzahl um.
a) $\frac{4}{9}$; $\frac{4}{8}$; $\frac{21}{40}$; $\frac{1}{4}$; $\frac{17}{40}$; $\frac{7}{12}$; $\frac{10}{22}$; $\frac{7}{32}$; $\frac{25}{9}$
b) $\frac{3}{9}$; $\frac{4}{10}$; $\frac{11}{18}$; $\frac{11}{15}$; $\frac{7}{36}$; $\frac{4}{12}$; $\frac{4}{55}$; $\frac{21}{84}$; $\frac{5}{7}$

11 Ordne den Dezimalzahlen jeweils den genauen Fachbegriff (reinperiodisch, gemischtperiodisch, endlich) zu.
a) 0,355… **b)** 0,1616… **c)** $0{,}\overline{6}$ **d)** $0{,}2\overline{6}$ **e)** 1,3456789

12 Wandle die Brüche jeweils in Dezimalzahlen um. Welche Besonderheit stellst du fest? Formuliere eine Regel mit eigenen Worten.
a) Beispiel: $\frac{4}{9} = 0{,}\overline{4}$
$\frac{1}{9}$; $\frac{2}{9}$; $\frac{3}{9}$; $\frac{4}{9}$; $\frac{5}{9}$; $\frac{7}{9}$; $\frac{8}{9}$
b) Beispiel: $\frac{7}{99} = 0{,}\overline{07}$
$\frac{1}{99}$; $\frac{2}{99}$; $\frac{4}{99}$; $\frac{53}{99}$; $\frac{65}{99}$
c) Beispiel: $\frac{24}{999} = 0{,}\overline{024}$
$\frac{1}{999}$; $\frac{2}{999}$; $\frac{41}{999}$; $\frac{558}{999}$

Merke dir folgende Zusammenhänge:
$\frac{1}{3} = 0{,}\overline{3}$; $\frac{1}{9} = 0{,}\overline{1}$
$\frac{1}{6} = 0{,}\overline{16}$; $\frac{1}{99} = 0{,}\overline{01}$
$\frac{1}{11} = 0{,}\overline{09}$; $\frac{1}{999} = 0{,}\overline{001}$

13 Wandle die periodischen Dezimalzahlen in einen Bruch bzw. eine gemischte Zahl um. Kürze das Ergebnis, wenn möglich. **Beispiel:** $0{,}\overline{6} = \frac{6}{9} = \frac{2}{3}$
a) $0{,}\overline{2}$; $0{,}\overline{4}$; $0{,}\overline{7}$; $0{,}\overline{16}$; $0{,}\overline{65}$; $0{,}\overline{61}$
b) $0{,}\overline{06}$; $0{,}\overline{04}$; $0{,}\overline{009}$; $0{,}\overline{156}$; $0{,}\overline{37}$

14 Ordne die Dezimalzahlen der Größe nach. Beginne mit der kleinsten.

W $0{,}\overline{43}$ E $0{,}4\overline{29}$ K 0,404 R $0{,}4\overline{3}$
R 0,44 E 0,4375 T $0{,}\overline{4}$ H 0,43

15 Ordne jedem Bruch die zugehörige Dezimalzahl und Prozentangaben zu.

$\frac{2}{5}$ $\frac{1}{3}$ $\frac{4}{5}$ $\frac{7}{10}$ $\frac{7}{20}$ $\frac{1}{6}$ $\frac{11}{8}$ $\frac{6}{4}$ $\frac{6}{8}$ $\frac{26}{20}$ $\frac{11}{10}$ $\frac{7}{9}$ $\frac{6}{10}$

0,6 0,7 $0,\overline{7}$ 0,4 1,5 1,375 0,35 1,3 $0,1\overline{6}$ $0,\overline{3}$ 1,1 0,75 0,8

40 % 80 % 70 % 130 % $33,\overline{3}$ % 150 % 35 % 60 % 110 % 75 % $77,\overline{7}$ % 137,5 % $16,\overline{6}$ %

16 Im Abendprogramm ist eine Fernsehserie mit einer Stunde Spielzeit angegeben. Max schaut sich die Serie an und stellt fest, dass es während der Spielzeit drei Werbeunterbrechungen von jeweils sechs Minuten gab.

a) Wie viel Prozent der Sendezeit entfallen auf die Serie (auf die Werbung)?

b) Wie lange dauert ein Film mit 90 Minuten reiner Spielzeit insgesamt, bei dem der gleiche (der doppelte, der halbe) Anteil an Werbung gezeigt werden soll?

17 Tobi und Carmen unterhalten sich in der Cafeteria.

Was meinst du zu Tobis Aussage? Begründe.

18 Aron behauptet, dass $0,\overline{9} = 1$ ist. Dazu führt er folgende Begründung an:

Es gilt: $0,\overline{1} = \frac{1}{9}$ $0,\overline{2} = \frac{2}{9}$ $0,\overline{3} = \frac{3}{9}$ ...

Also folgt daraus: $0,\overline{9} = \frac{9}{9} = 1$

a) Erkläre Arons Überlegungen.

b) Versuche auf ähnliche Weise zu zeigen, dass gilt: $0,8\overline{9} = 0,9$.

c) Gib weitere derartige Beispiele an.

19 Ein Bruch mit dem Nenner 7 wird in eine Dezimalzahl umgewandelt. Diese ist reinperiodisch und ihre Periode besteht aus sechs verschiedenen Ziffern. Wie könnte der Bruch lauten?
Wandle alle möglichen echten Brüche mit dem Nenner 7 in Dezimalzahlen um.
Was fällt dir auf?

Entdecken

Die Schulunfälle an einer Schule verteilen sich etwa wie folgt:

Sportunterricht	Pause	Schulweg	sonstiger Unterricht	Sonstiges
40 %	25 %	20 %	10 %	5 %

- Stelle den Sachverhalt in verschiedenen Diagrammen dar.
- Beurteile die Diagramme. Welche erscheinen dir geeignet für einen Vergleich?

Verstehen

Prozente (oder allgemein Anteile) lassen sich durch verschiedene Diagramme darstellen.

Neben dem Säulendiagramm, dem Balkendiagramm und dem Bilddiagramm verwendet man für Angaben bis 100 % auch **Hunderterfelder** für eine Darstellung.
1 % entspricht dabei einem Kästchen des Feldes.

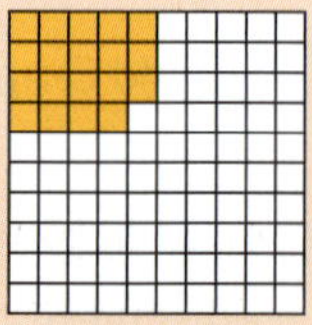

Sachverhalte, bei denen alle Prozente zusammen 100 % (**das Ganze**) ergeben, lassen sich durch **Kreisdiagramme** und **Streifendiagramme** veranschaulichen.

Kreisdiagramm

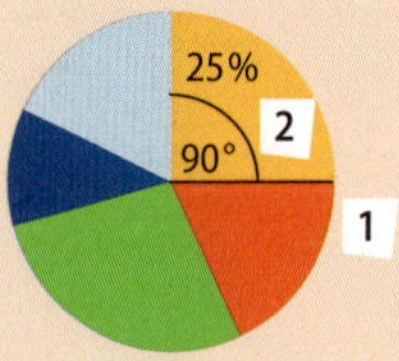

100 % ≙ 360°
1 % ≙ 3,6°

Zeichne einen beliebigen Radius 1 ein. Trage von dort aus der Reihe nach die Winkel 2 ab, die zu den Prozentangaben gehören.

Streifendiagramm

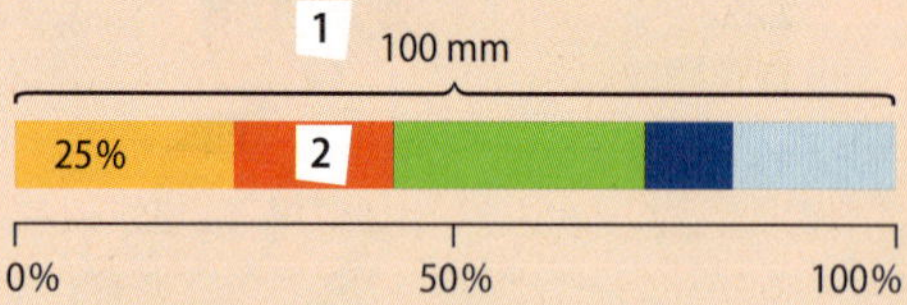

Streifen von 100 mm Länge
100 % ≙ 100 mm   1 % ≙ 1 mm

Wähle eine geeignete Länge 1 des Rechtecks („Streifens"). Von einer Seite beginnt man diese Seite zu unterteilen 2. Die Teilflächen entsprechen den Anteilen.

Beispiele

1. Welche Prozentangaben sind in dem Hunderterfeld dargestellt?

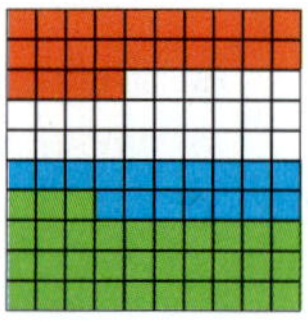

Lösung:

Bereich	rot	weiß	blau	grün
Anteil	24 %	26 %	17 %	33 %

2. Das Kreisdiagramm stellt die Anteile dar, wie die Schüler an ihre Schule kommen. Welcher Winkel gehört zu jedem Anteil?

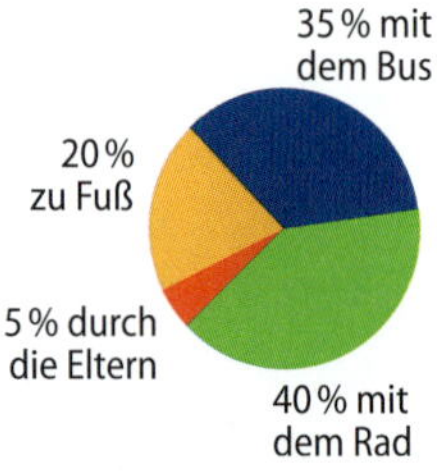

Lösung:
1 % ≙ 3,6°   5 % ≙ 18°   20 % ≙ 72°   35 % ≙ 126°   40 % ≙ 144°

- Ist beim Streifendiagramm die Zuordnung *Angabe in %* ↦ *Länge in mm* direkt proportional? Begründe.
- Statt eines Hunderterfeldes lassen sich auch Zehnerfelder (Fünfzigerfelder) zeichnen. Wie viel Prozent entspricht dabei jeweils ein Kästchen des Feldes?

Nachgefragt

Aufgaben

1 Ergänze in deinem Heft die fehlenden Werte der Tabelle.

	a)	b)	c)	d)	e)	f)
Anteil vom Kreis	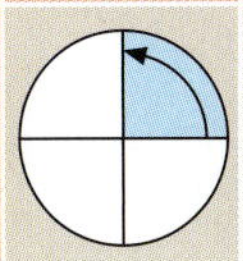	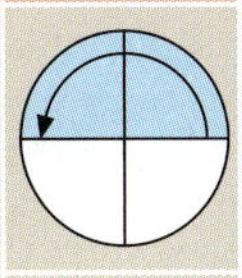	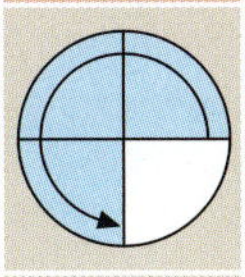	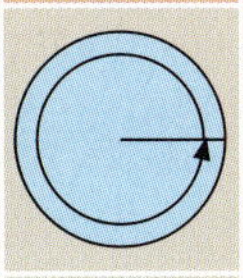	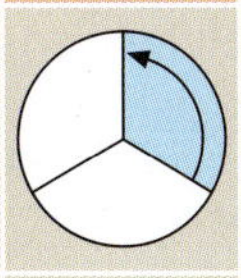	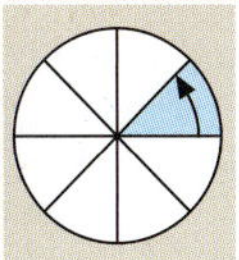
Winkel	90°					
Anteil	25 %					

2 Welche Anteile sind in den Hunderterfeldern dargestellt? Bestimme als Prozente und als gekürzter Bruch.

a) 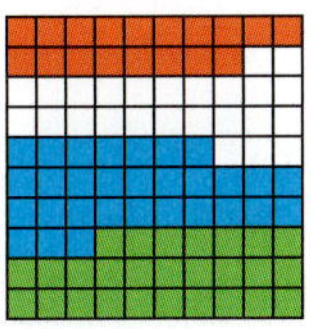
b) 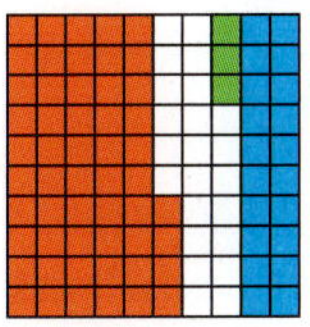
c) 
d) 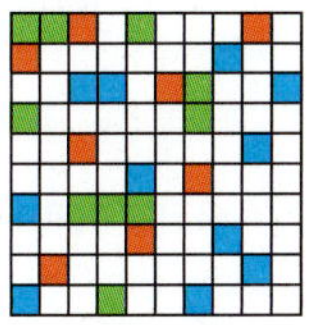

3 Stelle die Anteile in einem Streifendiagramm (Kreisdiagramm) mit Radius r = 3 cm dar.

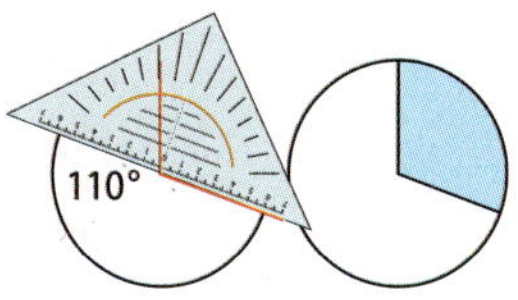

a) 10 %; 15 %; 35 %; 40 %
b) 6 %; 20 %; 28 %; 46 %
c) 12,5 %; 22 %; 65,5 %
d) 4 %; 7 %; 11 %; 78 %

4 Vergleiche die Anteile miteinander. Gib die Anteile als Bruch und in Prozent an. Stelle sie in einem Streifendiagramm dar.

a) 
b) 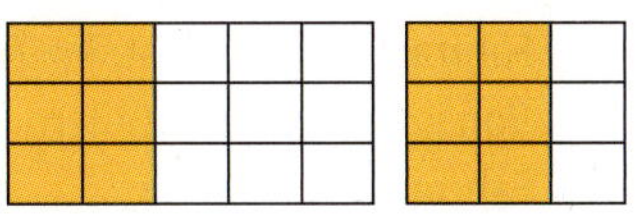

5 Betrachte an einem Kreisdiagramm die Zuordnung *Anteil in %* ↦ *Winkel in °*.

a) Übertrage die Tabelle in dein Heft.

Anteil in %	4	10	23	35	50	65	72	85
Winkel in °								

b) Stelle die Zuordnung in einem Koordinatensystem dar. Darfst du die Punkte miteinander verbinden? Begründe.

c) Lies aus dem Graphen von b) so genau wie möglich ab:

1 den Anteil in % für: 10°; 25°; 45°; 80°; 120°; 150°; 190°; 200°; 250°

2 den Winkel in ° für: 15 %; 20 %; 25 %; 48 %; 56 %; 72 %; 84 %; 93 %

6 a) Mit dem abgebildeten Hunderterfeld kann man Prozente gut darstellen. Wie viel Prozent sind im Beispiel dargestellt?

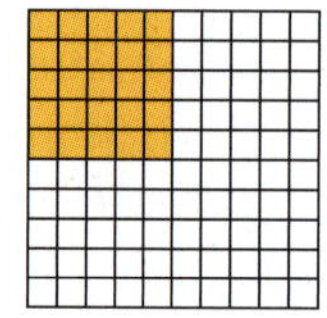

b) Zeichne Hunderterquadrate in dein Heft und markiere folgende Prozente:
17 %; 30 %; 25 %; 70 %; 55 %, 67 %; 6 %; 15 %; 81 %

7 In Tabellenprogrammen hast du die Möglichkeit, Prozentangaben grafisch darzustellen.

a) Untersuche, welche Grafiken hierfür geeignet sind. Benutze das Icon .

b) Aufgrund von Kriegen und Hungersnöten haben früher viele Menschen Deutschland verlassen. Die Tabelle zeigt eine Schätzung, wie viele Menschen bis zum Ende des 19. Jahrhunderts aus einigen Regionen ausgewandert sind.

Region	Bayern	Hessen	Westfalen	Sachsen	Preußen
Auswanderer	200 000	120 000	75 000	60 000	40 000

Stelle den Sachverhalt in einem Kreis- und in einem Säulendiagramm mithilfe des Tabellenprogramms dar und beschrifte es.

c) Wie viele Auswanderer gab es insgesamt?

d) Welcher Anteil der Auswanderer entfällt auf die einzelnen Regionen? Runde geeignet.

e) Informiere dich im Internet über die Auswanderung heutzutage und stelle die Ergebnisse grafisch vor.

Weiterdenken

Anteile kann man auch als **Verhältnisse** ausdrücken. Das ist besonders dann üblich, wenn man die Gesamtheit einer Größe nicht kennt. Bei **Verhältnissen** wird stets angegeben, welche Mengen miteinander verglichen werden.

Beispiel:
„3 von 10 Schülern fahren mit dem Rad zur Schule" lässt sich auch so ausdrücken:

- Das Verhältnis von „Fahrrad-Schülern" zu allen Schülern beträgt 3 : 10.
- Das Verhältnis von „Fahrrad-Schülern" zu „Nicht-Fahrrad-Schülern" ist 3 : 7.
- Von jeweils zehn Schülern kommen drei mit dem Fahrrad.
- 30 % der Schüler kommen mit dem Fahrrad.

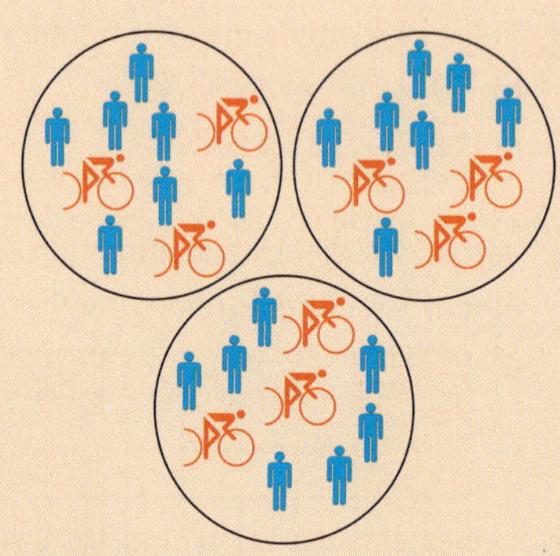

Die Prozentangabe gibt das Verhältnis an, das in einer Teilgruppe von 100 Personen herrscht.

8 Drücke folgende Sachverhalte auf verschiedene Arten aus.

a) 8 von 10 Schülern haben ein Handy.

b) Das Verhältnis von Roggenmehl zu Weizenmehl im Brot ist 7 : 3.

c) Bei jedem vierten Radfahrer ist die Lampe kaputt.

d) Bei Gummibärchen ist das Verhältnis von roten Bären zu allen Bären 2 : 9.

e) Im Krankenhaus sind die Geburten von Mädchen und Jungen etwa fifty-fifty.

f) An 5 der letzten 14 Tage hat es geregnet.

9 Auf dem Potsdamer Oktoberfest gibt es verschiedene Losbuden.

a) Drücke die Gewinnchancen an den drei Losbuden auf verschiedene Arten aus.

b) An welcher Losbude würdest du spielen? Welche Angabe wählst du zum Vergleich? Begründe deine Antwort.

10 Beim Pausenverkauf werden drei Geschmacksrichtungen von Schulmilch angeboten. Da „Kirsch" am häufigsten getrunken wird, hat der Hausmeister stets vier Paletten Kirsch und je zwei Paletten Erdbeere und Banane.

a) Auf einer Palette befinden sich 24 Päckchen. Stelle die Anteile der Geschmacksrichtungen an allen Getränken als Bruch und in Prozent dar.

b) Eine weitere Palette „Schoko" kommt hinzu. Bestimme die neuen Anteile und veranschauliche sie zeichnerisch.

c) Am Ende des Schultages zählt er von den vier Geschmacksrichtungen zusammen noch 39 Päckchen. Wie viel Prozent der Päckchen hat er noch? Wie viele wurden verkauft?

11 Erkläre folgende Sachverhalte. Welche Bedeutung hat jeweils der Prozentsatz über 100 %?

a) Brote und Kuchen verlieren beim Backen an Masse. Der Teig wiegt etwa 160 % im Vergleich zum Ergebnis.

b) In einer Schneiderei hat man beim Zuschneiden stets Verschnitt. Man benötigt erfahrungsgemäß etwa 125 % der Menge Stoff, die später getragen wird.

c) Um in einem Geschäft die Kosten zu decken, rechnet man mit einem Zuschlag von 150 % auf den Einkaufspreis.

Spiel

Quartett mit Anteilen (3–4 Spieler)

Material

9–10 verschiedene Kartensätze zu jeweils 4 Karten, auf denen dieselben Anteile auf verschiedene Arten dargestellt sind.

Regeln

- Alle Karten werden gemischt und an alle Mitspieler verteilt.
- Der jüngste Spieler beginnt. Es wird der Reihe nach von dem jeweils linken Nachbarn eine Karte gezogen.
- Wer einen Kartensatz („Quartett") zusammen hat, legt ihn ab.
- Der Spieler mit den meisten Quartetten am Ende des Spiels hat gewonnen.

Beispiele für Kartensätze:

2

2.6 Grundbegriffe der Prozentrechnung

Entdecken

Das Balkendiagramm zeigt die Herkunft ausländischer Mitbürger in Deutschland.
Insgesamt leben in Deutschland etwa 82 Millionen Menschen. Runde geeignet.

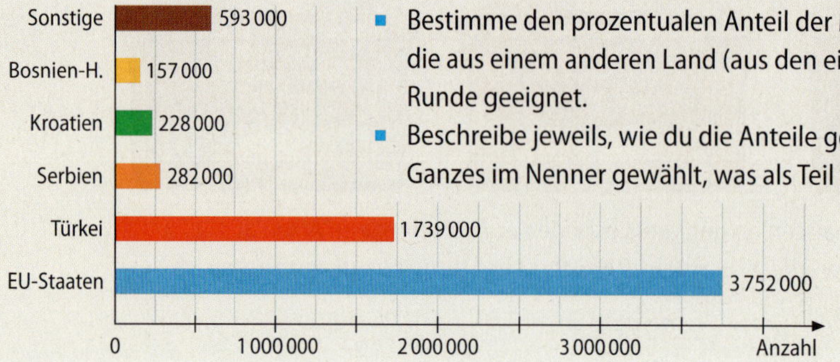

- Bestimme den prozentualen Anteil der Menschen in Deutschland, die aus einem anderen Land (aus den einzelnen Ländern) kommen. Runde geeignet.
- Beschreibe jeweils, wie du die Anteile gebildet hast: Was hast du als Ganzes im Nenner gewählt, was als Teil im Zähler?

Verstehen

In der Prozentrechnung unterscheidet man zwischen dem Ganzen, dem Teil und dem Anteil.

- Was wir bei Brüchen oft als „das Ganze" bezeichnet haben, wird in der Prozentrechung als Grundwert G bezeichnet.
- Der Teil (oder die Anzahl), den wir mit dem Ganzen (also dem Grundwert G) vergleichen, heißt in der Prozentrechnung Prozentwert P.
- Der Anteil vom Ganzen (Grundwert G) in Prozent angegeben heißt in der Prozentrechnung Prozentsatz p %.

Beispiel:
In der Klasse 7a sind 25 Schüler. 8 von ihnen haben in der Klassenarbeit eine 2.

8 Schüler von 25 Schülern sind $\frac{8}{25} = \frac{32}{100}$, also 32 %.

Prozentwert P: Teil vom Ganzen (8 Schüler) · Grundwert G: das Ganze (25 Schülern) · Prozentsatz p %: Anteil (Bruchteil) in % (32 %)

Beispiele

1. In einer Mühle werden aus 200 kg Getreide im Durchschnitt 150 kg Mehl gemahlen. Der Rest wird aussortiert. Die Ausbeute beträgt also 75 %. Ordne die Begriffe Grundwert G, Prozentwert P und Prozentsatz p % den Angaben im Text zu.

Lösung:

Grundwert G: 200 kg (das Ganze)
Prozentwert P: 150 kg (Teil vom Ganzen)
Prozentsatz p %: 75 % $\left(\frac{150}{200} = \frac{75}{100}\right)$ (Anteil in %)

2. Erfinde einen kurzen Sachverhalt zu folgenden Angaben:
Grundwert G = 35 €; Prozentwert P = 7 €; Prozentsatz p % = 20 %

Lösungsmöglichkeit:
Karin möchte sich eine neue Uhr für 35 € kaufen. Jeden Monat spart sie 7 €, das sind 20 % des Kaufpreises. Nach 5 Monaten hat Karin das Geld zusammen.

Nachgefragt

- Erkläre die Bedeutung von G, P und p % mit eigenen Worten.
- Kann der Prozentwert auch größer als der Grundwert sein? Begründe.

Aufgaben

1 Ein Elektrogeschäft gibt auf einen Flachbildfernseher einen Nachlass von 5 %. Gib bei den folgenden Aufgaben jeweils an, ob es sich bei den Angaben um den Grundwert G, den Prozentwert P oder den Prozentsatz p % handelt.

a) Auf den Fernseher, der 999 € kostet, wird ein Nachlass von 5 % gegeben.

b) Auf den Fernseher wird ein Preisnachlass von 49,95 € gegeben. Das sind 5 % des Kaufpreises.

c) Der Preis für einen Fernseher, der 999 € kosten soll, wird um 49,95 € gesenkt.

2 Ordne die Begriffe Grundwert G, Prozentwert P und Prozentsatz p % den Angaben im Text zu. Stelle den Sachverhalt auch grafisch dar.

a) Die Klasse 7c besteht aus 30 Schülern. 12 von ihnen haben einen Hund als Haustier, das entspricht 40 % der Schüler.

b) Ein Pfahl steckt zu 30 % im Boden. Bei einer Länge von 1,20 m sind das 36 cm.

c) Ein Grundstück ist 600 m^2 groß. Familie Heiner plant 360 m^2 davon mit einem Haus zu bebauen, das sind 60 % des Grundstücks.

d) Schokomilch besteht zu 90 % aus Milch, der Rest ist Kakaosirup. In einem Glas mit 200 mℓ sind das 180 mℓ Milch.

e) Ein Liter Orangennektar enthält 45 % Fruchtsaft. Das enspricht 450 mℓ.

f) Eine 150-g-Tafel Vollmilchschokolade enthält 32 % Kakao.

Beispiel: Christine spart auf ein neues Fahrrad, das 200 € kostet. 80 € hat sie schon gespart, das sind 40 % des Kaufpreises.

Grundwert G = 200 €
Prozentwert P = 80 €
Prozentsatz p % = 40 %

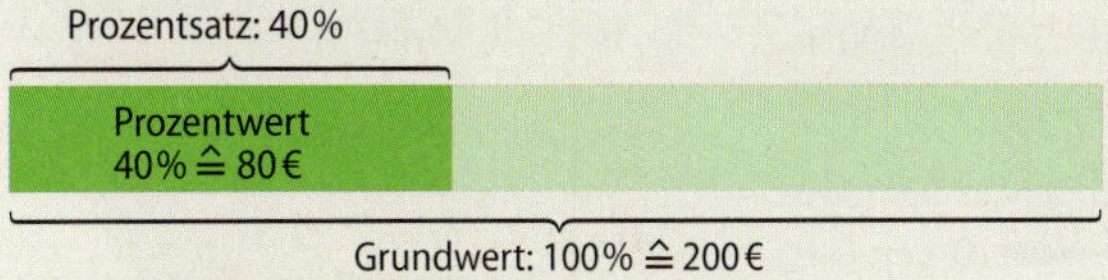

3 Ordne jeweils zu.

A	Hans gibt 25 % seines gesparten Geldes von 500 € aus.
B	Susanne hebt von ihrem Sparbuch 125 € ab. Das sind 25 % ihres Guthabens.
C	Max hat 500 € gespart und gibt davon 125 € aus.

1	Gegeben:	Grundwert G = 500 € Prozentwert P = 125 €
	Gesucht:	Prozentsatz p %
2	Gegeben:	Grundwert G = 500 € Prozentsatz p % = 25 %
	Gesucht:	Prozentwert P
3	Gegeben:	Prozentwert P = 125 € Prozentsatz p % = 25 %
	Gesucht:	Grundwert G

4 Erfinde einen kurzen Sachverhalt zu folgenden Angaben.

a) Grundwert G = 480 Eier
Prozentwert P = 24 Eier
Prozentsatz p % = 5 %

b) Grundwert G = 79 €
Prozentwert P = 15,80 €
Prozentsatz p % = 20 %

c) Grundwert G = 15,00 m
Prozentwert P = 2,25 m
Prozentsatz p % = 15 %

2

2.7 Grundaufgaben der Prozentrechnung

Entdecken

Um den Anteil der Jugendlichen zu bestimmen, die ein Handy haben, werden jedes Jahr 800 Personen befragt, die 14 Jahre alt sind.

Jahr	2009	2010	2011	2012	2013	2014
Anzahl Handynutzer	528	600	640	680	720	784
Anteil	66 %	75 %	80 %	85 %	90 %	98 %

- Ordne die Begriffe Grundwert G, Prozentwert P und Prozentsatz p % zu.
- Welchem Anteil in Prozent entsprechen 200 (40, 120, 720) Nutzer in der Studie?
- Begründe auf verschiedene Arten, dass die Zuordnung *Anzahl Handynutzer* ⟼ *Anteil* direkt proportional ist.
- Zeichne einen Graphen und lies mindestens vier weitere Wertepaare ab.

Verstehen

Dem Grundwert G entspricht immer der Prozentsatz 100 %. Der Prozentsatz p % und der Prozentwert P sind zueinander direkt proportional. Man hat somit bei Aufgaben der Prozentrechnung die gleichen Lösungsmöglichkeiten wie bei der direkten Proportionalität.

Mann kann auch das Verhältnis

G	100 %
P	p %

betrachten. Günstig ist es, wenn die gesuchte Größe oben steht.

Der Prozentwert P verhält sich zum Grundwert G wie der Prozentsatz p % zu 100 %

P	p %
G	100 %

Je nachdem, welche der drei Größen gesucht ist, kann man diesen Zusammenhang anwenden.

1 Prozentsatz p % = ?

Beispiel: In einem Hotel mit 80 Betten sind 56 Betten belegt.

Lösungsmöglichkeit:

p %	56
100 %	80

$$\frac{p\,\%}{100\,\%} = \frac{56}{80}$$

$$p\,\% = \frac{56}{80} \cdot 100\,\% = 70\,\%$$

2 Prozentwert P = ?

Beispiel: In einem Hotel mit 80 Betten sind 70 % der Betten belegt.

Lösungsmöglichkeit:

P	70 %
80	100 %

$$\frac{P}{80} = \frac{70\,\%}{100\,\%}$$

$$P = \frac{70\,\%}{100\,\%} \cdot 80 = 56$$

3 Grundwert G = ?

Beispiel: In einem Hotel sind 56 Betten belegt. Das sind 70 % der Betten.

Lösungsmöglichkeit:

G	100 %
56	70 %

$$\frac{G}{56} = \frac{100\,\%}{70\,\%}$$

$$G = \frac{100\,\%}{70\,\%} \cdot 56 = 80$$

Beispiele

1. Wie viel Prozent sind 120 € von 180 €?

Lösungsmöglichkeiten:

Gegeben: G = 180 €; P = 120 € Gesucht: p %

p %	120 €
100 %	180 €

$$\frac{p\,\%}{100\,\%} = \frac{120\,€}{180\,€} \Rightarrow p\,\% = \frac{120\,€}{180\,€} \cdot 100\,\% = 66{,}\overline{6}\,\%$$

oder

$$p\,\% = \frac{P}{G}$$

$$p\,\% = \frac{120\,€}{180\,€} = 66{,}\overline{6}\,\%$$

2. Ein Navigationsgerät kostet normal 240 €. Ein Elektromarkt bietet es während einer Verkaufsaktion 19 % günstiger an. Wie viel € spart man beim Kauf?

Lösungsmöglichkeiten:

Gegeben: G = 240 €; p % = 19 %   Gesucht: P

P	19 %
240	100 %

$\frac{P}{240} = \frac{19\,\%}{100\,\%} \quad \Rightarrow \quad P = \frac{19\,\%}{100\,\%} \cdot 240 = 45{,}60\,€$

oder

$P = G \cdot p\,\%$

$P = 240\,€ \cdot \frac{19}{100}$

$= 45{,}60\,€$

Antwort: Man spart beim Kauf 45,60 €.

3. Marlene hat bereits 450 € gespart. Das sind 75 % von dem, was sie für den Kauf einer Musikanlage benötigt. Wie teuer ist ihre Anlage?

Lösungsmöglichkeiten:

Gegeben: P = 450 €; p % = 75 %   Gesucht: G

G	100 %
450	75 %

$\frac{G}{450\,€} = \frac{100\,\%}{75\,\%} \quad \Rightarrow \quad G = \frac{100\,\%}{75\,\%} \cdot 450\,€ = 600\,€$

oder

$G = P : p\,\%$

$P = 450\,€ : \frac{75}{100}$

$= 450\,€ \cdot \frac{100}{75} = 600\,€$

Erinnere dich:
Man dividiert durch einen Bruch, indem man mit dem Kehrwert multipliziert.

Antwort: Die Anlage kostet 600 €.

Nachgefragt

- Die Angabe eines Anteils in Prozent ist genauer als die Angabe als Bruch. Stimmt das?
- Gilt folgender Zusammenhang? „Wenn der Grundwert gleich bleibt, dann ist der Prozentwert umso größer, je größer der Prozentsatz ist." Begründe.

Aufgaben

1 Berechne den Prozentsatz im Kopf.

a) 27 von 100 Mädchen **b)** 66 von 200 Autos **c)** 90 von 300 Bonbons
d) 56 kg von 800 kg **e)** 250 kg von 0,75 t **f)** 30 cm von 20 cm
g) 90 min von 2 h **h)** 6 m von 10 m **i)** 17 h von 51 h

2 Berechne den Prozentsatz wie in Beispiel 1.

	a)	b)	c)	d)	e)
Grundwert G	78 min	475 kg	80 m	26,50 ℓ	9200 €
Prozentwert P	39 min	76 kg	13,6 m	12,72 ℓ	9660 €

Lösungen zu 2:
16 %; 17 %; 48 %; 50 %; 105 %

3 Wie viel Prozent der Figur wurden eingefärbt? Benenne Grund- und Prozentwert.

a) 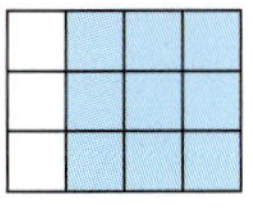
b) 
c) 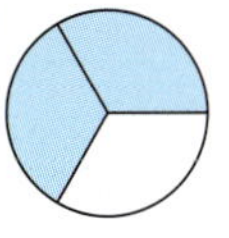
d) 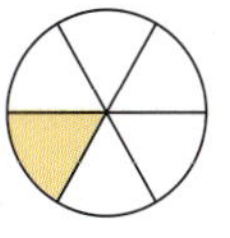
e) 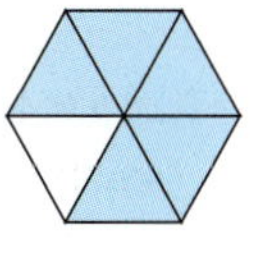

4 Bestimme die Prozentsätze auf verschiedene Arten. Gib Grund- und Prozentwert an.

a) 81 € von 540 €
2,4 t von 8 t
476 m von 680 m

b) 27,2 a von 68 a
336 von 840 Schülern
12,8 km von 16 km

c) 0,66 ℓ von 6 ℓ
76 cm von 40 dm
50 € von 325 €

5 Berechne den Prozentwert im Kopf.

a) 25 % von 40 € **b)** 10 % von 270 m **c)** 50 % von 125 ℓ
d) 20 % von 15 min **e)** 60 % von 450 kg **f)** 75 % von 2 h

Lösungen zu 6: 49,14; 53,55; 56,28; 61,23; 61,36 Die Einheiten sind nicht angegeben.

6 Berechne den Prozentwert wie in Beispiel 2.

	a)	b)	c)	d)	e)
Grundwert G	268 m	357 kg	472 €	45,5 t	78,5 ℓ
Prozentsatz p %	21 %	15 %	13 %	108 %	78 %

7 Berechne den Grundwert im Kopf.

a) 24 m sind 50 %. **b)** 150 € sind 10 %. **c)** 4 s sind 20 %.
d) 2,5 t sind 25 %. **e)** 2,1 cm sind 1 %. **f)** 3 kg sind 2 %.
g) 360 € sind 75 %. **h)** 1 h sind 60 %. **i)** 5,60 € sind 80 %.

Lösungen zu 8: 15,5; 246; 280; 345; 390 Die Einheiten sind nicht angegeben.

8 Berechne den Grundwert wie in Beispiel 3.

	a)	b)	c)	d)	e)
Prozentwert P	79,35 €	12,09 kg	27,06 m	171,60 €	156,8 g
Prozentsatz p %	23 %	78 %	11 %	44 %	56 %

9 Familie Koschlitz bezahlt monatlich 443 € Miete. Der Vermieter lässt das Badezimmer renovieren und erhöht die Miete um 6 %. Wie hoch ist die Mieterhöhung?

10 Ein Architekt erhält üblicherweise 3,5 % der Bausumme als Honorar. Wie hoch ist die Bausumme, wenn er 8470 € erhält?

11 Das Land Brandenburg gab nach dem Haushaltsplan 2012 insgesamt fast 10,2 Mrd. € aus. Davon entfielen etwa 2,3 Mrd. € auf Personalausgaben und 0,2 Mrd. € für Baumaßnahmen. Wie viel Prozent der Gesamtausgaben sind das jeweils?

12 Das Statistische Bundesamt erfasst regelmäßig Preisänderungen. Übertrage die Tabelle in dein Heft und berechne die fehlenden Angaben.

	T-Shirt	Milch	Salat	Handy	Auto
alter Preis	5,50 €	0,79 €		78,50 €	18 600 €
Preisänderung in %	+ 6 %		– 5 %		
Preisänderung in €			– 0,04 €		+ 837 €
neuer Preis		0,89 €		75,36 €	

13 Wie hoch war der ursprüngliche Preis?

a)

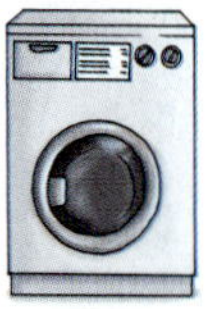

Sie sparen 52,50 €, das sind 15 %.

b)

Sie sparen 30 %, das sind 225 €.

c)

19 % Preisnachlass. Zahlen Sie 38 € weniger.

14 Ein Kaufhaus bietet reduzierte Ware an. Wie viel € spart man beim Kauf der Ware? Berechne den neuen Preis.

1

alter Preis: 490 €
Nachlass: 50 %

2

alter Preis: 799 €
heute 20 % günstiger

3

alter Preis:
23,90 € pro m^2
Sie sparen 30 %.

15 An einem Lesetag der Karl-Kellner-Schule wurde eine Umfrage dazu durchgeführt, was die Schüler am liebsten lesen. Das Streifendiagramm stellt das Ergebnis dar.

a) Bestimme den Anteil der Schüler für die einzelnen Bereiche.

b) Insgesamt wurden 680 Schüler befragt. Wie teilen sich die Schüler auf die verschiedenen Bereiche auf? Runde geeignet.

16 Neal und Marie machen eine Fahrradtour.

a) Ordne die Begriffe der Prozentrechnung den Angaben zu.

b) Untersuche die Situation, indem du die Tabelle überträgst und ergänzt.

Anteil	10 %	20 %	30 %	35 %	40 %	70 %	80 %
Strecke							

c) Wie lang ist die gesamte Strecke? Erkläre dein Vorgehen.

d) Welche Zuordnung liegt vor? Erkläre auf verschiedene Arten.

Ernährung

Gesunde Ernährung

Eine Ernährungspyramide gibt an, welche Nahrungsgruppen man häufig und welche seltener essen sollte.

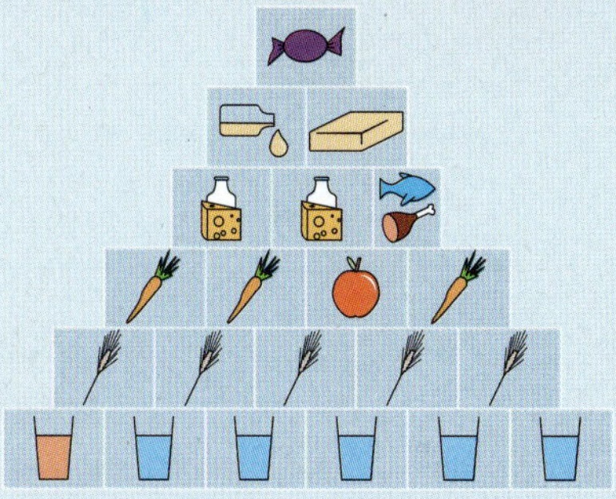

- Bestimme die prozentualen Anteile für die einzelnen Nahrungsgruppen. Wofür steht wohl welches Symbol?
- Übersetze die Angaben in ein Kreisdiagramm. Welche Vor- und Nachteile hat es gegenüber der Pyramide?

An vielen Lebensmitteln wird heute gekennzeichnet, wie viel des Tagesbedarfs an einzelnen Inhaltsstoffen durch eine Portion abgedeckt ist.

- Bestimme die Tagesmenge, die den einzelnen Angaben zugrunde liegt.
- Bestimme die Werte der einzelnen Inhaltsstoffe bezogen auf 100 mℓ bzw. 100 g.

1 Glas Milch (250 mℓ) enthält:

Brennwert 168 kcal	Zucker 12 g	Fett 9,5 g	gesätt. Fettsäu. 6 g	Natrium 0,13 g
8%	13 %	14 %	30 %	5 %

des Tagesbedarfs

1 Portion Chips (30 g) enthält:

Brennwert 162 kcal	Zucker 0,7 g	Fett 11 g	gesätt. Fettsäu. 6 g	Natrium 0,2 g
7%	1 %	16 %	30 %	8 %

des Tagesbedarfs

Entdecken

Die Mehrwertsteuer (MwSt.) ist ein Preisaufschlag des Staates auf Waren und Dienstleistungen.

Ein Elektromarkt wirbt mit einer Anzeige.

Einen Preisnachlass bezeichnet man auch als Rabatt.

- Bestimme den um 20 % reduzierten Preis.
- Bestimme die im neuen Preis enthaltene Mehrwertsteuer. Erkläre dein Vorgehen.

Verstehen

Wird ein Wert um einen bestimmten Prozentsatz vermehrt oder vermindert, lässt sich der neue Wert direkt bestimmen.

Wird ein **Grundwert G** um p % **erhöht**, dann bezeichnet man den erhöhten Wert als **vermehrten Grundwert G^+**.

G^+ = Grundwert G + Prozentwert P

Man erhält G^+ direkt, indem man G mit dem Faktor $(1 + p\,\%) = \left(1 + \frac{p}{100}\right)$ multipliziert:

$$G^+ = G \cdot \left(1 + \frac{p}{100}\right)$$

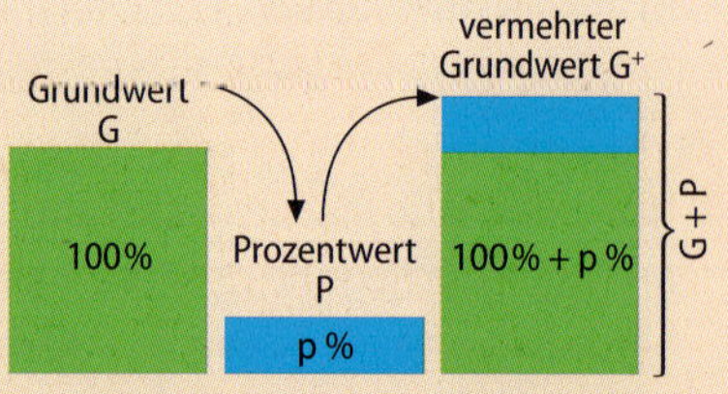

$\left(1 + \frac{p}{100}\right)$ nennt man auch vermehrten Prozentsatz oder Wachstumsfaktor.

Wird ein **Grundwert G** um p % **erniedrigt**, dann bezeichnet man den reduzierten Wert als **verminderten Grundwert G^-**.

G^- = Grundwert G – Prozentwert P

Man erhält G^- direkt, indem man G mit dem Faktor $(1 - p\,\%) = \left(1 - \frac{p}{100}\right)$ multipliziert:

$$G^- = G \cdot \left(1 - \frac{p}{100}\right)$$

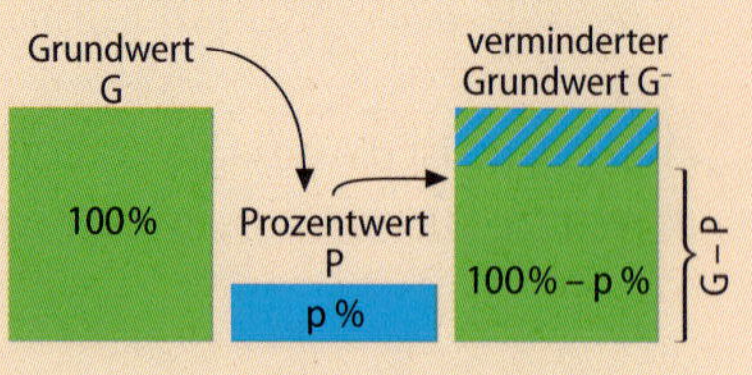

$\left(1 - \frac{p}{100}\right)$ nennt man auch verminderten Prozentsatz oder Abnahmefaktor.

Beispiele

1. Im Großhandel kostet ein Skate-Roller ohne 19 % MwSt. 40 €.
Wie teuer ist der Roller mit MwSt.? Rechne auf verschiedene Arten.

Lösungsmöglichkeiten:

Gegeben: G = 40 €; p % = 19 % Gesucht: G^+

Zu G^+ gehört der veränderte Prozentsatz 100 % + 19 % = 119 %

1 Tabelle mit Dreisatz:

	p %	Geldwert	
	100 %	40 €	
: 100	1 %	0,40 €	: 100
· 119	119 %	47,60 €	· 119

2 Vermehrter Grundwert:

$G^+ = G \cdot \left(1 + \frac{p}{100}\right)$

$G^+ = 40\,€ \cdot \left(1 + \frac{19}{100}\right)$

$= 40\,€ \cdot 1{,}19 = 47{,}60\,€$

Antwort: Der Skate-Roller wird für 47,60 € verkauft.

2. Ein MP3-Player kostet nach Abzug von 15 % Rabatt 25,33 €. Wie hoch ist der ursprüngliche Preis?

Lösungsmöglichkeiten:

Gegeben: $G^- = 25{,}33$ €; verminderter Prozentsatz: 100 % – 15 % = 85 %   Gesucht: G

G^- entspricht dem Prozentwert zu 85 %

1 Tabelle mit Dreisatz:

	p %	Geldwert	
: 17	85 %	25,33 €	: 17
· 20	5 %	1,49 €	· 20
	100 %	29,80 €	

2 Verminderter Grundwert:

$$G^- = G \cdot \left(1 - \frac{p}{100}\right)$$

$$G = G^- : \frac{85}{100}$$

$$G = 25{,}33\text{ €} \cdot \frac{100}{85} = 29{,}80\text{ €}$$

Antwort: Der MP3-Player kostete ursprünglich 29,80 €.

Nachgefragt

- Ein Preis wird um 2 % erhöht. Muss der Grundwert mit dem Faktor 1,2 oder 1,02 multipliziert werden? Begründe.
- Begründe: Der vermehrte Grundwert entspricht stets mehr als 100 %.

Aufgaben

1 Gib den vermehrten bzw. verminderten Prozentsatz an. Bestimme auch den zugehörigen Faktor als Dezimalzahl.

a) Preiserhöhung um 5 % b) 20 % Rabatt c) Preisnachlass 12 %
d) 2 % Skonto e) Wertsteigerung 30 % f) Preis mit 7 % MwSt.
g) Nachlass von 9 % h) Preisminderung 40 % i) ein Viertel mehr

Wenn man eine Rechnung innerhalb einer bestimmten Zeit bezahlt und dafür einen Rabatt erhält, so bezeichnet man diesen Rabatt als Skonto.

2 Die Angaben stehen für den Prozentsatz bei vermehrtem oder vermindertem Grundwert bzw. die zugehörige Dezimalzahl. Gib die Erhöhung bzw. die Minderung in Prozent an und beschreibe sie in Worten.

a) 120 %; 95 %; 104 %; 83 %; 101 % b) 0,99; 1,1; 1,25; 0,84; 1,02
c) 77 %; 175 %; 1,8; 81 %; 0,9 d) 2; 2 %; 1,5; 50 %; 0,5

3 Übertrage die Tabellen in dein Heft und vervollständige sie.

a)

Länge in cm	12		18
Anteil	60 %	100 %	

b)

Preis in €	62,72		
Anteil	112 %	100 %	75 %

c)

Masse in kg	82,46		95,48
Anteil	95 %	100 %	

d)

Fläche in cm²	107,44		
	85 %	100 %	150 %

4 Übertrage die Tabelle in dein Heft und ergänze die fehlenden Angaben.

	a)	b)	c)	d)	e)	f)
alter Preis	340 €	125 €	1450 €			
Änderung um …	+8 %			–25 %		
veränderter Prozentsatz		83 %			112 %	
Änderungsfaktor als Dezimalzahl			1,02			0,9
neuer Preis				243 €	4032 €	567 €

Ein „+"-Zeichen zeigt bei der Änderung eine Erhöhung an, ein „–"-Zeichen eine Reduzierung.

Entdecken

p. a. (lat. pro anno), heißt „pro Jahr" oder „jährlich".

Frau Sommerfeld möchte ein Guthaben in Höhe von 10 000 € möglichst gewinnbringend anlegen. Bei ihrer Hausbank erhält sie die nebenstehenden Informationen zu den verschiedenen Anlagemöglichkeiten.

- Berechne die Zinsen nach einem Jahr für jeden angegebenen Kontotyp.
- Bestimme den Betrag der Zinsen, wenn sie das Geld nur 3 Monate (8 Monate, 220 Tage) auf das jeweilige Konto anlegt.

Girokonto: täglich verfügbares Guthaben, Überweisungen möglich.
Zinssatz: 0,15 % p. a.

Tagesgeldkonto: täglich verfügbares Guthaben, keine Überweisungen möglich.
Zinssatz: 1,9 % p. a.

Festgeldkonto: Guthaben erst nach Ablauf einer Frist verfügbar, Mindestguthaben oftmals vorgeschrieben.
Zinssatz: 3,75 % p. a.

Verstehen

Die Zinsrechnung ist eine Anwendung der Prozentrechnung.

Prozentrechnung	Zinsrechnung
Grundwert G	Kapital K (auch: Guthaben, Darlehen, Kreditbetrag, …)
Prozentwert P	Zinsen Z (auch: Jahreszinsen, Dividende)
Prozentsatz p %	Zinssatz p % (auch: Verzinsung, Zinsfuß)

Günstig ist es, wenn die gesuchte Größe oben steht.

1 Zinssatz p % = ?

p %	Z
100 %	K

2 Zinsen Z = ?

Z	p %
K	100 %

3 Kapital K = ?

K	100 %
Z	p %

Vereinbarung: 1 Monat hat 30 Tage, 1 Jahr hat 360 Tage.

In den meisten Fällen wird ein **Jahreszins** vereinbart. Wird Geld nur einen **Teil des Jahres** angelegt, dann wird auch nur der zugehörige **Anteil der Jahreszinsen** Z berechnet.

Bei t Tagen ($t \leq 360$) ist der Anteil $\frac{t}{360}$, bei m Monaten ($m \leq 12$) ist der Anteil $\frac{m}{12}$.

$Z(t) = K \cdot p\,\% \cdot \frac{t}{360}$ „Tageszinsformel" $Z(m) = K \cdot p\,\% \cdot \frac{m}{12}$ „Monatszinsformel"

Beispiele

1. a) Ein Kapital von 8000 € wird zu einem Zinssatz von 4,6 % p. a. angelegt. Berechne die Jahreszinsen.

b) Welches Guthaben muss man anlegen, um beim Zinssatz 1,25 % nach einem Jahr 90 € Zinsen zu haben?

c) Bei einem Guthaben von 3000 € werden nach einem Jahr 180 € Zinsen gutgeschrieben. Gib den Zinssatz an.

Lösungsmöglichkeiten:

a)

Z	4,6 %
8000 €	100 %

$Z = \frac{4{,}6\,\%}{100\,\%} \cdot 8000\,€ = 368\,€$

b)

K	100 %
90 €	1,25 %

$K = \frac{100\,\%}{1{,}25\,\%} \cdot 90\,€ = 7200\,€$

c)

p %	180 €
100 %	3000 €

$p\,\% = \frac{180\,€}{3000\,€} \cdot 100\,\% = 6\,\%$

Am Einzahlungstag werden keine Zinsen berechnet, jedoch am Auszahlungstag.

2. Herr Maier hat vom 15. April bis zum 10. Dezember 1800 € auf einem Tagesgeldkonto zu 2,4 % angelegt. Welche Zinsen bekommt er für diese Zeit?

Lösung:

1 Jahreszins:

Z (1 Jahr)	2,4 %
1800 €	100 %

$Z(1\text{ Jahr}) = \frac{2{,}4\,\%}{100\,\%} \cdot 1800\,€ = 43{,}20\,€$

2 Zeit $t = 15\text{ Tage} + 7 \cdot 30\text{ Tage} + 10\text{ Tage} = 235\text{ Tage}$

$Z(235\text{ Tage}) = 43{,}20\,€ \cdot \frac{235}{360} = 28{,}20\,€$

- Beschreibe Lösungsmöglichkeiten, um Zinsen für einen Teil des Jahres zu bestimmen.
- Ein Zinssatz von 100 % verdoppelt das Guthaben nach einem Jahr. Stimmt das?

Nachgefragt

Aufgaben

1 Berechne die fehlenden Werte in der Tabelle. Die Zinsen sind Jahreszinsen.

	a)	b)	c)	d)	e)	f)	g)
K	2445 €	6250 €		5000 €	7434 €	26 540 €	
p %	5 %		4,5 %	3 %			11 %
Z		125 €	162 €		55,76 €	2388,60 €	9964,68 €

2 a) Chanel hat zu Beginn des Jahres 564 € auf ihrem Sparbuch. Wie viel Zinsen werden ihr am Jahresende bei einem Zinssatz von 2 % gutgeschrieben?
b) Jakob hat auf einem Festgeldkonto 2600 € dauerhaft angelegt. Nach einem Jahr bekommt er 124,80 € Zinsen. Mit welchem Zinssatz wurde das Geld verzinst?
c) Sandra bekommt auf ihrem Tagesgeldkonto 3,2 % Zinsen im Jahr. Welches Kapital muss sie anlegen, damit sie pro Jahr 250 € an Zinsen abheben kann?

3 a) Berechne die Jahreszinsen im Kopf.
1 Guthaben 3000 €; Zinssatz 5 %
2 Guthaben 1200 €; Zinssatz 2 %
3 Guthaben 7000 €; Zinssatz 0,5 %
4 Guthaben 3600 €; Zinssatz 1,5 %
b) Berechne die Zinsen für jede Teilaufgabe aus a) für die angegebenen Laufzeiten.
1 $\frac{1}{4}$ Jahr 2 9 Monate 3 120 Tage 4 Mitte März bis Ende Juli

Lösungen zu 3 (in €):
6; 8; 8,75; 9; 11,67; 13,13; 13,50; 18; 18; 20,25; 24; 26,25; 35; 37,50; 40,50; 50; 54; 56,25; 112,50; 150

4 Berechne die Zinsen für den angegebenen Zeitraum.

	Guthaben	Zinssatz	Zeitraum
a)	5500 €	2,8 % p. a.	1. Mai bis 20. Juni
b)	39 000 €	4,2 % p. a.	15. Juli bis 25. September

5 Berechne und beschreibe jeweils deinen Rechenweg.
a) Herr Böttcher hat 1200 € für 240 Tage angelegt und bekommt 48 € an Zinsen für den Zeitraum gutgeschrieben. Wie hoch war der Zinssatz?
b) Frau Guthoff hat bei einem Zinssatz von 4 % nach 9 Monaten 45 € Zinsen bekommen. Welches Kapital hatte sie angelegt?

Legt man sein Geld auf der Bank an, erhält man Zinsen. Leiht man sich mit einem Kredit Geld aus, muss man Zinsen zahlen.

6 Für einen Kredit in Höhe von 180 000 € muss ein Hausbesitzer im ersten Jahr 11 700 € Zinsen zahlen. Wie hoch ist der Zinssatz?

7 Familie Storck will ein Haus für 275 000 € kaufen. Sie erhält ein Angebot über einen Kredit mit 8 %. Wie viel Kapital ist nötig, wenn sie nicht mehr als 9600 € Zinsen bezahlen können?

8 Herr Merk kauft ein Motorrad. 5000 € der Kaufsumme in Höhe von 8820 € zahlt er sofort. Den Rest zahlt er mit einem Kontoüberziehungskredit, für den ihm die Bank 14,3 % p. a. Zinsen berechnet. Wie viel kostet ihn das Motorrad tatsächlich, wenn er den Kredit nach einem Jahr zurückzahlt?

zu 2.1

1 Ergänze die Tabelle. Finde dabei eine Zuordnung (in Worten, als Term), mit der man y aus x berechnen kann, wenn man die Gesetzmäßigkeit fortsetzt.

a)

x	y
0	3
2	5
3	6
5	
10	
0,5	

b)

x	y
0	0
2	8
4	16
10	
2,5	
0,8	

a)

x	y
1	1
2	$\frac{1}{2}$
5	
1,5	$\frac{2}{3}$
$\frac{2}{5}$	
0,9	

b)

x	y
1	0
2	3
3	8
4	
5	
2,5	

zu 2.2 und 2.3

2 Entscheide, ob es sich um eine direkt proportionale, indirekt proportionale oder keine bekannte Zuordnung handelt. Begründe deine Entscheidung.

a)

Heizöl in ℓ	250	400	650
Preis in €	207,50	332,00	539,50

b)

Anzahl Erntehelfer	24	10	14
Erntetage	35	84	60

a)

Strecke in km	120	360	240
Zeit in h	1,25	3,75	2,5

b)

Anzahl Personen	6	13	99
Körpergewicht in kg	336	689	486

3 Bei der Untersuchung von Kindern wird u. a. die Körpergröße gemessen. In der Abbildung sind die Kurven für die Entwicklung von Mädchen zwischen dem 2. und 8. Lebensjahr aufgezeichnet. Liegen die Werte zwischen der oberen und unteren Kurve, dann liegt keine Auffälligkeit vor.

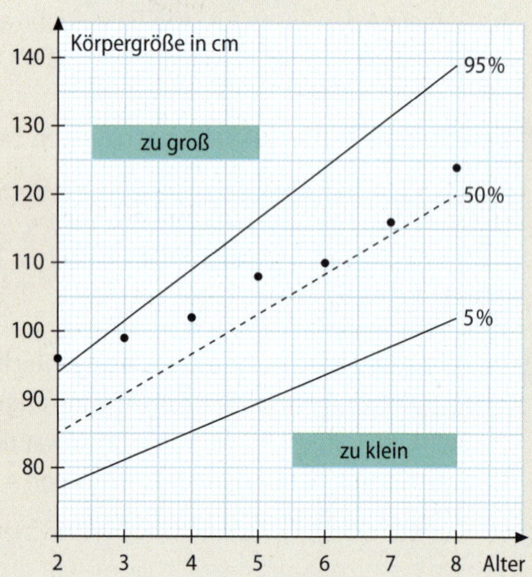

a) Beschreibe die Zuordnung und den Aufbau des Graphen.
b) Ein Arzt hat für Gesa die Werte bei den Untersuchungen eingetragen. Lies jeweils die Körpergröße ab.
c) Beschreibe die Entwicklung von Gesa mit eigenen Worten.
d) Suche nach deinem Untersuchungsheft und stelle deine Entwicklung als Kind vor.

a) Beschreibe, in welchem Bereich die Daten unauffällig sind.
b) Ein Arzt hat für Gesa die Werte bei den Untersuchungen eingetragen. Beschreibe ihre Entwicklung.
c) Entscheide, ob die Werte auffällig sind.

Lisa	4 Jahre	1,05 m
Sina	6 Jahre	96 cm
Eva	7 Jahre	1,15 m

4 Gib in Prozent und als Dezimalzahl an. Runde gegebenenfalls. zu 2.4

a) $\frac{4}{50}$; $\frac{7}{25}$; $\frac{2}{5}$; $\frac{3}{20}$; $\frac{9}{12}$; $\frac{6}{15}$

b) 5 von 130   17 von 275

c) 24 von 103   96 von 156

a) $\frac{9}{20}$; $\frac{1}{8}$; $\frac{3}{12}$; $\frac{7}{15}$; $\frac{1}{3}$; $\frac{9}{32}$

b) 3,5 von 42,5   7,9 von 40,8

c) 4,18 von 17,3   27,4 von 12,6

5 Bestimme für jede Farbe den Anteil an der Gesamtfläche als Bruch und in Prozent. zu 2.5

a)

b)

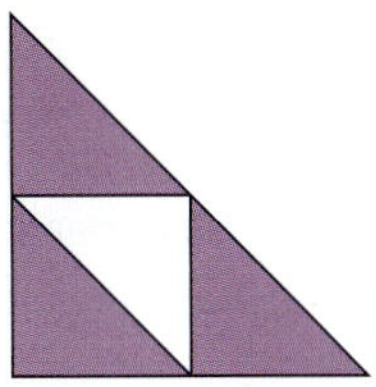

a)

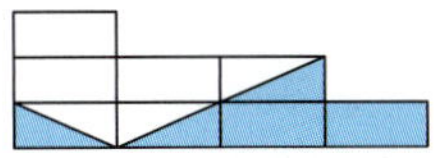

b)

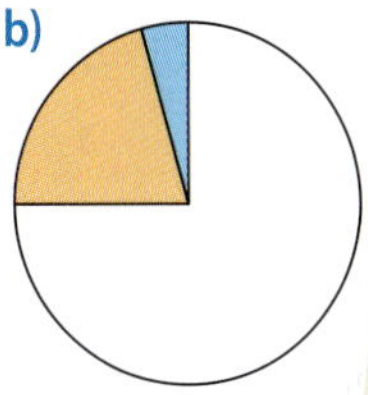

6 Ordne die Grundbegriffe der Prozentrechnung jeweils zu. Berechne die fehlende Größe. zu 2.6 und 2.7

a) Hamid möchte sich ein Fahrrad für 260 € kaufen. 45 % des Preises hat er schon gespart.

b) Bei der Klassensprecherwahl hat Steffi 15 von 25 Stimmen bekommen.

c) Marko hat schon 78 Fußballkarten gesammelt, das sind 65 % aller Karten.

a) In einem Theater sind 20 Plätze nicht besetzt, das sind 2 % aller Plätze.

b) Die bisherige Miete von 750 € wird auf 780 € erhöht.

c) Jan kauft ein Smartphone für 198 € und erhält 15 % Nachlass.

d) Ein Netbook wird um 35 € reduziert. Man erhält somit einen Nachlass von ca. 12 %.

7 zu 2.7 und 2.8

In welchen Fällen ist der Prozentwert kleiner als der Grundwert, in welchen Fällen ist er größer?
Überprüfe deine Aussagen, indem du 10 %, 50 %, 100 %, 200 % und 500 % von 200 € berechnest.

Wie ändert sich der Prozentwert, wenn …

a) der Grundwert verdoppelt (verdreifacht, halbiert) wird und der Prozentsatz jeweils gleich bleibt?

b) der Prozentsatz verdoppelt (verdreifacht, halbiert) wird und der Grundwert jeweils gleich bleibt?

8 Wenn man sich von der Bank Geld leiht, also einen Kredit aufnimmt, muss man Zinsen für das geliehene Geld bezahlen. zu 2.9

a) Wie viel Zinsen muss man nach einem Jahr für einen Kredit in Höhe von 12 000 € (4800 €, 125 000 €) bezahlen, wenn die Bank einen Zinssatz von 8,5 % verlangt?

b) Berechne die Jahreszinsen für einen Kredit in Höhe von 15 000 € bei einem Zinssatz von 1,5 % (2,5 %, 14,5 %).

a) Herr Dörfler hat für 3,5 % einen Autokredit über 16 400 € aufgenommen. Wie hoch sind seine Zinsen pro Monat, solange er kein Geld zurück bezahlt?

b) Familie Prinz hat für ihr Haus ein Baudarlehen über 135 000 € zu 3,25 % und ein anderes über 70 000 € zu 5,2 % aufgenommen. Wie viele Zinsen muss die Familie monatlich bezahlen?

1 <, >, oder = ? Vergleiche die Anteile miteinander.

a) 0,12 □ 1,2 %; $\frac{19}{100}$ □ 0,19; 0,04 □ 14 %

b) 0,24 □ $\frac{1}{4}$; 100 % □ 0,1; $\frac{1}{5}$ □ 20 %

c) $\frac{7}{20}$ □ 24 %; 0,30 □ $\frac{1}{3}$; 0,041 □ 41 %

d) 1 □ $\frac{0}{100}$; 450 % □ 4,5; 2,5 % □ $\frac{25}{10}$

2

	Länge	Breite	Umfang	Flächeninhalt	gefärbter Anteil
1	6 cm		18 cm		65 %
2	10 cm			30 cm²	40 %
3			16 cm	16 cm²	80 %

a) Übertrage die Tabelle ins Heft und ergänze die fehlenden Rechteckswerte.
b) Zeichne das Rechteck und färbe den angegebenen Prozentsatz ein.

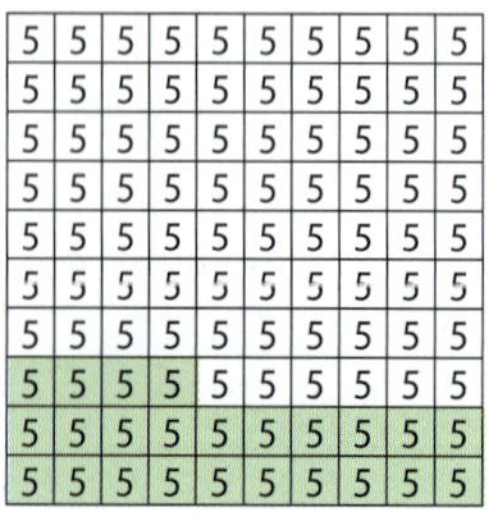

3 Susanne hat 500 € auf ihrem Konto gespart. Davon hebt sie 120 € ab.
1 Erkläre die Veranschaulichung im Hunderterfeld.
2 Lies am Hunderterfeld ab, wie viel Prozent von 500 € ein Betrag von 160 € (245 €, 320 €, 465 €, 495 €) ist.

Runde geeignet.

4 Berechne jeweils die fehlende Angabe.

	a)	b)	c)	d)	e)	f)	g)
G	438 m		1413 €	51,00 t		91,00 a	
P		357 m²		43,17 t	588,80 a	89,12 a	464,81 ℓ
p %	68 %	85 %	98 %		115 %		53 %

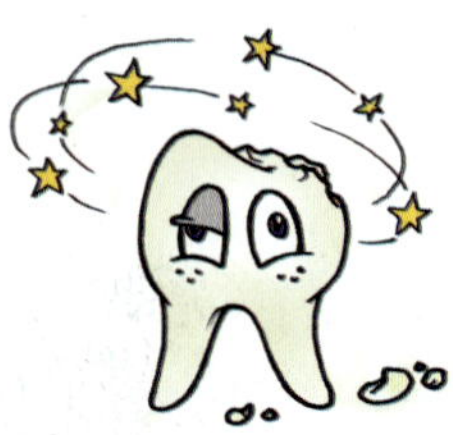

5 Zahnvorsorge ist wichtig. Vergleiche die Ergebnisse einer Zahnuntersuchung an verschiedenen Schularten. Welche Schüler putzen am fleißigsten?

Schulart	Grundschule	Realschule	Gymnasium	Berufsschule
untersuchte Schüler	1143	525	948	312
mit Zahnmängeln	298	112	200	56

6 Das Kreisdiagramm zeigt die Kulturausgaben einer Gemeinde.
a) Wie viel Prozent der Ausgaben entfallen auf die einzelnen Bereiche? Entnimm die notwendigen Angaben dem Diagramm.
b) Für die Musikschule werden 45 500 € bezahlt. Wie viel € entfallen auf die anderen Bereiche? Runde geeignet.

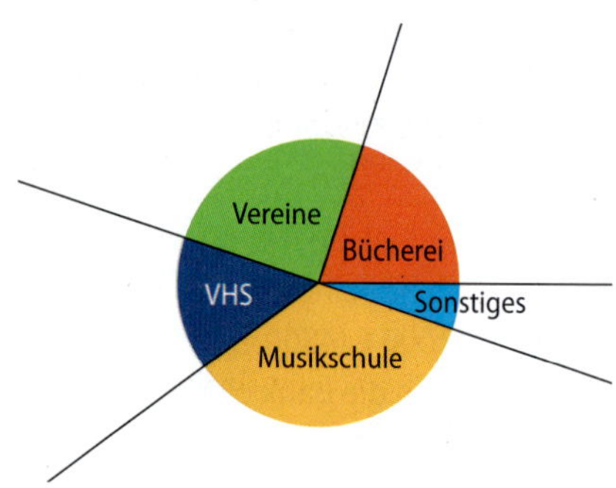

7 a) Wie ändert sich der Prozentwert, wenn der Grundwert sich verdoppelt (verdreifacht, halbiert, drittelt) und der Prozentsatz gleich bleibt?
b) Wie ändert sich der Prozentwert, wenn der Prozentsatz sich verdoppelt (verdreifacht, halbiert, drittelt) und der Grundwert jeweils gleich bleibt?

8 Luisa wirft einen Würfel 200-mal und notiert die gefallene Augenzahl.

Augenzahl	1	2	3	4	5	6
Häufigkeit	32	46	38	35	15	34

a) Stelle die Ergebnisse in Prozent dar.
Ordne zuvor die Begriffe Grundwert, Prozentwert und Prozentsatz zu.

b) Stelle das Ergebnis durch ein geeignetes Diagramm dar.

9 Das Wohl seiner Mannschaften steht bei Trainer Jürgen im Vordergrund.
Welches Angebot ist günstiger? Begründe.

Trikotsatz Raul
- 15 Trikots + Hosen + Stutzen
- Beflockung der Trikots
- 3 % Skonto bei Barzahlung

jetzt 749 € (inkl. MwSt.)

Koppa Trikots
- 15 Trikots + Hosen
- Beflockung
- bei Barzahlung gibt's Stutzen gratis und einen 25-€-Gutschein.

für sagenhafte 649 € (zuzüglich 19 % MwSt.)

10 Ein Lehrling erhält die Lohnabrechnung.

a) Wie hoch ist sein Bruttolohn (Nettolohn)?

b) Wie viel Prozent vom Bruttolohn ist der Nettolohn?

c) Wie viel Prozent beträgt die Krankenversicherung (Renten-, Arbeitslosen-, Pflegeversicherung) von seinem Bruttolohn?

d) Wie viel Prozent betragen die Abzüge insgesamt?

Bezeichnung	Berechnungsbasis	Betrag
AZUBI-Gehalt		1073,00
Vermögensbildung: Arbeitgeberanteil		26,00
Bruttolohn		1099,00
Krankenversicherung	1099,00	– 74,18
Rentenversicherung	1099,00	– 105,50
Arbeitslosenversicherung	1099,00	– 35,72
Pflegeversicherung	1099,00	– 9,34
Nettolohn		874,26
Vermögensbildung: Arbeitnehmeranteil		– 78,00
Auszug / Bank		796,26

11 Zum 70. Geburtstag ihres Opas möchten ihm die sechs Enkel eine Fahrt in einem Heißluftballon schenken. Eine solche Fahrt kostet 360 €.

a) Wie viel Geld muss jedes der Enkelkinder aufbringen?

b) Die Eltern der Kinder schalten sich ein. Jedes der drei Elternpaare beteiligt sich an den Kosten zu gleichen Teilen wie jedes Kind. Wie viel muss jetzt jeder bezahlen?

c) Die Kinder finden, dass die Eltern ihren Anteil erhöhen sollten. Daraufhin zahlt jedes Elternteil doppelt (dreimal) so viel wie jedes Kind. Berechne erneut.

d) Das jüngste Enkelkind sagt: „Ich habe 20 € gespart. Mehr kann ich nicht dazugeben."
Welche Möglichkeiten gibt es nun, die Kosten gerecht zu verteilen?

12 Übertrage die Tabelle in dein Heft und ergänze die fehlenden Angaben.

	a)	b)	c)	d)	e)	f)
alter Preis	150 €	2350 €		1800 €		
Änderung um	– 20 %		+ 10 %		– 6 %	
Änderungsfaktor		0,99		1,15		1,04
neuer Preis			525 €		1756 €	367 €

13 Ein rechteckiger Acker ist 60 m lang und 90 m breit. Während einer Flurbereinigung werden die beiden längeren Seiten um jeweils 15 % gekürzt und jede der kürzeren Seiten um 30 % verlängert.

a) Zeichne den Acker im Maßstab 1 : 1000 vor und nach der Veränderung ins Heft.

b) Bestimme den Faktor, um den sich der Flächeninhalt des Ackers insgesamt verändert hat.

14 Auf vielen Büchern ist auf der Rückseite der Verkaufspreis aufgedruckt, der bereits die Mehrwertsteuer enthält. Dabei sind aufgrund der unterschiedlichen Mehrwertsteuersätze für Deutschland (D) und Österreich (A) jeweils andere Preise angegeben.

a) In Deutschland werden auf Bücher 7 % Mehrwertsteuer erhoben. Bestimme den Preis des Buches ohne Mehrwertsteuer.

b) Bestimme mithilfe von a) den MwSt.-Satz in Österreich. Runde geeignet.

15 Stelle übersichtlich alle möglichen Begriffe der Zinsrechnung den zugehörigen Begriffen der Prozentrechnung gegenüber.

16 Übertrage die Tabelle in dein Heft und vervollständige sie.

	a)	b)	c)	d)	e)	f)
K	3600 €		560 €	4850 €		3500 €
p %	4 %	6 %		3,5 %	12 %	3 %
Zeit	1 Jahr	1 Jahr	$\frac{1}{2}$ Jahr	2 Monate	120 Tage	
Z		56 €	19,60 €		300 €	70 €

17 Ein Betrieb nimmt ein Darlehen über 120 000 € für ein Vierteljahr zu einem Zinssatz von 5,5 % auf. Wie viel muss der Betrieb an Zinsen zahlen?

$8\% = \frac{8}{100} = \frac{\text{8 Höhenmeter}}{\text{auf 100 m „in der Ebene“}}$

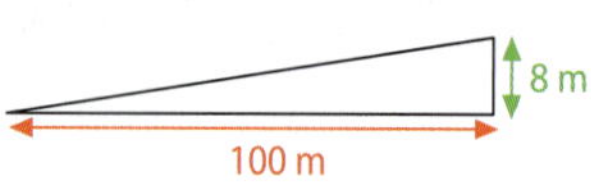

18 Steile Anstiege werden auf Verkehrsschildern immer prozentual angegeben. Dargestellt ist der Höhenunterschied zwischen zwei Orten, die horizontal („in der Ebene“ wie auf einer Landkarte) 100 m voneinander entfernt sind.

a) Berechne die Höhenunterschiede für die angegebenen Steigungen, wenn man einer Landkarte eine (horizontale) Strecke von 200 m (1 km, 1800 m) entnimmt.

1 6 % **2** 12 % **3** 18 % **4** 20 % **5** 22 %

b) In Großbritannien werden die Steigungen als Verhältnis angegeben: Wie verhalten sich die Höhenmeter zur horizontalen Strecke?
Beschreibe jeweils anschaulich, was das angegebene Verhältnis bedeutet.
Rechne anschließend die Verhältnisse auf den Schildern wie in Deutschland um.

An der Börse

Wenn man eine Aktie kauft, beteiligt man sich an einer Firma, das heißt, man wird Miteigentümer. Jede Aktie hat einen Geldbetrag aufgedruckt (den „Nennwert" der Aktie), der den Teil des Grundkapitals angibt, mit dem man sich beteiligt. Rechts siehst du ein paar beispielhafte Werte einiger großer deutscher Unternehmen. Da sich Aktienkurse ständig ändern, handelt es sich nicht um aktuelle Werte. Die Angaben der Commerzbank stammen beispielsweise vom 31.12.2014.

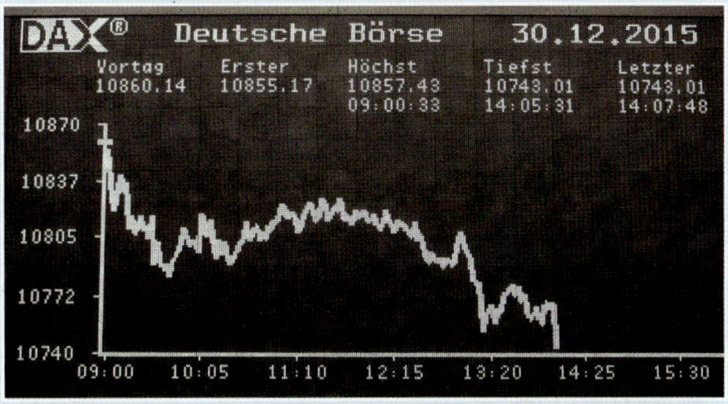

COMMERZBANK
Wert einer Aktie: 11 €
Grundkapital: 1 138 506 941,00 €

SIEMENS
Wert einer Aktie: 3 €
Grundkapital: 2 742 610 263,00 €

BMW
Wert einer Aktie: 20 DM
Grundkapital: 601 995 196,21 €

RWE
Wert einer Aktie: 50 DM
Grundkapital: 1 339 916 800,00 €

Aktien werden je nach Ausgabezeitpunkt in € oder der früheren Währung D-Mark (DM) geführt, dabei gilt: 1 € = 1,95583 DM. Bei der Umrechnung wird auf ganze Cent gerundet.

- Welchen Anteil am Grundkapital gibt eine einzelne Aktie jeweils an? Runde geeignet.
- Wie viele Aktien hat jede Firma ausgegeben?
- Wie viele Aktien muss jemand besitzen, der 1 % (5 %, 16 %) des Grundkapitals besitzt? Welchen „Nennwert" haben diese Aktien?

Der DAX (Deutscher Aktienindex) spiegelt die Entwicklung der 30 größten deutschen Unternehmen wieder, deren Aktien an der Börse frei gehandelt werden. Sein Grundwert wurde zum 01.01.1988 auf 1000 Punkte festgelegt. Je nachdem, zu welchem Wert die Aktien der 30 Unternehmen an der Börse gehandelt werden, steigt oder sinkt der DAX-Wert. Die Tabelle zeigt die besten fünf Handelstage im Zeitraum von 1975–2015 jeweils mit der Veränderung gegenüber dem Vortag.

Datum	Schlusskurs in Punkten	Zunahme gegenüber Vortag in Punkten
13. Okt. 2008	5062,45	518,14
28. Okt. 2008	4823,45	488,81
24. Nov. 2008	4554,33	426,93
29. Juli 2002	3859,78	280,78
8. Dez. 2008	4715,88	334,41

- Um wie viel Prozent hat sich der DAX jeweils gegenüber dem Vortag verändert? Achte auf den Grundwert.
- Suche im Internet oder in der Zeitung die Schlusskurse des DAX aus der letzten Woche und beschreibe seine Veränderung. Stelle die Ergebnisse deinen Mitschülern vor.
- Vor dem Eingang zur Börse in Frankfurt am Main, der wichtigsten in Deutschland, stehen Bulle und Bär. Finde heraus, was die beiden Tiere symbolisieren.

Spare, spare

Beim Sparen ist es oftmals üblich, regelmäßige Einzahlungen vorzunehmen, anstatt einen Sparbetrag auf einmal anzulegen.

Beim **Ratensparen** werden regelmäßig gleich große Geldbeträge, die „**Raten**", auf ein Konto eingezahlt. Die Zinsen innerhalb des Jahres werden dabei nur für die Zeit berücksichtigt, die die Rate tatsächlich auf dem Konto liegt. Raten können beispielsweise jeden Monat oder auch nur einmal pro Quartal eingezahlt werden.

Beispiel:
Auf ein neu angelegtes Tagesgeldkonto werden zu Beginn jedes Monats 250 € eingezahlt. Der jährliche Zinssatz beträgt 2,5 %. Dann ergeben sich für die ersten vier Monate folgende Werte:

Monat	1	2	3	4
Rate	250 €	250 €	250 €	250 €
Monate	12	11	10	9
Zinsanteil pro Jahr	$\frac{12}{12}$	$\frac{11}{12}$	$\frac{10}{12}$	$\frac{9}{12}$
Zinsen	$250\,€ \cdot \frac{12}{12} \cdot 2{,}5\,\% = 6{,}25\,€$	$250\,€ \cdot \frac{11}{12} \cdot 2{,}5\,\% \approx 5{,}73\,€$	$250\,€ \cdot \frac{10}{12} \cdot 2{,}5\,\% \approx 5{,}21\,€$	$250\,€ \cdot \frac{9}{12} \cdot 2{,}5\,\% \approx 4{,}69\,€$

a) Übertrage die Tabelle aus dem Beispiel in dein Heft und setze die Tabelle bis zum 12. Monat fort. Wie viele Zinsen erhält man im ersten Jahr? Bestimme die Höhe des Guthabens am Ende des ersten Jahres.

b) Auf ein Sparkonto werden zu Beginn jedes Monats 100 € eingezahlt. Der Zinssatz beträgt 3 % pro Jahr.

1 Übertrage die Tabelle in dein Heft und bestimme die Zinsen für die einzelnen Raten.

Beginn des Monats	Januar	Februar	März	…	November	Dezember
Rate	100 €	100 €	100 €		100 €	100 €
Monate	12	11	10		2	1
Zinsen						

2 Bestimme mithilfe von 1 die Zinsen, die man während des gesamten Jahres beim Ratensparen erhält. Vergleiche mit den Zinsen, die man bekommen würde, wenn man das gesamte eingezahlte Geld zu Jahresbeginn angelegt hätte.

3 Welches Kapital hätte man zu Jahresbeginn anlegen müssen, um dieselben Zinsen zu bekommen wie beim Ratensparen insgesamt im Jahr?

4 Bestimme nun mithilfe eines Tabellenkalkulationsprogramms für dieses Ratensparen die Zinsen innerhalb eines Jahres. Wie hoch wären die Gesamtzinsen nach 3 Jahren?

Immer mehr

Legt man sein Geld über mehrere Jahre auf einem Konto an, so werden die erzielten Zinsbeträge diesem Konto gutgeschrieben. Damit erhöht sich der Grundwert in jedem Jahr.

a) Ermittle das Guthaben am Ende des 1. Jahres (2. Jahres, …, 5. Jahres), wenn 1000 € zu 4 % angelegt werden und die Zinsen jeweils am Jahresende dem bisherigen Kapital zugeschlagen werden.

b) Stelle die Veränderung des Guthabens grafisch dar. Ist die Zuordnung direkt proportional? Begründe.

Wenn ein Anfangskapital K zu einem jährlichen Zinssatz p % über n Jahre hinweg verzinst wird und die Zinsen jeweils zum Ende eines Jahres ausgezahlt werden, so berechnet sich das Kapital K (n) nach diesem Zeitraum mittels der sogenannten **Zinseszinsformel**:
$K(n) = K \cdot (1 + p\,\%)^n$.

Beispiel:
Zinssatz 3 %; Anfangskapital K

- Kapital am Ende des 1. Jahres:
  $K(1) = K \cdot 1{,}03$ bzw. $K(1) = K \cdot 1{,}03^1$
- Kapital am Ende des 2. Jahres:
  $K(2) = \underbrace{(K \cdot 1{,}03)}_{K(1)} \cdot 1{,}03$ bzw. $K(2) = K \cdot 1{,}03^2$
- Kapital am Ende des 3. Jahres:
  $K(3) = \underbrace{(K \cdot 1{,}03 \cdot 1{,}03)}_{K(2)} \cdot 1{,}03$ bzw. $K(3) = K \cdot 1{,}03^3$
- Kapital am Ende des n-ten Jahres:
  $K(n) = K \cdot \underbrace{1{,}03 \cdot \ldots \cdot 1{,}03}_{n\text{-mal}} = K \cdot 1{,}03^n$

c) Berechne das Kapital zum Ende der Laufzeit. Zinsen werden mitverzinst.

	1	2	3	4	5
Anfangskapital	3000 €	7000 €	12 000 €	25 000 €	45 000 €
Laufzeit	2 Jahre	3 Jahre	3 Jahre	2 Jahre	4 Jahre
Zinssatz	4 %	6 %	3,5 %	2,5 %	3 %

Wechselnde Zinsen

Bei manchen Festgeldkonten sind die Zinsen nicht in jedem Jahr gleich.

	1. Jahr	2. Jahr	3. Jahr
Guthaben zu Jahresbeginn			
Jahreszinsen			
Guthaben am Jahresende			

SPARBANK
Festgeldkonto:
3 Jahre fest
1. Jahr 1,5 % Zinsen
2. Jahr 2,5 % Zinsen
3. Jahr 4,0 % Zinsen

Das Guthaben am Jahresende ist das neue Guthaben des Folgejahres.

a) Berechne für eine einmalige Einzahlung von 3500 € das Guthaben nach 3 Jahren, wenn die Zinsen am Ende des Jahres jeweils hinzugezählt und im nächsten Jahr mitverzinst werden. Ergänze die Tabelle.

b) Wie viel Zinsen bekommt man bei dem Angebot insgesamt in 3 Jahren?

2 Das kann ich!

Überprüfe deine Fähigkeiten und Kompetenzen. Bearbeite dazu die folgenden Aufgaben und bewerte anschließend deine Lösungen mit einem Smiley. Hinweise zum Nacharbeiten findest du auf der folgenden Seite. Die Lösungen stehen im Anhang.

☺	😐	☹
Das kann ich **wirklich gut!**	Das kann ich **fast!**	Das muss ich **noch üben!**

1 Untersuche, ob eine direkt oder indirekt proportionale Zuordnung vorliegt.

a)

x	4	10	13
y	65	26	20

b)

x	4	10	13
y	56	140	182

c)

x	23	28	46
y	5,6	4,6	2,8

d)

x	4,4	5,4	6,4
y	19,8	21,8	23,8

2 Welcher Graph gehört zu einer direkt bzw. indirekt proportionalen Zuordnung?

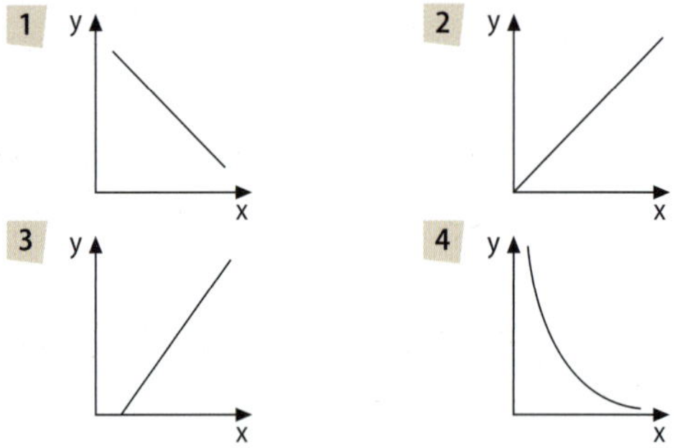

3 Wandle in eine Dezimalzahl und in einen Bruch um. Kürze den Bruch, wenn möglich.

a) 25 %; 20 %; 65 %; 80 %; 95 %; 100 %; 140 %

b) 6 %; 17 %; 29 %; 33 %; 57 %; 72 %; 105 %

c) 0,5 %; 1,25 %; 4,5 %; 22,5 %; 66,8 %; 77,2 %

4 Wandle in eine Dezimalzahl und in Prozent um. Runde gegebenenfalls geeignet.

a) $\frac{27}{100}$; $\frac{3}{50}$; $\frac{37}{50}$; $\frac{6}{25}$; $\frac{17}{25}$; $\frac{3}{20}$; $\frac{7}{20}$

b) $\frac{7}{10}$; $\frac{4}{5}$; $\frac{3}{4}$; $\frac{9}{10}$; $\frac{6}{5}$; $2\frac{1}{2}$; $3\frac{2}{5}$

c) $\frac{32}{40}$; $\frac{34}{60}$; $\frac{17}{45}$; $\frac{7}{9}$; $\frac{1}{11}$; $\frac{5}{12}$; $\frac{5}{6}$

5 Sabine bekommt 20 € Taschengeld, davon spart sie 8 €, Simon spart von 25 € je 10 € und Jakob von 21 € noch 9 €. Wer spart am meisten?

6 Stelle die Anteile in einem Kreisdiagramm dar.

a) 10 %; 15 %; 20 %; 25 %; 30 %

b) 8 %; 12 %; 18 %; 24 %; 38 %

7 Die Buchstaben A, E, I, O, U („Vokale") kommen in deutschen Wörtern in verschiedener Häufigkeit vor. Stelle den Sachverhalt in einem Streifendiagramm (Hunderterfeld) dar.

Vokal	A	E	I	O	U
Häufigkeit	17 %	45 %	20 %	7 %	11 %

8 Ordne die Begriffe Grundwert G, Prozentwert P und Prozentsatz p % jeweils zu. Welche Angaben sind gegeben, welche ist gesucht?

a) Unter 32 Kindern sind 12 Mädchen.

b) Luisas Taschengeld von 20 € wird an ihrem 12. Geburtstag um 10 % erhöht.

c) Der Preis einer Spülmaschine wird um 240 € reduziert. Das sind 16 % des ursprünglichen Kaufpreises.

d) Markus hat 15 von 20 Stimmen bekommen.

9 Berechne den Prozentsatz im Kopf.

a) 78 von 100 Frauen **b)** 144 von 400 Fahrrädern

c) 160 € von 800 € **d)** 76 von 200 Paprika

10 Bestimme den Prozentwert.

a) 30 % (45 %) von 120 kg

b) 6 % (28 %) von 125 m

11 Bestimme den Grundwert. Runde geeignet.

a) 40 % (55 %) sind 230 ℓ.

b) 44 % (8 %) sind 625 €.

12 Berechne die Jahreszinsen im Kopf.

a) Guthaben 3000 €; Zinssatz 5 %

b) Guthaben 1200 €; Zinssatz 2 %

c) Guthaben 7000 €; Zinssatz 0,5 %

13 Von 1179 Schülerinnen und Schülern des Barnim-Gymnasiums sind 234 in der 7. Jahrgangsstufe. Wie viel Prozent sind das ungefähr?

14 Eine Geldanlage hat nach einem Jahr ihren Wert um 3000 € gesteigert. Die Bank hat 5,5 % Zinsen gezahlt. Berechne das eingezahlte Kapital.

15 Ein Bausparvertrag kann erst verwendet werden, wenn 40 % der vereinbarten Summe angespart wurde.

a) Wie viel muss angespart werden bei einer Bausparsumme von 145 000 € (76 000 €; 240 000 €)?

b) Wie hoch ist die vereinbarte Summe, wenn der Vertrag ab 12 600 € (36 500 €, 58 000 €) genutzt werden kann?

Aufgaben für Lernpartner

Sind folgende Behauptungen richtig oder falsch? Begründe schriftlich.

A Die Punkte im Graphen einer Zuordnung müssen immer miteinander verbunden werden.

B Jede Zuordnung ist eindeutig.

C Eine Zuordnung ist entweder direkt proportional oder indirekt proportional.

D Anteile lassen sich auf verschiedene Arten schreiben.

E Prozente kann man zwar immer in Brüche umwandeln, umgekehrt klappt es aber nicht immer.

F Anteile in Prozent sind oft größer als Anteile, die man als Dezimalzahl schreibt.

G In einem Kreisdiagramm entspricht 1 % stets 3,6 °.

H Der Grundwert ist immer der größte Zahlenwert bei den Angaben.

I Ein Prozentwert von 100 % ist dasselbe wie der Grundwert.

J Der Prozentsatz entspricht dem Anteil, den der Prozentwert vom Grundwert hat.

K Bei der Prozentrechnung liegen den Rechnungen proportionale Zuordnungen zugrunde.

L Rabatte sind Preisaufschläge auf den Rechnungsbetrag.

M Der vermehrte Grundwert entspricht der Summe aus dem Grundwert und dem zugehörigen Prozentwert.

N Die Zinsrechnung ist eine Anwendung der Prozentrechnung.

O Den Prozentwert bestimmt man, indem man den Anteil p % vom Grundwert G berechnet.

P Zinsen und Zinssatz sind zwei Namen für das Gleiche.

Ich weiß und kann …	Aufgaben	Hilfe
prüfen, ob Zuordnungen direkt oder indirekt proportional sind.	1, 2, A, B, C	S. 58, 60, 64
Anteile als Brüche, Dezimalzahlen und in Prozenten angeben.	3, 4, 5, D, E, F	S. 66
Diagramme zu prozentualen Angaben zeichnen.	6, 7, G	S. 70
die Grundbegriffe der Prozentrechnung zuordnen.	8, H, I, J	S. 74
die drei Grundaufgaben der Prozentrechnung lösen.	9, 10, 11, K, O	S. 76
Sachaufgaben zur Prozentrechnung und Zinsrechnung lösen.	12, 13, 14, 15, L, M, N, P	S. 80, 82

2 Auf einen Blick

Seite 60

Direkt proportionale Zuordnung

Eine Zuordnung nennt man **direkt proportional**, wenn der **Quotient** aus der zugeordneten und der Ausgangsgröße gleich ist. Dieser Quotient heißt Proportionalitätsfaktor.

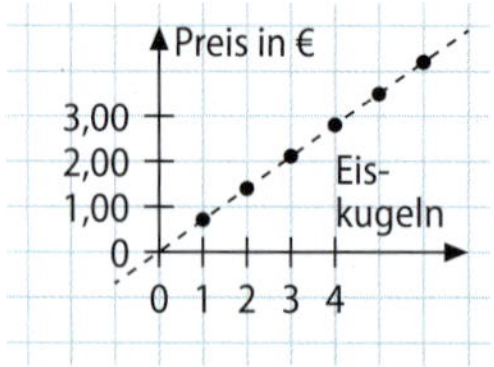

$$\frac{0{,}70\ €}{1\ \text{EK}} = \frac{1{,}40\ €}{2\ \text{EK}} = \frac{3{,}50\ €}{5\ \text{EK}} = \ldots$$

$$\frac{\text{zugeordnete Größe}}{\text{Ausgangsgröße}} = \text{bleibt gleich}$$

Seite 64

Indirekt proportionale Zuordnung

Eine Zuordnung nennt man **indirekt proportional**, wenn das **Produkt** aus der zugeordneten und der Ausgangsgröße gleich ist.

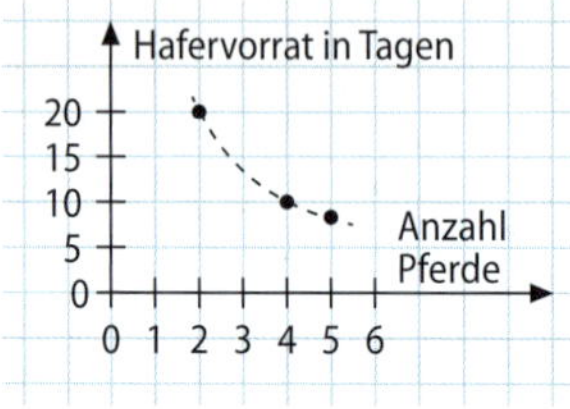

$2 \cdot 20 = 4 \cdot 10 = 5 \cdot 8 = 40$

Bedeutung:
40 Tagesportionen Pferdefutter

Seite 66

Bruch, Dezimalzahl, Prozent

Anteile lassen sich als **gemeine Brüche**, **Dezimalzahlen** oder in der Form von **Prozenten** angeben.

1 % entspricht dem Bruch $\frac{1}{100}$.

Hundertstelbruch, Prozent

$$0{,}35 = \frac{35}{100} = \frac{7}{20} = 35\ \%$$

Dezimalzahl, gekürzter Bruch

Seite 74

Grundbegriffe der Prozentrechnung

Bei den Grundaufgaben der Prozentrechnung ist entweder der Grundwert G, der Prozentwert P oder der Prozentsatz p % gesucht. Die Zuordnungen zwischen den Größen sind jeweils direkt proportional.

16 Schüler von 25 Schülern haben ein Smartphone. Das sind $\frac{16}{25} = \frac{64}{100} = 64\ \%$.

Prozentwert P Grundwert G Prozentsatz p %

Seite 80

Vermehrter und verminderter Grundwert

Wird ein Grundwert G um p % erhöht, dann bezeichnet man den erhöhten Wert als **vermehrten Grundwert G^+**.

G^+ = Grundwert G + Prozentwert P

$$G^+ = G \cdot \left(1 + \frac{p}{100}\right)$$

Entsprechend bezeichnet man bei einer Reduzierung um p % den erniedrigten Wert als **verminderten Grundwert G^-**.

G^- = Grundwert G – Prozentwert P

$$G^- = G \cdot \left(1 - \frac{p}{100}\right)$$

Seite 82

Fachbegriffe in der Zinsrechung

Kapital K: Das Ganze, entspricht dem Grundwert.
Zinsen Z: entsprechen dem Prozentwert.
Zinssatz p %: entspricht dem Prozentsatz.

5 % von 20 000 € sind 1000 €.
(5 % ↑ Zinssatz, 20 000 € ↑ Kapital, 1000 € ↑ Zinsen)

3 Terme und Gleichungen

Einstieg

- Zwei Pflastersteine lassen sich zu einem Quadrat legen. Ebenso ergeben acht Pflastersteine wieder ein Quadrat usw. Zeichne die ersten sechs Schritte einer Folge von Pflastersteinen, die man der Reihe nach zu einem Quadrat legen kann.
- Wie viele Pflastersteine werden für jeden Schritt benötigt?
- Stelle einen Term auf, der für jeden Schritt, den man als Quadrat legen möchte, die Anzahl der benötigten Pflastersteine angibt.

Ausblick

Am Ende dieses Kapitels hast du gelernt, …

- was Terme, Gleichungen und Variablen sind.
- wie man Terme aufstellen und vereinfachen kann.
- wie man lineare Gleichungen auf unterschiedliche Weisen lösen kann.
- wie man Sachaufgaben mithilfe von Termen und Gleichungen löst.

Rechengesetze

Beim alleinigen Addieren und Multiplizieren dürfen einzelne Zahlen beliebig vertauscht oder durch Klammern **zusammengefasst** werden.

Kommutativgesetz (KG):

1 Addition: $1{,}5 + 2{,}4 = 3{,}9 = 2{,}4 + 1{,}5$
2 Multiplikation: $1{,}5 \cdot 2{,}4 = 3{,}6 = 2{,}4 \cdot 1{,}5$

Assoziativgesetz (AG):

1 Addition: $(1{,}5 + 2{,}4) + 4{,}3 = 8{,}2 = 1{,}5 + (2{,}4 + 4{,}3)$
2 Multiplikation: $(1{,}5 \cdot 2{,}4) \cdot 4{,}3 = 15{,}48 = 1{,}5 \cdot (2{,}4 \cdot 4{,}3)$

Soll eine Summe (Differenz) mit einer Zahl multipliziert werden, dann ist es manchmal vorteilhafter, die Zahl auf die einzelnen Teile der Summe (Differenz) „zu verteilen". Umgekehrt kann es auch vorteilhaft sein, Klammern zu setzen. Dieses Verteilungsgesetz nennt man auch **Distributivgesetz** (DG).

ausmultiplizieren
$7 \cdot (30 + 6) = 7 \cdot 30 + 7 \cdot 6$ oder $(30 + 6) \cdot 7 = 30 \cdot 7 + 6 \cdot 7$
ausklammern

Rechnen mit Termen

Rechenausdrücke wie $3 \cdot 4, 17 + 5$ oder $34 - (12 \cdot 2)$ nennt man **Terme.** Für die Berechnung von Termen gelten folgende Regeln:

1. Was in **Klammern** steht, wird immer **zuerst** ausgerechnet. Bei mehreren Klammern beginnt man mit der innersten.
2. **Potenzen** werden **vor** den vier **Grundrechenarten** berechnet.
3. **Punktrechnung** (Multiplikation, Division) geht **vor Strichrechnung** (Addition, Subtraktion).

Terme und Gleichungen

In Termen können Platzhalter für **unbekannte Zahlen** stehen.

Zwei Terme, die den **gleichen Wert haben,** können durch ein Gleichheitszeichen miteinander verbunden werden. Es entsteht eine **Gleichung.**

Für Gleichungen mit einer Variablen sucht man eine Lösung, d. h. diejenige Zahl, die auf beiden Seiten der Gleichung denselben Wert liefert.

$2 \cdot x + 1 = 7$

1 Lösung durch Einsetzen

x	Rechnung	Probe	
1	$2 \cdot 1 + 1 = 3$	$3 = 7$, falsch	
2	$2 \cdot 2 + 1 = 5$	$5 = 7$, falsch	
3	$2 \cdot 3 + 1 = 7$	$7 = 7$, richtig	Lösung: $x = 3$
4	$2 \cdot 4 + 1 = 9$	$9 = 7$, falsch	

2 Lösung durch die Umkehraufgabe

$x \xrightarrow{\cdot 2} 2 \cdot x \xrightarrow{+1} 2 \cdot x + 1$

$\| \qquad\qquad\qquad\qquad \|$

$3 \xleftarrow{:2} 6 \xleftarrow{-1} 7$

Lösung: $x = 3$

Rechengesetze

1 Wo herrscht Gleichgewicht? Begründe deine Antwort.

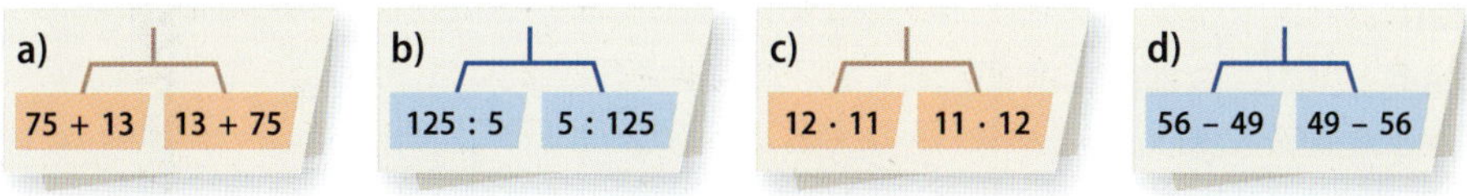

2 Beschreibe den Term in Worten und berechne ihn anschließend.
Beispiel: $(5 + 3) \cdot 8$: „Multipliziere die Summe aus 5 und 3 mit 8." $(5 + 3) \cdot 8 = 64$

Lösungen zu 2:
5; 9; 36; 75; 81; 180; 324; 528

a) $(96 - 15) \cdot 4$ $96 - 15 \cdot 4$
b) $(135 : 5) \cdot 3$ $135 : (5 \cdot 3)$
c) $(12 + 18) \cdot (18 - 12)$ $(12 + 18) \cdot 18 - 12$
d) $45 : 3 \cdot (2 + 3)$ $45 : (3 \cdot 2 + 3)$

3 Rechne möglichst vorteilhaft.
a) $9{,}7 \cdot 1{,}9 + 1{,}9 \cdot 3{,}6 + 0{,}69$
b) $112{,}5 : 45 + 261 : 45$
c) $169 : 13 - 12{,}2 : 2 + 153 : 17$
d) $\frac{3}{5} \cdot \frac{5}{7} + \frac{2}{3} \cdot \frac{3}{7} - \frac{1}{4} \cdot \frac{4}{7}$

4 Herr Schrauber möchte ein Schuhregal bauen. Im Baumarkt besorgt er sich die einzelnen Teile.
a) Wie teuer wird das Regal? Berechne auf verschiedene Arten. Präsentiere deine Berechnungen deinen Mitschülern.
b) Bestimme die Ausmaße des Regals (Länge, Breite, Höhe).

Anzahl	Material	Maße	Preis
2	Bretter Buche Leimholz	180 cm lang / 2 cm dick / 16 cm breit	12,49 €
16	Alu-Rohre	12 mm Durchmesser 50 cm lang	1,99 €
4	M6 Gewindestangen	53,5 cm lang	2,99 €
4	M6 Hutmuttern		0,20 €
4	M6 Scheiben		0,10 €
2	Stuhlwinkel	60 × 60 mm	3,49 €
4	Holzschrauben	3,5 × 30 mm	0,20 €
1	Packung Filzgleiter		0,99 €

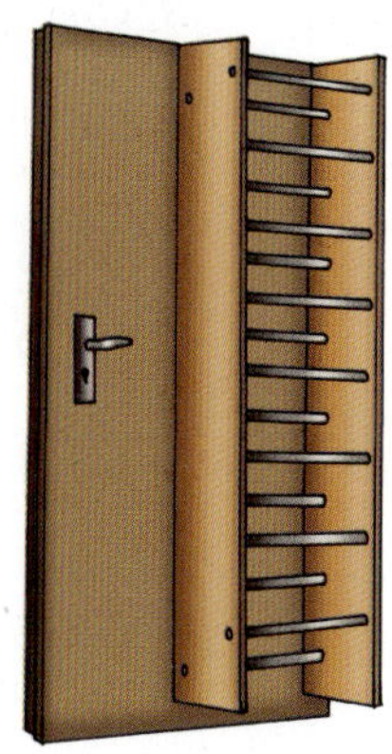

Rechnen mit Termen

5 Berechne möglichst geschickt. Nenne die Regeln und Gesetze, nach denen du vorgehst.
a) $754 + 148 + 246$
$(125 \cdot 27) \cdot 8$
$745 - (256 - 145)$
$15\,134 : 23$

b) $14^3 + 12^2$
$135 \cdot 7^3$
$20 + 10^2 - 45 \cdot 2$
$98^2 : (3^3 + 1)$

c) $12 + (1974 - 888) \cdot 17$
$634 + (423 + 13)^2$
$[(1235 + 635) - (736 + 87)] : 3$
$[((117 : 9)^3 - (4 \cdot 11)^2) \cdot 2] : 6$

Terme und Gleichungen

6 Löse die Gleichung durch Einsetzen.
a) $2x - 3 = 7$ **b)** $(x - 3) \cdot 5 = 15$ **c)** $\frac{1}{2}x + 1 = 3{,}5$ **d)** $0{,}7x - 4 = 3$

7 Löse mithilfe von Umkehraufgaben.
a) $4 \cdot x = 22$ **b)** $-2y = -7$ **c)** $x - 5 = 65$ **d)** $u + 8 = 39$
e) $2z - 3 = 15$ **f)** $-4k + 1{,}5 = 13{,}5$ **g)** $-\frac{1}{2}w + \frac{3}{4} = 3\frac{1}{4}$ **h)** $6 : x = \frac{9}{2}$

3 Entdecken

Kap. 3.1 und 3.2

Muster fortsetzen

In der „Sprache der Algebra" versucht man mithilfe von Termen und Variablen auf kurze Art Rechengesetze und Zusammenhänge aufzustellen oder auch Gleichungen zu lösen.

Übertrage die Figurenfolge in dein Heft und setze sie um mindestens zwei Schritte fort.

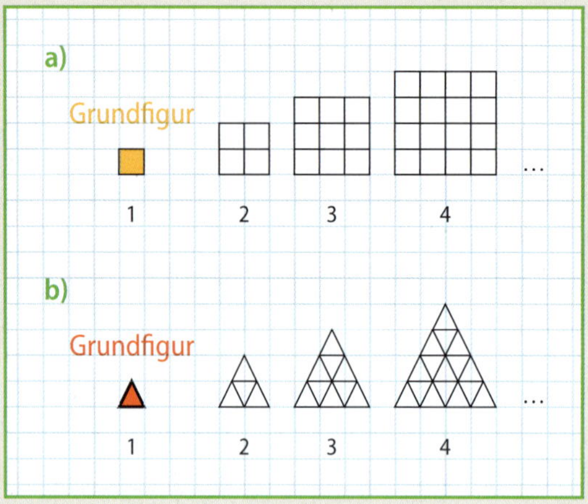

- Bestimme einen Term, …
  1 mit dem man für jeden Schritt die Anzahl der eingefärbten Grundfiguren bestimmen kann, aus denen jede Figur aufgebaut ist.
  2 mit dessen Hilfe man beschreiben kann, wie viele Grundfiguren bei jedem Schritt hinzugekommen sind.

  Überprüfe jeweils deinen Term an der Figurenfolge.
- Bestimme mit den Termen die Anzahlen für die 8. Figur (10. Figur, 15. Figur, 25. Figur).

Kap. 3.3 und 3.4

Strukturen erkennen

Rechenbäume sind eine Möglichkeit um die Struktur von Termen darzustellen. Dabei sind die Rechengesetze zu beachten.

- Erkläre das Beispiel mit eigenen Worten.
- Übertrage den Rechenbaum jeweils in dein Heft und setze in das grüne Kästchen der Reihe nach die Ergebnisse ein. Suche dann drei passende blaue Karten, sodass der Rechenbaum stimmt.
- Finde weitere Terme, die du mithilfe der blauen Karten durch den Rechenbaum darstellen kannst.

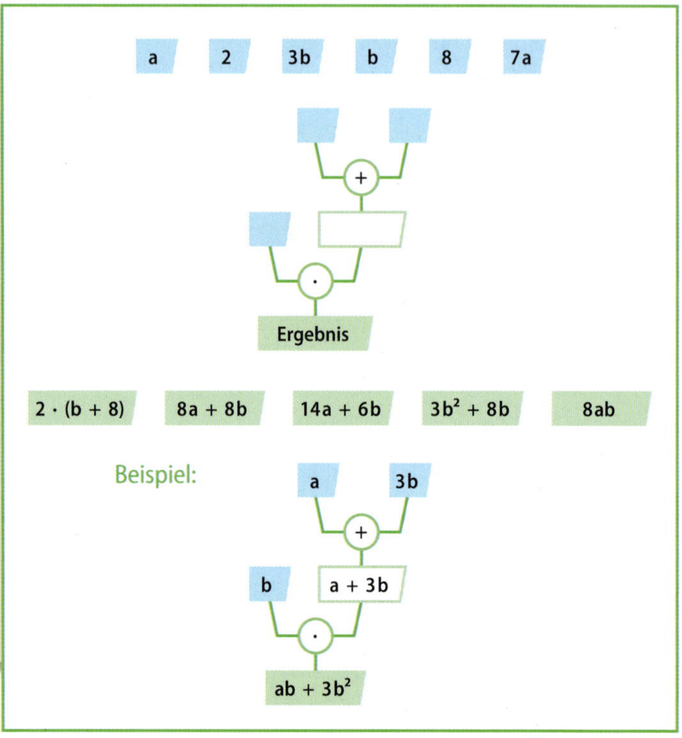

Kap. 3.5

Terme nutzen

Bei Handytarifen gibt es eine Reihe an Angeboten mit unterschiedlichen Gebühren.

- Stelle für die beiden Tarife in der Tabelle jeweils einen Term auf, mit dem man die monatlichen Gesamtkosten berechnen kann.

Preise in € inklusive MwSt.	Easy	Business
Monatlicher Grundpreis	–	9,95
Gespräche ins Festnetz (pro Einheit)	0,19	0,09
SMS	0,19	0,09

- Wann ist der Tarif „Business" günstiger als „Easy"? Gib verschiedene Möglichkeiten an. Begründe, warum dir die gefundenen Terme die Arbeit in diesem Fall erleichtern.
- Suche im Internet nach zwei verschiedenen Tarifen und vergleiche sie miteinander.

Kap. 3.7

Alles gleich

Du kannst bereits Gleichungen auf verschiedene Arten lösen. In dem Beispiel sind alle Waagen im Gleichgewicht. Es ist jeweils gesucht, wie schwer eine Dose ist.

- Beschreibe im Beispiel jedes Bild durch eine Gleichung.
- Beschreibe, welche Umformungen im Beispiel zwischen den Abbildungen durchgeführt wurden. Warum durften diese Umformungen getätigt werden?
- Löse ebenso schrittweise zeichnerisch:

Beispiel:

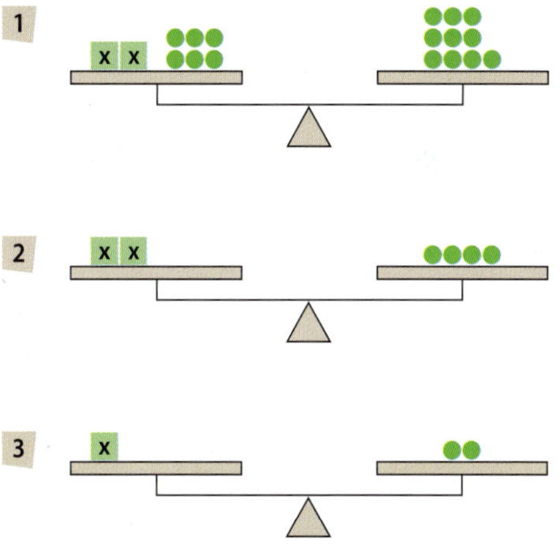

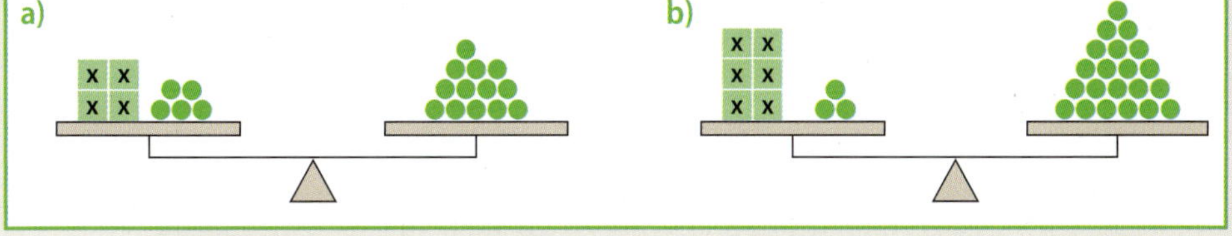

Entdecken

Nimm gleichartige Holzwürfel und baue Würfeltürme. Untersuche dabei für jeden Turm die Anzahl der von außen sichtbaren Seitenflächen.

Anzahl Würfel	1	2	3	4	5
Anzahl sichtbarer Seitenflächen	5				

- Vervollständige die Tabelle.
- Beschreibe in Worten, wie sich mit jedem weiteren Würfel die Anzahl der sichtbaren Seitenflächen ändert.
- Stelle einen Term auf, mit dem man die Anzahl der sichtbaren Flächen bestimmen kann.
- Überprüfe deinen Term für 10 (20, 25, …) Würfel.

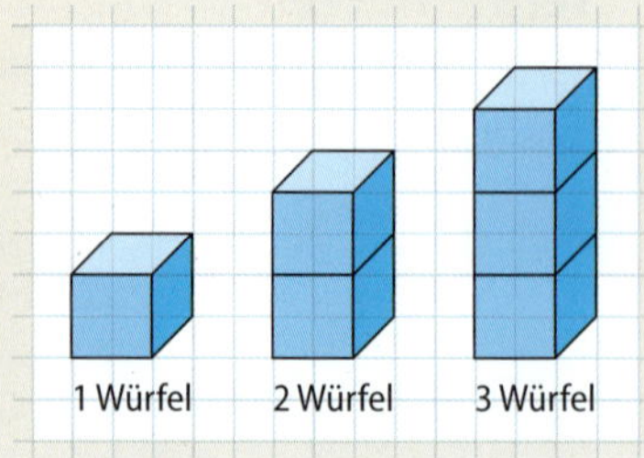

Verstehen

Mit Termen kann man mathematische Zusammenhänge kurz ausdrücken.

In **Termen** können **Variablen** (Platzhalter) für beliebige Zahlen auftreten, die man in der Regel mit kleinen Buchstaben a, b, c, …, x, y, z bezeichnet.
Ein Term verbindet Zahlen und/oder Variablen mithilfe von Rechenzeichen.
Terme, in denen keine Variablen vorkommen, nennt man **Zahlterme**.

Beispiele

1. Bei einem gleichschenkligen Dreieck sind die beiden Schenkel jeweils doppelt so lang wie die Basis. Stelle einen Term für die Länge des Umfangs auf.

Verfahre so:
*1. Unbekanntes mit einer **Variablen** belegen*
*2. **Term** aufstellen*

Lösungsmöglichkeit:
ABC ist ein gleichschenkliges Dreieck mit Basis c.
Variable: Basis c
Somit hat ein Schenkel die Länge $2 \cdot c$.
Term für den Umfang eines Dreiecks: $u = a + b + c$
$u = 2 \cdot c + 2 \cdot c + c$

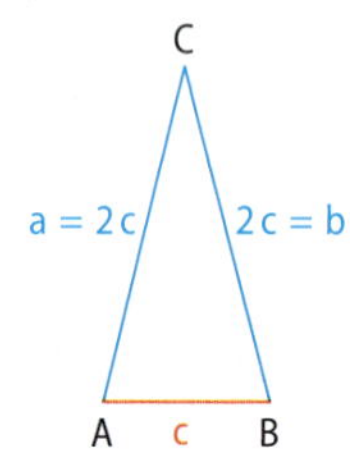

2. Die dargestellte Folge aus Dreiecken wird fortgesetzt. Gib einen Term an, mit dem man den Flächeninhalt des Dreiecks in Rechenkästchen für jeden Schritt bestimmen kann.

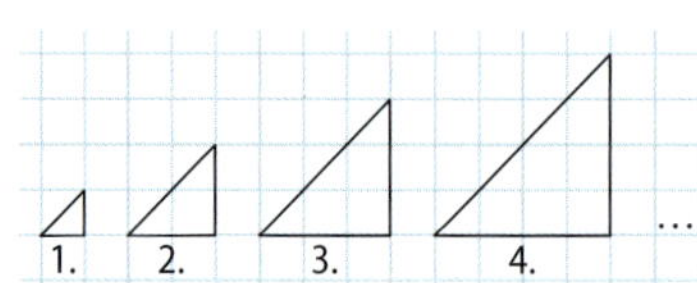

Lösungsmöglichkeit:
Flächeninhalt in Rechenkästchen:

1. $A_1 = \frac{1}{2} \cdot 1^2 = \frac{1}{2}$ 2. $A_2 = \frac{1}{2} \cdot 2^2 = 2$ 3. $A_3 = \frac{1}{2} \cdot 3^2 = 4\frac{1}{2}$

… 10. $A_{10} = \frac{1}{2} \cdot 10^2 = 50$ allgemein: $A_n = \frac{1}{2} \cdot n^2$

Nachgefragt

- Handelt es sich bei folgenden Ausdrücken jeweils um einen Term? Begründe.
  $2 \cdot x + 7{,}3$ $3{,}5 - 7{,}6$ $8 \cdot c + 1$ $a + 0$ -35 $1{,}7 - 35$
- Ist der Term $4 \cdot x - 12$ ein Produkt oder eine Differenz? Begründe.

1 Setze für die Variable den Wert 4 (–3; –12) ein und berechne.

a) $120 : a$
$b + 8{,}5$
$c + 4 \cdot (-3)$

b) $9 + \frac{3}{4} \cdot e$
$2{,}5 \cdot f + 4$
$22 \cdot \frac{g}{2}$

c) $j + j + j - 3$
$i + 1{,}3 - 2 \cdot i$
$(h + 4{,}2) : h$

Aufgaben

Lösungen zu 1:
–132; –40; –39; –33; –26; –24; –15; –12; –10; –8; –3,5; –3,5; –2,7; –0,4; 0; 0,65; 2,05; 4,3; 5,5; 6,75; 9; 12; 12,5; 13,3; 14; 30; 44

2 Die dargestellte Folge aus Streichholzfiguren wird fortgesetzt.

1
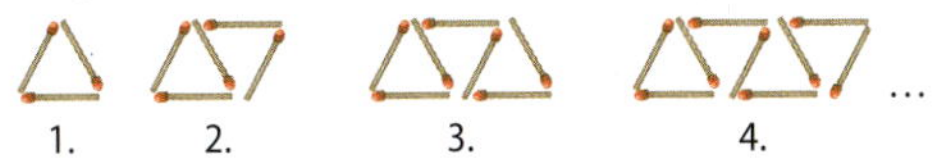

2
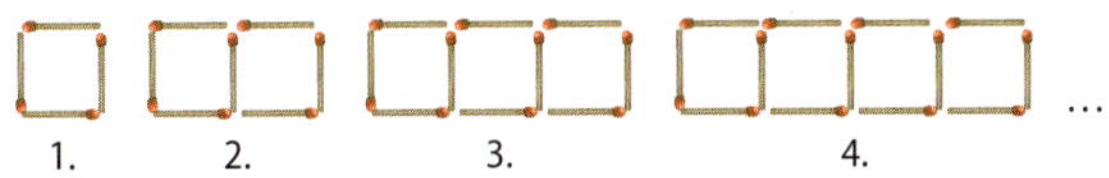

3
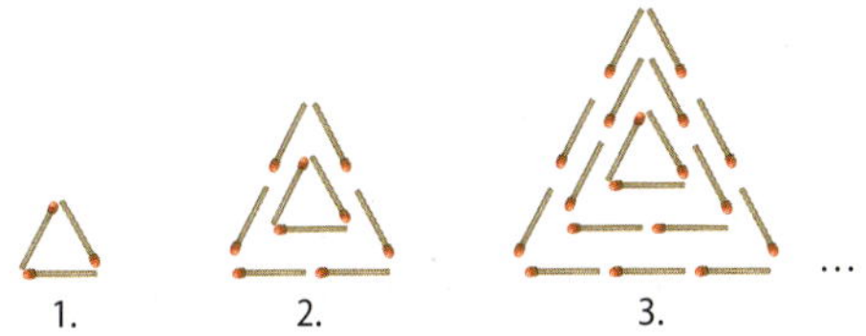

a) Erstelle für jede Folge eine Tabelle im Heft und vervollständige sie.

Schritt	1.	2.	3.	4.	5.
Anzahl Streichhölzer					

b) Beschreibe, wie sich die Anzahl der Streichhölzer bei jedem Schritt ändert.

c) Gib einen Term an, mit dem man die Anzahl der benötigten Streichhölzer bei jedem Schritt bestimmen kann. Bestimme damit die Anzahl für den 10. (20., 50.) Schritt.

3 Übertrage die Tabelle ins Heft und berechne durch Einsetzen. Finde heraus, welche Terme jeweils zu gleichen Werten führen.

	x	–5	–3	–1,5	0	1	4,5	7,2
1	$x + 5$							
2	$3 + 2x$							
3	$2 + 2 \cdot x + 1$							
4	$x + x + 1 \cdot x$							
5	$3 \cdot x$							
6	$2 + x + 3$							

4 Stelle einen Term auf, mit dem man den Umfang der jeweiligen Figur bestimmen kann.

a) Bei einem Rechteck ist eine Seite doppelt so lang wie die andere.

b) Bei einem gleichschenkligen Dreieck ist die Basis 5 cm länger als jeder Schenkel.

c) Bei einem Parallelogramm ist eine Seite 2 cm kürzer als die andere.

d) Bei einem Drachenviereck ist eine Seite dreimal so lang wie die andere.

e) Bei einem symmetrischen Trapez sind die beiden parallelen Seiten zusammen doppelt so lang wie die Summe der beiden anderen Seiten.

*Der **Umfang** ist **um** eine Figur herum.*

5 Beschreibe folgende Terme mit Worten.

a) $3 \cdot y + 7$
b) $a + 15$
c) $(r - 8) \cdot 4$
d) $13 - 2 \cdot z$
e) $-5 \cdot \frac{x}{3}$
f) $\frac{1}{4} \cdot k + 7{,}5$
g) $2{,}5 \cdot s - 3 \cdot t$
h) $\frac{m}{4} - \frac{2}{7} \cdot n + 4{,}5$

Entdecken

Du kannst nicht nur Würfeltürme, sondern auch Würfelschlangen bauen.

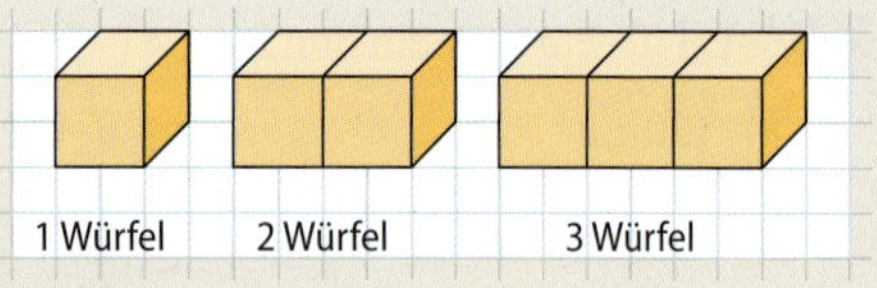

- Finde mindestens zwei verschiedene Terme, mit denen man die Anzahl der von außen sichtbaren Seitenflächen für jeden Schritt bestimmen kann.
- Überprüfe, ob die Terme äquivalent (gleichwertig) zueinander sind.
- Findest du eine Möglichkeit, um einen Term in einen anderen umzuformen? Versuche es.

Verstehen

Terme lassen sich oft vereinfachen. Es gelten die Rechenregeln wie beim Rechnen mit rationalen Zahlen. Dadurch entstehen zueinander **äquivalente Terme**.

Beachte:

1 *$3 \cdot a$ und $2 \cdot a$ sind gleichartig und lassen sich zusammenfassen.*

2 *$3 \cdot a$ und $2 \cdot a^2$ sind nicht gleichartig, lassen sich **nicht** zusammenfassen.*

Es gelten folgende Regeln zur Vereinfachung eines Terms:

- Eine Summe gleicher Summanden lässt sich als **Produkt** schreiben.
  Beispiel: $a + a + a + a + a = 5 \cdot a$
- Mithilfe des Kommutativgesetzes (KG) lassen sich **Summanden ordnen.**
  Beispiel: $a + b + a + a + b = a + a + a + b + b = 3 \cdot a + 2 \cdot b$
- Mit dem Distributivgesetz (DG) lassen sich **gleichartige Variablen zusammenfassen.**
  Beispiele:
  $6 \cdot a - 4 \cdot a = (6 - 4) \cdot a = 2 \cdot a$ $\quad -5 \cdot b - 8 \cdot b = (-5 - 8) \cdot b = -13 \cdot b$

Beispiele

1. Vereinfache die folgenden Terme so weit wie möglich.

a) $x + x + x + x$ **b)** $5 \cdot y - 3 \cdot y$ **c)** $5 \cdot x + 4 \cdot y - 4 \cdot z - 8 \cdot y + 2{,}4 \cdot z$

Lösung:

a) $4 \cdot x$

b) $(5 - 3) \cdot y = 2 \cdot y$

c) $5 \cdot x + 4 \cdot y - 8 \cdot y - 4 \cdot z + 2{,}4 \cdot z$
$= 5 \cdot x + (4 - 8) \cdot y + (-4 + 2{,}4) \cdot z$
$= 5 \cdot x - 4 \cdot y - 1{,}6 \cdot z$

2. Was ist falsch? Finde den Fehler und berichtige ihn.

$5 \cdot x - 17 \cdot x^2 + 8 \cdot x = (5 - 17 + 8) \cdot x = -4 \cdot x$ f

Lösung:
Bei der Aufgabe wurden nicht gleichartige Variablen zusammengefasst. Gleichartig sind hier nur die Vielfachen von x, also $5 \cdot x$ und $8 \cdot x$. Richtig ist:

$5 \cdot x - 17 \cdot x^2 + 8 \cdot x = 5 \cdot x + 8 \cdot x - 17 \cdot x^2$
$= 13 \cdot x - 17 \cdot x^2$ ✓

Nachgefragt

- Sind folgende Vereinfachungen richtig? Begründe.
  1 $4 \cdot s + 4 \cdot t = 4 \cdot (s + t)$ **2** $4 \cdot s + 4 \cdot t = 4 \cdot s \cdot t$ **3** $4 \cdot s + 4 \cdot s^2 = 4 \cdot s^3$
- Begründe: sind $3x + 1{,}5x$ und $1{,}5x^2 + 3x$ äquivalente Terme?

Aufgaben

1 Vereinfache die Terme so weit wie möglich.

a) $y + y + y + y$ b) $a + a + a$ c) $b + b + 2 \cdot b$ d) $2 \cdot x + 3 \cdot x + 4 \cdot x$
e) $r + 2 \cdot r - 13 \cdot r$ f) $180 \cdot y - 33 \cdot y$ g) $b + c + b + c$ h) $10 \cdot x - 4{,}5 \cdot x$
i) $-12{,}5 \cdot t + 7{,}3 \cdot t$ j) $-1{,}6 \cdot q - 4{,}5 \cdot q$ k) $3{,}2 \cdot x - 3{,}2 \cdot x$ l) $\frac{5}{6} \cdot p - \frac{7}{8} \cdot p^2 - p$

Kurzform: $x = 1 \cdot x$

2 Ordne zunächst und fasse dann zusammen.

Beispiel: $-x + 2y - 3x + 2x - 5y + 8y = -x - 3x + 2x + 2y - 5y + 8y = -2x + 5y$

a) $a + b + b + a + a + a + a + b + b + b + b + b + a + b$
b) $-s + t + t - t - s - s + s + t - t + t - t + s - s - t$
c) $m - m - m - m + n - m + n + n + n - n + m - n$
d) $3x + 4y + 5x + 6x + 7y + 8x + 9y + 10y$
e) $2{,}5a + 7a + 2b + 5a + 0{,}5a + 8b$
f) $-4m + 3x + m - x - 5m - 4x + 8m - 6x$

Zwischen Zahl und Variable darfst du den Malpunkt weglassen: $5 \cdot x = 5x$

3 Fasse, wenn möglich, zusammen. Berechne dann den Term für $x = -2$ und $y = 4$.

a) $17x + 8 + 13x$ b) $3x + 18 - x - 4$ c) $4{,}5x + 2{,}5x + 2$
d) $2{,}6x + 1{,}3 - 2{,}6x$ e) $36x + 12y - 18x$ f) $1{,}5y + 2x - 4{,}5y$
g) $-3x + 6y - 5$ h) $12x - 15y$ i) $8{,}2x - 3{,}5x + 5y$
j) $3\frac{1}{4}x + 8y - \frac{3}{4}x$ k) $7{,}5y - 3x - 0{,}5y$ l) $-3y + x - 7 + 5y$
m) $1{,}5y - 2{,}5 - 1{,}3y - \frac{2}{5}x$ n) $2{,}8x - 4y + 2{,}2x - 5{,}2$ o) $-3 + \frac{5}{8}y - 5 + \frac{1}{4}x$

Lösungen zu 3:
–84; –52; –31,2; –16; –12; –6; –1; –0,9; 1,3; 10; 10,6; 12; 25; 27; 34

4 Übertrage ins Heft und ergänze so, dass die Rechnung stimmt.

a) $6a + □ = 10a$ b) $2x + 3x + □ = 9x$ c) $12z - □ + 3z = 8z$
d) $15q - □ = -7q$ e) $222s - □ + 3s = 134s$ f) $2{,}8x + □ = 5x$
g) $7r + □ - 3s + s = 5r - 2s$ h) $3y + □ - 8x - □ = 7y - 12x$

5 Finde mindestens drei Möglichkeiten, sodass die Rechnung stimmt.

a) $□ + □ - □ = 15a$ b) $-□ - □ + □ = 20b$ c) $□ - □ + 3□ = c$
d) $□ - □ = -9{,}5d$ e) $2□ - □ + □ = -1{,}3e$ f) $-□ + □ - □ + □ = 2{,}1f$

6

Der Wert eines Steins ergibt sich aus der Summe der beiden darunter liegenden Steine.

a) Übertrage die Zahlenmauern in dein Heft und berechne die fehlenden Terme.
b) Finde eine Regel, wie sich der Term im obersten Stein aus den untersten Steinen zusammensetzt. Überprüfe die Regel an mindestens zwei eigenen Zahlenmauern.

7

$2x + x^2 + x$		$x - 3x$		$x^2 - x \cdot x$		$x + x + x + x$		$x^3 - 2x - x^3$	
$3x + x^2$	$4x^4$	$-2x^2$	$-2x$	x^2	0	$4x$	x^2	0	$-2x$
S	D	E	A	M	L	A	I	S	T

a) Finde jeweils heraus, welcher der beiden Terme zum oberen Term äquivalent ist. Die Buchstaben in der Reihenfolge ergeben ein Lösungswort.
b) Wie viele mögliche Worte gibt es, wenn jemand das Lösungswort rät?

Entdecken

$5x \cdot 2$ | $-3x \cdot 4$ | $2x \cdot 3y$ | $x \cdot x^2$ | $36x : (-6)$ | $15x : 3$

$10x$ | $5x$ | $5xy$ | $-6x$ | $12x$ | $6xy$ | x^3 | $7x$ | $-12x$ | $2x^2$ | $30x$ | x

- Finde zu jedem roten Term den zugehörigen äquivalenten blauen Term. Überprüfe, indem du mehrere verschiedene Werte für die Variablen einsetzt.
- Finde anhand äquivalenter Terme Gesetzmäßigkeiten heraus, wie man bei Termen multiplizieren und dividieren kann. Stelle deine Überlegungen in der Klasse vor.

Verstehen

Auch Produkte und Quotienten lassen sich zu äquivalenten Termen vereinfachen.

Ein **Produkt** aus Termen mit **Zahlen und Variablen** wird vereinfacht, indem man **Zahlen mit Zahlen** und **Variablen mit Variablen** multipliziert.
Begründung:

- Multiplikation verschiedener Variablen:
  $3x \cdot 4y = 3 \cdot x \cdot 4 \cdot y$
  $\overset{KG}{=} 3 \cdot 4 \cdot x \cdot y$
  $\overset{AG}{=} (3 \cdot 4) \cdot (x \cdot y)$
  $= 12xy$

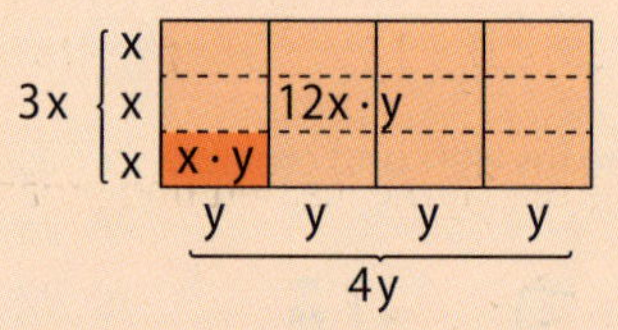

- Multiplikation gleicher Variablen:
  $3x \cdot x = 3 \cdot x \cdot x$
  $\overset{AG}{=} 3 \cdot (x \cdot x)$
  $= 3x^2$

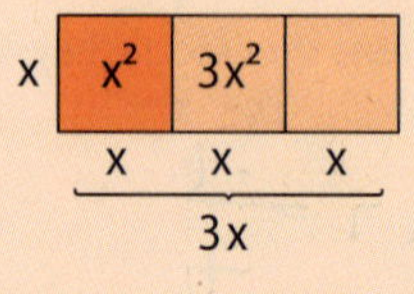

Dividiert man einen **Term durch eine Zahl**, dividiert man die **Zahlen**.
Begründung:
$25x : 5 = 25 \cdot x \cdot \frac{1}{5} \overset{KG}{=} 25 \cdot \frac{1}{5} \cdot x \overset{AG}{=} \left(25 \cdot \frac{1}{5}\right) \cdot x = 5x$

Beachte den Unterschied:
$x + x = 2 \cdot x$

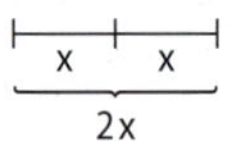

jedoch
$x \cdot x = x^2$

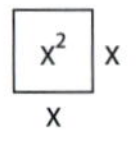

Beispiele

1. Vereinfache die Terme. Begründe die Umformungsschritte.
a) $5a \cdot 13b$ **b)** $21x : 7$

Lösung:
a) $5a \cdot 13b \overset{KG}{=} 5 \cdot 13 \cdot a \cdot b \overset{AG}{=} 65 \cdot a \cdot b = 65ab$ **b)** $21x : 7 \overset{KG}{=} 21 : 7 \cdot x \overset{AG}{=} 3 \cdot x = 3x$

Hilfe:
- *In Produkten werden **Zahlen vor Variablen** geschrieben.*
- *Bei mehreren Variablen werden diese **alphabetisch sortiert**.*

2. Vereinfache so weit wie möglich: **a)** $4s \cdot 2{,}5t - 12s \cdot 0{,}5t$ **b)** $3x \cdot 4y \cdot 5z \cdot 2x$

Lösung:
a) $4s \cdot 2{,}5t - 12s \cdot 0{,}5t = 4 \cdot 2{,}5 \cdot s \cdot t - 12 \cdot 0{,}5 \cdot s \cdot t = 10st - 6st = 4st$
b) $3x \cdot 4y \cdot 5z \cdot 2x = 3 \cdot 4 \cdot 5 \cdot 2 \cdot x \cdot x \cdot y \cdot z = 120x^2yz$

- Erkläre den Unterschied zwischen 3a und a^3.
- Die Division durch eine rationale Zahl kann durch eine Multiplikation ersetzt werden. Erkläre.

Nachgefragt

Aufgaben

1 Vereinfache so weit wie möglich im Kopf.

a) $6y \cdot 8$ b) $12a : 3$ c) $7 \cdot 12x$ d) $15b \cdot a$
e) $12x \cdot 12y$ f) $2a \cdot 3b \cdot a$ g) $4r \cdot 3s : 2$ h) $8p \cdot 7p \cdot 3q$

2 Schreibe als Potenz.

a) $q \cdot q \cdot q \cdot q$ b) $g \cdot g \cdot g \cdot g \cdot g \cdot g$ c) $x \cdot x \cdot x \cdot x \cdot x \cdot x \cdot x \cdot x$
d) $ax \cdot ax \cdot ax \cdot ax$ e) $lo \cdot lo \cdot lo \cdot lo$ f) $a \cdot b \cdot b \cdot a \cdot b$
g) $m \cdot n \cdot m \cdot m \cdot n \cdot n \cdot m$ h) $f^2 \cdot f \cdot f^3 \cdot f$ i) $s^2 \cdot t \cdot t \cdot s \cdot t^3$

3 Vereinfache so weit wie möglich.

a) $48v : 6$ b) $17d \cdot 5$ c) $6 \cdot 18x \cdot 5s$ d) $512f : 16$
e) $81q : (-27)$ f) $\frac{1}{2}c \cdot 3s \cdot 4b$ g) $45a : 45$ h) $6f \cdot 7k \cdot (-c) : 8$
i) $q \cdot w \cdot 7q \cdot 3w \cdot 2w$ j) $2a \cdot 5b \cdot c \cdot 4a \cdot b \cdot 3a$ k) $7xy \cdot 3x \cdot 2y \cdot x$
l) $3x \cdot 5 \cdot 12x$ m) $15r : 9 \cdot 3r$ n) $a^2 \cdot 2b \cdot 4a \cdot 4$
o) $x^3y \cdot 3y \cdot 2x : 12$ p) $-2a \cdot 3b \cdot (-2c) \cdot 3a \cdot 2ab$ q) $3x^2 \cdot \frac{1}{2}y^2 \cdot 4x^2$

4 Übertrage die Sterne ins Heft und ergänze die fehlenden Einträge.

Der Wert eines äußeren Sternzackens ergibt sich aus dem Produkt der beiden angrenzenden Felder.

a)
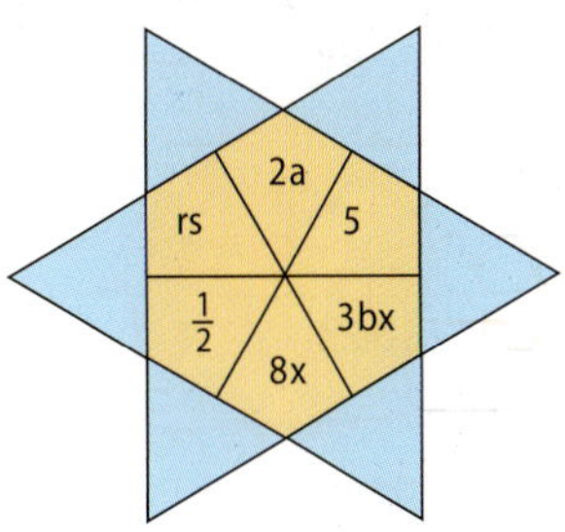

b)
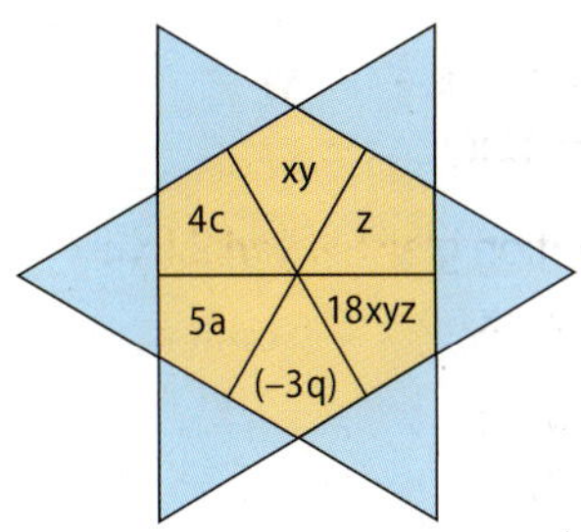

c)
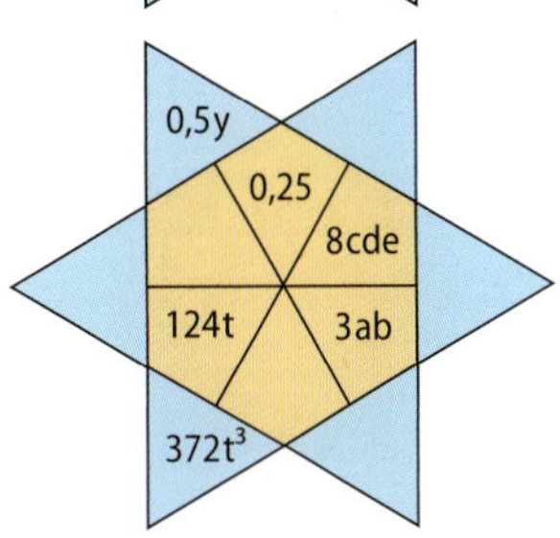

d)
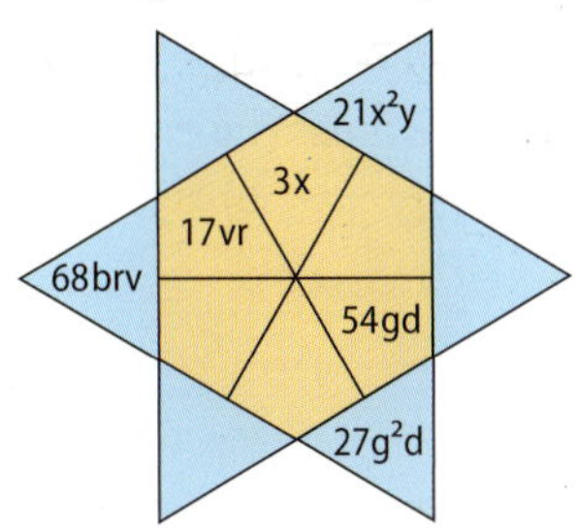

5 Kunst- und Bauwerke sind häufig nach dem „Goldenen Schnitt" aufgebaut. Dabei wird eine Strecke so in zwei Abschnitte a und b geteilt, dass sich die ganze Strecke zu ihrem größeren Abschnitt a wie dieser Abschnitt a zum kleineren Abschnitt b verhält.

a) Weise bei der Säule den „Goldenen Schnitt" nach.
b) Stelle einen Term für den „Goldenen Schnitt" auf, in dem nur a und b auftreten.

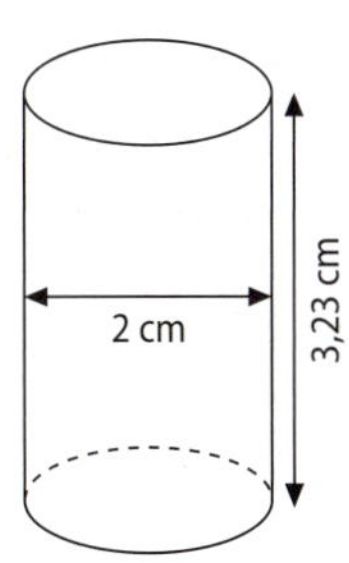

Durchmesser und Höhe der Säule stehen im Verhältnis des goldenen Schnitts.

3.4 Terme mit Klammern auflösen

Entdecken

Eine Sporthalle in Prenzlau soll abgerissen werden, damit eine neue entstehen kann. Die neue Halle soll 12 m breiter und 17 m länger werden als die alte.

- Stelle einen Term zur Berechnung des neuen Flächeninhalts auf.
- Verwende anschließend die Maße der alten Halle zur Berechnung: Länge: 27 m, Breite: 15 m.

Verstehen

Für das Rechnen mit Klammern gelten bei Termen die üblichen Rechenregeln.

*Beim Auflösen einer **„Plusklammer"** bleiben die Vorzeichen erhalten, bei einer **„Minusklammer"** kehren sie sich um.*

Beachte:
+ mal + ⟶ +
+ mal − ⟶ −
− mal + ⟶ −
− mal − ⟶ +

1 **Addition** einer Summe oder Differenz:
Lässt man die Klammern weg, dann bleiben die **Vorzeichen gleich.**
a) $x + (y + z) = x + y + z$ **b)** $x + (y - z) = x + y - z$ **c)** $x + (-y - z) = x - y - z$

2 **Subtraktion** einer Summe oder Differenz:
Lässt man die Klammern weg, dann **kehren sich die Vorzeichen um.**
a) $x - (y + z) = x - y - z$ **b)** $x - (y - z) = x - y + z$ **c)** $x - (-y - z) = x + y + z$

3 **Multiplikation eines Faktors** mit einer Summe oder Differenz:
Der **Faktor** wird auf **jedes Glied** der Klammer **verteilt** (Distributivgesetz). Das jeweilige Vorzeichen ergibt sich aus dem Vorzeichen beider Faktoren.

a) $x \cdot (y + z) = x \cdot y + x \cdot z$ **b)** $(-x - y) \cdot z = -x \cdot z - y \cdot z$ **c)** $-x \cdot (-y + z) = +x \cdot y - x \cdot z$

4 **Division** einer Summe oder Differenz **durch einen Divisor**:
Der **Divisor** wird auf jedes Glied der Klammer **verteilt**.

$(x - y) : z = (x - y) \cdot \frac{1}{z}$ (Somit wie im Fall der Multiplikation lösbar.)

Beispiel

Vereinfache die Terme, indem du die Klammern auflöst.
a) $15x + (8 - x)$ **b)** $8y - (-5 - 2y) - 3$ **c)** $2 \cdot (-3x + 2) - (-x + 3)$

Lösung:

Schrittfolge	a) $15x + (8 - x)$	b) $8y - (-5 - 2y) - 3$	c) $2 \cdot (-3x + 2) - (-x + 3)$
1 Klammern auflösen	$= 15x + 8 - x$	$= 8y + 5 + 2y - 3$	$= -6x + 4 + x - 3$
2 ordnen	$= 15x - x + 8$	$= 8y + 2y + 5 - 3$	$= -6x + x + 4 - 3$
3 zusammenfassen	$= 14x + 8$	$= 10y + 2$	$= -5x + 1$

Nachgefragt

- Warum kann man bei der Addition von Summen die Klammern „einfach weglassen"?
- Welcher Term ist für ein positives a größer: $2a - (6 + 3a)$ oder $2a - 6 + 3a$? Begründe deine Antwort.

1 Löse die Klammern auf und vereinfache.

a) $12 \cdot (12x + 5y)$ b) $(-5c - 2d) \cdot 10$ c) $13 - (x - z)$ d) $(51c - 9) : 3$

e) $3a + (-4b + 5a)$ f) $x - (-8 + 3x)$ g) $(y - z) - 3{,}3$ h) $(2g - h) \cdot (-1)$

i) $8x + (3y + (-2x))$ j) $(10{,}2x + 3{,}4) : 17$ k) $\frac{1}{8} \cdot \left(-16 - \frac{4}{5}t\right)$ l) $(-3{,}6 + 2x) : (-4)$

2 a) Beschreibe den Term in Worten. Ordne dann die Terme den Rechenbäumen richtig zu.

1 $x \cdot 0{,}4 + \frac{1}{5}$ **2** $x \cdot \left(\frac{1}{5} + 0{,}4\right)$ **3** $\frac{1}{5} + x \cdot 0{,}4$ **4** $\left(\frac{1}{5} + 0{,}4\right) \cdot x$

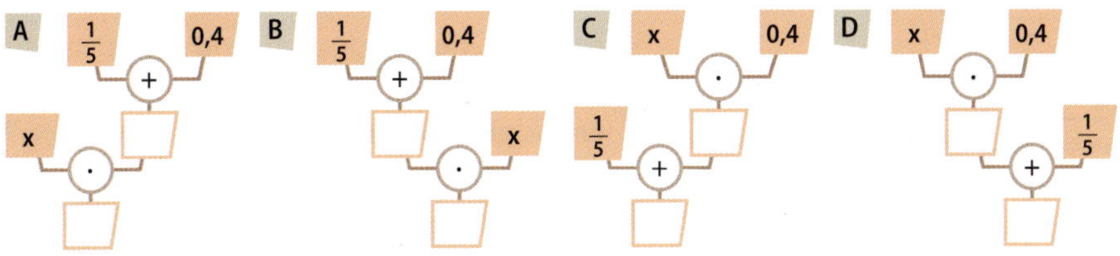

b) Zeichne zu folgenden Termen einen Rechenbaum.

1 $x \cdot 1{,}2 - 0{,}7$ **2** $1{,}2 \cdot (x - 0{,}7)$ **3** $x \cdot (1{,}2 - 0{,}7)$ **4** $x + 0{,}7 \cdot 1{,}2$

3 Löse die Klammern auf und vereinfache.

a) $(4q + 9r) \cdot 7 - 5q$ b) $13x \cdot (3y - 5x + r)$ c) $158p \cdot (-71q + 1)$

d) $(3yx - 3xy) \cdot 134x$ e) $(-45tp - 36ms) : 18$ f) $27 \cdot (-2x - 3y) : 9$

g) $(-8) \cdot (0{,}2x + 1{,}2g)$ h) $(12x + 5y) + (9y - 11x)$ i) $(-15r - 2rs) - (12s + 9r)$

Weiterdenken

Das Distributivgesetz kann man in beide Richtungen bei Termen anwenden. Dadurch kannst du auch gemeinsame Faktoren in Differenzen und Summen **ausklammern**.

Beispiele: **1** $2xy + 3y = y \cdot (2x + 3)$ **2** $3x^2 + 12xs = 3x \cdot (x + 4s)$

4 Bearbeite die folgenden Aufgaben ebenso.

a) $13ax + 5x$ b) $10r - 5s$ c) $xyz + 2yz$ d) $6ab - 6ac$

e) $0{,}5x - 0{,}5xy$ f) $a^2x - ay$ g) $15r - 25rs$ h) $12ab + 3a - 15ac$

i) $49p^2q - 14p$ j) $-\frac{4}{3}g^2h + g$ k) $1{,}8r^2s - 2r + rs$ l) $\frac{2}{5}x^2y + \frac{4}{5}xy^2$

5 Von einem Quadrat mit $A = 64\,cm^2$ wird ein Streifen von 3 cm Breite abgeschnitten.

a) Gib verschiedene Terme für den Flächeninhalt des entstandenen Rechtecks an.

b) Welche Abmessungen hat das entstandene Rechteck?

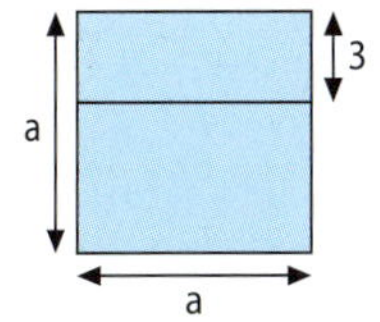

6 Stelle einen Term auf und vereinfache so weit wie möglich.

a) Multipliziere die Summe aus 8x und y mit der Zahl −3.

b) Subtrahiere von der Summe aus 7a und 4b die Differenz aus −8b und 12a.

c) Multipliziere y mit der Differenz aus −4x und −8,2.

7 Hier stimmt doch was nicht. Finde den Fehler und verbessere ihn.

a) $2x - (3x + 4) = -x + 4$ *f* b) $3 \cdot (4a + 7) = 12a + 7$ *f*

c) $b + (2y + 4z) = 2by + 4bz$ *f* d) $10x \cdot (xz + 2yz) = 10xz + 20xz$ *f*

Entdecken

Will man mit seinem Smartphone auf das mobile Internet zugreifen, muss man die Datenmenge bezahlen, die man auf sein Smartphone abruft. Die Tarife, von denen zwei hier abgebildet sind, sind dementsprechend sehr vielfältig.

	A	B	C
1	Tarifvergleich Smartphones		
2			
3	Datenmenge	Preise in €	
4	in MB	happy mobile	mobile 4ever
5	0	0,00	39,90
6	1	0,24	39,90
7	2	0,48	39,90
8	3	0,72	39,90
9	4	=A9*0,24	39,90

- *„=" leitet eine Berechnung ein.*
- *„A9" ist ein relativer Zellbezug: Er verweist hier auf den Eintrag in der benachbarten Zelle.*
- *„A9*0,24" multipliziert den Eintrag aus A9 mit 0,24.*

	Grundgebühr	Verbindungspreise Datenkosten pro MB
happy mobile	0,00 €	24 ct
mobile 4ever	39,90 €	0 ct

- Betrachte die Grundgebühr und die Datenkosten. Vergleiche mit einem Tabellenprogramm die einzelnen Preise miteinander. Ab welcher Datennutzung lohnt sich welcher Tarif?
- Stelle einen Term auf, der für jeden Tarif die Kosten in Abhängigkeit von der Datenmenge angibt. Beschreibe den Term in eigenen Worten.

Verstehen

Häufig lässt sich eine Problemstellung durch eine Gleichung ausdrücken und lösen.

Liegt das Ergebnis nicht im betrachteten Zahlenbereich, muss man die ***Schrittweite verfeinern****.*

Eine **Gleichung** besteht aus **zwei Termen**, die durch ein Gleichheitszeichen verbunden sind. Die Terme auf beiden Seiten einer Gleichung haben stets **den gleichen Wert**.

Beispiel: $8x + 12 = -16$

Lösungsmöglichkeit: Systematisches Probieren

x	8x + 12	Probe
−2	−4	zu groß
−3	−12	zu groß
−4	−20	zu klein

verfeinern

x	8x + 12	Probe
−3,3	−14,4	zu groß
−3,4	−15,2	zu groß
−3,5	−16,0	richtig

Alle rationalen Zahlen $\mathbb{Q}$, die eine Gleichung lösen, fasst man als Lösungsmenge zusammen. Es gibt drei Möglichkeiten.

1 Es gibt keine rationale Zahl als Lösung: $\mathbb{L} = \{\ \}$.

2 Man findet rationale Zahlen als Lösungen: z. B. $\mathbb{L} = \{-3{,}5\}$.

3 Alle Zahlen aus $\mathbb{Q}$ sind Lösung: $\mathbb{L} = \mathbb{Q}$.

Beispiel

Löse die Gleichung $-5x + 7 = 18{,}5$.

Lösungsmöglichkeit:

Beim nacheinander Einsetzen kann man auch ein ***Tabellenprogramm*** *nutzen.*

	A	B
1	x	-5x + 7
2	1	2
3	0	7
4	-1	12
5	-2	17
6	-3	22

Verfeinern: Mit relativen Zellbezügen kann man die Tabelle weiter nutzen.

	A	B
1	x	-5x + 7
2	-2,1	17,5
3	-2,2	18
4	-2,3	18,5
5	-2,4	19
6	-2,5	19,5

→ Lösung: $x = -2{,}3$

Nachgefragt

- Beschreibe mit eigenen Worten, was es bedeutet, eine Gleichung „zu lösen".
- Wie lässt sich die Lösung einer Gleichung schrittweise durch systematisches Probieren finden? Beschreibe.

Aufgaben

1 Löse die Gleichung auf verschiedene Arten.

a) $9a - 19 = 17$ **b)** $3b + 14 = -10$ **c)** $-2c + 22 = -8$ **d)** $-3d - 10 = 26$

e) $4e + 15 = 3$ **f)** $8f - 45 = 11$ **g)** $-2g + 6 = 6\frac{1}{2}$ **h)** $3{,}4h + 17{,}2 = 1{,}9$

i) $3i - 7 = -34$ **j)** $-3j + 1{,}5j = 10{,}8$ **k)** $-6 + 4{,}5k = -20{,}4$ **l)** $3{,}4l - 4{,}8 = -4{,}8$

m) $9{,}1w - \frac{2}{11} = -\frac{2}{11}$ **n)** $-3{,}5x + \frac{1}{20} = 6$ **o)** $-5{,}2z + 0{,}09 = 2{,}3$ **p)** $\frac{3}{9}y - \frac{1}{4} = 1$

Lösungen zu 1:
−12; −9; −8; −7,2; −4,5; −3,2; −3; −1,7; −0,425; −0,25; 0; 0; 3,75; 4; 7; 15

2

1
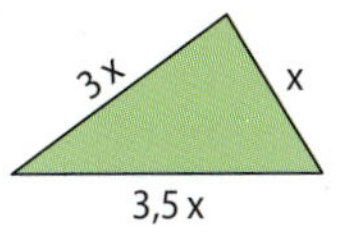

2
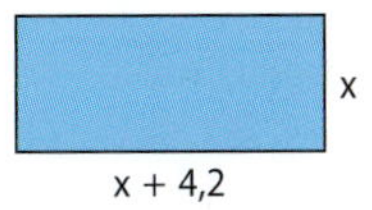

3
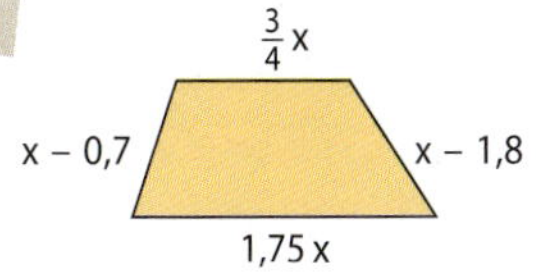

a) Stelle einen Term für den Umfang der Figur auf. Vereinfache den Term.

b) Stelle eine Gleichung auf und ermittle alle Seitenlängen der Figuren aus a), wenn der Umfang der Figur jeweils 24 cm (39,3 cm) lang ist.

Du kannst auch ein Tabellenprogramm nutzen.

3 Übertrage die Zahlenmauer in dein Heft. Für welche Zahl steht x? Stelle dazu eine Gleichung auf und bestimme deren Lösungsmenge.

Der Wert eines Steins ergibt sich aus der Summe der beiden darunter liegenden Steine.

a)

b)
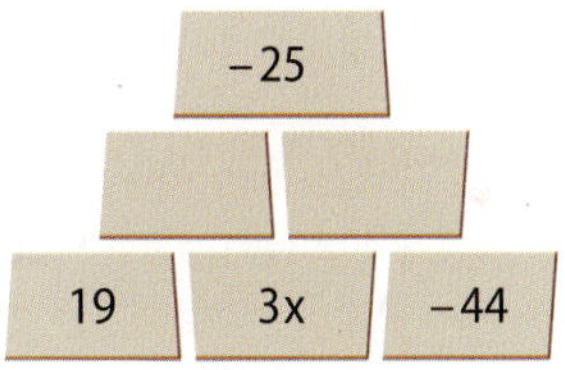

c)
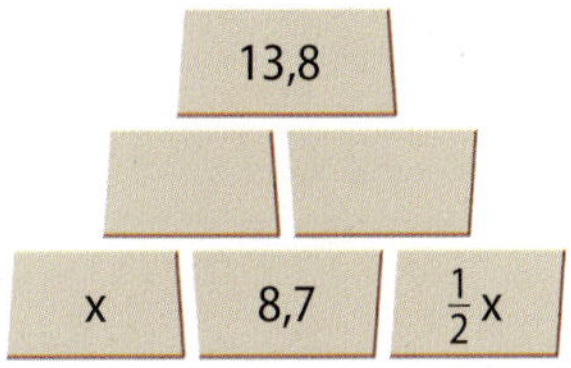

d)
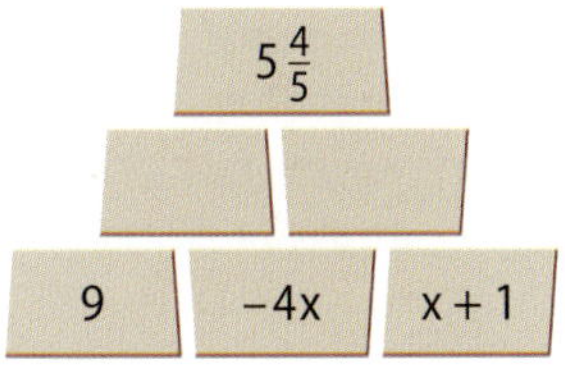

4 Entscheide jeweils ohne zu rechnen, ob die Lösung eine positive oder negative Zahl ist. Begründe deine Entscheidung.

a) $2x + 12 = 3$ **b)** $-2x + 3 = 19$ **c)** $4x - 8 = 6$ **d)** $-3x - 5 = 7$

e) $\frac{1}{2}x - 17 = -23$ **f)** $-5x + 9 = -17$ **g)** $-2{,}5x - 6 = -1$ **h)** $\frac{2}{5}x - \frac{6}{7} = -1\frac{3}{8}$

i) $-3x + 14 = -9{,}5$ **j)** $\frac{1}{2}x + 44 = -6$ **k)** $0{,}2x - 7 = 0$ **l)** $-\frac{1}{4}x - \frac{7}{8} = \frac{1}{2}$

5 Marie kauft Theaterkarten. Eine Karte für Erwachsene ist viermal so teuer wie die für ein Kind. Insgesamt bezahlt sie für zwei Erwachsenenkarten und eine Kinderkarte 27,90 €. Wie teuer ist jede Karte?

Entdecken

Gleichungen einmal anders: In jedem Becher der beiden Beispiele sind jeweils gleich viele Würfel. Ebenso ist die Gesamtanzahl der Würfel auf jeder Seite gleich. Wie viele Würfel sind in einem Becher?

1

2

Achte darauf, dass die Gleichheit auf beiden Seiten stets erhalten bleibt.

- Bestimme die Anzahl der Würfel, indem du anschaulich beschreibst, wie du durch Wegnehmen, Hinzufügen und Teilen schrittweise die Anzahl der Würfel in einem Becher bestimmen kannst. Skizziere deine Denkschritte in deinem Heft.
- Stelle jeweils eine Gleichung auf, mit deren Hilfe man die Anzahl der Würfel in einem Becher bestimmen kann.
- Forme die Gleichungen mithilfe deiner Denkschritte zuvor um. Beschreibe dein Vorgehen.

Verstehen

Oft ist es möglich, eine Gleichung schrittweise so zu vereinfachen, dass die Variable auf einer Seite der Gleichung alleine steht.

Bei der Umformung einer Gleichung darf sich die **Lösungsmenge nicht ändern**. Die einzelnen Schritte, die man dabei durchführt, nennt man **Äquivalenzumformungen**. Bei jedem Schritt sind die entstandenen Gleichungen gleichwertig zueinander.
Die Lösungsmenge ändert sich bei den folgenden Umformungen nicht.

Wenn die Variable auf einer Seite der Gleichung alleine steht, dann kann man die Lösung direkt ablesen.

Äquivalenzumformung	Beispiel
1 Man **addiert** auf beiden Seiten der Gleichung die **gleiche Zahl** oder den **gleichen Term**.	$x - 4 = 1 \quad \vert +4 \qquad \mathbb{L} = \{5\}$ $x = 5 \qquad \mathbb{L} = \{5\}$
2 Man **subtrahiert** auf beiden Seiten der Gleichung die **gleiche Zahl** oder den **gleichen Term**.	$x + 6 = 2 \quad \vert -6 \qquad \mathbb{L} = \{-4\}$ $x = -4 \qquad \mathbb{L} = \{-4\}$
3 Man **multipliziert** auf beiden Seiten der Gleichung die **gleiche Zahl** (die nicht null sein darf).	$\frac{1}{5}x = 2 \quad \vert \cdot 5 \qquad \mathbb{L} = \{10\}$ $x = 10 \qquad \mathbb{L} = \{10\}$
4 Man **dividiert** auf beiden Seiten der Gleichung durch die **gleiche Zahl** (die nicht null sein darf).	$4x = 22 \quad \vert :4 \qquad \mathbb{L} = \{5{,}5\}$ $x = 5{,}5 \qquad \mathbb{L} = \{5{,}5\}$

Beispiel

*Führe jede Umformung **immer auf beiden Seiten** durch.*

Bestimme jeweils die Lösungsmenge der Gleichung mithilfe von Äquivalenzumformungen.

a) $4x + 7 = 31$ **b)** $\frac{1}{4}y - 6 = 2$ **c)** $5x + 10 = 2x - 2$

Lösung:

a)
$$4x + 7 = 31 \quad \vert -7$$
$$4x = 24 \quad \vert :4$$
$$x = 6$$
$$\mathbb{L} = \{6\}$$

b)
$$\frac{1}{4}y - 6 = 2 \quad \vert +6$$
$$\frac{1}{4}y = 8 \quad \vert \cdot 4$$
$$y = 32$$
$$\mathbb{L} = \{32\}$$

c)
$$5x + 10 = 2x - 2 \quad \vert -10$$
$$5x = 2x - 12 \quad \vert -2x$$
$$3x = -12 \quad \vert :3$$
$$x = -4$$
$$\mathbb{L} = \{-4\}$$

Führe eine Probe zur Kontrolle durch.

Probe: $4 \cdot 6 + 7 = 31$ ✓ Probe: $\frac{1}{4} \cdot 32 - 6 = 2$ ✓ Probe: $5 \cdot (-4) + 10 = -10$ ✓

Nachgefragt

- Wieso müssen Äquivalenzumformungen auf beiden Seiten der Gleichung durchgeführt werden? Vergleiche die Umformung anschaulich mit Handlungen an einer Waage.
- Division und Multiplikation mit null sind keine Äquivalenzumformungen. Warum nicht? Suche einfache Beispiele und begründe.

Aufgaben

1 Bei der Abbildung ist die Waage jeweils im Gleichgewicht. Beschreibe jedes Bild durch eine Gleichung und beschreibe die durchgeführten Äquivalenzumformungen von 1 nach 3.

a)
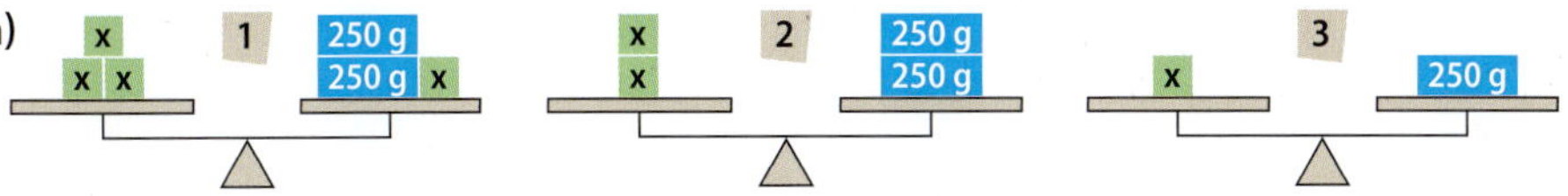

b)
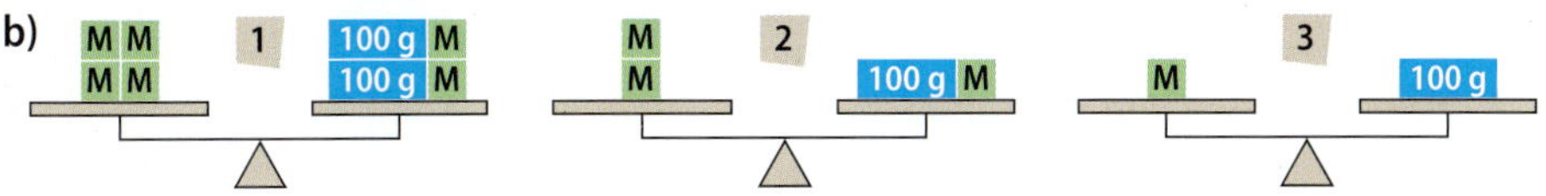

c)
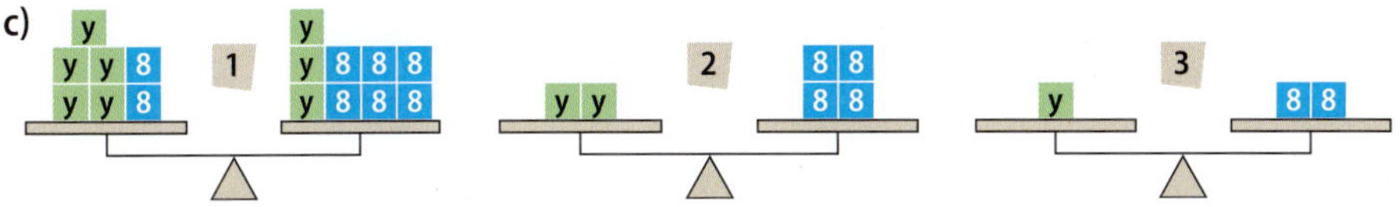

2 Stelle wie in der Einführung eine Gleichung auf und löse sie.

a)

b)

c)

3 Bestime jeweils die Lösungsmenge der Gleichung mithilfe von Äquivalenzumformungen.

a) $5x = 45$	b) $x - 2 = 8$	c) $8x + 4 = 20$	d) $7 - x = 5$
e) $7x = 7$	f) $123x = 0$	g) $13 - 2x = -1$	h) $3 + 4x + 5 = 7$
i) $17 - a = 8{,}5$	j) $8 + 2x = -52$	k) $\frac{1}{3}c + 3 = 0$	l) $4f + 2 = 2 + 4f$
m) $2m + 7 = m$	n) $18 - 2s = 3s$	o) $4t - 120 = 4t$	p) $4 - 8p = 2p - 8$

Lösungen zu 3:
$\mathbb{L} = \{-30\}$; $\mathbb{L} = \{-9\}$;
$\mathbb{L} = \{-7\}$; $\mathbb{L} = \{-\frac{1}{4}\}$;
$\mathbb{L} = \{0\}$; $\mathbb{L} = \{1\}$; $\mathbb{L} = \{1{,}2\}$;
$\mathbb{L} = \{2\}$; $\mathbb{L} = \{2\}$; $\mathbb{L} = \{3{,}6\}$;
$\mathbb{L} = \{7\}$; $\mathbb{L} = \{8{,}5\}$; $\mathbb{L} = \{9\}$;
$\mathbb{L} = \{10\}$; $\mathbb{L} = \{\}$; $\mathbb{L} = \mathbb{Q}$

4 Stelle eine passende Gleichung auf und bestimme die Lösungsmenge.

a) Die Summe aus einer rationalen Zahl und 3 ergibt 14.
b) Das Produkt einer natürlichen Zahl mit 6 ergibt 18.
c) Die Differenz aus dem Dreifachen einer ganzen Zahl und 12 ergibt 36.
d) Ein Viertel einer natürlichen Zahl addiert man zu 3 und erhält 5.
e) Man dividiert eine ganze Zahl durch 8 und erhält 8.
f) Das Produkt einer ganzen Zahl und 5 wird um 6,3 vermindert. Man erhält −28,8.

Achte auf die verschiedenen Zahlbereiche in den Aufgaben.

5 Formuliere die Gleichung in Worten. Bestimme die Lösungsmenge im Bereich der ganzen Zahlen.

a) $t - 7 = 128$ **b)** $5x + 8 = 13$ **c)** $210 - y = 158$
d) $-a + 3 = 7$ **e)** $4b + 5 = 5$ **f)** $12 - z : 2 = 3$

6 Welche Äquivalenzumformungen wurden gemacht? Übertrage in dein Heft und ergänze die Umformungsschritte.

a)
$$8 + 3x = x + 7$$
$$3x = x - 1$$
$$2x = -1$$
$$x = -\frac{1}{2}$$

b)
$$\frac{2}{3}a + 2 = 4$$
$$\frac{2}{3}a = 2$$
$$a = 3$$

c)
$$2{,}6s - 9{,}2 = 0{,}4s + 18{,}3$$
$$2{,}6s = 0{,}4s + 27{,}5$$
$$2{,}2s = 27{,}5$$
$$s = 12{,}5$$

7 Cedric möchte sich ein Modellflugzeug kaufen. Seine Wahl fällt auf ein Modell für 34 €. Er hat bereits 10 € gespart. Wie lange muss er sparen, wenn er für seinen Wunsch jede Woche weitere 3 € zurücklegt? Stelle eine Gleichung auf und löse sie.

Beachte den Zahlenbereich, aus dem du einsetzen kannst.

8 Löse die Aufgaben, indem du jeweils eine Gleichung aufstellst.

a) Betül ist jetzt dreimal so alt wie ihr Bruder Tarik in zwei Jahren sein wird. Tarik ist jetzt drei Jahre alt. Bestimme das Alter von Betül.

b) In drei Jahren ist Martin doppelt so alt wie seine Schwester. Sie sind dann zusammen 24 Jahre alt. Bestimme Martins Alter und das seiner Schwester.

c) Opa Hermann hatte vor zwei Jahren seinen 85. Geburtstag. Heute ist er dreimal so alt wie sein jüngster Neffe. Wie alt ist der Neffe?

Weiterdenken

Beim Umformen von Gleichungen lassen sich die bisherigen Schritte in einen übersichtlichen Ablauf bringen.

Günstige Schrittfolge:

1 **Terme** auf jeder Seite vereinfachen.
2 Durch Addition und Subtraktion alle **Variablen auf eine Seite** der Gleichung bringen, alle **Zahlen** ohne Variable **auf die andere.** Dabei die Terme auf jeder Seite jeweils vereinfachen.
3 Durch Multiplikation und Division den **Faktor vor der Variablen zur 1** machen.
4 **Lösungsmenge** bestimmen.
5 Zur **Probe** die Lösung in die Ausgangsgleichung einsetzen.

Löse im Bereich der ganzen Zahlen $\mathbb{Z}$.

$$8x + 2 \cdot (3 - x) = 7 - 3x - 19$$
1 $$8x + 6 - 2x = -3x - 12$$
2 $$6x + 6 = -3x - 12 \quad \vert -6$$
2 $$6x = -3x - 18 \quad \vert +3x$$
3 $$9x = -18 \quad \vert :9$$
$$x = -2$$ -2 ist eine ganze Zahl
4 $$\mathbb{L} = \{-2\}$$
5 Probe: $8 \cdot (-2) + 2 \cdot [3 - (-2)] = 7 - 3 \cdot (-2) - 19$
$$-16 + 2 \cdot 5 = 7 + 6 - 19$$
$$-6 = -6$$

Ist die Lösung keine ganze Zahl, dann ist die Lösungsmenge leer.

9 Löse wie im Kasten im Bereich der ganzen Zahlen $\mathbb{Z}$.

a) $2 \cdot (a + 1) = a + 3 \cdot (a - 5)$ **b)** $2 \cdot (b - 3) - (b + 1) = 8$
c) $c = 8 + (3 - c)$ **d)** $(3d - 6) : 3 = 13 - (d + 1)$
e) $\frac{1}{2} \cdot (6e - 7) = 12$ **f)** $-0{,}2 \cdot (8f + 7) = 8 - (0{,}6f - 0{,}6)$
g) $3g - 7 = g - 1 + 2 \cdot (g + 4)$ **h)** $-8{,}5 + 3h + 2{,}4 = 3 \cdot (2 + h) - 5$

10 In die Hausaufgabe haben sich Fehler eingeschlichen. Finde und verbessere sie.

a)
$$5x + 15 = 85 \quad | :5$$
$$x + 15 = 17 \quad | -15$$
$$x = 2$$

b)
$$36 - 2x = 8 \quad | -36$$
$$2x = -28 \quad | :2$$
$$x = -14$$

c)
$$15 - \frac{3}{4} - \frac{1}{4}x = -38\frac{3}{4} \quad | -15\frac{1}{2}$$
$$x = -54\frac{1}{4}$$

11 Bestimme die Lösungsmenge im Bereich der rationalen Zahlen.

a) $2n + 4 + 3n = 14$ **b)** $5 - 2x + 10 = 7$ **c)** $3r = 12 - r + 8$

d) $23 + r - 23 = 17$ **e)** $5x + 3 = 12 + 6$ **f)** $\frac{1}{2}y + 2 + \frac{1}{2}y = 4$

g) $5 \cdot (x - 2) = 8$ **h)** $-(17 + x) = -(17 - x)$ **i)** $y - 2 \cdot (y - 1) = -y$

Lösungen zu 11:
$\mathbb{L} = \{0\}$; $\mathbb{L} = \{2\}$; $\mathbb{L} = \{2\}$; $\mathbb{L} = \{3\}$; $\mathbb{L} = \{3{,}6\}$; $\mathbb{L} = \{4\}$; $\mathbb{L} = \{5\}$; $\mathbb{L} = \{17\}$; $\mathbb{L} = \{\,\}$

12 Nicole hat in der Hausaufgabe Gleichungen gelöst. Überprüfe Nicoles Arbeit und gib die Umformungen an, die Nicole gemacht hat. Notiere jeweils einen Tipp für Nicole, wie sie gemachte Fehler vermeiden kann.

a)
$$13 + 0{,}8y = -\frac{2}{5}y - 4$$
$$0{,}8y = -\frac{2}{5}y - 9$$
$$0{,}8y + \frac{2}{5}y = -9$$
$$0{,}8y + 0{,}2y = -9$$
$$y = -9$$

b)
$$(x + 4) \cdot 2 = \frac{1}{3}x - 2$$
$$x + 8 = \frac{1}{3}x - 2$$
$$x = \frac{1}{3}x - 10$$
$$\frac{2}{3}x = -10$$
$$x = -\frac{20}{3}$$

13 Bestimme die Lösungsmenge im Bereich der rationalen Zahlen. Mache die Probe.

a) $2x + (x + 9) \cdot 2 = 2 \cdot (x + 1)$ **b)** $19 - y = 4 \cdot (y - 1) - y$

c) $-(x + 1) + 4 = (x - 5) : 2$ **d)** $\frac{2}{5} \cdot (5z - 7) = 8 - \left(\frac{3}{5}z - \frac{2}{5}\right)$

e) $-4 + 5x = x - 1 + 4 \cdot (x + 1)$ **f)** $3 \cdot (2 - y) + 0{,}6 = 0{,}3y$

14 Aus der Prozentrechnung kennst du $P = G \cdot \frac{p\,\%}{100\,\%}$. Stelle die Formel entsprechend der Äquivalenzumformungen nach G und p % um. Erkläre die Bedeutungen.

15 Auch in der Physik werden Formeln verwendet.

Kraft = Masse · Beschleunigung $F = m \cdot a$	Arbeit = Kraft · Weg $W = F \cdot s$	Spannung = Widerstand · Stromstärke $U = R \cdot I$

a) Stelle die Formel jeweils nach den einzelnen Größen um.

b) Finde weitere Formeln aus den Naturwissenschaften und präsentiere sie. Was bedeuten die Variablen? Löse dazu die Formeln nach jeder Variablen auf.

Weiterdenken

Gleichungen, die aus zwei Brüchen bestehen, die im selben Verhältnis zueinander stehen, kennst du als **Verhältnisgleichungen**. Bei dem **Definitionsbereich** $\mathbb{D}$ der Gleichung zählt man alle Zahlen auf, die man in die Gleichung einsetzen darf. Dabei muss man darauf achten, dass keine Zahlen in den Term eingesetzt werden dürfen, bei denen der **Nenner null** ist.

Verhältnisgleichungen der Form $\frac{T_1}{T_2} = \frac{T_3}{T_4}$ mit $T_2, T_4 \neq 0$ kann man auflösen, indem man die Nenner „über Kreuz" multipliziert.

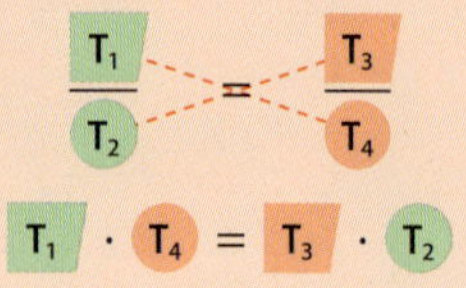

Beispiel: Löse die Gleichung $\frac{3}{x-2} = \frac{2}{x+4}$.
Bestimme den Definitionsbereich $\mathbb{D}$ in $\mathbb{Q}$.

Lösung:

Definitionsbereich bestimmen	$\frac{3}{x-2} = \frac{2}{x+4}$	$\mathbb{D} = \mathbb{Q}\setminus\{-4; 2\}$
über Kreuz multiplizieren	$\frac{3}{x-2} = \frac{2}{x+4}$	$\mid \cdot (x-2) \cdot (x+4)$
Gleichung lösen	$3 \cdot (x+4) = 2 \cdot (x-2) \Rightarrow x = -16$	
Lösungsmenge bestimmen	$-16 \in \mathbb{D}$; $\mathbb{L} = \{-16\}$	
Probe	l. S.: $\frac{3}{-16-2} = -\frac{1}{6}$	r. S.: $\frac{2}{-16+4} = -\frac{1}{6}$

$\mathbb{Q}\setminus\{-4; 2\}$ bedeutet, dass bis auf −4 und 2 alle Zahlen aus $\mathbb{Q}$ erlaubt sind.

16 a) Welche rationalen Zahlen dürfen eingesetzt werden? Bestimme $\mathbb{D}$.

1. $\frac{2x-6}{x} = 22$
2. $\frac{x+3}{x-1} - 3 = \frac{1}{2}x$
3. $\frac{3-5x}{12} = \frac{2}{3}$
4. $\frac{3x^2-4x}{4-x} = \frac{3x}{4}$
5. $\frac{x+5}{x-3} = \frac{4}{x}$
6. $\frac{3}{x} + \frac{17}{6x} = 0$
7. $\frac{6}{6+3x} + \frac{4}{x} = 1$
8. $\frac{21}{2x(x-2)} = 3$
9. $\frac{1{,}5x}{(x-3)} = \frac{6}{5x+25}$
10. $\frac{2x}{x-1} = \frac{5}{x^2-4}$
11. $\frac{1}{(x-3)^2} = \frac{5x}{x+9}$
12. $\frac{2}{3x(x-5)} = \frac{1}{4}$

b) Erkläre, wie man eine Verhältnisgleichung der Form $\frac{T_1}{T_2} = T_3$ auch „über Kreuz" ausmultiplizieren kann.

c) Bestimme den Definitionsbereich in $\mathbb{Q}$. Löse die Gleichungen wie im Kasten.

1. $\frac{4}{x+6} = \frac{8}{22}$
2. $\frac{36}{x+4} = \frac{2}{3}$
3. $\frac{6}{x+3} = 0$
4. $\frac{6}{x} = \frac{9}{x}$
5. $\frac{6x}{x-4} = \frac{3x}{0{,}5}$
6. $\frac{2}{x-4} = \frac{3}{x+5}$
7. $\frac{0{,}8}{x-0{,}5} = \frac{4}{x+3}$
8. $\frac{4}{x-3} = \frac{8}{x-7}$
9. $\frac{17+x}{11-x} = 3$
10. $\frac{x-6}{x+4} = 6$
11. $\frac{6x+3}{2x-8} = 0$
12. $\frac{2{,}5-x}{-x+3{,}5} = \frac{5}{3}$
13. $\frac{8}{x+2} = \frac{12}{x+1}$
14. $\frac{3}{x-5} = \frac{5}{6}$
15. $\frac{10x+0{,}5}{80x+4} = \frac{3}{8}$
16. $\frac{5x-3}{3{,}7-x} = 2{,}25$

d) Überprüfe, ob du in den Term jede rationale Zahl einsetzen darfst.

1. $\frac{1}{x^2+4}$
2. $\frac{1}{x^2}$
3. $\frac{3x}{(x+2)^2}$
4. $\frac{5x}{(x-2)^2}$
5. $\frac{7}{2x^2+3}$

e) Finde selbst Terme mit Variablen im Nenner, für die du jede rationale Zahl einsetzen darfst. Worauf achtest du? Beschreibe.

17 Löse die Gleichung im Bereich von $\mathbb{Q}$. Beachte den Definitionsbereich $\mathbb{D}$.

a) $\frac{x-3}{x+5} = \frac{x+6}{46+x}$ b) $\frac{x+4}{x-9} = \frac{x+2}{x-3}$ c) $\frac{x(x-1{,}5)}{3{,}5x} = \frac{2x}{7}$

d) $\frac{x-22}{7-x} = \frac{x+14}{1-x}$ e) $\frac{x+2}{x} = \frac{x}{x-3}$ f) $\frac{2x-4}{4x+6} = \frac{3x-5{,}5}{3+6x}$

g) $\frac{2x-6}{0{,}5x+2{,}75} = \frac{4x-15}{x+0{,}5}$ h) $\frac{x+6}{x-4} = \frac{x+4}{x+6}$ i) $\frac{2x-1{,}4}{5x+1} = \frac{0{,}4x+3}{x+1}$

Lösungen zu 17:
$\mathbb{L} = \{\ \}$; $\mathbb{L} = \{-6\}$; $\mathbb{L} = \{-4\frac{1}{3}\}$;
$\mathbb{L} = \{-0{,}75\}$; $\{-\frac{11}{37}\}$;
$\mathbb{L} = \{1{,}5\}$; $\mathbb{L} = \{5\frac{1}{4}\}$;
$\mathbb{L} = \{4{,}5\}$; $\mathbb{L} = \{17\}$

18 Stelle eine Gleichung auf und löse. Wie lautet $\mathbb{D}$?

a) Der Quotient aus der Zahl 24 und einer natürlichen Zahl ist gleich dem Quotienten aus der Zahl 28 und dem Nachfolger der natürlichen Zahl.

b) Dividiert man die Summe aus 27 und einer natürlichen Zahl durch die Differenz aus der natürlichen Zahl und 5, so ist das Ergebnis gleich 17.

c) Der Nenner eines Bruchs ist um zwei größer als der Zähler. Addiert man zum Zähler 12 und zum Nenner 6, so bleibt der Gesamtwert des Bruches unverändert.

19 Gib eine Gleichung zu dem gegebenen Definitionsbereich an.

a) $\mathbb{Q}\setminus\{0\}$ **b)** $\mathbb{Q}\setminus\{-9\}$ **c)** $\mathbb{Q}\setminus\{0; 3\}$ **d)** $\mathbb{Q}\setminus\{-5; 5\}$

e) $\mathbb{Q}\setminus\{-1; 1\}$ **f)** $\mathbb{Q}\setminus\{1; 8\}$ **g)** $\mathbb{Q}\setminus\{0; 1; 2\}$ **h)** $\mathbb{Q}\setminus\{-3; -1; 1; 3\}$

20 Gibt es eine Zahl, die folgende Bedingungen erfüllt? Finde ein Beispiel oder widerlege.

> Bei einem Bruch ist der Zähler um 2 kleiner als der Nenner. Addiert man im Zähler des Ausgangsbruchs 2, so ensteht ein neuer Bruch. Dieser hat denselben Wert wie der Bruch, der entsteht, wenn man im Nenner des Ausgangsbruchs 2 abzieht.

21 Zahlenfolgen lassen sich durch Terme beschreiben.

Beispiel: $\frac{1}{3}; \frac{2}{4}; \frac{3}{5}; \frac{4}{6}; \ldots$ lässt sich als $\frac{n}{n+2}$ schreiben.

a) Ordne die Terme den Zahlenfolgen zu.

1 $\frac{1}{1}; \frac{1}{4}; \frac{1}{9}; \frac{1}{16}; \ldots$	**2** $\frac{1}{1}; \frac{2}{4}; \frac{3}{9}; \frac{4}{16}; \ldots$	**A** $\frac{n-1}{3n}$	**B** $\frac{1}{n^2}$
3 $\frac{2}{4}; \frac{4}{5}; \frac{6}{6}; \frac{8}{7}; \ldots$	**4** $\frac{2}{5}; \frac{3}{6}; \frac{4}{7}; \frac{5}{8}; \ldots$	**C** $\frac{n}{2n+1}$	**D** $\frac{2n}{n+3}$
5 $\frac{1}{3}; \frac{2}{5}; \frac{3}{7}; \frac{4}{9}; \ldots$	**6** $\frac{0}{3}; \frac{1}{6}; \frac{2}{9}; \frac{3}{12}; \ldots$	**E** $\frac{n+1}{n+4}$	**F** $\frac{n}{n^2}$

b) Erfinde selbst Zahlenfolgen und lasse einen Partner den Term finden.

22 **a)** Das 8-Fache der Summe einer rationalen Zahl und 3 ist genauso groß wie die Differenz aus dem Doppelten der Zahl und 6 dividiert durch 3. Wie heißt die Zahl?

b) Verdreifache die Summe aus einer ganzen Zahl und 2. Subtrahiere anschließend 9 und dividiere das Ergebnis durch 3. Du erhältst eine Zahl, die um 1 kleiner ist als die ursprüngliche ganze Zahl. Stelle eine passende Gleichung auf und löse.

Überprüfe zunächst an Zahlenbeispielen.

23 Eine Uhr geht jeden Tag 0,5 s nach. Wie lange dauert es, bis die Uhr wieder die richtige Zeit anzeigt, wenn man sie nicht verstellt?

Entdecken

Stelle jeweils heraus, welche Informationen der Tabelle du benötigst und formuliere die Frage in eigenen Worten, bevor du sie bearbeitest.

- Vergleiche die Maße der einzelnen Münzen miteinander als Anteil und in Prozent.
- Stelle für jede Münzart einen Term auf, mit dem man die Masse einer beliebigen Anzahl von Münzen angeben kann.

Münze	h	d	m
	2,33 mm	23,25 mm	7,50 g
	2,20 mm	25,75 mm	8,50 g

h: Höhe; d: Durchmesser; m: Masse

Verstehen

Um Sachaufgaben mit vielen Informationen zu bearbeiten, muss man sich den Text zunächst aufmerksam durchlesen.

Führe bei **Sachaufgaben** folgende Schritte durch:
1. Was ist gegeben? Stelle die notwendigen Informationen übersichtlich dar.
2. Was ist gesucht? Formuliere selbst eine sinnvolle Frage.
3. Stelle die Rechnung übersichtlich dar. Verwende eine Skizze zur Veranschaulichung.
4. Prüfe, ob deine Frage beantwortet wurde und formuliere eine Antwort.

Um bei Rechnungen den Überblick zu behalten, kann es sinnvoll sein, kurz zu notieren, was man berechnet.

Beispiele

1. Die Einfahrt und die Parkfläche von Familie Astor werden mit Gittersteinen ausgelegt. Ein Stein hat einen Fläche von 0,24 m². Die rechteckige Einfahrt ist 3 m breit und 8 m lang. Die Parkfläche beträgt 30 m². Wie viele Steine sind mindestens notwendig?

Lösung:

Gegeben: Einfahrtsbreite: 3 m; Einfahrtslänge: 8 m; $A_{Parkfläche} = 30\,m^2$; $A_{Stein} = 0{,}24\,m^2$

Gesucht: Anzahl der Steine oder Wie viele Steine werden benötigt?

Rechnung: Fläche bestimmen: $A_{Gesamt} = 8\,m \cdot 3\,m + 30\,m^2 = 54\,m^2$

Anzahl der Steine: $54\,m^2 : 0{,}24\,m^2 = 225$

Antwort: Es werden mindestens 225 Gittersteine benötigt.

2. Wenn Lara noch vier Lieder mehr auf ihrem MP3-Player hätte, dann hätte Sana doppelt so viele Lieder wie Lara. Beide zusammen hätten dann doppelt so viele Lieder wie Hasan, der 66 Lieder hat. Wie viele Lieder hat Lara auf ihrem MP3-Player?

Lösung:

Gegeben: Hasans Lieder: 66; Sanas Lieder: 2 · (Anzahl Lara + 4)

Gesucht: Anzahl Laras Lieder: x oder Wie viele Lieder hat Lara?

Rechnung: Die Anzahl der Lieder ist eine natürliche Zahl.

Gleichung aufstellen: Laras Lieder + 4 + Sanas Lieder = 2 · Hasans Lieder

$$x + 4 + 2 \cdot (x + 4) = 2 \cdot 66$$

Gleichung lösen:

$$\begin{aligned} x + 4 + 2x + 8 &= 132 \\ 3x + 12 &= 132 \quad \vert -12 \\ 3x &= 120 \quad \vert :3 \\ x &= 40 \end{aligned}$$

Antwort: Lara hat 40 Lieder auf ihrem MP3-Player.

- Tobi sagt: „Eine Skizze anzufertigen ist Zeitverschwendung. Es stehen doch alle Werte, die ich brauche, in der Aufgabe." Was meinst du dazu?
- Beschreibe, welche Vorteile es haben kann, die gegebenen Angaben aus einem Text übersichtlich darzustellen.

Nachgefragt

Aufgaben

1 Ein Kostümhändler verkauft insgesamt 147 Faschingskostüme für insgesamt 3647 €. Es sind 31 Piratenkostüme zu je 37 € und 76 Cowboy-Kostüme zu je 25 €. Die übrigen Kostüme sind Prinzessinnenkostüme. Bestimme deren Anzahl.

2 Ein rechteckiger Garten wird an drei Seiten eingezäunt. Die Seite, die zur Straße zeigt, ist 23 m lang und wird von einer 80 cm hohen Mauer begrenzt. Insgesamt kostet der Zaun 2468,40 €, dabei wird die Anlieferung pauschal mit 150 € berechnet sowie der Meterpreis des Zaunes mit 20,70 € in Rechnung gestellt. Bestimme die Breite des Grundstücks.

3 Hier siehst du eine Temperaturtabelle zur Umrechnung von Grad Celsius in Fahrenheit, einer Einheit, die beispielsweise in den USA gebräuchlich ist.

Temperatur in °C	−20	−10	−5	12	13	15	18	25	36
Temperatur in °F	−4	14		53,6	55,4			77	

a) Stelle den Sachverhalt grafisch dar. Lies fehlende Werte ab.
b) Bei wie viel Grad Fahrenheit gefriert (kocht) Wasser? Bestimme möglichst genau.
c) In einem Reiseführer steht: „Bei der Umrechnung von Celsius in Fahrenheit multipliziert man den Celsius-Wert mit $\frac{9}{5}$ und addiert anschließend 32."
  1 Beschreibe die Umrechnung durch einen Term.
  2 Überprüfe den Term an der obigen Tabelle.

4 In wie vielen Jahren können fünf Geschwister (Anna ist 17, Thomas 16, Verena 15, Laurenz 14 und die kleine Marie 3 Jahre alt) insgesamt 200 Lebensjahre feiern?

5 Florian hat aus der Klassenkasse 35 € bekommen, um Getränke für eine Klassenfeier zu kaufen. Eine Flasche Cola kostet 29 ct, eine Flasche Limonade ist 7 ct billiger. Wie viel kostet eine Flasche Mineralwasser, wenn Florian ohne Pfand für das gesamte Geld 60 Flaschen Cola, 45 Flaschen Limonade und 35 Flaschen Mineralwasser bekommt?

6 Um einen Swimmingpool zu füllen, braucht Herrn Suglus Wasserpumpe 60 min. Die stärkere Pumpe von Nachbar Schmitz benötigt nur 48 min. Wie lange dauert es, bis der Pool voll ist, wenn beide Pumpen zusammen laufen?

7 Bestimme jeweils die gesuchte rationale Zahl.
a) Wenn ich zur Hälfte der gesuchten Zahl 3 hinzuzähle, erhalte ich dasselbe, wie wenn ich vom Dreifachen der Zahl 7 abziehe.
b) Die Summe der gesuchten Zahl und 13 ergibt das Dreifache der Zahl −5.
c) Die Quersumme einer zweistelligen Zahl ist 15.
d) Das Quadrat einer Zahl ist genau so groß wie die Summe aus dem Doppelten der Zahl und 3.

3 Aufgaben zur Differenzierung

zu 3.1 **1** **a)** Setze die Figuren um zwei weitere Schritte fort.
b) Bestimme den Flächeninhalt der Figuren.
c) Bestimme einen Term, mit dessen Hilfe man den Flächeninhalt der n-ten Figur bestimmen kann.

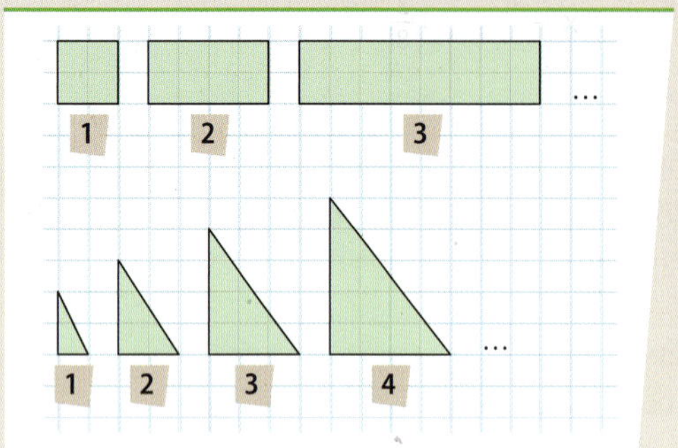

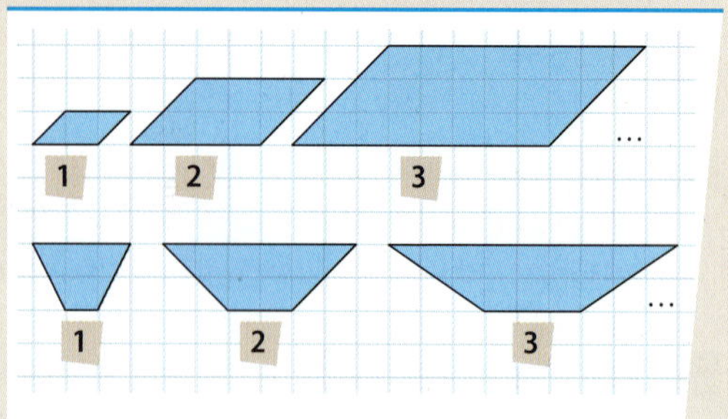

zu 3.2 **2** Vereinfache so weit wie möglich.

a) $4a + 12 - 6a + 3$
b) $-5a - 3b + 7b + 8 - 3a$
c) $12xy - 8x + 7y - 2x - 2{,}5xy$
d) $169b : 13$
e) $7x \cdot 5 \cdot 8x$
f) $18r : 6 \cdot 1{,}5r$

a) $-7{,}5z + 3{,}8x - 4{,}2z - 0{,}9 + 2{,}8z$
b) $2{,}7c - 1{,}5ac + 2{,}6a + 3{,}5c$
c) $1{,}8y + 7{,}2x - 13{,}2y - 5{,}2x + 11{,}4y$
d) $p \cdot r \cdot 12q \cdot 4w : 6 \cdot w$
e) $18xy \cdot 2x \cdot y \cdot x : 3$
f) $24x^2 + \frac{2}{5}x^2 \cdot 5x^2$

zu 3.3 **3** **a)** Ordne jeder Beschreibung den passenden Term zu.
b) Beschreibe den übrig gebliebenen Term in Worten.

1 Zu einer Zahl wird 4 addiert und die Summe durch 2 dividiert.
2 Eine Zahl wird verdoppelt und vom Ergebnis wird 4 subtrahiert.

$2 \cdot x - 4$ $(x - 4) \cdot 2$ $(x + 4) : 2$

1 Das Dreifache einer Zahl wird um das Vierfache der Zahl vergrößert.
2 Ein Viertel einer Zahl wird um 3 verringert und die Differenz wird halbiert.

$\left(\frac{x}{4} - 3\right) : 2$ $3x + 4x$ $3 \cdot (x + 4)$

zu 3.4 **4** Löse die Klammern auf und fasse so weit wie möglich zusammen.

a) $8x + (3y + 2x)$ b) $-5z + (-3z + 5)$
c) $7e + (-e - f)$ d) $2z + (5 - (-2z))$
e) $3s - (s + t)$ f) $12y - (12x - 6y)$

a) $-a - (ab + 3a)$ b) $-6x - (-2x - 3y)$
c) $17 - (15b + (-3))$ d) $-s - (-r - (-s))$
e) $-(7x - 5y) \cdot 3y$ f) $-(-e - f) \cdot (-2)$

zu 3.5 **5** Stelle eine Gleichung auf und bestimme das Gewicht der Schachtel, wenn eine Kugel 20 g wiegt.

a)
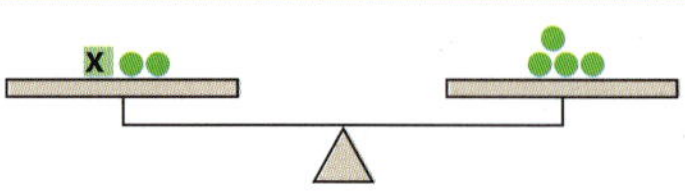

b)
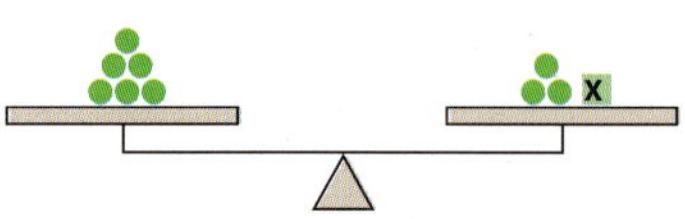

a)
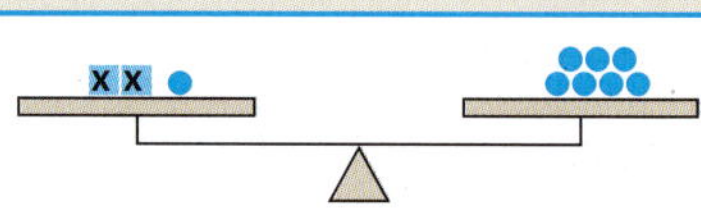

b)
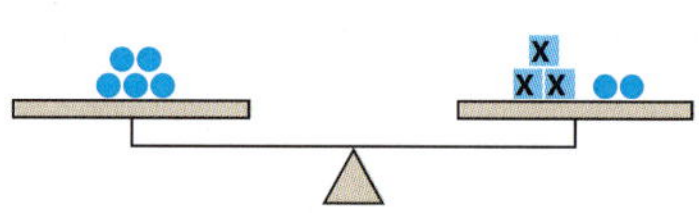

6 Begründe ohne Rechnung, ob die Lösung eine positive oder negative Zahl ist. zu 3.6

a) $2x + 12 = 3$ b) $-2x + 3 = 19$
c) $4x - 8 = 6$ d) $-3x - 5 = 7$

a) $\frac{1}{2}x - 17 = -23$ b) $-5x + 9 = -17$
c) $\frac{2}{5}x - \frac{6}{7} = -1\frac{3}{8}$ d) $0{,}2x - 7 = 0$

7 Überprüfe die Aufgaben und gib die jeweiligen Umformungen an.
Verbessere anschließend fehlerhafte Zeilen.

$$\left(x - \frac{1}{4}\right) \cdot 2 = \frac{1}{5}x - 0{,}2$$
$$x - \frac{1}{2} = 0{,}2x - 0{,}2$$
$$x - \frac{1}{2} = 0x$$
$$x = \frac{1}{2}$$

$$\frac{1}{5}x + 7{,}5 = -\frac{2}{5}x - 0{,}6$$
$$\frac{1}{5}x = -\frac{2}{5}x - 6{,}9$$
$$-\frac{1}{5}x = -6{,}9$$
$$-0{,}1x = -6{,}9$$
$$x = 69$$

8 Bestimme die Lösungsmenge im Bereich der ganzen Zahlen.

a) $3x - \frac{2}{3} \cdot \left(\frac{3}{2}x + 4{,}8\right) = x + 5{,}8$
b) $46 - 8p = 5 \cdot (3 - p) + 112$
c) $4r^2 + 8r + 2 = (2r)^2 + 2 - 2$

a) $(2p + 0{,}4) : \frac{4}{5} = 6{,}5 + p$
b) $z + 11{,}8 = 2{,}4z - 1{,}3 \cdot (z + 3)$
c) $7x - 5 + x^2 = 5 - x \cdot (-x + 5)$

9 Wie lautet die Lösungsmenge? Bestimme $\mathbb{D}$ im Bereich der rationalen Zahlen.

a) $\frac{6}{x - 1} - \frac{6}{x + 5} = \frac{-4}{x^2 + 4x - 5}$
b) $\frac{x}{x + 3} - \frac{x}{x - 3} = \frac{27}{x^2 - 9}$

a) $\frac{1}{x + 3} = \frac{3}{3x^2 - 27} - \frac{x}{x^2 - 9}$
b) $\frac{4x + 3}{2x - 8} - \frac{1 - 12x}{8 + 2x} = \frac{8x^2 + 1}{x^2 - 16}$

10 Ordne Text und Terme einander zu. Erkläre die Bedeutung der Variablen. zu 3.7

Der Eintritt in das Freilichtmuseum kostet für ein Kind 2 €. Dazu kommen 20 € für die Führung der Gruppe.

1	2	3	4
$20 \cdot x + 2$	$2 \cdot x - 20$	$20x - 2$	$2x + 20$

1 Sabine ist halb so alt wie Stefan.
2 Tim besitzt doppelt so viele Briefmarken wie Torben.
3 Ina bekommt 2 € mehr Taschengeld als Ivan.

A $2 : x$ B $x + 2$ C $x : 2$ D $x \cdot 2$

11 Stelle eine Gleichung auf und löse.

Peter behauptet: Beim „Sparfuchs" zahle ich für 6 Stifte und einen Rucksack für 15,95 € genauso viel, wie bei „Kauf günstig" für 17 Stifte und ein Linealset für 5,50 €. Ein Stift kostet jeweils gleich viel. Wie viel kostet ein Stift?

Theresa sagt: „Im Schwimmbad kostet meine Eintrittskarte 40 % von dem Preis, den meine Mutter bezahlen muss. Zusammen zahlen wir 6,30 €." Wie teuer ist die Karte für Theresa?

1

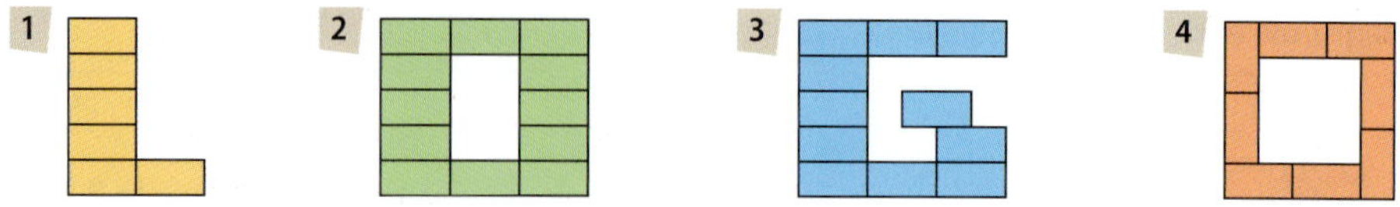

a) Stelle einen Term für den Umfang der Buchstabenfiguren auf, wenn die Länge eines Rechtecks mit a und die Breite mit b bezeichnet wird.

b) Berechne mithilfe der Terme aus a) den Umfang der Figuren für
1 a = 7,5 cm; b = 4,3 cm **2** a = 0,9 dm; b = 2,3 cm

2 Für Streichholzfiguren stehen lange Hölzer (l) und kurze (k) zur Verfügung.

a) Stelle einen Term auf für die Gesamtlänge der verwendeten Streichhölzer.

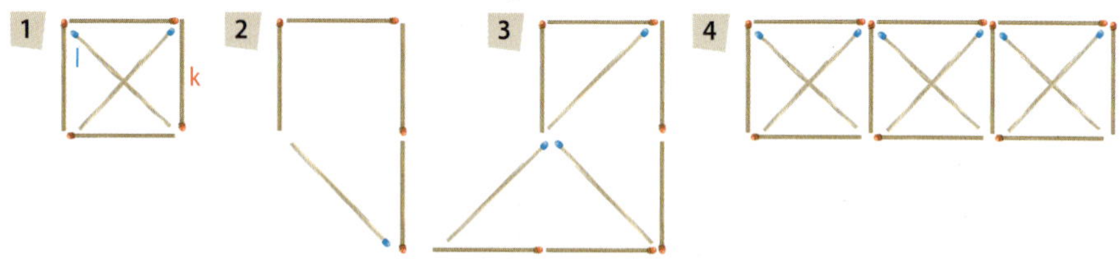

b) Zeichne mögliche Streichholzfiguren zu den angegebenen Termen.
1 5k + 2l **2** 4l + 7k **3** 3k + 6l **4** 6k + 0l **5** $5k + \frac{3}{2}l$

Lösungen zu 3:
−851,2; −448; −46,55; −30,1; −24,5; −16,76; −15,7; −7,4; −1,85; −0,5; 1,6875; 2,8125; 3,28; 3,5; 5,625; 7,1; 8,54; 16; 20,3; 20,4; 24; 33; 37,24; 560

3 Berechne die folgenden Terme, indem du die Variable durch 5 (−4; −7,6) ersetzt.

a) $a + 7 \cdot 4$ **b)** $112 \cdot b$ **c)** $186{,}2 : c$ **d)** $(13 + d) : 3{,}2$
e) $4 \cdot e + \frac{3}{10}$ **f)** $5f + 3 - 2{,}4 \cdot f$ **g)** $(11{,}4 + g) : g$ **h)** $5{,}5 - \frac{2}{5}h$

4 Welche Terme führen stets zum selben Ergebnis?

$x - 6$ $1 + 2 \cdot x + 2$ $6x + 24$ $6 + x$
$-6 + 24x + 2$ $2x + 3 - x$ $24 \cdot x - 6$ $x + 3 + x$

5 Vereinfache die Terme so weit wie möglich.

a) $51b + 2 + 44b$ **b)** $3y - 8y$ **c)** $97t - 12t + 4t$
d) $7{,}2x + 6y + 2{,}3x$ **e)** $54y - 156 - 25y - 2$ **f)** $8 \cdot 17q$
g) $169b : 13$ **h)** $7x \cdot 5 \cdot 8x$ **i)** $18r : 6 \cdot 1{,}5r$
j) $p \cdot r \cdot 12q \cdot 4w : 6 \cdot w$ **k)** $18xy \cdot 2x \cdot y \cdot x : 3$ **l)** $24x^2 \cdot \frac{2}{5}x^2 \cdot 5x^2$
m) $12r - 5m + 7x - 4 + 7m - 14r - 6$ **n)** $\frac{1}{3}m + 4n - 7o + 2p + \frac{4}{3}m + 6o + 5n$

6 Löse die Klammern auf und vereinfache so weit wie möglich.

a) $(a + b) - 128$ **b)** $(3f - 12g) \cdot (-1)$ **c)** $x \cdot (76y + 1212z)$ **d)** $-14 - (y + 8)$
e) $0{,}25 \cdot (4 - 36t)$ **f)** $(128 + 2x) : 16$ **g)** $3x + (2y + (-3x))$ **h)** $\frac{4}{17} \cdot (153x + 85)$

7 Lege aus den Karten einen Term, der für $x = 4$ (-10; $\frac{1}{2}$; 0) einen möglichst großen Wert ergibt.

8 Übertrage in dein Heft und vervollständige die Lücke.

a) $4l \cdot \square \cdot 3n = 12lmno$

b) $4ab + 3a\square - 2ac + \square = 7ab + 8ac$

c) $x \cdot 189y \cdot z \cdot \square = 17x^3yz^3$

d) $15t \cdot 5r : 3 \cdot (-2s) : \square = -5rst$

e) $s \cdot 0{,}7st \cdot \square = 2{,}1s^2t^2u$

f) $7k \cdot \frac{1}{2}lt \cdot (-4k) : \square = -70lt$

9 Stelle einen Term auf und vereinfache.

Multipliziere die Differenz aus 72 und 21c mit 3x.

Subtrahiere die Summe aus 8r und 2s von 7t.

Dividiere die Summe aus 176e und 64c durch 8.

10 Bestimme die Lösungsmenge im angegebenen Zahlenbereich.

a) $17 - 6 = 2x + 8;\ \mathbb{Q}$

b) $7s + 3 = 0;\ \mathbb{Q}$

c) $6y = y - 50;\ \mathbb{Z}$

d) $31 + 2x = 9;\ \mathbb{Z}$

e) $25 + 4t = -12 + 4t;\ \mathbb{Q}$

f) $5p + 6 = 6;\ \mathbb{N}$

g) $36 + 8x = -17;\ \mathbb{Q}$

h) $23y + 9 = y - 7 + 6y;\ \mathbb{Q}$

Lösungen zu 10:
c: $\mathbb{L} = \{-11\}$; a: $\mathbb{L} = \{-10\}$; t: $\mathbb{L} = \left\{-6\frac{5}{8}\right\}$; s: $\mathbb{L} = \{-1\}$; r: $\mathbb{L} = \left\{-\frac{3}{7}\right\}$; e: $\mathbb{L} = \{0\}$; b: $\mathbb{L} = \{1{,}5\}$; k: $\mathbb{L} = \{\,\}$
In der Reihenfolge der Aufgaben ergeben die Lösungen ein englisches Wort. Was bedeutet es auf deutsch?

11 Stelle eine Gleichung auf und löse im Bereich der rationalen Zahlen.

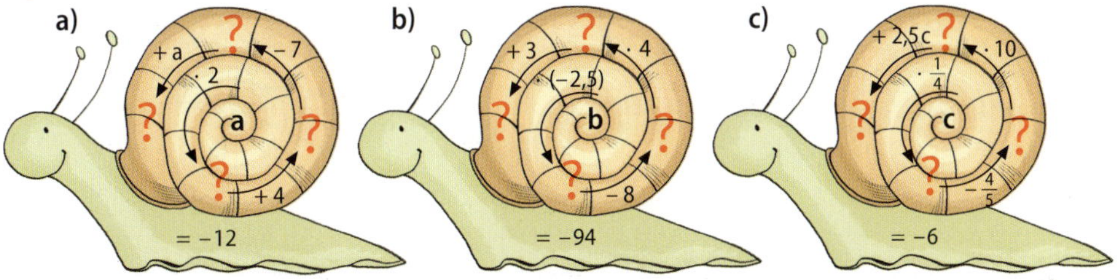

12 Für welche Zahlenbereiche ist die Gleichung lösbar, für welche nicht?

a) $40y - 22 = -128 - 10y$

b) $5 - 2a = 8 + a - 3a + 3$

c) $2{,}5x + 17{,}5 = 0$

13 Bestimme die Lösungsmenge im Bereich der rationalen Zahlen.

a) $19 - x = 5\,(x - 4) - x$

b) $7y + (y + 6) \cdot 3 = 2\left(\frac{1}{2}y + 1\right)$

c) $(2z - 3) = 7 - \left(\frac{1}{2}z - \frac{1}{2}\right)$

d) $2q + 4 = 0{,}3q - 1\frac{2}{5}$

14 Wenn man jede Seite eines Schachbretts um 1 cm in beide Richtungen verlängert, erhält man einen Umfang von 120 cm. Wie lang ist ein Schachbrett-Feld ursprünglich?

15 Für ein Musical-Bühnenbild werden vier Seile von insgesamt 10 m Länge zurechtgeschnitten. Das zweite Seil ist 28 cm länger als das erste, das dritte 13 cm länger als das zweite, aber 39 cm kürzer als das vierte.

16 Die Mittelfeldspieler in der Fußball-Nationalmannschaft schossen in den letzen 10 Jahren etwa dreimal so viele Tore wie die Verteidiger. Beide zusammen schossen 20 Tore weniger als die Stürmer. Insgesamt wurden in diesem Zeitraum etwa 360 Tore geschossen. Wie viele Tore schossen die Stürmer?

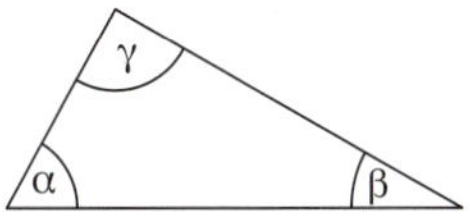

17 In einem Dreieck ist der Winkel α doppelt so groß wie der Winkel β und 50° kleiner als γ. Wie groß sind die Winkel?

Papierflieger

Sicherlich hast du schon mal einen Papierflieger gebaut. Hier findest du eine Anleitung für einen schnellen Jäger. Als Ausgangsmaterial benötigst du ein Blatt Papier der Größe DIN-A4.

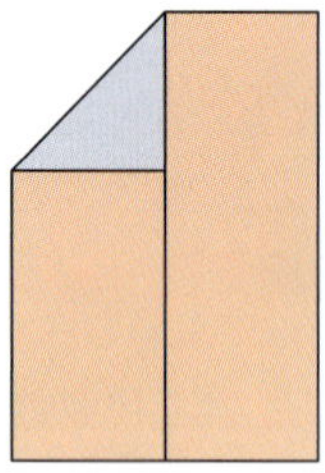

1 Halbiere das Blatt längs und knicke dann auf einer Seite beide Ecken zur Mittellinie.

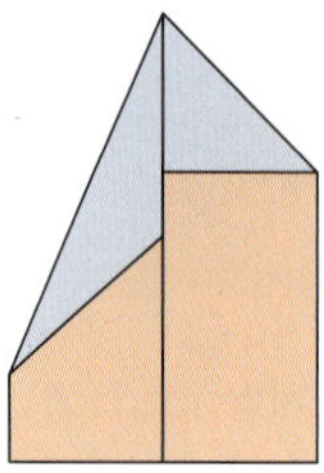

2 Knicke die entstandene Kante auf beiden Seiten nochmals jeweils zur Mittellinie.

3 Knicke die Spitze parallel zur Grundkante und etwas über diese hinaus.

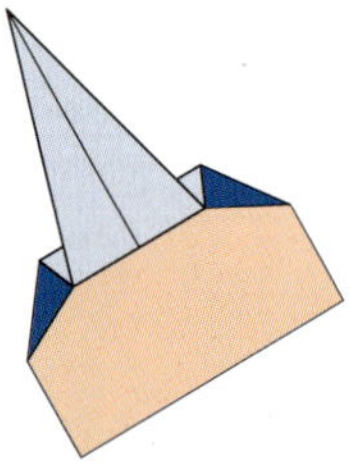

4 Falte die Spitze dann wieder zum Teil zurück, sodass eine Art Ziehharmonika entsteht.

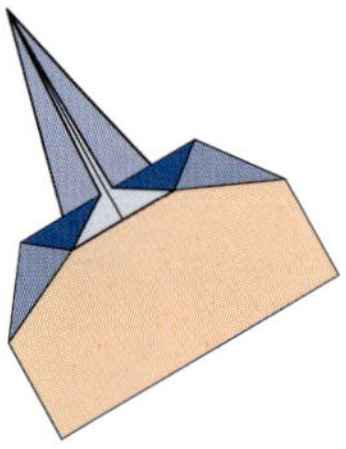

5 Falte die Seiten der Spitze zur Mittellinie. Dabei entsteht im unteren Ende ein Dreieck, das ebenfalls mitgefaltet wird.

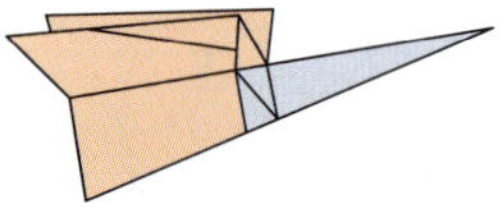

6 Falte den Flieger entlang der Mittellinie. Knicke anschließend die Flügel nach unten. Fertig.

a) Wie weit fliegt dein Flieger? Führe ein Experiment durch und bestimme die Flugweite.

b) Die Länge deines Fliegers hängt von der Ziehharmonikafaltung in Schritt 4 ab. Gib einen Term an, der die Länge des Fliegers in Abhängigkeit von dieser Faltung beschreibt.

c) Welchen Einfluss hat die Ziehharmonikafaltung auf die Flugeigenschaften? Wiederhole das Experiment aus a) mit mindestens einem weiteren Flieger.

d) Entfalte einen Flieger und betrachte das Faltmuster.

1 Beschreibe die auftretenden Figuren im Faltmuster.

2 Der Flächeninhalt einiger dieser Figuren hängt von der Faltung ab. Beschreibe einige solche Zusammenhänge.

Massentransporter

Der Airbus A380 ist derzeit das größte Passagierflugzeug der Welt. Es ist 24 m hoch, 73 m lang und 560 t schwer. Der Airbus hat auf zwei Etagen Platz für ca. 520 Passagiere, 100 in der luxuriösen ersten Klasse, 420 in der Business- und Economy-Class.

a) Finde heraus, wie oft du euer Schulgebäude übereinanderstellen könntest, damit man etwa die Höhe des Airbus erreicht.

b) Ein Pkw in der Kompaktklasse ist etwa 4,20 m (normaler Schulbus: 12 m) lang. Wie viele müsste man jeweils hintereinanderstellen, damit sie länger sind als der Airbus?

c) Kombiniere die Länge von Pkw und Bussen aus b) miteinander. Im Folgenden sollen die Fahrzeuge so aneinandergestellt werden, dass die Gesamtlänge möglichst nahe bei 73 m liegt.

1 Stelle eine Gleichung auf, die den Sachverhalt beschreibt. Lege die Grundmenge fest.

2 Finde verschiedene Kombinationen, die die Gleichung aus 1 näherungsweise lösen. Nutze ein Tabellenprogramm.

	A	B	C
1	**Anzahl Pkw**	**3**	
2	**Länge aller Pkw**	**12,6**	**m**
3	**Anzahl Busse**	**4**	
4	**Länge aller Busse**	**=B3*12**	
5	**Gesamtlänge**	**60,6**	**m**

3 Welche Kombination aus 2 erfüllt die Bedingungen am besten? Beurteile.

Warum fliegt ein Flugzeug?

Damit ein Flugzeug fliegen kann, sind die Form und der Anstellwinkel der Tragfläche besonders wichtig. Beim Auftreffen auf die Vorderseite der Tragfläche wird die Luft an der Oberseite wie in einem Flaschenhals verdichtet. Dadurch bewegt sich die Luft an der Oberseite schneller entlang als an der Unterseite. Es entsteht ein Sog (der sogenannte Auftrieb), der das Flugzeug nach oben zieht.
Bei einer Tragfläche strömt die Luft entlang der oberen Kante etwa 1,02-mal so schnell wie entlang der unteren. Die Strömungsgeschwindigkeit an der Unterseite der Tragfläche entspricht dabei der hier betrachteten Geschwindigkeit des Flugzeugs.

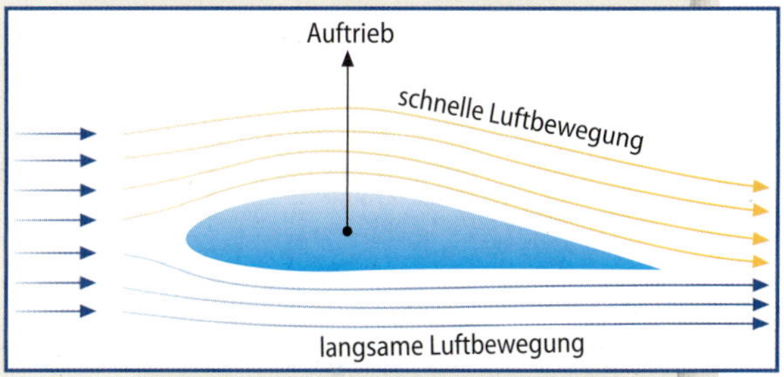

a) Wie schnell strömt die Luft an einem Punkt auf der Oberseite der Tragfläche vorbei, wenn das Flugzeug $750\,\frac{km}{h}$ $\left(800\,\frac{km}{h},\ 850\,\frac{km}{h}\right)$ fliegt?

b) Stelle einen Term auf, mit dem man die Geschwindigkeit auf der Oberseite der Tragfläche bestimmen kann, wenn man die Reisegeschwindigkeit kennt.

c) Stelle den Sachverhalt als Graphen dar. Welche Zusammenhänge erkennst du?

3 Das kann ich!

Überprüfe deine Fähigkeiten und Kompetenzen. Bearbeite dazu die folgenden Aufgaben und bewerte anschließend deine Lösungen mit einem Smiley. Hinweise zum Nacharbeiten findest du auf der folgenden Seite. Die Lösungen stehen im Anhang.

☺	😐	☹
Das kann ich **wirklich gut!**	Das kann ich **fast!**	Das muss ich **noch üben!**

Aufgaben zur Einzelarbeit

1 Berechne die folgenden Terme für $x = 11$ ($x = -4{,}5$).
a) $31 \cdot x$ **b)** $5 + x \cdot 7$ **c)** $19{,}8 : x$

2 Stelle einen Term auf, mit dem man den Umfang bestimmen kann, und vereinfache so weit wie möglich.
a) Bei einem Parallelogramm ist eine Seite dreimal so lang wie die andere.
b) Bei einem Drachenviereck ist die längere Seite 6,5 cm länger als die andere Seite.
c) Bei einem gleichschenkligen Dreieck ist die Basis ein Fünftel mal so groß wie beide Schenkel zusammen.

3

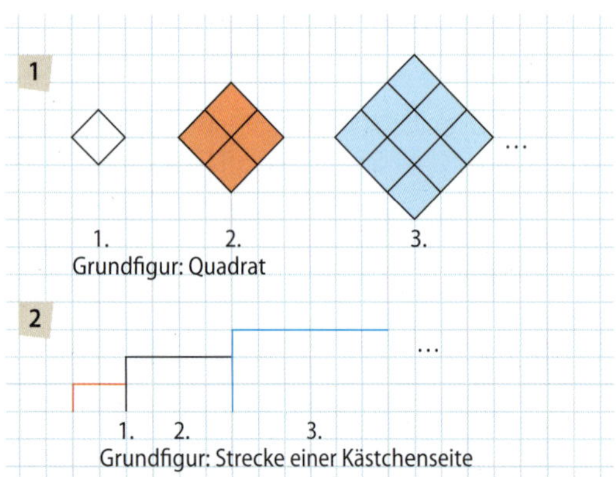

Die dargestellte Folge aus Figuren wird fortgesetzt.
a) Übertrage die Folge in dein Heft und setze sie um drei weitere Schritte fort.
b) Gib einen Term an, mit dem man die Anzahl der Grundfiguren für einen beliebigen Schritt beschreiben kann.

4 Ordne und vereinfache so weit wie möglich.
a) $5x + r - j + 3e - 8x + 7r - 12j$
b) $\frac{2}{3}tq + 7t + 3q - 2\frac{1}{3}t + t - 2q$
c) $-3x + 2x - 7y + 5y + y + x - 2y$

5 Fülle die Lücken aus. Eine Sternzacke ist das Produkt der beiden angrenzenden Bereiche.

a)

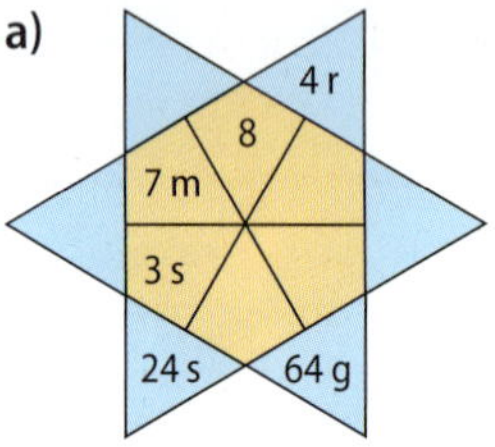

b)

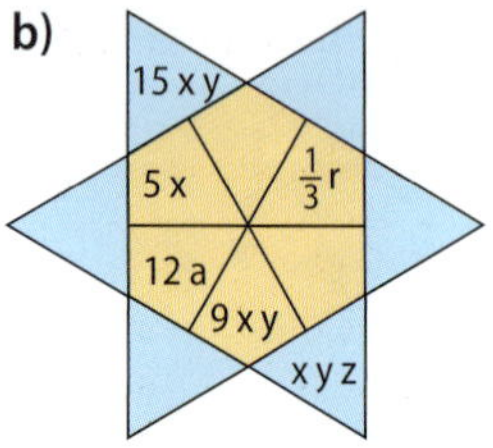

6 Vereinfache so weit wie möglich.
a) $5m \cdot 213t : 15$ **b)** $x \cdot 4y \cdot 3a : 6$
c) $30r : 12 \cdot 4s$ **d)** $21 \cdot 4x : 28$
e) $z \cdot 2y \cdot 3x : 18$ **f)** $8c : \frac{1}{2} \cdot 9ab$

7 Löse die Klammern auf und vereinfache.
a) $0{,}4 \cdot (5 - 25r)$ **b)** $(56 + 3{,}5s) : 7$
c) $6x + (2y + (-7x))$ **d)** $\frac{1}{4}(26 + 92p)$
e) $q \cdot (34r + 108s)$ **f)** $(a - b) - 15$

8 Für welche Zahlenbereiche $\mathbb{N}$, $\mathbb{Z}$, $\mathbb{Q}$ ist die Gleichung lösbar, für welche nicht?
a) $3a + 7 = -14$ **b)** $x - 8 = 4 - x$
c) $8y - 3 = 8 - 2y$ **d)** $-b + 15{,}5 = 12 - b + 3\frac{1}{2}$
e) $5e - 7 = -17 + 5e$ **f)** $2f + 4 = 6f + 9$

9 Bestimme die Lösungsmenge im Bereich der ganzen Zahlen.
a) $6x + 5 = x - 7 + 3x$ **b)** $y + 5 = -3{,}8$
c) $\frac{1}{2}z + 19{,}5 = -3$ **d)** $-4a + 18 = 5a - 7 - a$
e) $1 + 2a + 5 = 2a + 6$ **f)** $3c + 37{,}5 = -3c + 37{,}5$

10 Löse im Bereich der rationalen Zahlen.
a) $-1 + \frac{1}{4}x = -x$ **b)** $+\frac{1}{2}x - 5 = -\frac{1}{2}x + 5$
c) $\frac{y}{2} = y + 15$ **d)** $0{,}4y - 7 = -\frac{1}{5}y - 3$
e) $\frac{2}{3} \cdot (6x - 4{,}5) = 10$ **f)** $2 \cdot (r - 6) = 5 - (r + 1)$
g) $2 \cdot \left(3s + \frac{1}{4}\right) = s + 8 \cdot (s - 3)$

11 Gib den Definitionsbereich in $\mathbb{Q}$ an und löse.

a) $\frac{x+2}{x-4} = \frac{x-3}{x+1}$ b) $\frac{x+2}{x-3} = \frac{x-4}{x+1}$

c) $\frac{x-2}{x+2} = \frac{x+3}{x+1}$ d) $\frac{x-5}{x+5} = \frac{x+3{,}5}{x-2{,}5}$

e) $\frac{x-5}{x+5} = \frac{x-2{,}5}{x+3{,}5}$ f) $\frac{x+3}{x+4} = \frac{x-4}{x-5}$

12 Für einen Dachgiebel in Form eines gleichschenkligen Dreiecks benötigt Bauer Reusch Dachsparren. Er denkt über verschiedene Scheunenbreiten nach. In der Konstruktion sollen aber die Dachsparren jeweils dreimal so lang sein wie ein Viertel der Scheunenbreite. Bauer Reusch möchte die Scheune entweder 14 m, 15 m oder 16 m breit bauen. Bestimme jeweils die Länge der Dachsparren.

13 Ein Quader ist doppelt so lang wie breit und dreimal so hoch wie lang. Wie lang sind die einzelnen Seiten, wenn alle Kanten des Quaders zusammen 72 cm lang sind? Stelle eine Gleichung auf und löse.

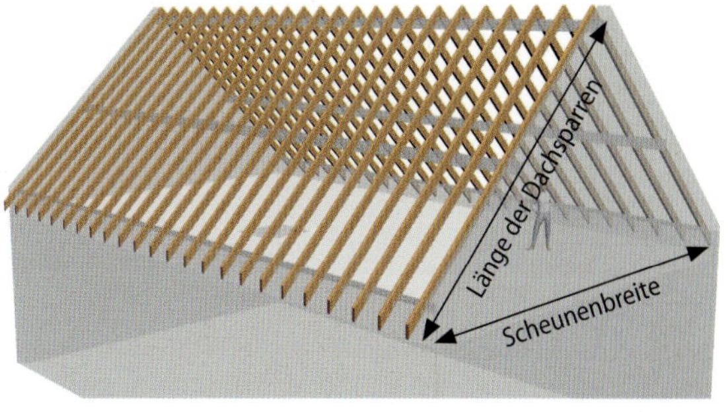

Aufgaben für Lernpartner

Sind folgende Behauptungen richtig oder falsch? Begründe schriftlich.

A Eine Variable in einem Term kann man durch eine beliebige Zahl ersetzen.

B 3x multipliziert mit x ergibt 4x.

C Das Kommutativgesetz besagt, dass man innerhalb eines Terms in beliebiger Reihenfolge rechnen darf.

D Die Multiplikation beider Seiten einer Gleichung mit null ist eine Äquivalenzumformung.

E Es gibt Gleichungen, die für bestimmte Zahlenbereiche lösbar sind, für andere jedoch nicht.

F Bei Gleichungen mit Klammern löst man zunächst die Klammern auf jeder Seite auf.

G Der einzige Weg zum Lösen einer Sachaufgabe ist das Aufstellen eines Terms oder einer Gleichung.

H Eine Formel umzustellen bedeutet, einfach zwei Variablen miteinander zu vertauschen.

I Durch das Vereinfachen von Termen entstehen stets zueinander äquivalente Terme.

J Jede Gleichung hat eine eindeutige Lösung.

Ich weiß und kann …	Aufgaben	Hilfe
Terme mit Variablen aufstellen und berechnen.	1, 2, 3, A	S. 100
Terme vereinfachen.	4, C, I	S. 102
einfache Terme mit Zahlen und Variablen multiplizieren und dividieren.	5, 6, B	S. 104
Terme mit Klammern auflösen.	7	S. 106
die Lösungsmenge von Gleichungen durch systematisches Probieren oder Äquivalenzumformungen finden.	8, 9, 10, D, E, F, H, J	S. 108, 110
Verhältnisgleichungen lösen.	11, H	S. 114
einfache Gleichungen aufstellen und lösen.	12, 13, G	S. 116

3 Auf einen Blick

Seite 102

Terme vereinfachen

Beim Vereinfachen von Termen gelten die **bekannten Rechenregeln:**

1 Eine Summe aus lauter gleichen Summanden lässt sich als **Produkt** schreiben.

2 Mithilfe des Kommutativgesetzes lassen sich **Summanden ordnen.**

3 Aufgrund des Distributivgesetzes lassen sich **gleichartige Variablen zusammenfassen.**

Durch das Vereinfachen entstehen zueinander **äquivalente Terme.**

Beispiel zu 1:
$a + a + a + a + a = 5 \cdot a$

Beispiel zu 2:
$a + b + a + a + b = a + a + a + b + b$
$= 3 \cdot a + 2 \cdot b$

Beispiel zu 3:
$6 \cdot a - 4 \cdot a = (6 - 4) \cdot a = 2 \cdot a$
$-5 \cdot b - 8 \cdot b = (-5 - 8) \cdot b = -13 \cdot b$

Seite 104

Terme multiplizieren und dividieren

Ein Produkt aus Zahlen und Variablen wird vereinfacht, indem man das Produkt ordnet und dann **Zahlen mit Zahlen** und **Variablen mit Variablen** multipliziert.
Dividiert man einen Term **durch eine Zahl,** beachtet man lediglich die Zahlen.

1 $16a \cdot 4 = 64a$

2 $6x \cdot 11x = 66x^2$

3 $9x : 15 = \frac{9}{15}x = \frac{3}{5}x$

4 $28f : 7 = 4f$

Seite 106

Terme mit Klammern auflösen

Bei der **Addition** einer Summe (Differenz) **ändern** sich die **Vorzeichen nicht** beim Entfernen der Klammer, während sie sich bei der **Subtraktion umkehren.**
Bei **Multiplikation** mit einer Zahl (**Division** durch eine Zahl) gilt das **Distributivgesetz.**

$4 + (y - 2) = 4 + y - 2 = 2 + y$
$4 - (y + 2) = 4 - y - 2 = 2 - y$

$(x - 1) \cdot 3 = x \cdot 3 - 1 \cdot 3 = 3x - 3$

$(x - 3) : 2 = x : 2 - 3 : 2 = \frac{1}{2}x - \frac{3}{2} = \frac{1}{2}x - 1\frac{1}{2}$

Seite 110

Gleichungen umformen und lösen

Gleichungen kann man auch durch **Äquivalenzumformungen** lösen: Oft ist es möglich, eine **Gleichung** so zu **vereinfachen,** dass die Variable auf einer Seite der Gleichung alleine steht. Dabei darf sich die **Lösungsmenge** der Gleichung **nicht ändern.** Es gilt:

- Man **addiert (subtrahiert)** auf beiden Seiten der Gleichung die **gleiche Zahl** oder den **gleichen Term.**
- Man **multipliziert (dividiert)** auf beiden Seiten die **gleiche Zahl** (die nicht null sein darf).

Alle **Zahlen,** die eine Gleichung lösen, fasst man in der **Lösungsmenge** $\mathbb{L}$ zusammen.

Löse im Bereich der ganzen Zahlen.

Beispiele: **a)**

$$\begin{aligned} 4x + 7 &= 31 \quad &| -7 \\ 4x &= 24 \quad &| :4 \\ x &= 6 \\ \mathbb{L} &= \{6\} \end{aligned}$$

b)

$$\begin{aligned} 5x + 10 &= 2x - 2 \quad &| -10 \\ 5x &= 2x - 12 \quad &| -2x \\ 3x &= -12 \quad &| :3 \\ x &= -4 \\ \mathbb{L} &= \{-4\} \end{aligned}$$

4 Figuren

Einstieg

- Antike Theater wurden oftmals in Halbkreisen angelegt. Betrachte die Sitze in einer Reihe und beschreibe ihre Lage.
- Skizziere den Grundriss eines solchen Theaters und überprüfe in diesem, unter welchem Blickwinkel man von den verschiedenen Reihen aus die ganze Bühne erfassen konnte.
- Von welchen Plätzen aus hatte man denselben Blickwinkel? Hatte man deshalb auch gleich gute Sicht? Beurteile.

Ausblick

Am Ende dieses Kapitels hast du gelernt, …

- welche Eigenschaften besondere Linien und Kreise in Dreiecken haben.
- mit dem Satz des Thales Konstruktionen durchzuführen.
- Umfang und Flächeninhalt an Vielecken und Kreisen zu berechnen.
- Winkel und Geraden am Kreis zu konstruieren.

4 Das kann ich schon ...

Dreiecke ordnen

1 **spitzwinkliges Dreieck:** alle Winkel sind < 90°

rechtwinkliges Dreieck: ein Winkel ist ein rechter Winkel

stumpfwinkliges Dreieck: ein Winkel ist > 90°

2 **gleichschenkliges Dreieck:**

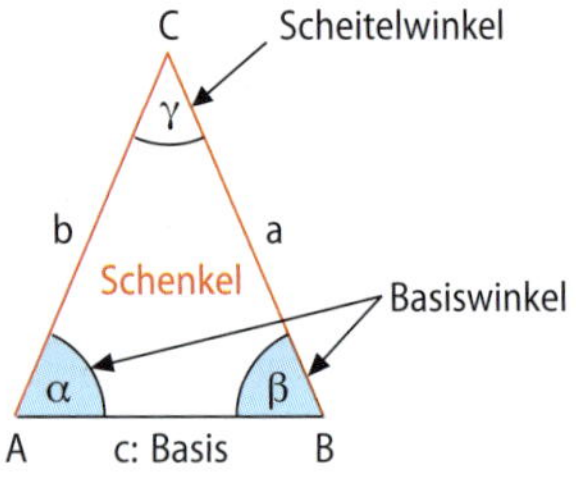

Zwei Seiten sind gleich lang.
$a = b$ (Schenkel)
$\alpha = \beta$ (Basiswinkel)

gleichseitiges Dreieck:

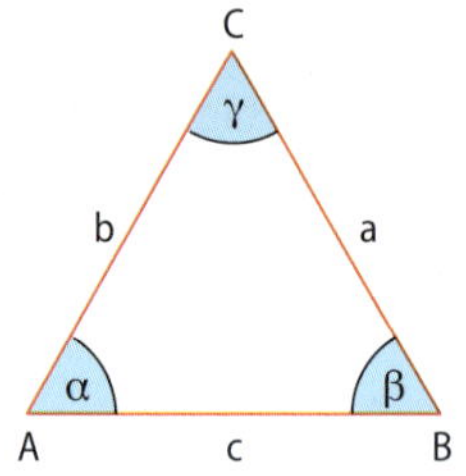

Alle Seiten sind gleich lang.
$a = b = c$
$\alpha = \beta = \gamma = 60°$

Winkel an Geraden

An zwei sich schneidenden Geraden gilt:
- Nebenwinkel ergeben zusammen stets 180°
  ($\alpha + \beta = \beta + \gamma = \ldots = 180°$)
- Scheitelwinkel sind gleich groß ($\alpha = \gamma$ und $\beta = \delta$)

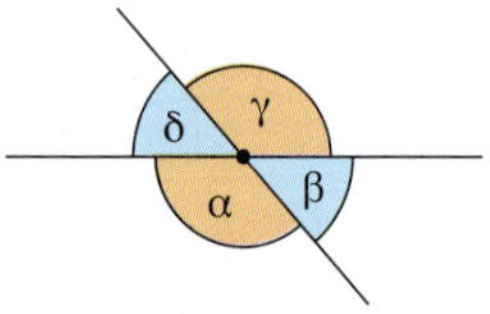

Werden zwei Parallelen von einer Geraden geschnitten, so gilt:
- Stufenwinkel sind gleich groß.
- Wechselwinkel sind gleich groß.

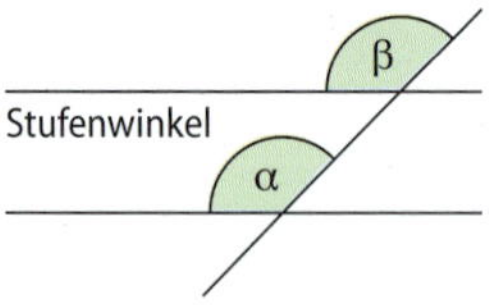

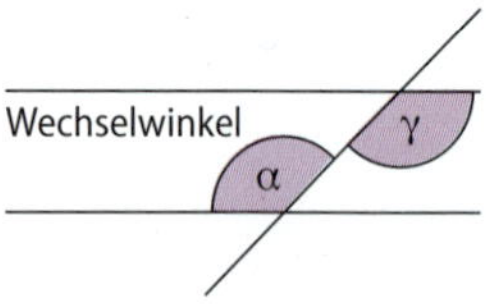

Vierecke ordnen

Ein **Parallelogramm** ist ein Viereck, bei dem die gegenüberliegenden Seiten parallel sind.
Eine **Raute** (oder **Rhombus**) ist ein Viereck, bei dem alle Seiten gleich lang sind.
Ein **Drachenviereck** ist ein Viereck, bei dem die Nachbarseiten paarweise gleich lang sind.
Ein **Trapez** ist ein Viereck, bei dem zwei Seiten parallel sind.
Ordnet man die Vierecksarten nach ihren (Symmetrie-) Eigenschaften, dann entsteht das sogenannte **Haus der Vierecke**.

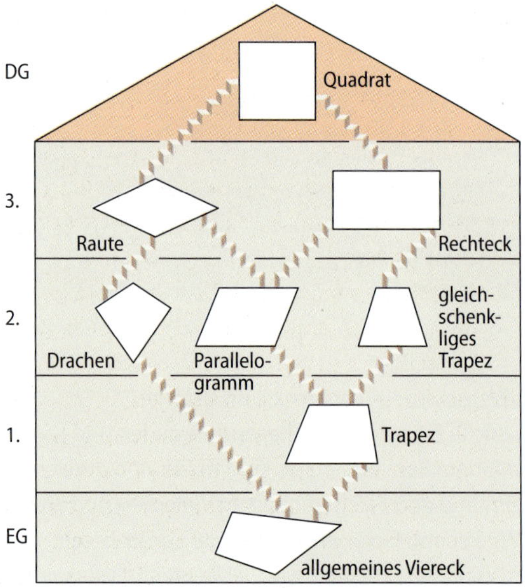

Dreiecke ordnen

1 Untersuche die Winkel in einem Dreieck. Um welche Dreiecksart handelt es sich?

a) $\alpha = 35°$; $\beta = 135°$; $\gamma = 10°$ **b)** $\alpha = 40°$; $\beta = 50°$; $\gamma = 90°$

c) $\alpha = 70°$; $\beta = 40°$; $\gamma = 70°$ **d)** $\alpha = 39°$; $\beta = 78°$; $\gamma = 63°$

2 **a)** Zeichne die Figur in dein Heft. Markiere möglichst viele verschiedene Dreiecksarten in der Figur und färbe diese unterschiedlich ein.

b) Erfinde selbst ein solches Muster mit verschiedenen Dreiecksarten. Dein Tischnachbar soll deine Aufgabe ebenfalls lösen und seine Ergebnisse am Ende mit dir vergleichen.

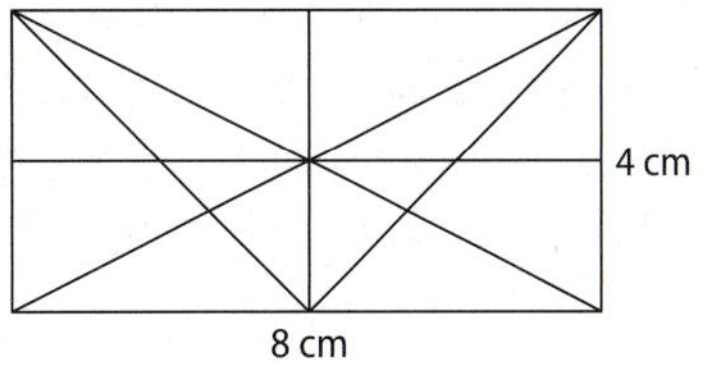

Winkel an Geraden

3 Bestimme alle Winkelgrößen.

a)

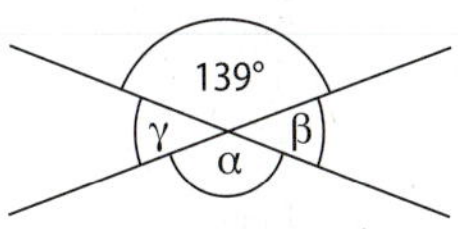

b)

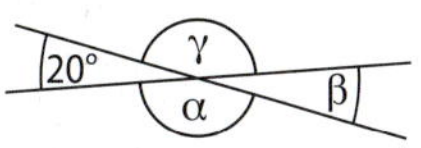

c)

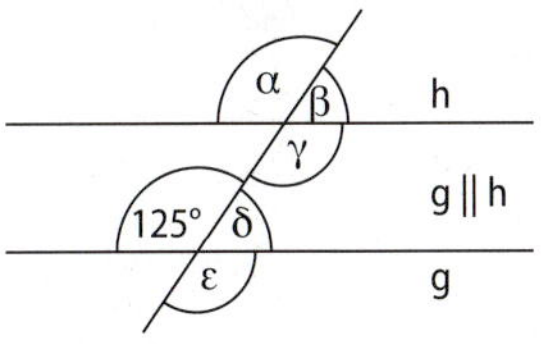

d)

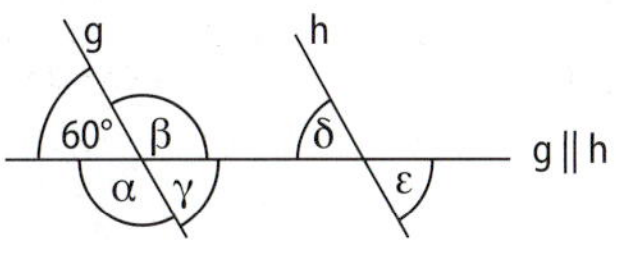

4 Übertrage die Sätze ins Heft und setze die richtigen Begriffe ein.

a) Der Nebenwinkel eines spitzen (stumpfen) Winkels ist immer ein … Winkel.

b) Der Scheitelwinkel zu einem spitzen (stumpfen) Winkel ist stets ein … Winkel.

c) Der Stufenwinkel zu einem spitzen (stumpfen) Winkel ist ein … Winkel.

Vierecke ordnen

5 Im Haus der Vierecke sind die Vierecke durch Treppen verbunden. Man kann nur auf diesen Treppen von einem Viereck zum nächsten gelangen. Wenn man eine Treppe nach unten geht, verliert das Viereck eine Eigenschaft; geht man nach oben, so kommt eine Eigenschaft hinzu.

a) Katrin behauptet, dass jede Raute auch ein Trapez ist. Sie begründet es dadurch, dass man von der Raute direkt über zwei Treppen abwärts zum Trapez gelangt. Was sagst du zu dieser Begründung?

b) Warum ist ein Rechteck kein Drachen? Begründe.

c) Wie ändern sich die Eigenschaften der Seiten und Winkel der Vierecke …

1 auf dem Weg vom allgemeinen Viereck zum Rechteck?

2 auf dem Weg vom allgemeinen Viereck zum Drachenviereck?

3 auf dem Weg vom Trapez zum Quadrat?

d) Beschreibe weitere Wege. Man kann auch von oben nach unten gehen.

Kap. 4.2 und 4.3

Bester Platz

Anna-Sophia und Felix entwerfen ein Geschicklichkeitsspiel. Sie sitzen sich auf Stühlen schräg gegenüber und wollen Münzen in mehrere, am Boden stehende Becher werfen. Die Becher sollen dabei so platziert werden, dass ihre Entfernung zu beiden Spielern jeweils gleich groß ist, damit gleiche Trefferchancen herrschen.

- Wo müssen die Becher plaziert werden, damit das Spiel fair ist? Probiere aus.
- Wie viele Positionen für die Becher gibt es theoretisch für ein faires Spiel?
- Probiere das Spiel mit einem Partner aus. Ihr könnt den Bechern auch verschiedene Punktzahlen zuordnen.

Kap. 4.4

Grundstück vermessen

Zum Vermessen brauchst du Folgendes:
- Fluchtstangen (gut sichtbare Holzpfosten)
- 50-m-Maßband (z. B. aus dem Sportunterricht)
- rot-weißes Absperrband aus dem Baumarkt
- Winkelmesser
- Schreibmaterial

- Miss den Flächeninhalt eines Grundstücks mit folgendem Vorgehen:
  1. Markiere mit den Fluchtstangen die Eckpunkte des Grundstücks. Lege eine Diagonale fest und markiere diese durch ein Absperrband.
  2. Finde mit dem Winkelmesser die Lotfußpunkte der Eckpunkte auf der Diagonalen. Im Bild sind die Lote mit Absperrband markiert.
  3. Die Fläche wird durch dieses Verfahren in rechtwinklige Dreiecke und Trapeze unterteilt. Skizziere das Grundstück mit der Diagonalen und den Loten auf ein Blatt. Bestimme nun die Länge der einzelnen Lote und die Abstände zwischen den Lotfußpunkten. Trage die Messwerte in die Skizze ein.
  4. Berechne nun die gesamte Grundstücksfläche aus den verschiedenen Trapez- und Dreiecksflächen.

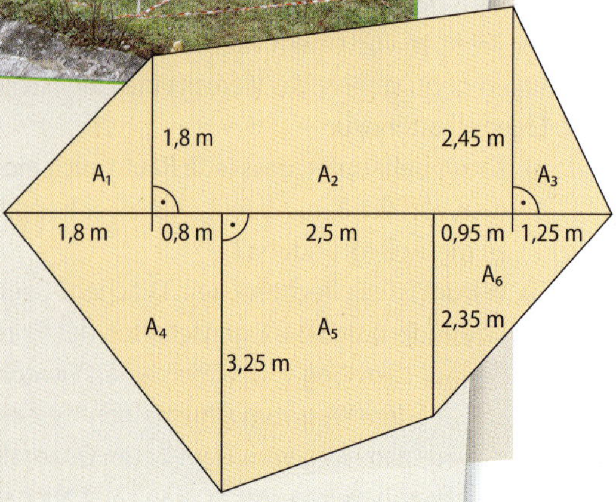

Kap. 4.6 und 4.7

Experimentieren am Computer

Experimentiere mit einem dynamischen Geometriesystem. Zeichne einen Kreis mit Radius 5 cm. Trage auf der Kreislinie eine Sehne $\overline{AB}$ mit 6 cm ab. Lege einen weiteren Punkt C auf die Kreislinie. Zeichne das Dreieck ABC.

- Bestimme den Winkel γ.
- Bewege den Punkt C auf der Kreislinie. Was stellst du fest?
- Führe das Experiment für eine andere Sehnenlänge durch.

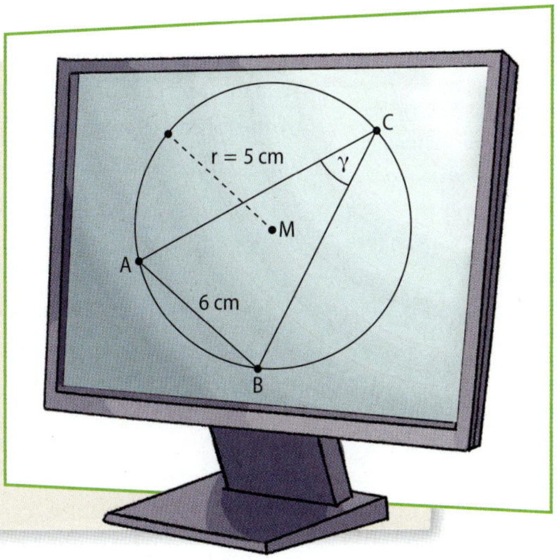

Kap. 4.8 und 4.9

Fahrräder vermessen

Hast du dir auch schon einmal überlegt, wie weit du bei einer Umdrehung eines Fahrradreifens kommst?

- Miss den Durchmesser des Fahrradreifens.
- Markiere mit einer Kreide die unterste Stelle des Reifens mit einem Strich auf Reifen und Untergrund. Rolle das Fahrrad eine Umdrehung weit und markiere die Strecke wieder mit einem Strich. Miss die gefahrene Strecke.
- Berechne, wie oft der Durchmesser des Fahrradreifens in die gefahrene Strecke passt.
- Wiederhole den Versuch mit mindestens einem weiteren Reifen mit einer anderen Größe.
- Beschreibe die Zusammenhänge zwischen Durchmesser und Umfang des Fahrradreifens.

Zum Vermessen brauchst du Folgendes:

- mind. 2 Fahrräder mit verschiedenen Reifengrößen
- mind. 10-m-Maßband (z. B. aus dem Sportunterricht)
- Kreide
- Schreibmaterial

4

4.1 Zusammenhänge im Dreieck entdecken

Entdecken

Wenn du kein Geometrieprogramm zur Verfügung hast, kannst du auch beliebige Dreiecke in dein Heft zeichnen und die Aufgaben daran lösen.

Erstelle mit einem Geometrieprogramm ein beliebiges Dreieck und lass dir alle Winkelmaße und Seitenlängen anzeigen. Untersuche Zusammenhänge zwischen Seitenlängen und Winkelmaßen an verschiedenen Dreiecken. Übertrage dazu die Tabelle in dein Heft.

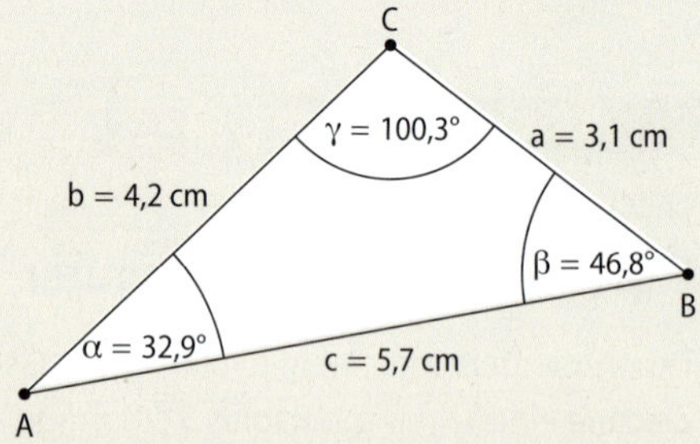

	a	α	b	β	c	γ
Dreieck $A_1B_1C_1$						
Dreieck $A_2B_2C_2$						
…						

Nutze den Zugmodus des Geometrieprogramms.

- Betrachte in jedem Dreieck die längste Seite und den größten Winkel. Was fällt dir auf? Überprüfe deine Vermutung an weiteren Dreiecken.
- Addiere in jedem Dreieck jeweils zwei Seitenlängen und vergleiche mit der dritten Seitenlänge. Welche Beziehung erkennst du?

Verstehen

Du weißt: Die Summe aller Innenwinkel in einem Dreieck ergibt stets 180° (**Innenwinkelsatz**).

In jedem Dreieck liegt der **längsten Seite** auch der **größere Winkel gegenüber**. Umgekehrt liegt auch dem größeren Winkel die längste Seite gegenüber (**Seite-Winkel-Beziehung**):

$a > b \rightarrow \alpha > \beta$ $a > c \rightarrow \alpha > \gamma$ …

$\alpha > \beta \rightarrow a > b$ $\alpha > \gamma \rightarrow a > c$ …

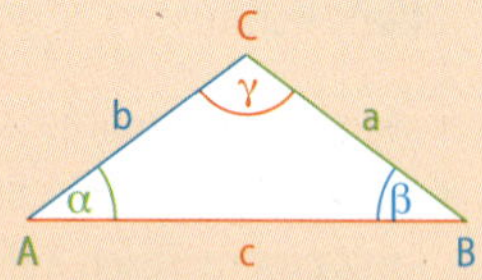

Im **rechtwinkligen Dreieck** ist aufgrund des Innenwinkelsatzes der rechte Winkel auch der größte Winkel. Die gegenüberliegende **längste Seite** wird als **Hypotenuse** bezeichnet.

Eine Strecke ist stets die kürzeste Verbindung zwischen zwei Punkten. Somit müssen zwei Seiten eines Dreiecks zusammen **stets länger** sein als **die dritte Seite** (**Dreiecksungleichung**): $a + b > c$; $a + c > b$; $b + c > a$

Bezeichnungen am rechtwinkligen Dreieck:

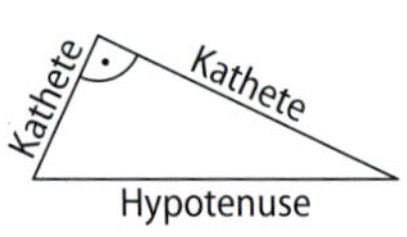

Beispiel

Ist ein Dreieck mit den gegebenen Maßen konstruierbar? Begründe deine Antwort.

a) a = 3,6 cm; b = 4 cm; c = 5,8 cm **b)** a = 1,5 cm; b = 4,8 cm; c = 6,9 cm

c) a = 6 cm; b = 4 cm; $\beta = 100°$

Lösung:

a) Das Dreieck ist konstruierbar. Die Dreiecksungleichung ist erfüllt:
$a + b > c$; $a + c > b$; $b + c > a$

b) Das Dreieck ist nicht konstruierbar, denn die Dreiecksungleichung ist nicht erfüllt:
$a + b = 6{,}3\text{ cm} < 6{,}9\text{ cm} = c$.

c) Das Dreieck ist nicht konstruierbar, weil β der größte Winkel im Dreieck sein muss (Innenwinkelsatz). Die Seite-Winkel-Beziehung ist nicht erfüllt, denn $a > b$.

Nachgefragt

- Begründe die folgende Aussage: „Je größer die Seitenlänge in einem Dreieck ist, desto größer ist der zugehörige Innenwinkel."
- Begründe, dass es eine „Dreiecksungleichung für Innenwinkel" nicht geben kann.

Aufgaben

1 Überprüfe und begründe, ob das Dreieck mit den gegebenen Größen möglich ist.

a) $a = 3{,}8\,\text{cm};\ b = 6{,}2\,\text{cm};\ c = 2{,}2\,\text{cm}$
b) $a = 6{,}1\,\text{cm};\ b = 4{,}8\,\text{cm};\ c = 3{,}6\,\text{cm}$
c) $a = 14{,}2\,\text{cm};\ b = 17{,}5\,\text{cm};\ c = 3{,}3\,\text{cm}$
d) $a = 4{,}5\,\text{cm};\ b = 2{,}6\,\text{cm};\ c = 1{,}8\,\text{cm}$
e) $a = 4{,}5\,\text{cm};\ b = 3{,}5\,\text{cm};\ \alpha = 90°$
f) $b = 7{,}8\,\text{cm};\ c = 6{,}3\,\text{cm};\ \gamma = 120°$
g) $a = 8{,}2\,\text{cm};\ b = 7{,}5\,\text{cm};\ \beta = 72°$
h) $c = 5{,}5\,\text{cm};\ \beta = 110°;\ \gamma = 70°$
i) $b = 7{,}4\,\text{cm};\ \beta = 72°;\ \gamma = 35°$
j) $\alpha = 45°;\ \beta = 75°;\ \gamma = 50°$

2 In einem Dreieck ABC sind die Seitenlängen $a = 5{,}5\,\text{cm}$ und $b = 7\,\text{cm}$ gegeben. Welche Werte sind für c zulässig, wenn zusätzlich Folgendes gilt:

a) $c > b$ **b)** $b > c$ **c)** $a > c$ **d)** $c > a$

3 Überprüfe jeweils die Seite-Winkel-Beziehung und die Dreiecksungleichung. Welche Zusammenhänge erkennst du?

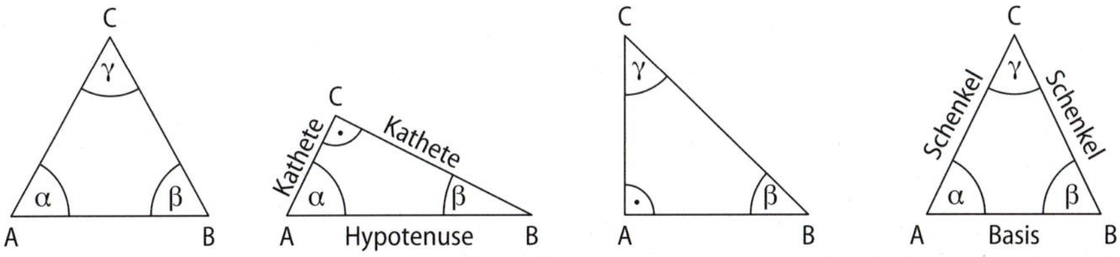

1 gleichseitiges Dreieck **2** rechtwinkliges Dreieck **3** gleichschenklig-rechtwinkliges Dreieck **4** gleichschenkliges Dreieck

Beispiel: **1** $a = b = c$, somit $\alpha = \beta = \gamma$
Dreiecksungleichung $a + b > c;\ a + c > b;\ b + c > a$ ist erfüllt.

4 **a)** Begründe den Satz.
b) Wie lautet ein entsprechender Satz für Parallelogramme? Überprüfe ihn.
c) Trifft ein solcher Satz auch auf Rauten (symmetrische Trapeze, Quadrate) zu? Begründe deine Antwort.

In einem Rechteck sind die Diagonalen stets länger als jede Rechtecksseite.

Weiterdenken

In jedem Viereck ergibt die Summe aller Innenwinkelmaße stets 360°.

5 **a)** Begründe den Zusammenhang, nutze die Abbildung.
b) Berechne die fehlenden Winkelmaße im Viereck ABCD.

1 $\gamma = 49°;\ \delta = 191°$; β ist viermal so groß wie α.
2 $\gamma = 137°;\ \delta = 100°$; α ist halb so groß wie β.
3 $\gamma = 135°;\ \delta = 140°$; α ist um 35° kleiner als β.
4 $\gamma = 21°;\ \delta = 198°$; β ist um 25° kleiner als α.

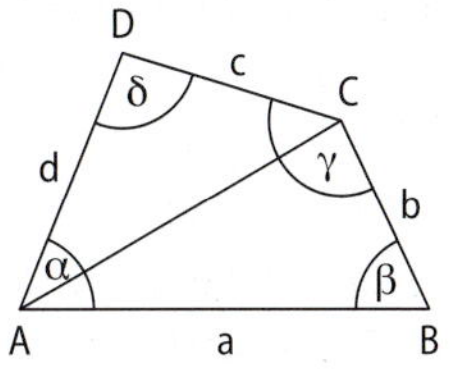

Entdecken

Familie Biermann möchte Nistkästen für Höhlenbrüter mit einem gleichschenkligen Dreieck als Vorderseite bauen. Im Internet finden sie zwei verschiedene Baupläne.

1 Die Länge der Schenkel soll 24 cm und die der Basis 14 cm betragen.
- Zeichne die Vorderseite (verkleinert) in dein Heft. Beschreibe dein Vorgehen.
- Vergleiche deine Lösung mit der deiner Mitschüler. Sind die Dreiecke kongruent?

2 Ein zweiter Bauplan gibt lediglich die Größe der Winkel an: Basiswinkel 70°, Scheitelwinkel 40°. Frau Biermann meint: „Da gibt es doch mehrere Lösungen."
- Zeichne auch hier eine Vorderseite. Beschreibe dein Vorgehen.
- Hat Frau Biermann Recht mit ihrer Behauptung?

Verstehen

Unter einer **Konstruktion** versteht man in der Mathematik die Zeichnung von Figuren aus gegebenen Stücken mithilfe bestimmter Zeichenwerkzeuge.

Schritte zur Konstruktion:

1 *Die Planfigur ist eine Skizze der Figur, in der die gegebenen Größen farbig markiert sind.*

2 *Die Zeichnung stellt die eigentliche Umsetzung der Konstruktion dar.*

3 *Die Beschreibung gibt in Stichworten an, mit welchen Schritten man die Zeichnung erhalten kann.*

Die Sätze bezeichnet man auch als Kongruenzsätze für Dreiecke.

In der Regel sind als Konstruktionswerkzeuge nur Zirkel und Lineal zugelassen, das Geodreieck darf zum Winkelmessen benutzt werden. Eine Konstruktion besteht aus drei Schritten:

1 Planfigur **2** Zeichnung **3** Beschreibung

Für die Konstruktion von Dreiecken benötigt man drei Angaben, von denen eine eine Seitenlänge sein muss.
Dreiecke sind genau dann kongruent zueinander, wenn sie …
- in der Länge ihrer drei Seiten übereinstimmen (**SSS**).
- in der Länge zweier Seiten und der Größe des eingeschlossenen Winkels übereinstimmen (**SWS**).
- in der Länge einer Seite und der Größe der beiden anliegenden Winkel übereinstimmen (**WSW**).
- in der Länge zweier Seiten übereinstimmen und der Größe des Winkels, der der längeren Seite gegenüberliegt (**SsW**).

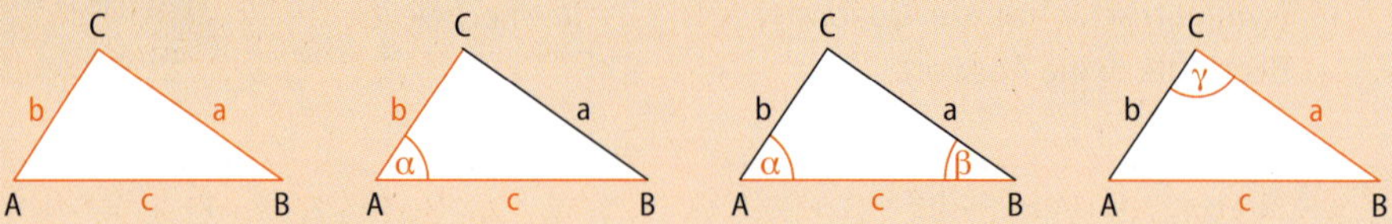

SSS SWS WSW SsW

Beispiel

Gib den entsprechenden Kongruenzsatz an und konstruiere das Dreieck ABC.

a) $a = 3$ cm; $b = 4$ cm; $c = 3{,}5$ cm **b)** $a = 4$ cm; $c = 3$ cm; $\beta = 40°$

c) $b = 3$ cm; $\alpha = 90°$; $\gamma = 30°$ **d)** $c = 3{,}5$ cm; $a = 3$ cm; $\gamma = 60°$

Lösung:

a) Planfigur (SSS):

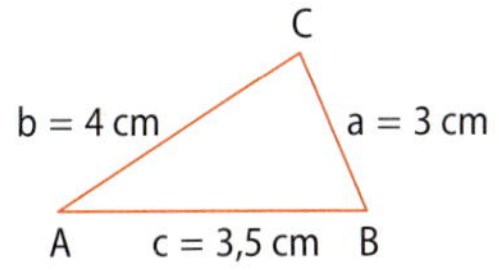

Zeichnung:

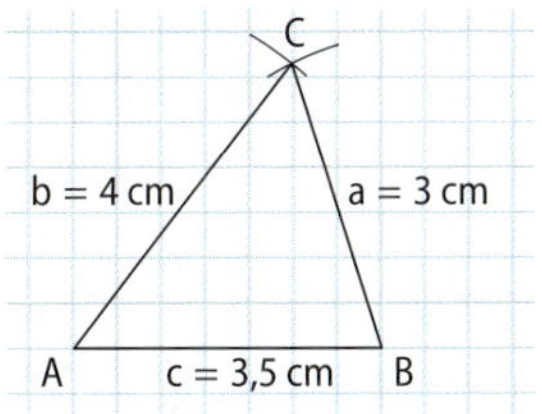

Beschreibung:

1. Zeichne die Strecke c mit den Eckpunkten A und B.
2. Zeichne einen Kreisbogen um A mit Radius b.
3. Zeichne einen Kreisbogen um B mit Radius a.
4. Die Kreise schneiden sich in C.

b) Planfigur (SWS):

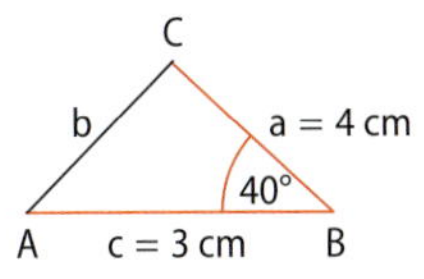

Zeichnung:

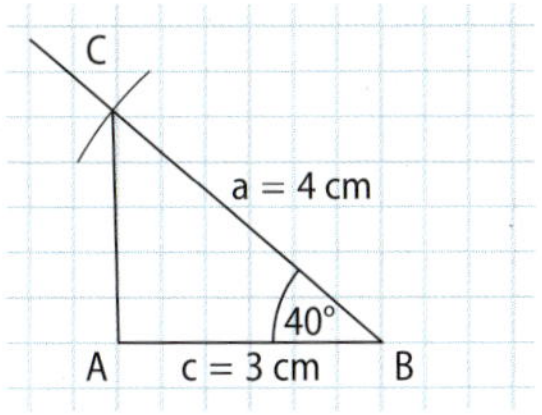

Beschreibung:

1. Zeichne die Strecke c mit den Eckpunkten A und B.
2. Trage in B den Winkel β an.
3. Die Länge des Schenkels in B beträgt 4 cm. Man erhält C.

c) Planfigur (WSW):

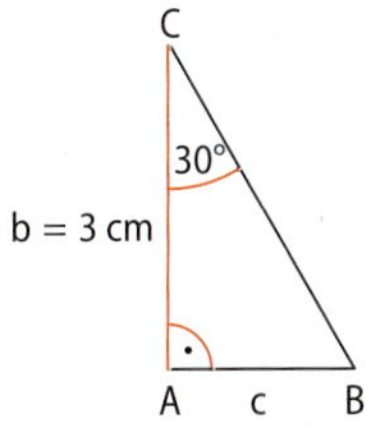

Zeichnung:

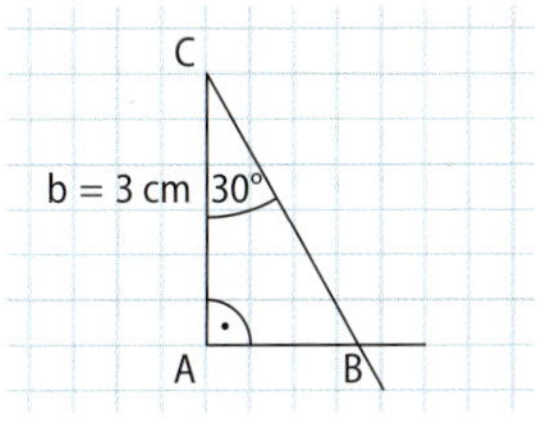

Beschreibung:

1. Zeichne die Strecke b mit den Eckpunkten A und C.
2. Trage in A den Winkel α an.
3. Trage in C den Winkel γ an.
4. Der Schnittpunkt der freien Schenkel von α und γ ergibt B.

d) Planfigur (SsW):

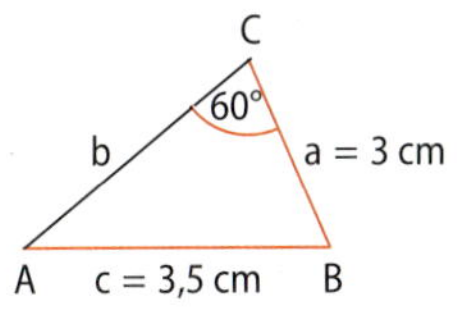

Zeichnung:

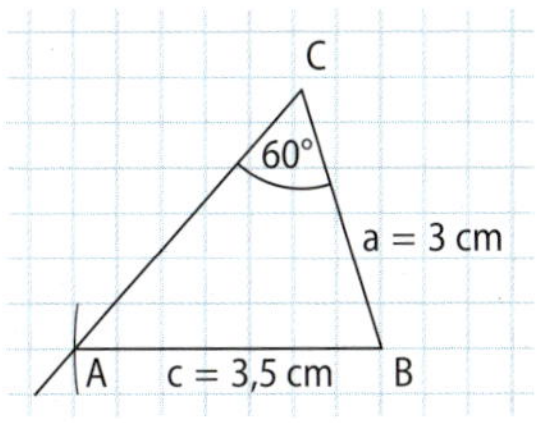

Beschreibung:

1. Zeichne die Strecke a mit den Eckpunkten B und C.
2. Trage in C den Winkel γ an.
3. Zeichne einen Kreisbogen um B mit Radius c.
4. Der Schnittpunkt des freien Schenkels von γ und des Kreisbogens ergibt A.

Nachgefragt

- Leon behauptet, dass man ein Dreieck auch dann eindeutig konstruieren kann, wenn alle drei Winkel gegeben sind. Stimmt das? Begründe.
- Ist die Summe der Länge zweier Seiten kleiner als die Länge der dritten Seite, ergibt die Konstruktion kein Dreieck. Ist die Aussage wahr? Begründe.

Erinnere dich an die Dreiecksungleichung.

Aufgaben

1 Konstruiere das Dreieck ABC mit dem angegebenen Kongruenzsatz wie im Beispiel.

a) SSS:
- **1** a = 4 cm; b = 3 cm; c = 5 cm
- **2** a = 4,5 cm; b = 5 cm; c = 6 cm
- **3** a = 6 cm; b = 7 cm; c = 8 cm
- **4** a = 5,1 cm; b = 3,6 cm; c = 5,8 cm

b) SWS:
- **1** a = 5 cm; c = 4 cm; $\beta = 40°$
- **2** a = 6 cm; c = 3,5 cm; $\beta = 60°$
- **3** b = 3,5 cm; c = 3 cm; $\alpha = 55°$
- **4** a = 7 cm; b = 4,5 cm; $\gamma = 70°$

c) WSW:
- **1** b = 4 cm; $\alpha = 80°$; $\gamma = 40°$
- **2** b = 6,5 cm; $\alpha = 45°$; $\gamma = 65°$
- **3** c = 8 cm; $\alpha = 40°$; $\beta = 55°$
- **4** a = 4,2 cm; $\beta = 63°$; $\gamma = 68°$

d) SsW:
- **1** a = 4 cm; c = 5 cm; $\gamma = 50°$
- **2** a = 5,5 cm; c = 7 cm; $\gamma = 70°$
- **3** a = 3,5 cm; b = 6 cm; $\beta = 65°$
- **4** a = 5,3 cm; b = 4,1 cm; $\alpha = 45°$

Aufgaben

Achte bei den Lösungen darauf, welches das Dreieck ABC ist.

2 Konstruiere die Dreiecke ABC anhand der drei Schritte Planfigur – Zeichnung – Beschreibung wie im Beispiel. Gib jeweils den verwendeten Kongruenzsatz an.

a) $a = 3{,}5$ cm; $b = 6{,}4$ cm; $c = 5{,}7$ cm
b) $b = 3{,}9$ cm; $c = 7{,}3$ cm; $\alpha = 36°$
c) $c = 5{,}4$ cm; $\alpha = 44°$; $\beta = 72°$
d) $a = 5{,}2$ cm; $b = 6{,}6$ cm; $\gamma = 48°$
e) $b = 6$ cm; $c = 4{,}5$ cm; $\beta = 60°$
f) $a = 7{,}4$ cm; $c = 4{,}7$ cm; $\beta = 35°$

Achte auf einen geeigneten Ausschnitt des Koordinatensystems.

3 **a)** Zeichne die Dreiecke in ein Koordinatensystem (Einheit 1 cm). Überprüfe mithilfe der Kongruenzsätze, ob die Dreiecke kongruent zueinander sind.

1. O (7|6); M (9|4); A (10|7) und O′ (1|4); M′ (3|2); A′ (4|5)
2. U (1|1); L (3|5); F (1|5) und U′ (5|3); L′ (3|−1); F′ (5|−1)
3. G (1|0); E (6|1); L (4|2) und G′ (1|0); E′ (2|−2); L′ (0|−3)
4. P (−1|5); I (−4|6); N (−3|3) und P′ (−5|5); I′ (−6|2); N′ (−3|3)

b) Finde für kongruente Dreiecke aus a) eine Achsenspiegelung, Punktspiegelung, Drehung oder Verschiebung, die die Dreiecke aufeinander abbildet.

4 Finde einen Punkt C′ so, dass die Dreiecke ABC und A′B′C′ kongruent sind.

a) A (2|2); B (6|4); C (1|4) und A′ (8|1); B′ (12|3); C′ (|)
b) A (4|5); B (6|7); C (2|7) und A′ (7|1); B′ (9|3); C′ (|)
c) A (−1|−2); B (3|0); C (−1|2) und A′ (3|7); B′ (1|3); C′ (|)
d) A (1|4); B (5|0); C (7|2) und A′ (1|1); B′ (−3|5); C′ (|)

Weitere griechische Buchstaben: delta δ, Epsilon ε, Phi φ. Diese Buchstaben entsprechen d, e und f in unserem Alphabet.

5 Zeichne auf unliniertem Papier jeweils die beiden Dreiecke ABC und DEF und untersuche sie auf Kongruenz. Nenne den zugehörigen Kongruenzsatz.

a) $c = 4{,}5$ cm; $\beta = 50°$; $\gamma = 45°$ und $f = 4{,}5$ cm; $\delta = 50°$; $\varepsilon = 85°$
b) $b = 6$ cm; $c = 5$ cm; $\beta = 85°$ und $d = 5$ cm; $f = 6$ cm; $\varphi = 85°$
c) $c = 7$ cm; $\alpha = 60°$; $\beta = 35°$ und $f = 5{,}5$ cm; $\delta = 60°$ und $\varepsilon = 35°$

6 **a)** Konstruiere ein gleichschenkliges Dreieck ABC mit:

1. Basis $c = 4{,}9$ cm und $\alpha = 71°$
2. Basis $a = 6{,}3$ cm und $\gamma = 48°$

b) Konstruiere ein gleichseitiges Dreieck ABC mit $a = 4{,}5$ cm ($a = 6{,}4$ cm). Finde verschiedene Möglichkeiten der Konstruktion.

7 **a)** Ein Dreieck mit $a = 3$ cm, $b = 4$ cm und $c = 5$ cm ist rechtwinklig. Überprüfe diese Aussage durch Konstruktion und miss nach. Welcher Winkel beträgt 90°?

b) Man erhält immer rechtwinklige Dreiecke, wenn man alle Seitenlängen aus a) verdoppelt, verdreifacht, halbiert, usw. Überprüfe dies an Beispielen.

Zeichne einen vollständigen Kreisbogen.

8 Bestimme zeichnerisch die Länge des Teichs zwischen A und C. Zeichne im Maßstab 1 : 100.

9 Begründe: Jedes rechtwinklige Dreieck, bei dem die Länge der Hypotenuse und einer Kathete gegeben sind, lässt sich eindeutig konstruieren.

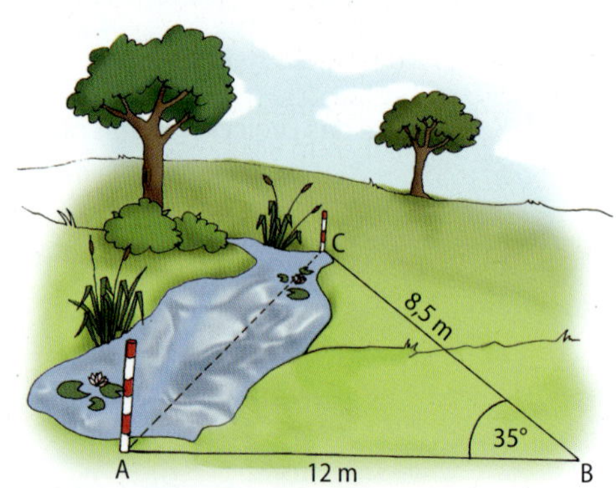

10 Damit eine Arbeitsleiter sicher steht, darf der Anstellwinkel α nicht größer als 70° sein. Im Baumarkt werden Leitern in den Längen 4 m, 5 m und 6 m angeboten.

a) Bestimme anhand einer Zeichnung, bis zu welcher Höhe die Leitern unter der gegebenen Bedingung maximal reichen.

b) Ein Maurer möchte mit dem höchsten Punkt seiner Leiter auf 4,5 m gelangen. Wie lang muss die Leiter mindestens sein, wenn die Sicherheitsbestimmung eingehalten werden soll?

Eine Konstruktion hat zwei Lösungen, wenn es zwei Dreiecke gibt, die nicht zueinander kongruent sind, die sich aber beide aus den Bestimmungsstücken konstruieren lassen.

11 Untersuche den Fall, dass bei einem Dreieck zwei Seiten und der Gegenwinkel zur kleineren Seite gegeben sind.

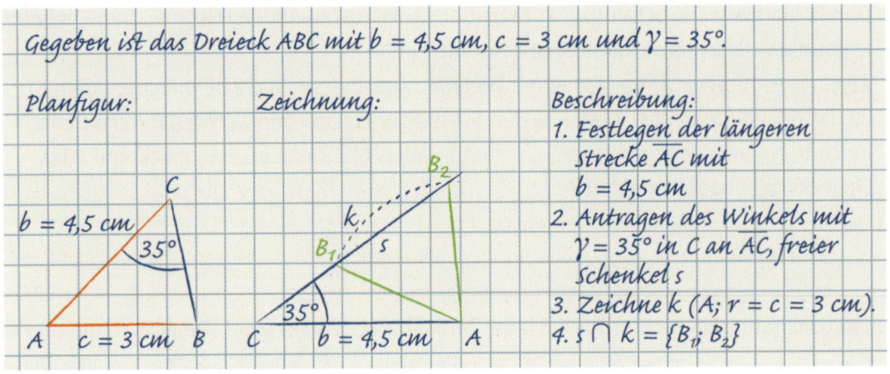

a) Beschreibe das Vorgehen der obigen Konstruktion mit eigenen Worten.

b) Welche der Dreiecke sind eindeutig konstruierbar, welche nicht?

1 a = 4 cm; b = 3 cm; α = 30°	**2** a = 3 cm; b = 4 cm; β = 30°
3 a = 4 cm; c = 3 cm; γ = 30°	**4** b = 3 cm; c = 4 cm; γ = 30°
5 b = 4 cm; c = 3 cm; γ = 30°	**6** b = 4 cm; c = 3 cm; γ = 60°

c) Konstruiere, wenn möglich, das Dreieck ABC (Planfigur, Zeichnung, Beschreibung). Wie viele Lösungen hat die Konstruktion?

1 a = 3 cm; b = 6 cm; β = 110°	**2** a = 5,2 cm; b = 4,8 cm; α = 55°
3 b = 6,5 cm; c = 7 cm; γ = 60°	**4** a = 3,5 cm; c = 5,4 cm; α = 30°
5 b = 6 cm; c = 4,3 cm; β = 100°	**6** a = 3,8 cm; b = 4,2 cm; α = 50°

12 Um für Flugzeuge nachts die Wolkenhöhe zu bestimmen, strahlte man früher von der Erde aus die Wolkendecke mit einem Scheinwerfer S an. Von einem Punkt B aus wird der Lichtfleck an der Wolkenunterseite von einem Beobachter angepeilt. Wie hoch ist die Wolkendecke über der Erde, wenn der Beobachter 7 km vom Scheinwerfer entfernt ist und einen Winkel α = 29° (α = 35°) beobachtet? Löse mithilfe einer Konstruktion (1 km ≙ 1 cm).

Entdecken

Untersuche die Zusammenhänge an einem Dreieck mit einem Geometrieprogramm.

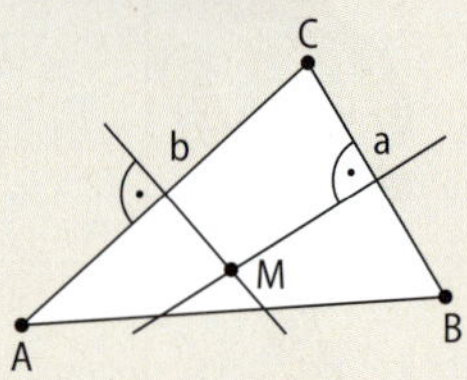

Mittelsenkrechte im Dreieck

- Zeichne ein Dreieck ABC. Markiere mit dem Werkzeug die Mittelsenkrechte der Seiten a und b. Markiere den Schnittpunkt M beider Mittelsenkrechten mit . Ziehe beliebig am Eckpunkt C. Beschreibe deine Beobachtung.
- Zeichne einen Kreis um M durch A. Ziehe beliebig an den Eckpunkten des Dreiecks. Was beobachtest du?

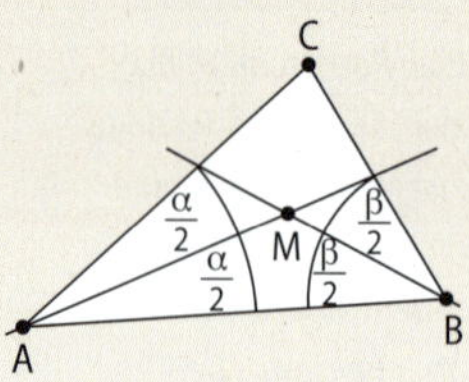

Winkelhalbierende im Dreieck

- Zeichne ein Dreieck ABC. Markiere mit dem Werkzeug die Winkelhalbierenden von α und β. Markiere den Schnittpunkt M beider Winkelhalbierenden mit . Ziehe beliebig am Eckpunkt C. Beschreibe deine Beobachtung.
- Zeichne den Abstand von M zu einer Dreiecksseite, indem du die Senkrechte durch M zu dieser Seite zeichnest. Markiere den Schnittpunkt S der Senkrechten mit der Seite. Zeichne einen Kreis mit Mittelpunkt M und Radius $\overline{MS}$. Ziehe an einem Eckpunkt des Dreiecks. Was beobachtest du?

Verstehen

Sowohl die Mittelsenkrechten als auch die Winkelhalbierenden eines Dreiecks schneiden sich.

Der Umkreisradius ist die Entfernung des Schnittpunktes M_u der Mittelsenkrechten von den Eckpunkten des Dreiecks.

Die drei **Mittelsenkrechten** der Seiten eines Dreiecks schneiden sich stets in einem Punkt M_u. Dieser Punkt ist von den drei Eckpunkten jeweils gleich weit entfernt und somit der Mittelpunkt des **Umkreises**:
$\overline{M_uA} = \overline{M_uB} = \overline{M_uC} = r_u$ (r_u: Umkreisradius)

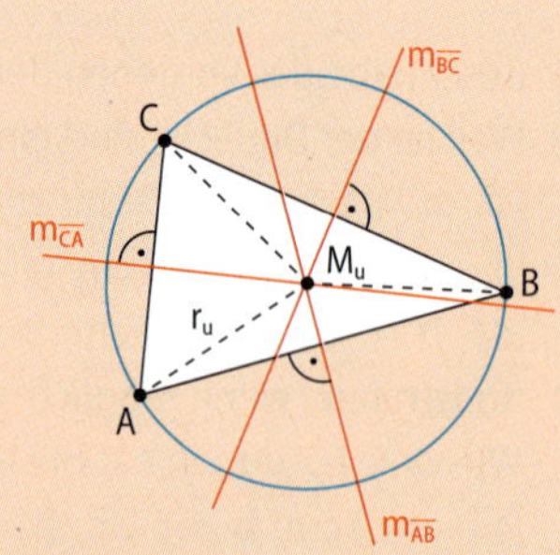

Der Inkreisradius ist der Abstand des Schnittpunktes M_i der Winkelhalbierenden von den Dreiecksseiten.

Die drei **Winkelhalbierenden** der Innenwinkel eines Dreiecks schneiden sich stets in einem Punkt M_i. Dieser Punkt hat von den Dreiecksseiten jeweils den gleichen Abstand und ist somit der Mittelpunkt des **Inkreises**:
$d(M_i; \overline{AB}) = d(M_i; \overline{BC}) = d(M_i; \overline{CA}) = r_i$
(r_i: Inkreisradius)

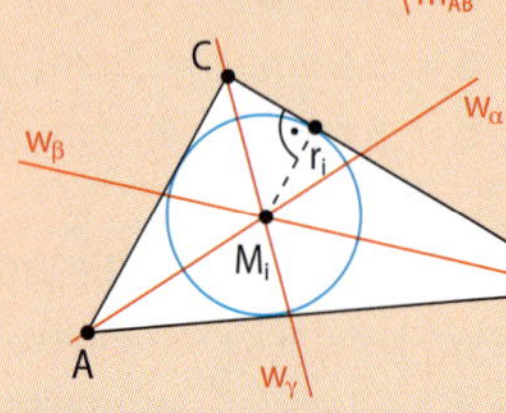

Beispiele

1. Bestimme zeichnerisch den Ort, der von den Seiten eines Dreiecks jeweils den gleichen Abstand besitzt. Welchen besonderen Punkt erhält man?

   Lösung:
   Man erhält den Inkreismittelpunkt M_i des Dreiecks.

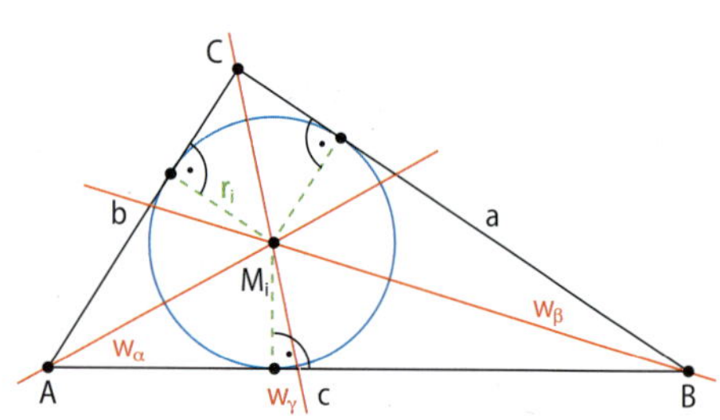

2. Bestimme zeichnerisch den Ort, der von den Eckpunkten des Dreiecks jeweils die gleiche Entfernung besitzt. Welchen besonderen Punkt erhält man?

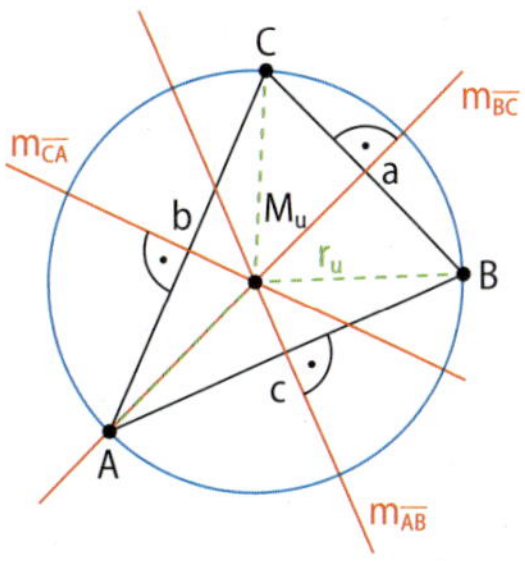

Lösung:
Der gesuchte Punkt ist der Mittelpunkt M_u des Umkreises des Dreiecks.

Nachgefragt

- Begründe, dass jedes Dreieck einen Umkreis besitzt.
- Durch welche Konstruktion erhält man den Umkreismittelpunkt (Inkreismittelpunkt)? Beschreibe in Worten.

Aufgaben

1 Konstruiere den Inkreis (Umkreis) zu den folgenden Dreiecken.

a) EIS: E (−1 | −1); I (4 | 0); S (2 | 4,5)
b) TOR: T (1 | 0); O (7 | −2); R (7 | 4,5)
c) KUH: K (1 | 2); U (4 | 2); H (4 | 6)
d) BAD: B (−1 | 1); A (2 | 2); D (6 | 6)
e) MAX: M (−1 | 1); A (5 | 3); X (1 | 5)
f) UTA: U (−4 | −2); T (8 | 2); A (−2 | 6)

2

1

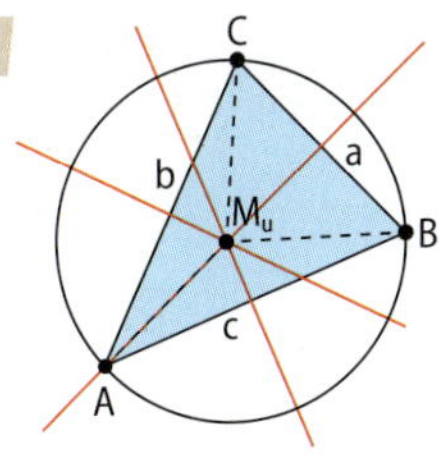

2

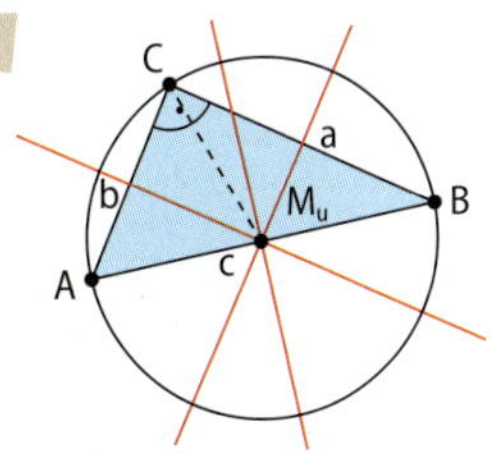

3

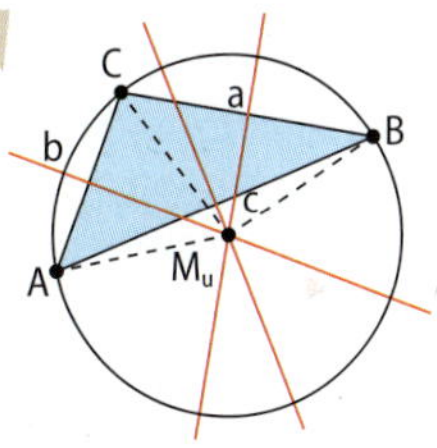

Die Grafiken zeigen die Lage des Umkreismittelpunktes für verschiedene Dreiecksarten.

a) Welchen Zusammenhang vermutest du?
b) Kontrolliere deine Vermutung, indem du je ein spitzwinkliges, ein rechtwinkliges und ein stumpfwinkliges Dreieck zeichnest. Konstruiere jeweils M_u und den Umkreis.
c) Untersuche die Lage des Inkreismittelpunktes für verschiedene Dreiecksarten.

3 Gegeben ist ein rechtwinkliges Dreieck ABC mit A (1 | 1), B (5 | 1) und C (5 | 6).

a) Zeichne das Dreieck, konstruiere die Mittelsenkrechten und die Menge aller Punkte P, für die gilt: $\overline{PA} = \overline{PB} = \overline{PC}$.
b) Bestimme den Radius des Umkreises durch Messung.

4 Von einem Dreieck ABC ist Folgendes bekannt: A (1 | −1), B (8 | 0) und M_u (4 | 3). Zudem weiß man, dass C auf einer Geraden durch P (−1 | 6) und Q (9 | 6) liegt.

a) Trage die Punkte, den Umkreis und $g = \overline{PQ}$ in ein Koordinatensystem ein.
b) Ermittle die Koordinaten des Eckpunktes C. Wie viele Lösungen findest du?

5 Zeichne das Dreieck ABC mit A (−3 | 0), B (4 | 0), C (1,5 | 6) sowie M (1 | 2).

a) Fälle von M aus die Lote auf die Dreiecksseiten und miss jeweils die Abstände.
b) Konstruiere die Winkelhalbierenden w_α, w_β und w_γ. Was fällt dir auf?

Entdecken

- Zeichne das Parallelogramm auf kariertes Papier und schneide es aus. Zerlege es anschließend in Teilfiguren und setze diese zu einem Rechteck zusammen. Es gibt verschiedene Möglichkeiten. Zeige sie auf und erläutere.

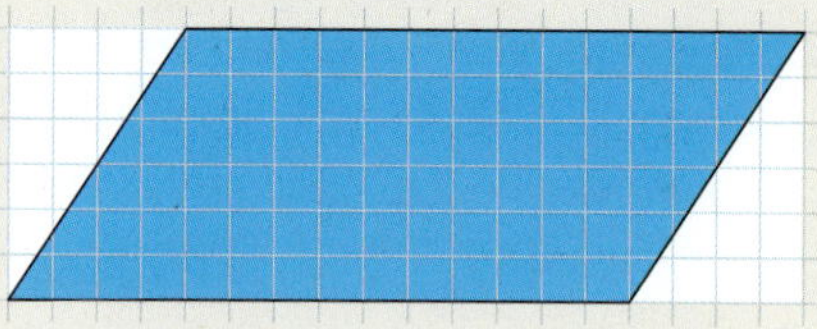

- Kannst du ein Rechteck so zerschneiden und neu zusammenlegen, dass du ein Parallelogramm erhältst?

Verstehen

Jedes Parallelogramm kann man in ein flächengleiches Rechteck mit derselben Grundseite und Höhe umwandeln.

Beachte:
Manchmal kann die Höhe eines Parallelogramms auch außerhalb der Figur liegen.

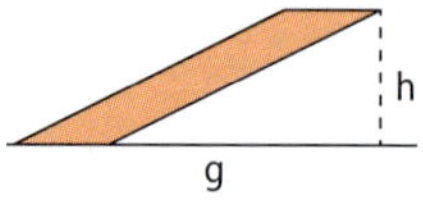

Flächeninhalt eines **Parallelogramms:**
A_P = Grundseite · zugehörige Höhe = $g \cdot h$
hier: $A_P = a \cdot h_a$ oder $A_P = b \cdot h_b$

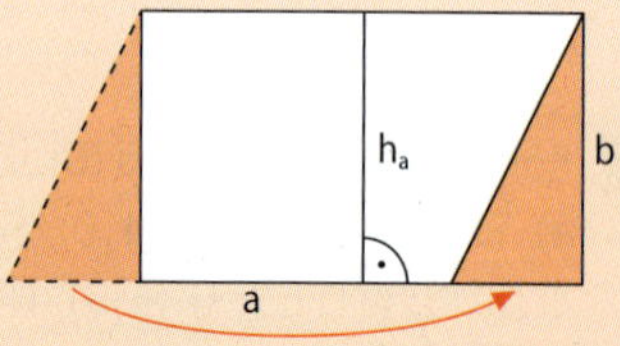

Umfang eines Parallelogramms mit den Seitenlängen a und b: $u_P = 2 \cdot a + 2 \cdot b = 2 \cdot (a + b)$

Um den Flächeninhalt eines Dreiecks zu bestimmen, kann man ein **Dreieck** zu einem Rechteck oder Parallelogramm mit doppeltem Flächeninhalt ergänzen.
Flächeninhalt eines Dreiecks:

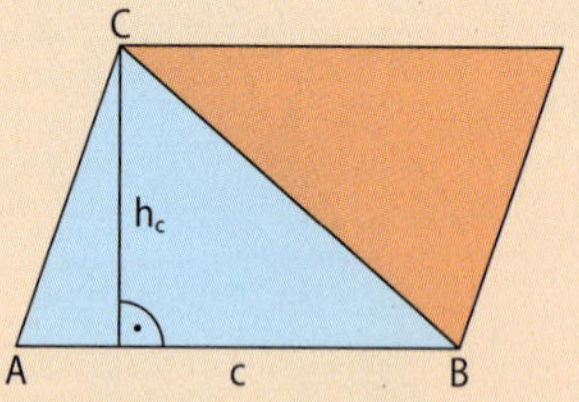

$A_D = \frac{1}{2}$ · Grundseite · zugehörige Höhe $= \frac{1}{2} \cdot g \cdot h$

hier: $A_D = \frac{1}{2} \cdot c \cdot h_c$ oder $A_D = \frac{1}{2} \cdot b \cdot h_b$ oder $A_D = \frac{1}{2} \cdot a \cdot h_a$

Für den Umfang eines Dreiecks mit den Seitenlängen a, b und c gilt: $u_D = a + b + c$

Beispiele

1. Gegeben ist das Parallelogramm ABCD mit A (3 | 1), B (9 | 1), C (6 | 5) und D (0 | 5).

a) Berechne seinen Flächeninhalt auf zwei verschiedene Arten.

b) Bestimme den Umfang. Miss dazu die notwendigen Längen.

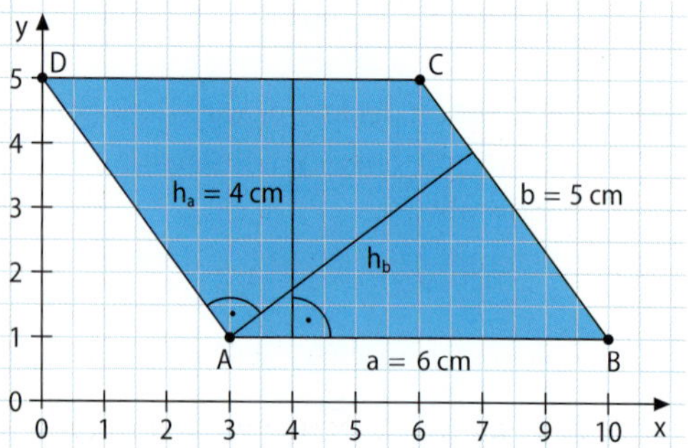

Lösung:

a) **1** $a = 6\text{ cm};\ h_a = 4\text{ cm}$
$A_P = a \cdot h_a = 6\text{ cm} \cdot 4\text{ cm} = 24\text{ cm}^2$

2 $b = 5\text{ cm};\ h_b = 4{,}8\text{ cm}$
$A_P = b \cdot h_b = 5\text{ cm} \cdot 4{,}8\text{ cm} = 24\text{ cm}^2$

b) $u_P = 2 \cdot a + 2 \cdot b = 2 \cdot 6\text{ cm} + 2 \cdot 5\text{ cm} = 22\text{ cm}$

2. Berechne den Flächeninhalt eines Dreiecks mit $a = 7{,}6\ \text{cm}$ und $h_a = 3{,}4\ \text{cm}$.

Lösung:

$A_D = \frac{1}{2} \cdot a \cdot h_a = \frac{1}{2} \cdot 7{,}6\ \text{cm} \cdot 3{,}4\ \text{cm} = \frac{1}{2} \cdot 25{,}84\ \text{cm}^2 \qquad A_D = 12{,}92\ \text{cm}^2$

Nachgefragt

- Beim Parallelogramm sind alle Seiten und Winkel gleich groß. Stimmt das?
- Teilt man ein Parallelogramm in zwei gleiche Dreiecke, so ist der Umfang eines Dreiecks halb so groß wie der des Parallelogramms. Stimmt das? Argumentiere.

Aufgaben

1 Zeichne das Parallelogramm in ein Koordinatensystem (Einheit 1 cm) und berechne seinen Flächeninhalt. Miss dazu eine geeignete Grundseite und die zugehörige Höhe.

a) A (3|7); B (4|2); C (9|4); D (8|9)
b) E (3|6); F (9|1); G (12|6); H (6|11)
c) I (2,5|7); J (4|9); K (−2|11); L (−3,5|9)
d) M (−2|1); N (2|4); O (0|5,5); P (−4|2,5)

2 Berechne den Flächeninhalt der abgebildeten Dreiecke ABC.

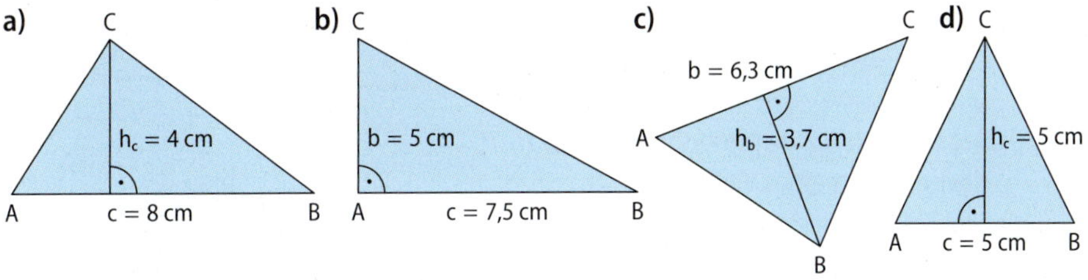

3 Welcher Anteil des Streifens ist grün?

Weiterdenken

Flächeninhalt eines Trapezes:

$A_{Tr} = \frac{a + c}{2} \cdot h = \frac{1}{2} \cdot (a + c) \cdot h$

Umfang eines Trapezes:

$u_{Tr} = a + b + c + d$

Mit a und c werden die parallelen Seiten des Trapezes bezeichnet.

4 **a)** Zeichne zwei kongruente Trapeze auf kariertes Papier. Die Maße des Trapezes kannst du selbst festlegen. Zeige damit die Gültigkeit der Berechnung des Flächeninhalts.

b) Zeichne die Trapeze in ein Koordinatensystem (Einheit 1 cm) und bestimme sowohl Flächeninhalt als auch Umfang.

1 A (−4|−1); B (2|−1); C (4|3); D (0|3)
2 A (2|−2); B (10|0); C (4|2); D (0|1)
3 A (−3|−1,5); B (1|−3); C (1|4,5); D (−3|2)
4 A (3|0); B (7|−2); C (5|6); D (2|4)

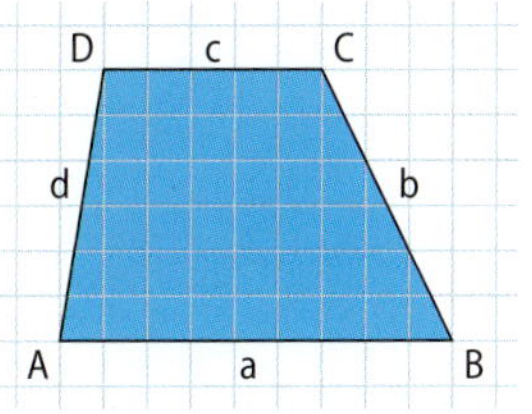

Aufgaben

5 Das Dach eines Hauses wird neu gedeckt.

a) Bestimme die gesamte Dachfläche.

b) Wie viel kostet das Neudecken des Daches, wenn die Firma für den Quadratmeter 75 € zuzüglich 19 % MwSt. berechnet?

c) Pro Quadratmeter werden 35 Dachziegel benötigt. Ein Ziegel wiegt 1,8 kg. Kann ein Lkw mit 15 t Zuladung alle Dachziegel transportieren?

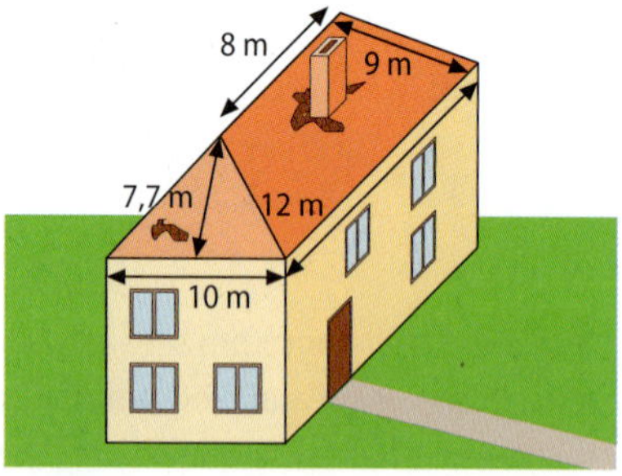

Weiterdenken

Jedes Vieleck lässt sich durch Diagonalen in Dreiecke oder spezielle Vierecke (z. B. Quadrat, Rechteck, Parallelogramm, Trapez oder Drachenviereck) zerlegen. Die Summe der Flächeninhalte der neuen Figuren entspricht dem Flächeninhalt des Vielecks. In unserem Beispiel:

$A_{Vieleck} = A_{Dreieck1} + A_{Dreieck2} + A_{Trapez}$

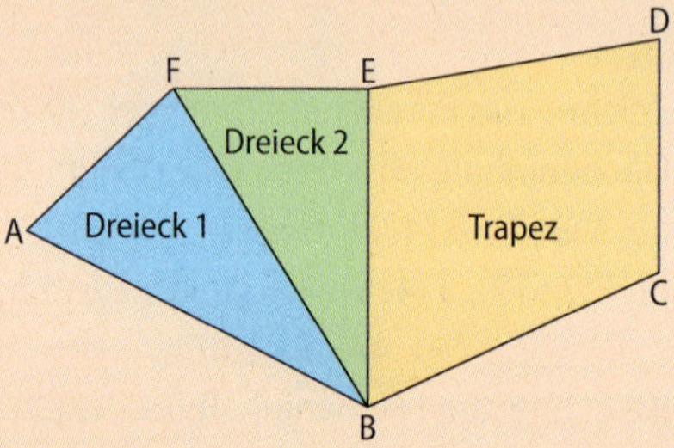

6 a) Begründe den Zusammenhang für den Flächeninhalt eines Vielecks.

b) Beschreibe, wie man den Umfang eines Vielecks berechnen kann.

c) Übertrage das rechts abgebildete Viereck ins Heft und zerlege es entlang der Diagonalen $\overline{BD}$ in zwei Teildreiecke. Berechne den Flächeninhalt des Vierecks.

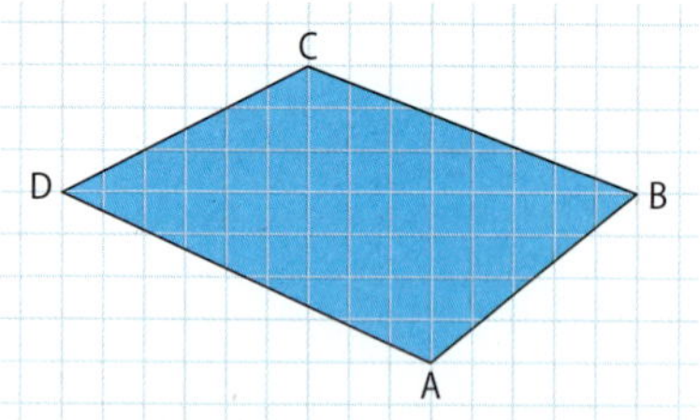

7 Berechne den Flächeninhalt der roten Fläche. Übertrage dazu die Figur ins Heft. Findest du mehrere Möglichkeiten?

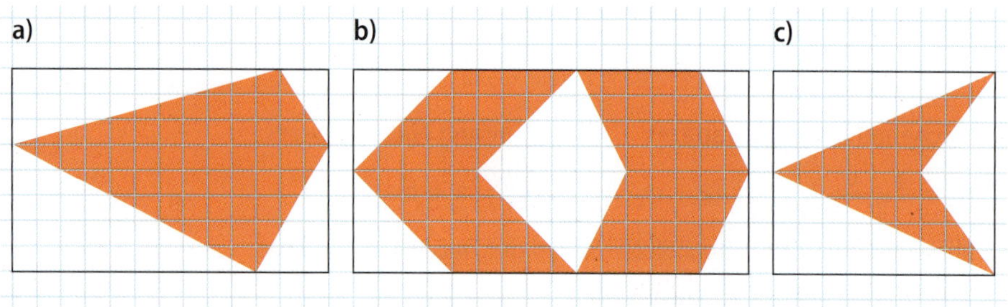

8 a) Zeichne das Viereck in ein Koordinatensystem (Einheit 1 cm) und bestimme seinen Flächeninhalt.

1 A (4 | 1); B (10 | 0); C (11 | 5); D (5 | 4)

2 E (1 | 1); F (9 | 3); G (7 | 6); H (3 | 5)

3 I (2 | −2); J (1 | −1); K (−1 | 4); L (−4 | 3)

4 M (−4 | 8); N (2 | 5); O (1 | 7); P (6 | 9)

b) Bestimme den Umfang so genau wie möglich.

9 Dieser Acker liegt westlich von Oranienburg.

a) Bestimme mithilfe des Maßstabs die Größe des Ackers näherungsweise und gib sie in ha an.

b) Wie viel Weizen kann man jährlich auf diesem Feld ernten, wenn man mit 600 kg pro Hektar rechnet?

c) Wie viele Brötchen kann man mit der Ernte backen, wenn 100 kg Weizen 2000 Brötchen ergeben?

10 Die abgebildete Flurkarte hat den Maßstab 1 : 2500.

a) Berechne die Größe der Grundstücke 106, 107/1, 260, 261 und 262/2. Erkläre, wie du vorgegangen bist.

b) Beschreibe ein Verfahren, wie man den Flächeninhalt des Grundstücks 262/1 bestimmen kann.

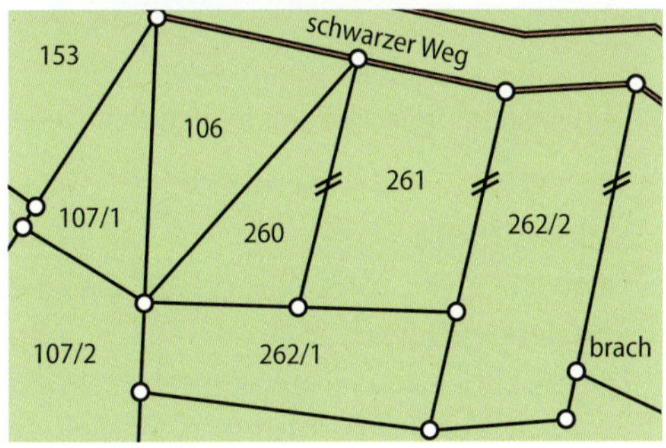

Wissen

Drachenviereck

Im sogenannten Drachenviereck (kurz: Drachen) stehen die Diagonalen senkrecht aufeinander, eine Diagonale wird dabei halbiert. Durch diese Eigenschaft lässt sich der Flächeninhalt eines Drachenvierecks gut bestimmen.

Die Diagonalen e und f zerlegen das Drachenviereck in vier rechtwinklige Dreiecke, von denen je zwei kongruent sind. Durch geschicktes Zusammensetzen dieser Dreiecke erhält man ein Rechteck. Das Rechteck hat als eine Seitenlänge die Diagonale e des Drachenvierecks und als zweite Seitenlänge die Hälfte der zweiten Diagonale f.

Flächeninhalt des Drachenvierecks:

$A_{DV} = e \cdot \frac{1}{2} f = \frac{1}{2} \cdot e \cdot f$

Umfang des Drachenvierecks:

$u_{DV} = a + b + c + d = 2 \cdot (a + b)$

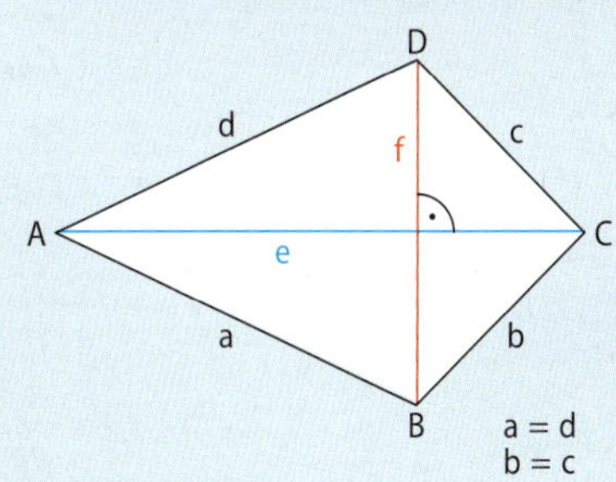

- Zeichne einen Drachen auf ein Blatt Papier, schneide die vier Dreiecke aus und setze sie zum oben beschriebenen Rechteck zusammen.
- Man kann das Rechteck auch anders zusammensetzen. Probiere es aus. Ergibt sich dabei die gleiche Formel?
- Berechne die Flächeninhalte folgender Drachen. Zeichne mindestens einen davon auch in dein Heft.

  1 $e = 6$ cm; $f = 4$ cm   **2** $e = \frac{1}{10}$ m; $f = 6$ cm   **3** $e = 0{,}3$ dm; $f = 70$ mm
- Die Vierecke ABCD sollen Drachen sein. Zeichne die drei Punkte in ein Koordinatensystem, gib die Koordinaten des fehlenden Eckpunktes an und berechne dann den Flächeninhalt.

  1 A (4 | 1); B (6 | 5); D (2 | 5)   **2** A (2 | −2); B (3 | 0); C (2 | 3)   **3** A (−1 | −1); B (1 | −1); C (3 | 3)

Entdecken

Statt mit einem Geometrieprogramm kannst du die Aufgabe auch mit Zirkel und Lineal auf einem Papier bearbeiten.

Erstelle mit einem Geometrieprogramm folgende Ausgangsfigur:

- Zeichne eine beliebige Strecke $\overline{AB}$.
- Markiere mithilfe der Mittelpunktsfunktion den Mittelpunkt M von $\overline{AB}$ und zeichne den Kreis um M mit Radius $\overline{MA}$.
- Erstelle einen beliebigen Punkt C außerhalb des Kreises und verbinde ihn mit Strecken zu A und B. Miss mithilfe der Winkelmessung das Maß des Winkels in C.
- Bewege den Punkt C mit dem Zugmodus und beobachte das Maß des Winkels in C. Beschreibe deine Beobachtung, indem du anhand der Lage von C verschiedene Dreiecksarten unterscheidest.

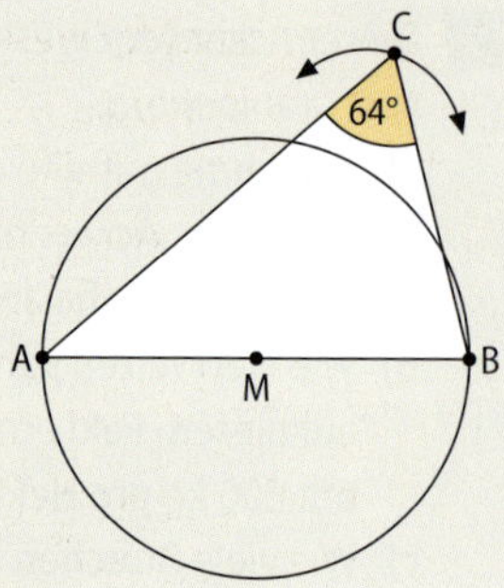

Verstehen

*Oftmals genügt es, einen **Halbkreis** als Thaleskreis zu zeichnen, und nicht den Vollkreis.*

Rechtwinklige Dreiecke kann man mithilfe eines besonderen Kreises erhalten.

Satz des Thales

Liegt der Punkt C eines Dreiecks ABC auf einem Halbkreis („**Thaleskreis**") über der Strecke $\overline{AB}$ ($C \notin \overline{AB}$), dann hat das Dreieck bei C einen rechten Winkel.

Die Umkehrung gilt auch:
Hat das Dreieck ABC bei C einen rechten Winkel, so liegt C auf einem Kreis mit dem Durchmesser $\overline{AB}$.

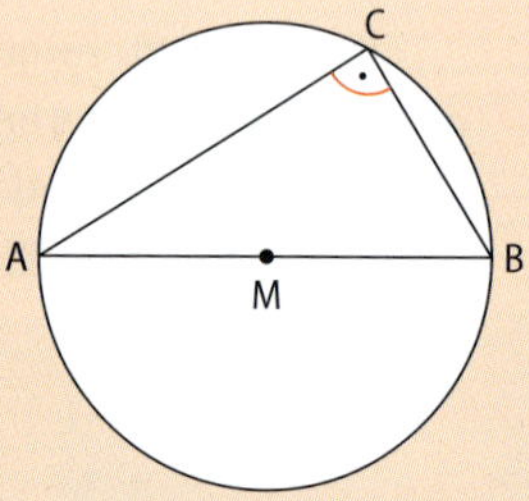

Beispiel

Zeichne ein Dreieck ABC mit $c = 5$ cm, $a = 3$ cm und $\gamma = 90°$. Beschreibe die Konstruktion.

Lösung:

Beschreibung:

Einer der beiden Schnittpunkte der beiden Kreise entfällt, da das Dreieck ABC in mathematisch positiver Richtung benannt wird.

1. Zeichne die Seite c mit den Endpunkten A und B.
2. Markiere den Mittelpunkt M der Seite c. Zeichne einen Kreis um M mit Radius $\frac{1}{2}c = 2{,}5$ cm (bzw. Radius $\overline{MA}$).
3. Zeichne einen Kreis um B mit Radius $a = 3$ cm.
   Der obere Schnittpunkt beider Kreise liefert C.
   Aufgrund des Satzes von Thales ist $\gamma = 90°$.

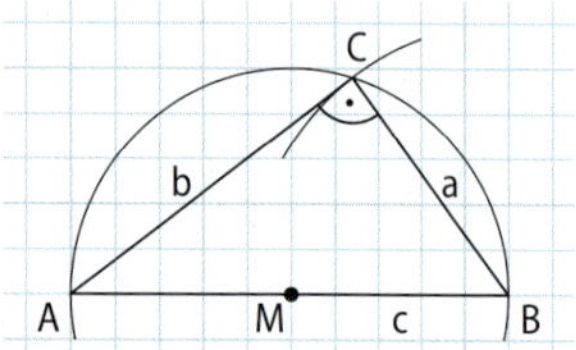

Nachgefragt

- Begründe mithilfe des Satzes von Thales, dass jedes Rechteck einen Umkreis hat.
- Richtig oder falsch? Wenn man auf einem Kreis drei beliebige Punkte miteinander verbindet, erhält man stets ein rechtwinkliges Dreieck. Begründe.

Aufgaben

1 Zeichne mithilfe des Thaleskreises ein rechtwinkliges Dreieck ABC in dein Heft, das die folgenden Eigenschaften erfüllt.

a) $c = 6$ cm; $a = 4$ cm; $\gamma = 90°$
b) $\overline{AB} = 9$ cm; $b = 7$ cm; $\gamma = 90°$
c) $c = 8$ cm; $\alpha = 40°$; $\gamma = 90°$
d) $\overline{AB} = 7$ cm; $\beta = 20°$; $\gamma = 90°$
e) $a = 10$ cm; $b = 6{,}5$ cm; $\alpha = 90°$
f) $c = 4{,}5$ cm; $b = 7$ cm; $\beta = 90°$

2 Zeichne mithilfe des Thaleskreises fünf verschiedene Dreiecke ABC mit der gemeinsamen Seite $c = 8$ cm und $\gamma = 90°$ in dein Heft.

3 Was kannst du über die verschiedenen Dreiecke aussagen, ohne die Größe der Winkel zu messen? Begründe deine Antwort.

a)

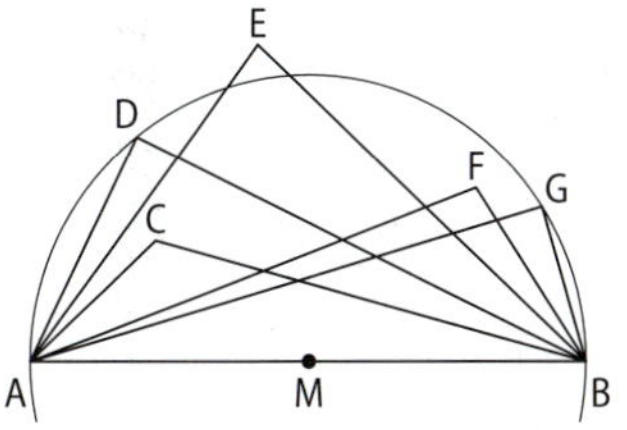

b)

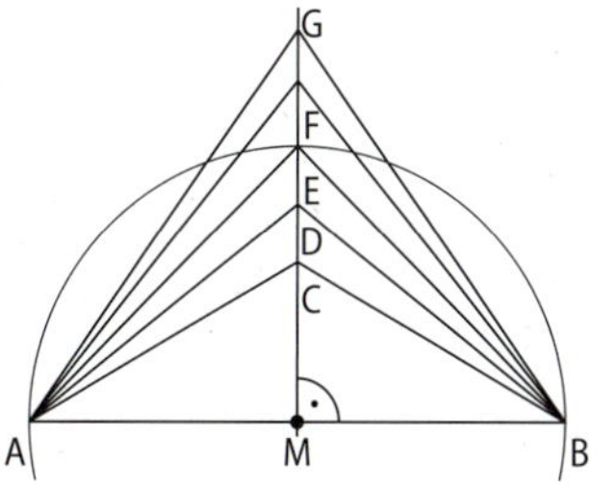

4 Gegeben sind die Punkte M (5 | 4), A (2 | 4) und B (8 | 4) und der Kreis k mit Mittelpunkt M und Radius $r = 3$ cm.

a) Zeichne die Punkte und den Kreis in ein Koordinatensystem. Bestimme anschließend die Koordinaten von Punkten $P_1, P_2, \ldots, P_7$ auf der Kreislinie und bestimme das Maß der Winkel $\sphericalangle AP_nB$ bzw. $\sphericalangle BP_nA$.

b) Trage die Punkte C (5 | 7,5) und D (4 | 5,5) ein und bestimme die Maße der Winkel $\sphericalangle ACB$ und $\sphericalangle ADB$.

c) Markiere die Orte aller Scheitelpunkte R von Winkeln $\sphericalangle ARB$ bzw. $\sphericalangle BRA$, deren Maß kleiner als 90° ist, in blau und die Orte aller Scheitelpunkte Q von Winkeln $\sphericalangle AQB$ bzw. $\sphericalangle BQA$, deren Maß größer als 90° ist, in orange.

Geschichte

Thales von Milet

Thales wurde etwa 624 v. Chr. in Milet geboren, einem griechischen Handelsposten, der heute auf der türkischen Seite am Mittelmeer liegt. Überlieferungen zufolge unternahm er Reisen nach Persien, Kleinasien und Ägypten, in denen er seine mathematischen Kenntnisse erworben und vertieft hat. Mit etwa 78 Jahren starb er in seiner Heimatstadt.

- Suche im Internet nach Informationen und Erfindungen des Thales von Milet und erstelle hierzu ein Plakat.

Begründung des Satzes von Thales

- Erstelle mit einem Geometrieprogramm und mithilfe des Thaleskreises ein beliebiges rechtwinkliges Dreieck ABC mit dem beweglichen Punkt C auf der Kreislinie.
- Unterteile das Dreieck anhand der Strecke $\overline{MC}$ in zwei kleinere Dreiecke.
- Miss alle auftretenden Winkelmaße in den kleinen Dreiecken in A, B und C. Miss ebenso die Länge der Strecken von M zu den drei Eckpunkten.
- Bewege den Punkt C auf dem Thaleskreis. Was beobachtest du? Welche Dreiecksart erkennst du in den kleinen Dreiecken?
- Du weißt, dass die Summe aller Winkel in einem Dreieck stets 180° beträgt. Versuche damit zu begründen, dass der Winkel am Thaleskreis im großen Dreieck immer das Maß 90° haben muss.

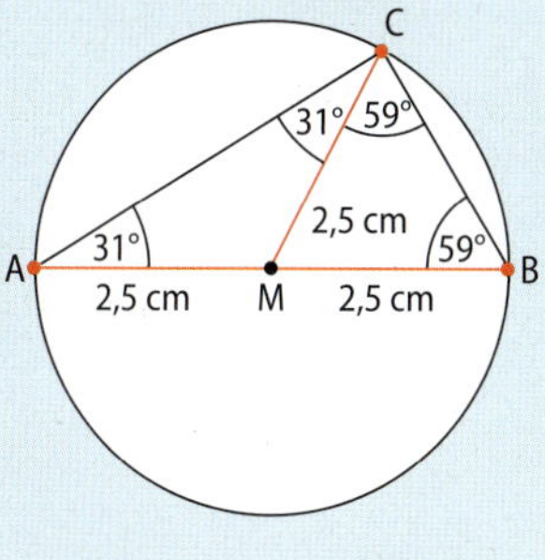

Aufgaben

5 Welche Fehler sind bei der Konstruktion rechtwinkliger Dreiecke entstanden?

a)

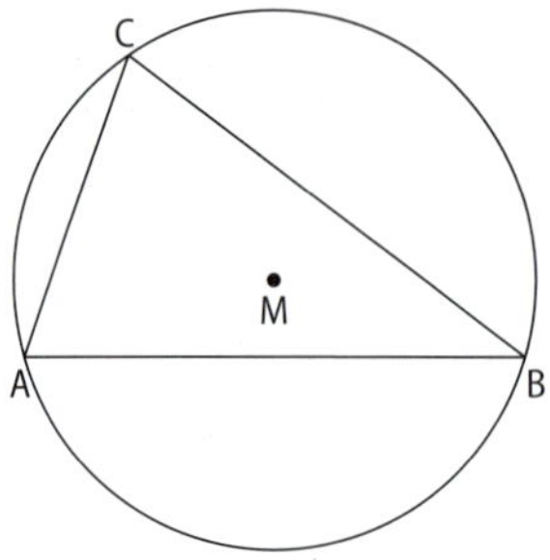

b)

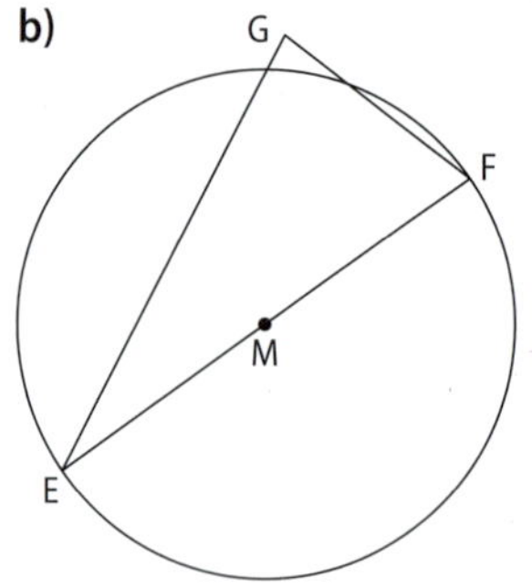

c)

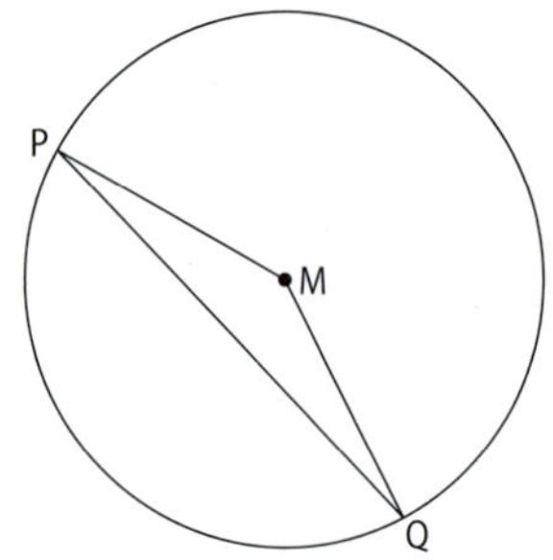

Werkzeuge:
Strecke:
Winkel:
Kreis:

6 Zeichne mithilfe eines Geometrieprogramms ein rechtwinkliges Dreieck ABC.

a) $\overline{AB} = 14$ cm; $\overline{AC} = 5$ cm; $\gamma = 90°$
b) $c = 7{,}6$ cm; $b = 5{,}5$ cm; $\gamma = 90°$
c) $a = 7{,}6$ cm; $b = 5{,}6$ cm; $\alpha = 90°$
d) $a = 9{,}4$ cm; $b = 12{,}5$ cm; $\beta = 90°$

7 Zeichne das Dreieck ABC in ein Koordinatensystem (Einheit 1 cm). Überprüfe mithilfe des Thaleskreises, ob das Dreieck rechtwinklig ist. Gib in diesem Fall die Koordinaten des Kreismittelpunkts M an.

a) A (−2 | 0,5); B (4 | 0,5); C (1 | 3,5)
b) A (0 | 2,5); B (6 | 2,5); C (3 | 7,5)
c) A (−1 | −3); B (4 | 1); C (−1 | 1)
d) A (4,5 | 1); B (−1 | 0); C (5 | −2)
e) A (−7 | 0); B (7 | −2); C (−1 | 6)
f) A (−4 | −3); B (7 | 2); C (−2 | 5)
g) A (1 | −1); B (7 | 1); C (6 | 4)
h) A (0 | 4); B (6 | 0); C (1 | 5)

Zeichne eine Parallele zur Seite c im Abstand 3 cm.

8 Von einem Dreieck weiß man Folgendes: $c = 8$ cm, $\gamma = 90°$ und der Abstand des Punktes C von der Seite c beträgt 3 cm. Konstruiere das Dreieck. Wie viele Lösungen findest du?

9 **a)** Konstruiere das Dreieck ABC. Achte auch auf die Anzahl der Lösungen.

1 $c = 8$ cm; $h_c = 2{,}5$ cm; $\gamma = 90°$
2 $\overline{AC} = 6$ cm; $h_b = 3$ cm; $\beta = 90°$
3 $a = 5{,}8$ cm; $h_a = 2{,}5$ cm; $\alpha = 90°$

b) Konstruiere das Rechteck ABCD.

1 $\overline{BD} = 8$ cm; $\overline{AD} = 3$ cm
2 $\overline{AC} = 7$ cm; $\delta = 30°$

10 **a)** Zeichne eine Gerade g und zwei Punkte A und B auf verschiedenen Seiten von g. Finde nun auf der Geraden g einen Punkt C so, dass das Dreieck ABC bei C einen rechten Winkel hat. Wie viele Lösungen findest du?

b) Verfahre wie in Teilaufgabe a). Lege dieses Mal die Punkte A und B auf die gleiche Seite von g.

11 Kilian hat diese Figur in sein Heft gezeichnet. Er behauptet, dass die Strecke $\overline{AC}$ senkrecht zur Strecke $\overline{AD}$ ist.

a) Zeichne die Figur ab.

b) Kannst du begründen, warum Kilian Recht hat?

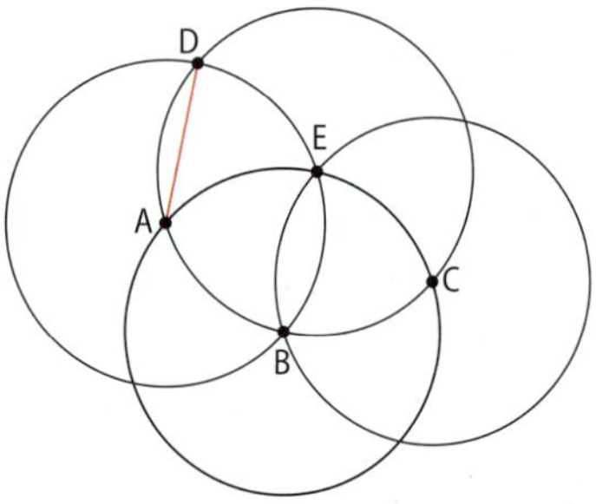

Vertiefung

Die Umkehrung des Satzes von Thales

Schlage in ein Holzbrett zwei Nägel im Abstand von 10 cm. Nenne die Punkte A und B. Schiebe dein Geodreieck mit dem rechten Winkel voraus so zwischen die beiden Nägel, dass die beiden kurzen Dreiecksseiten die Nägel berühren. Markiere die Stelle, an der die Spitze zum Liegen kommt.
Drehe nun das Geodreieck und markiere erneut die Stelle an der Spitze. Achte darauf, dass die beiden Kanten immer die Nägel berühren.

- Führe das Experiment selbst durch.
- Welche Vermutung hast du?

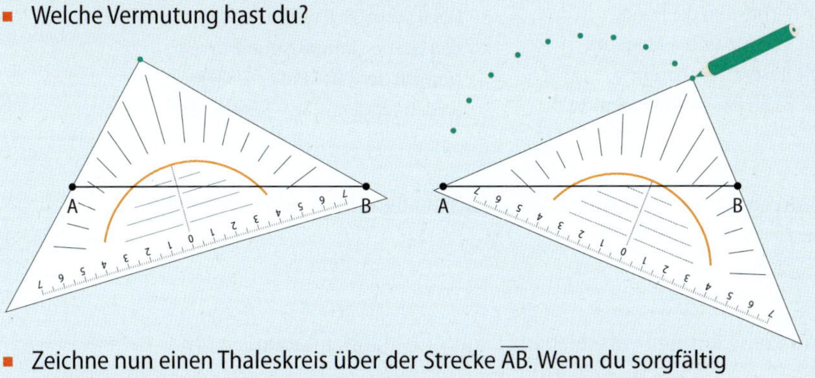

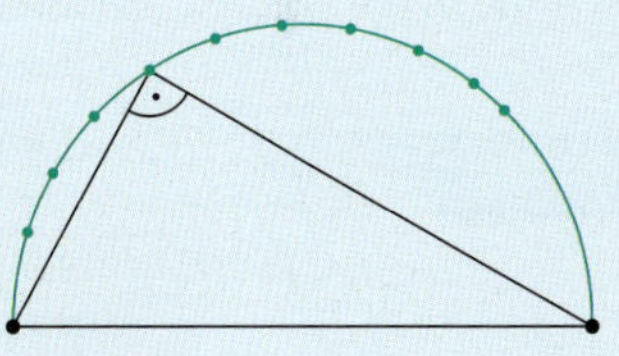

- Zeichne nun einen Thaleskreis über der Strecke $\overline{AB}$. Wenn du sorgfältig gezeichnet hast, liegen alle markierten Punkte auf der Kreislinie.

Wir können deshalb folgenden Satz formulieren:

Wenn das Dreieck ABC bei C einen rechten Winkel hat, dann liegt C auf dem Thaleskreis über der Seite $\overline{AB}$.

Es handelt sich hierbei um die **Umkehrung** des **Satzes von Thales**, weil wir die Behauptung (90°-Winkel) voraussetzen und die Voraussetzung (Ecke liegt auf dem Thaleskreis) folgern.

Begründung der Umkehrung: Wir zeigen, dass der Winkel γ bei C ungleich 90° ist, wenn er nicht auf der Kreislinie liegt. Dabei unterscheiden wir zwei Fälle.

1 C liegt außerhalb des Kreises.

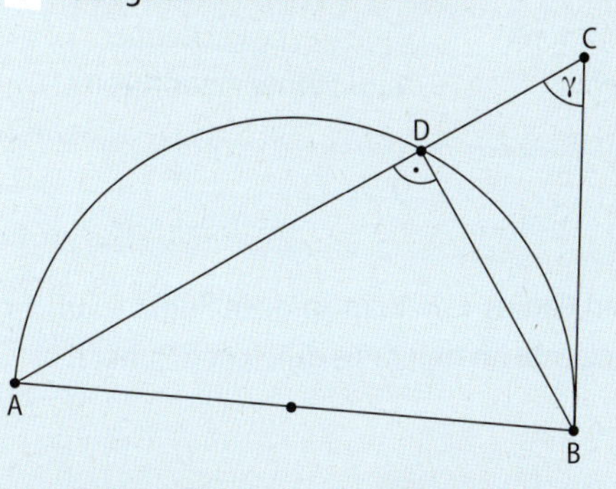

Das Dreieck BDC ist bei D rechtwinklig. Somit muss der Winkel γ kleiner als 90° sein.

2 C liegt innerhalb des Kreises.

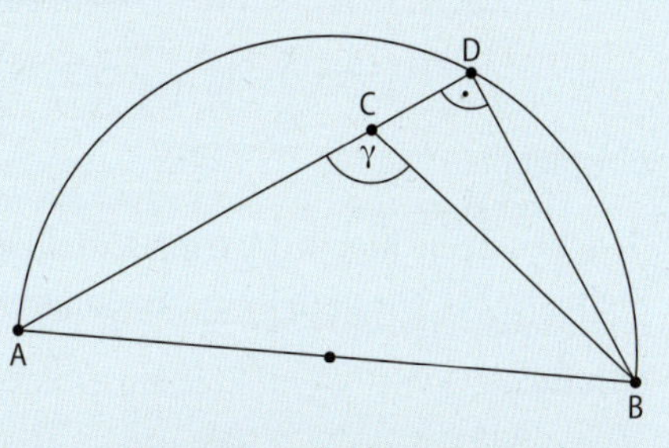

Versuche selbst zu begründen, warum der Winkel γ nicht 90° groß sein kann.

Daraus folgt: Liegt C nicht auf dem Kreis über $\overline{AB}$, so gilt $\gamma \neq 90°$. Also gilt umgekehrt:
Ist das Dreieck ABC bei C rechtwinklig, so liegt C auf dem Thaleskreis über $\overline{AB}$.

Entdecken

Der Kreis und die Geraden von Ehrenfried Winkler

Ein Kreis lag friedlich auf der Wiese
und wünscht', dass ihn in Ruhe ließe
die Nachbarschaft und die Bekannten,
die Vettern, Basen, Anverwandten.
Doch schon nach wenigen Minuten,
da hörte er ein Auto tuten.

Drei Grazien waren ausgestiegen
und sahen diesen Kreis dort liegen.
Die erste reichte ihm die Hände
und stellt sich vor als die Tangente,
indem sie ihn nur zart berührte,
sodass er kaum ein Fünkchen spürte.

Danach durchschnitt ihn die Sekante,
die hoffnungslos für ihn entbrannte.
Die kleine Sehne trat als Dritte
heran mit einer großen Bitte:
Sie wollte sich eng an ihn schmiegen;
im Endpunkt auf dem Kreise liegen.

Der Kreis, der Ruhe haben wollte,
zunächst darüber etwas grollte.
Doch schließlich willigte er ein,
den Grazien immer Freund zu sein.
Und mit der Zeit fand er Gefallen
an den Tangent – Se – Kanten allen.

- In dem Gedicht finden sich viele mathematische Begriffe. Finde und erkläre sie.

Verstehen

Geraden und Kreise können verschiedene Lagen zueinander haben.

Eine Gerade, die keinen Schnittpunkt mit einer Kreislinie k hat, nennt man **Passante**.

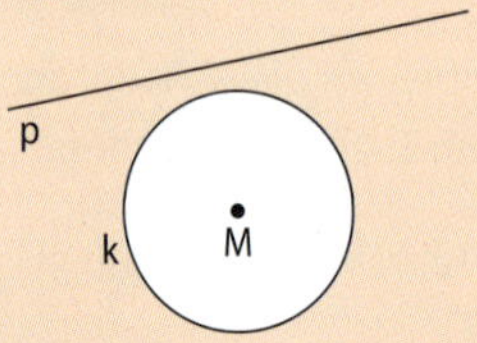

$p \cap k = \{\}$

Eine Gerade, die genau einen Berührpunkt P mit einer Kreislinie k hat, nennt man **Tangente**.

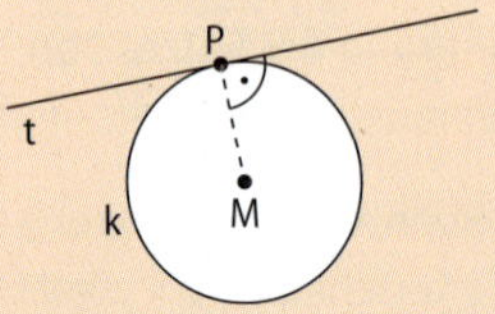

$t \cap k = \{P\}$

Die Tangente steht senkrecht auf dem Radius.

Eine Gerade, die die Kreislinie in zwei Punkten P und Q schneidet, nennt man **Sekante**.

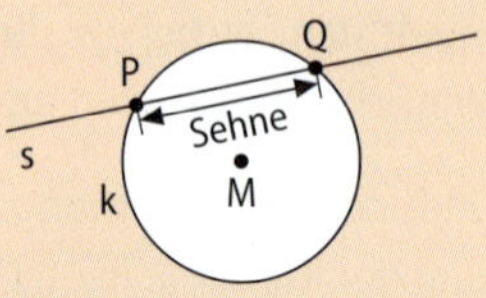

$s \cap k = \{P; Q\}$

Die Strecke $\overline{PQ}$ nennt man **Sehne** eines Kreises.

$p \cap k$ bedeutet, dass man gemeinsame Punkte von p und k betrachtet.

Beispiel

Mit k (M; r) wird die Randlinie eines Kreises mit Mittelpunkt M und Radius r bezeichnet.

Gegeben ist ein Kreis k (M; r) mit Mittelpunkt M und Radius $r = 1$ cm und ein Punkt P auf der Kreislinie. Zeichne mithilfe des Geodreiecks die Tangente an den Kreis durch den Punkt P.

Lösung:

1

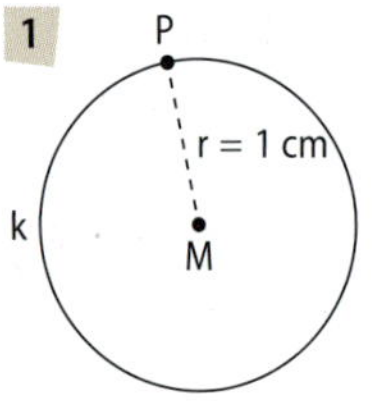

2

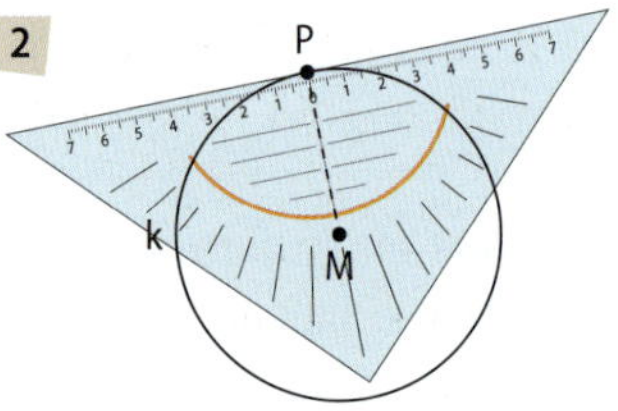

3

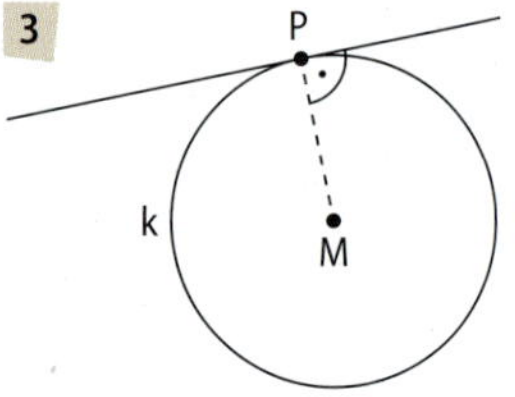

- Bezeichne das Vorgehen zum Zeichnen der Tangente im Beispiel mit eigenen Worten.
- „An einen Kreis gibt es beliebig viele Tangenten." Stimmt das?

Nachgefragt

Aufgaben

1 Welche Lagebeziehungen zwischen den Strecken bzw. Geraden und den Kreisen kannst du in den Bildern erkennen? Beschreibe mithilfe von Fachbegriffen und erkläre die dargestellten Sachverhalte.

a)

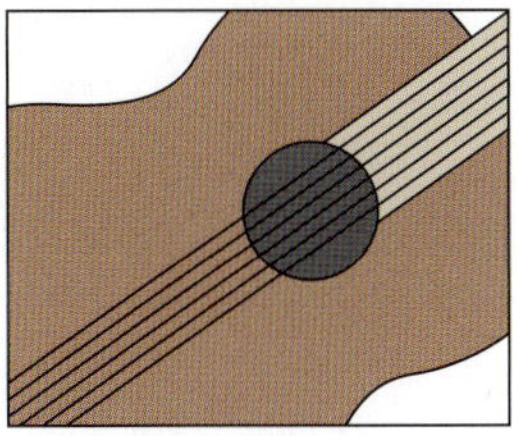

b)

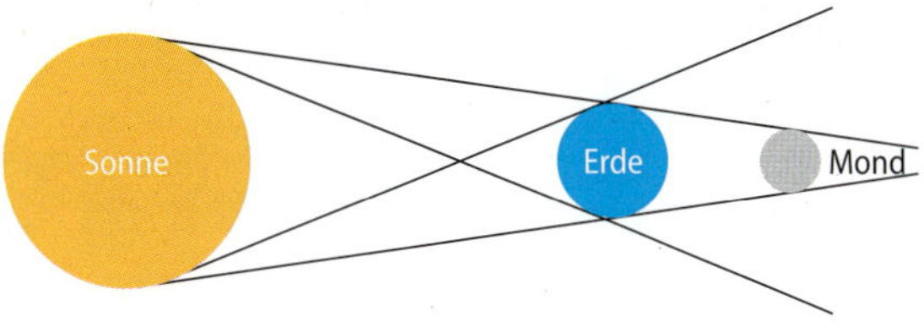

2 Gegeben ist der Kreis k (M; r) mit M (4|4) und r = 2 cm sowie der Punkt P.
Zeichne durch P eine Passante (Tangente, Sekante). Wie viele Lösungen findest du jeweils? Kann man die gesuchte Linie überhaupt zeichnen? Begründe.

a) P (8|7) **b)** P (6|4) **c)** P (5|5)

Hilfe zum Zeichnen:

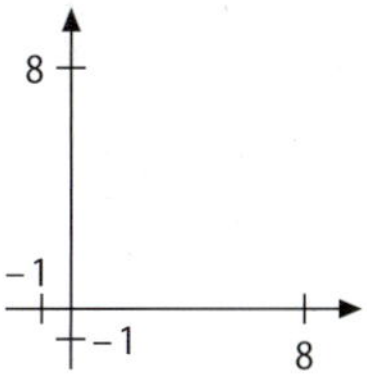

Wo gibt es mehrere Lösungen? Gib an, wie viele genau.

3 Gegeben ist k (M; r = 2 cm) mit M (3|2), der Punkt R (1|2) sowie g mit $M \in g$ und $g \parallel$ y-Achse.

a) Es gilt: $g \cap k = \{P; Q\}$. Gib die Koordinaten der Punkte P und Q an.

b) Zeichne eine Sekante s mit der Eigenschaft $s \cap k = \{P; R\}$.

c) Wie muss eine Gerade h verlaufen, für die gilt: $h \cap k = \{R\}$?

d) Zeichne eine Gerade m, für die gilt: $m \cap k = \{\}$.

4 Gegeben ist ein Kreis k (M; r = 5 cm).

a) Wie lang ist die größte Sehne? Überprüfe mithilfe einer Zeichnung.

b) Zeichne einen Punkt $A \in k$ und eine Sehne $\overline{AB}$ mit $\overline{AB} = 8$ cm. Wie viele Möglichkeiten gibt es?

5 Zeichne A (1|1) und den Kreis k (M; r = 3 cm) mit M (6|6) in ein Gitternetz.

a) Zeichne die Geraden $g_1, \ldots, g_4$ mit $g_n = AB_n$ und B_1 (6|2), B_2 (6|3), B_3 (6|4), B_4 (6|5) ein und gib ihre Lagebeziehung bezüglich des Kreises an.

b) Miss die Längen der entstandenen Sehnen.

6 Gegeben ist k_1 (M; r = 3 cm) und ein beliebiger Punkt $A \in k_1$.

a) Zeichne k_1 und anschließend k_2 (A; r = 3 cm). Ermittle dann die Punkte B und C, für die gilt: $k_1 \cap k_2 = \{B; C\}$.

b) Zeichne k_3 (B; r = 3 cm) und k_4 (C; r = 3 cm). Benenne die neuen Schnittpunkte auf k_1 mit D und E und gib in Kurzschreibweise an, wie diese entstanden sind.

c) Zeichne nun k_5 (D; r = 3 cm) und k_6 (E; r = 3 cm). Beide Kreise schneiden sich bei exakter Zeichnung auf k_1 in einem gemeinsamen Punkt F. Zeichne vom Punkt F aus alle Sekanten des Kreises k_1 durch die bisher erhaltenen Schnittpunkte. Welche Sehnenlängen kannst du ohne zu messen angeben?

Entdecken

An vielen Bauwerken, die im Mittelalter während der Gotik entstanden, beruhen die Verzierungen von Türen und Fenstern nur auf Kreisen oder Kreisausschnitten und Geraden. Das Bild zeigt das Westportal einer Stadtkirche in der Nähe von Bad Brückenau.

- Beschreibe, wie die Verzierungen über der Tür entstanden sind und welche Eigenschaften du in den Anordnungen erkennen kannst.
- Zeichne selbst Kreisausschnitte wie über dem Portal in dein Heft und konstruiere derartige Verzierungen. Beschreibe dein Vorgehen.

Verstehen

Um eine **Kreistangente t** durch einen Punkt P zu **konstruieren,** geht man wie folgt vor:

1 P liegt auf dem Kreis.

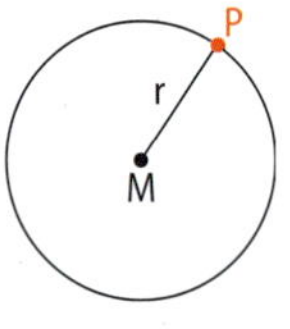

Zeichne den Radius $\overline{MP}$.

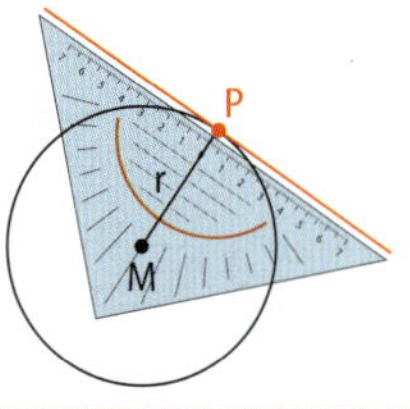

Zeichne mit dem Geodreieck die Gerade t durch P, die senkrecht auf dem Radius steht.

2 P liegt außerhalb des Kreises.

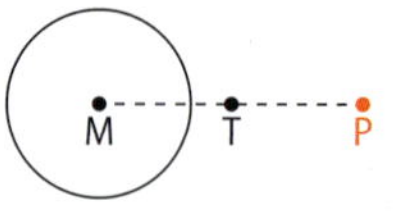

Zeichne $\overline{MP}$ und markiere den Mittelpunkt T dieser Strecke.

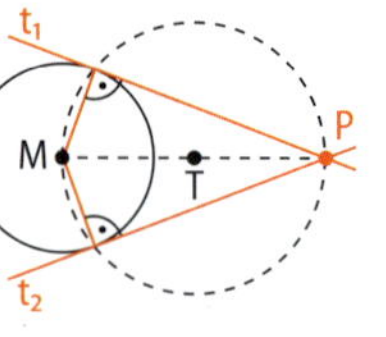

Zeichne den Thaleskreis über $\overline{MP}$. Verbinde je einen Schnittpunkt beider Kreise mit P zu einer Tangente.

Beispiel

Konstruiere die Tangenten durch die Punkte P und Q an einen Kreis k (M; r = 1 cm).
Weiterhin soll gelten: $\overline{PM} = 2{,}5$ cm; $Q \in k$; $Q \in MP$; $Q \notin \overline{MP}$.

Lösung:

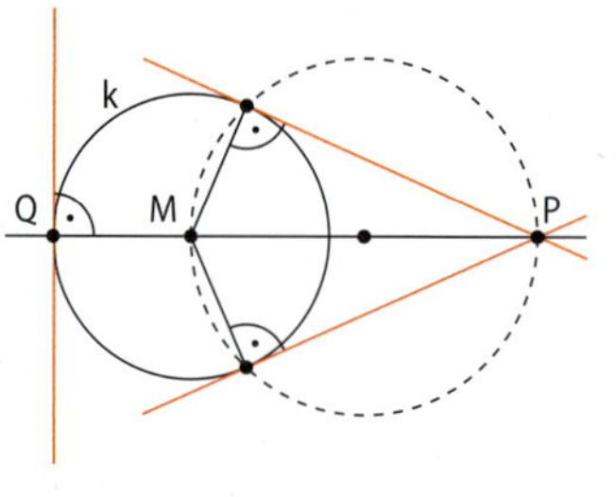

Nachgefragt

- Anna behauptet: „Wenn ein Punkt innerhalb eines Kreises liegt, dann gibt es keine Tangenten an den Kreis." Hat sie Recht? Begründe.
- Begründe, warum die Kreistangenten bei der Konstruktion im Merkkasten senkrecht auf dem Radius stehen.

1 Zeichne einen Kreis k (M; r = 5 cm). Kennzeichne einen beliebigen Punkt $P \in k$.
a) Konstruiere die Kreistangente durch P.
b) Zeichne einige Sekanten durch P. Welche Sekante hat die längste Sehne?

2 Zeichne einen Kreis mit Mittelpunkt M und Radius r. Konstruiere die Kreistangenten, die durch die Punkte P, Q und R verlaufen.

a) M (4|3); r = 2 cm	1 P (8|3)	2 Q (6|3)	3 R (6|1)
b) M (2|4,5); r = 2,5 cm	1 P (0|0)	2 Q (2|2)	3 R (−2|1)
c) M (0|0); r = 3,5 cm	1 P (6|0)	2 Q (0|6)	3 R (0|−6)

3 Übertrage die Zeichnung in dein Heft und konstruiere die Tangenten von P an k.

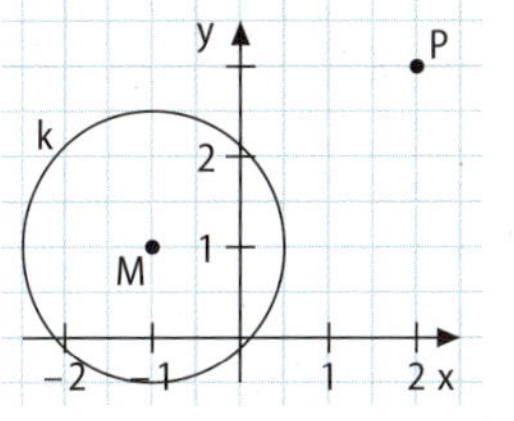

4 Die Punkte A (2|0) und B (−1,5|0,5) liegen auf der Kreislinie k (M; r) mit M (0,5|2). Konstruiere den Schnittpunkt der Tangenten t_1 und t_2, die k in A und B berühren.

5 Die Punkte A (−2|1), B (0|6) und P (4|2) bilden die Tangenten $t_1 = AP$ und $t_2 = BP$.
a) Konstruiere die Winkelhalbierende zu den Halbgeraden [PA und [PB.
b) Konstruiere drei verschiedene Kreise k_n (M_n; r_n), sodass t_1 und t_2 Tangenten an die Kreise sind.
c) Konstruiere den Kreis k_4 (M_4; r_4) so, dass T (3|3) einer der Berührpunkte ist. Gib die Koordinaten von M_4 und den Radius r_4 durch Ablesen an.

6 Eine CD oder DVD muss nicht immer in quadratischen Hüllen stecken: Auch eine Verpackung mit einem gleichseitigen Dreieck ist originell.
a) Zeichne einen Kreis in dein Heft und konstruiere um ihn ein gleichseitiges Dreieck, sodass der Kreis alle Dreiecksseiten berührt. Beschreibe dein Vorgehen.
b) Bastle eine dreieckige Hülle für eine CD. Nutze das Vorgehen aus a).
c) Wie kannst du nun durch Falten eine regelmäßige sechseckige CD-Hülle herstellen?

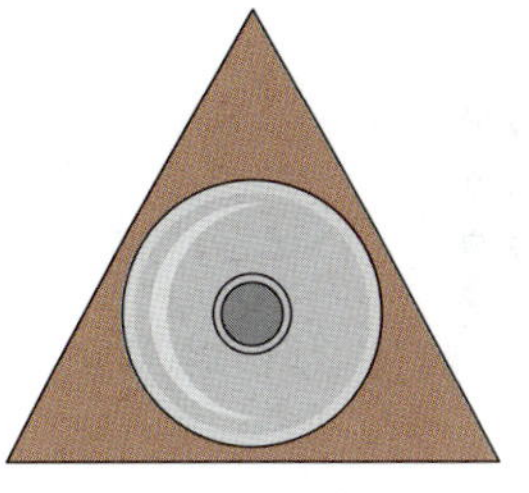

7 Gegeben sind die beiden Kreise: k_1 (M_1 (3|0); $r_1 = 4$ cm) und k_2 (M_2 (6|8); $r_2 = 2$ cm).
a) Konstruiere zu beiden Kreisen die gemeinsamen äußeren Tangenten. Konstruiere dazu einen Hilfskreis um M_1 mit $r = r_1 - r_2$ und nutze eine Parallelverschiebung.
b) Konstruiere zu den beiden Kreisen die gemeinsamen inneren Tangenten. Konstruiere einen Hilfskreis um M_1 mit $r = r_1 + r_2$ und nutze auch hier die Parallelverschiebung.
c) Weshalb kann man auf diese Weise gemeinsame Tangenten konstruieren?

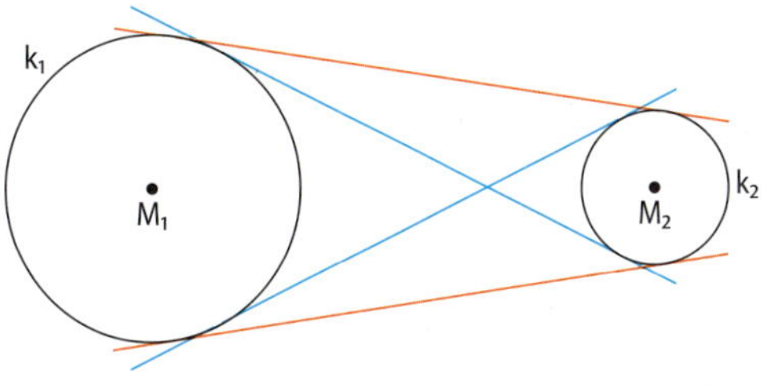

8 Konstruiere alle gemeinsamen Tangenten der Kreise k_1 (M_1 (0|0); $r_1 = 3$ cm) und k_2 (M_2 (6|6); $r_2 = 2$ cm).

9 Wie müssen zwei verschieden große Kreise liegen, damit sie keine gemeinsamen Tangenten besitzen?

Entdecken

Besorge dir verschiedene kreisrunde Gegenstände.

- Miss den Durchmesser und den Umfang dieser Gegenstände. Für den Umfang kannst du ein Maßband verwenden, für den Durchmesser evtl. eine Schieblehre oder einen Messschieber.
- Notiere beide Werte in einer Tabelle.
- Bilde den Quotienten der Maßzahlen von Umfang und Durchmesser und stelle deine Ergebnisse in einem Diagramm dar.
- Findest du einen Zusammenhang zwischen Durchmesser und Umfang?

Du kannst auch ein Tabellenkalkulationsprogramm nutzen.

	A	B	C	D
1	**Gegenstand**	**d in cm**	**u in cm**	**u : d**
2	Tischplatte	111	350	3,153153
3	Dose	6,3	19,8	=C3/B3
4	Geldmünze			

Verstehen

Der Umfang eines Kreises lässt sich auch berechnen.

Auf dem Taschenrechner findest du die Taste [π] *für die Kreiszahl π.*

Bei jedem Kreis ist der **Umfang u proportional** zu seinem **Durchmesser d**. Es gilt:

$u_K = \pi \cdot d = 2 \cdot \pi \cdot r$

Der Proportionalitätsfaktor ist die **Kreiszahl π** (sprich: Pi).
π ist eine irrationale Zahl, sie hat den Wert 3,14159265…

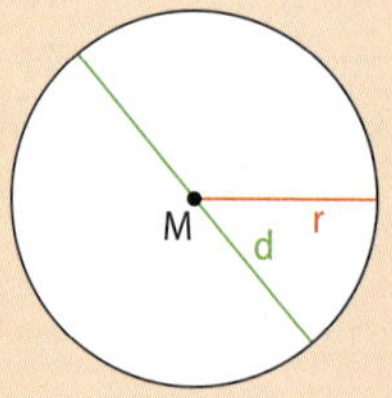

Beispiele

Bei Rechnungen in diesem Buch verwenden wir üblicherweise die „π-Taste" des Taschenrechners und runden das Ergebnis.

1. Ein Sport-Gymnastikreifen hat einen Durchmesser von 50 cm. Berechne seinen Umfang.
   Lösung:
   $u_K = \pi \cdot d = \pi \cdot 50\text{ cm} \approx 157{,}1\text{ cm}$
   Der Umfang des Reifens beträgt etwa 157 cm.

2. Einer der größten Bäume der Welt befindet sich im Sequoia-Nationalpark in den USA. In Schulterhöhe hat der Baum 24,5 m Umfang. Berechne den Durchmesser.
   Lösung:
   $u_K = \pi \cdot d \quad | : \pi$
   $d = \frac{u_K}{\pi} = \frac{24{,}5\text{ m}}{\pi} \approx 7{,}80\text{ m}$
   Der Baum hat einen Durchmesser von ungefähr 7,80 m.

Nachgefragt

- Wie verändert sich der Umfang eines Kreises, wenn man den Durchmesser verdoppelt (verdreifacht, halbiert)?
- Ein Messrad wird zum Messen von Entfernungen genutzt. Erkläre, warum man für das Messrad oft einen Radius von 15,9 cm wählt.

Aufgaben

1 Berechne den Kreisumfang bei gegebenem Durchmesser bzw. Radius.
a) d = 2,5 m **b)** d = 0,40 dm **c)** r = 48 mm **d)** r = 7,7 cm

Runde geeignet.

2 Berechne den Durchmesser und den Radius der Kreise.
a) $u_K = 28{,}7$ m **b)** $u_K = 25$ cm **c)** $u_K = 2{,}8$ dm **d)** $u_K = 31{,}42$ mm

3 Berechne die fehlenden Kreisgrößen. Runde geeignet.

	a)	b)	c)	d)	e)	f)
r		2,54 cm	9,15 m			
d	25,76 mm			575 m		
u_K					1,45 km	78,5 mm

Lösung zu 3 (ohne Einheit): 287,5; 80,93; 57,49; 24,99; 18,3; 12,88; 13,49; 1806,42; 5,08; 15,96; 0,23; 0,46

4 Übertrage die Figur in dein Heft. Zeichne den Umfang farbig nach und bestimme die Größe.

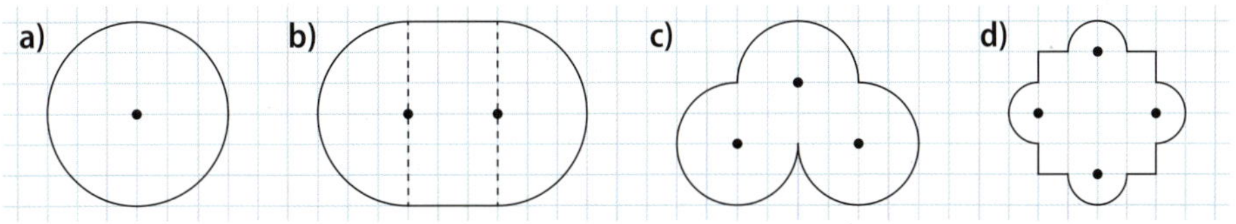

5 Bei der Bundesgartenschau in der Havelregion kamen riesige Muldenkipper zum Einsatz. Das Rad eines solchen Kippers hat einen Durchmesser von 3,90 m. Wie viele Umdrehungen macht es auf einer Strecke der Länge 1 km?

6 Um den Durchmesser von Bäumen zu messen, verwenden Förster ein spezielles Forstmaßband, auf dem man direkt den Durchmesser des Baumes ablesen kann. Welchen Durchmesser hat dieser Baum? Erkläre, wie ein solches Maßband funktioniert. Welchen Umfang hat der Baum?

Geschichte

Die Kreiszahl π

Die Berechnung der Kreiszahl π beschäftigt die Menschheit schon seit Jahrtausenden. Heute weiß man, dass π eine Dezimalzahl mit unendlich vielen Nachkommastellen ist, deren Ziffernfolge sich nicht wiederholt.

Zeit	Personen(kreis)	Näherungswert
2000 v. Chr.	Ägypter	$\left(\frac{16}{9}\right)^2$
220 v. Chr.	Archimedes (Griechenland)	$3\frac{10}{120} < \pi < 3\frac{1}{7}$
500 n. Chr.	Zu Chongchi (China)	$3\frac{16}{113}$
600 n. Chr.	Brahmagupta (Indien)	$\sqrt{10}$
1611 n. Chr.	Vieta (Italien)	$1{,}8 + \sqrt{1{,}8}$

- Berechne mit einem Taschenrechner, welcher der Werte π am genauesten angibt.
- Recherchiere, mit welcher Methode Archimedes den Umfang eines Kreises ermittelt hat.
- Auf wie viele Stellen nach dem Komma ist π derzeit bekannt? Forsche im Internet.

Archimedes

Entdecken

Peter und Paul sollen den Flächeninhalt eines Kreises mit r = 3 cm experimentell ermitteln.

Peters Idee:

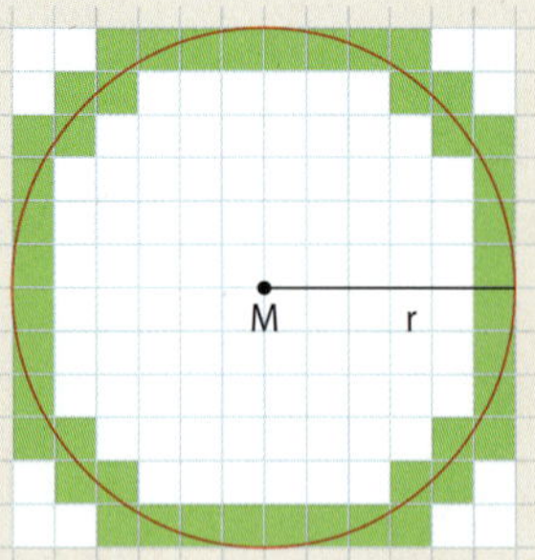

Pauls Idee:

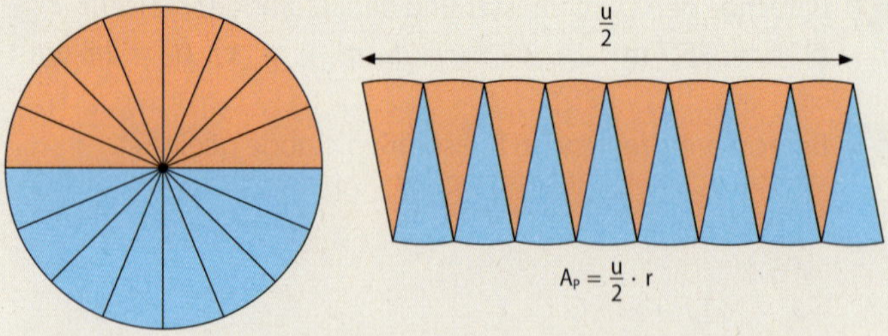

Peter sagt: Ich zeichne den Kreis auf kariertes Papier und zähle die Kästchen, die innerhalb des Kreises liegen, ganz und die auf dem Rand nur halb."

Paul überlegt: „Ich zerschneide den Kreis in 16 Tortenstücke. Dann setze ich die Stücke so zusammen, dass sich näherungsweise ein Parallelogramm ergibt."

- Probiere beide Verfahren aus. Wessen Lösungsidee gefällt dir besser?
- Welche Ergebnisse erhalten Peter und Paul jeweils für den Flächeninhalt?
- Kannst du das Ergebnis auch in Abhängigkeit des Radius angeben?

Verstehen

Ähnlich wie beim Umfang hängt auch der Flächeninhalt des Kreises vom Radius ab.

Für den **Flächeninhalt** eines **Kreises** mit Radius r bzw. Durchmesser d gilt:

$A_K = \pi \cdot r^2$ oder $A_K = \pi \cdot \left(\frac{d}{2}\right)^2$

Der Flächeninhalt eines Kreises ist somit direkt proportional zum Quadrat des Radius.

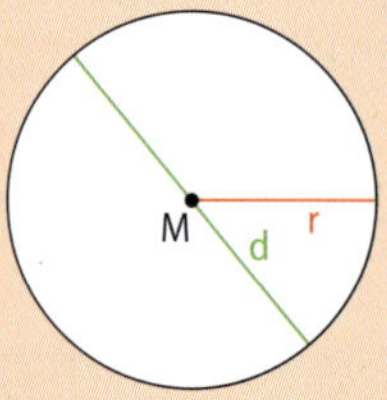

Beispiele

1. Vor Fußballspielen in der UEFA Champions League wird exakt im Mittelkreis des Fußballplatzes das Banner mit dem Logo des Wettbewerbs ausgebreitet. Berechne die Größe der Bannerfläche, wenn der Mittelkreis einen Radius von 9,15 m hat.

Lösung:
$A_K = \pi \cdot r^2 = \pi \cdot (9{,}15\text{ m})^2 \approx 263{,}0\text{ m}^2$
Die Bannerfläche ist etwa 263 m² groß.

2. Der Flächeninhalt eines Kreises ist etwa 706 m² groß. Wie groß ist der Radius dieses Kreises?
Lösung:
$A_K = \pi \cdot r^2 \quad |:\pi \quad \Rightarrow \quad r^2 = \frac{A_K}{\pi} = \frac{706\text{ m}^2}{\pi} \approx 225\text{ m}^2 \quad \Rightarrow \quad r = 15\text{ m, denn } 15^2 = 225$

Der Kreis hat einen Radius von etwa 15 m.

- Wie verändert sich der Flächeninhalt eines Kreises, wenn man seinen Radius verdoppelt (verdreifacht, halbiert)?
- Begründe, warum gilt: $A_K = \pi \cdot r^2 = \frac{\pi}{4} \cdot d^2 = \frac{u_K}{2} \cdot r$.

Nachgefragt

1 Berechne den Flächeninhalt der Kreise.
a) r = 17,4 cm **b)** r = 28,5 m **c)** d = 0,48 dm **d)** d = 1,2 km

2 Berechne Radius und Durchmesser der Kreise.
a) $A_K = 314\ m^2$ **b)** $A_K = 3{,}14\ cm^2$ **c)** $A_K = 803{,}8\ mm^2$ **d)** $A_K = 28{,}3$ ha

3 Berechne die fehlenden Größen. Runde geeignet.

	a)	b)	c)	d)	e)	f)
r	27 cm					
d		48 m			1 km	
A_K				$615{,}5\ m^2$		50,3 ha
u_K			73,5 m			

Lösungen zu 3 (ohne Einheit):
0,79; 87,96; 169,65; 24; 3,14; 150,8; 23,4; 11,7; 54; 429,9; 14; 28; 0,5; 2290,22; 400; 1809,56; 800; 2513,27

4 Pizzabäcker Bruno bietet seiner Kundschaft Pizzen in zwei Größen an. Die kleine Pizza hat einen Durchmesser von 24 cm und kostet 3,80 €, die große Pizza mit einem Durchmesser von 36 cm kostet 7,60 €. Bernd und Susanne überlegen, ob sie zwei kleine Pizzen kaufen oder sich lieber eine große Pizza teilen sollten.

5 Beim Bogenschießen werden Zielscheiben mit einem Durchmesser von 1,22 m verwendet. Auf den Scheiben sind konzentrische Kreise aufgedruckt. Der innere gelbe Kreis hat einen Durchmesser von 12,2 cm. Die Kreisringe sind jeweils gleich „dick".
a) Berechne den Flächeninhalt der Zielscheibe.
b) Berechne die Flächeninhalte der einzelnen Ringe.

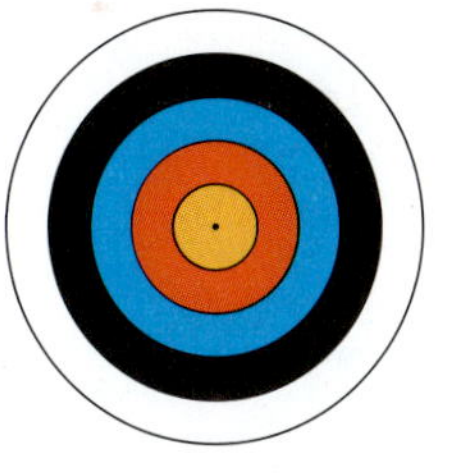

Konzentrische Kreise haben einen gemeinsamen Mittelpunkt, aber verschiedene Radien.

6 Übertrage die Figur in dein Heft. Schraffiere den Flächeninhalt mit Bleistift und bestimme seine Größe.

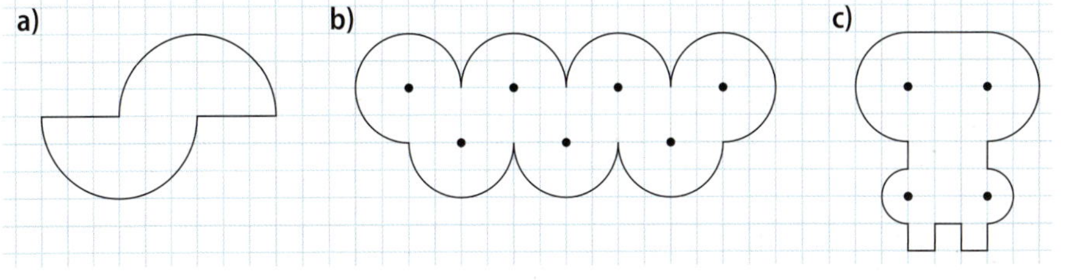

7 Herr Grohe renoviert in seinem Haus das Gäste-Bad (siehe Skizze rechts). Ursprünglich hat er ausgerechnet, dass für den Bodenbelag (ohne Verschnitt) $5{,}5\ m^2$ Fliesen benötigt werden. Doch halt! Er hat vergessen, den Flächeninhalt abzuziehen, den die neue Duschwanne einnimmt. Welche mathematischen Fragestellungen findest du hierzu? Beantworte sie anschließend.

Duschwanne:

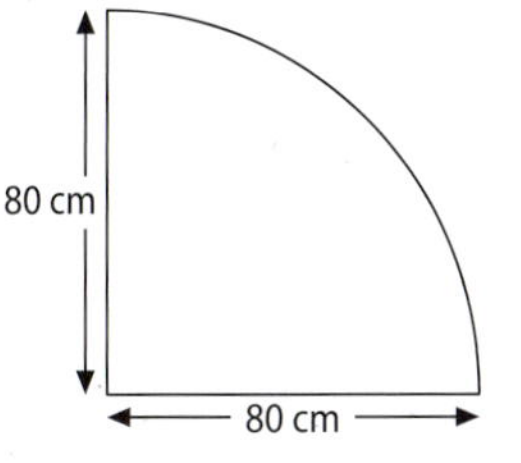

Aufgaben zur Differenzierung

zu 4.2 **1** Konstruiere das Dreieck. Gib den zugehörigen Kongruenzsatz an.

a) $a = 7$ cm; $b = 6$ cm; $c = 8$ cm
b) $b = 5{,}5$ cm; $\alpha = 30°$; $\gamma = 100°$
c) $b = 6$ cm; $c = 4{,}5$ cm; $\alpha = 65°$

a) $a = 6{,}4$ cm; $c = 3{,}7$ cm; $\beta = 37°$
b) $a = 7$ cm; $c = 5{,}5$ cm; $\alpha = 90°$
c) $a = 6{,}3$ cm; $\beta = 45°$; $\gamma = 75°$

zu 4.3 **2**

Zeichne eine Strecke von 5 cm Länge. Konstruiere die Menge aller Punkte, die von den beiden Eckpunkten der Strecke …
a) gleich weit entfernt sind.
b) genau 4 cm weit entfernt sind.

Wie viele verschiedene Mittelsenkrechten kann man zwischen den Eckpunkten …
a) eines gleichseitigen Dreiecks zeichnen?
b) eines Quadrats zeichnen?
Begründe deine Antwort.

3

Konstruiere den Umkreis zu den gegebenen Dreiecken.
a) EIS: E (−1 | −1); I (4 | 0); S (2 | 4,5)
b) KUH: K (1 | 2); U (4 | 2); H (4 | 6)
c) MAX: M (−1 | 1); A (5 | 3); X (1 | 5)

Konstruiere den Inkreis zu den gegebenen Dreiecken.
a) TOR: T (1 | 0); O (7 | −2); R (7 | 4,5)
b) BAD: B (−1 | 1); A (2 | 2); D (6 | 6)
c) UTA: U (−4 | −2); T (8 | 2); A (−2 | 6)

zu 4.4 **4**

Hier wurde jeweils eine andere Seite als Grundseite des Parallelogramms genommen.
a) Berechne jeweils den Flächeninhalt.
b) Was stellst du fest? Erkläre.

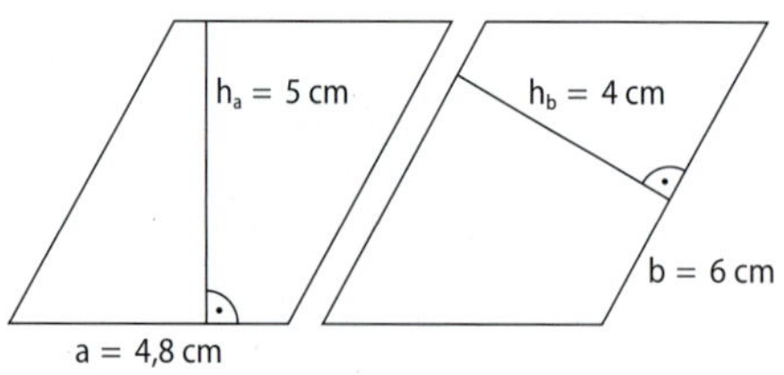

Durch zwei Grundstücke wird eine Straße gebaut.
a) Wie viel m² Grund wird abgegeben?
b) Berechne jeweils, wie groß die Grundstücke jetzt sind.

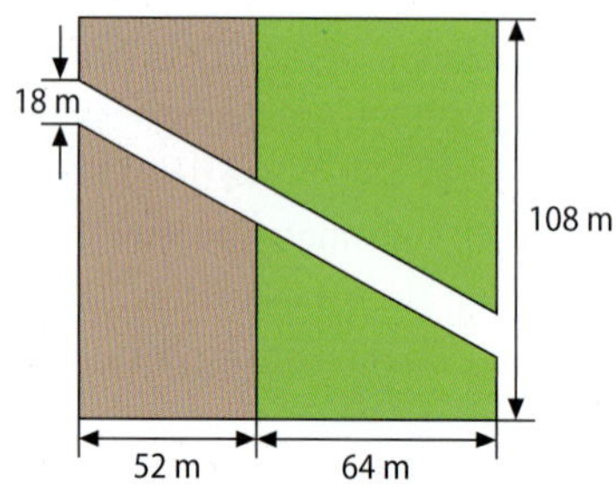

5

a) Zeichne ein rechtwinkliges Dreieck ABC mit $a = 4$ cm, $b = 3$ cm und $\gamma = 90°$.
b) Bestimme den Flächeninhalt des Dreiecks.

Zeichne ein gleichschenkliges Dreieck mit Grundseite $c = 6$ cm und einem Flächeninhalt von 18 cm². Beschreibe dein Vorgehen.

zu 4.5 **6** Zeichne mithilfe des Satzes von Thales die Figur.

a)
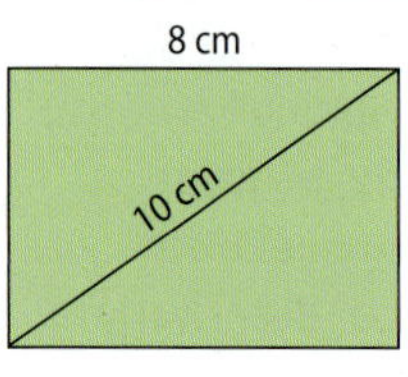

b)
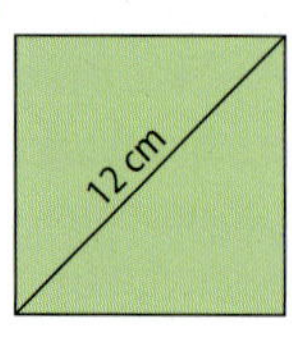

a)
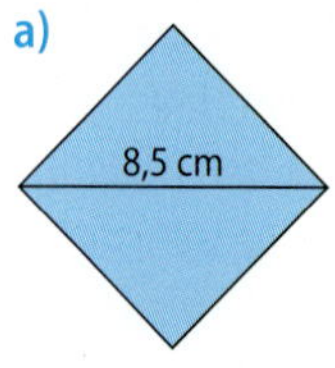

b)
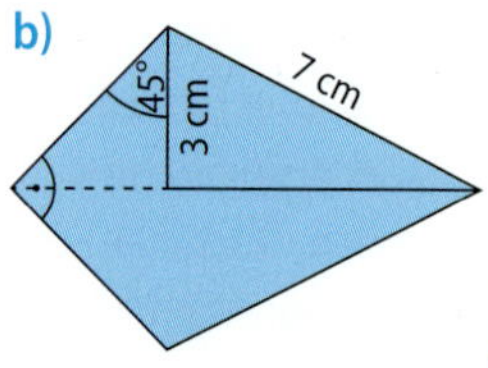

7 Konstruiere mithilfe des Satzes von Thales das Dreieck ABC (Planfigur, Zeichnung, Beschreibung). zu 4.5

a) $c = 8\text{ cm}$; $a = 6\text{ cm}$; $\gamma = 90°$
b) $\gamma = 90°$; $\alpha = 45°$; $c = 9\text{ cm}$
c) $c = 5\text{ cm}$; $\alpha = 40°$; $\gamma = 90°$
d) $\beta = 20°$; $\gamma = 90°$; $c = 7\text{ cm}$

a) $b = 6\text{ cm}$; $\beta = 90°$; $c = 4\text{ cm}$
b) $a = 6\text{ cm}$; $\alpha = 90°$; $c = 7\text{ cm}$
c) $b = 9\text{ cm}$; $\alpha = 60°$; $\beta = 90°$
d) $a = 7\text{ cm}$; $\beta = 70°$; $\alpha = 90°$

8 Zeichne ein beliebiges Koordinatensystem. zu 4.6

Zeichne eine beliebige Gerade sowie eine Parallele im Abstand von 5 cm auf ein weißes Blatt Papier. Konstruiere zwei Kreise, die beide parallelen Geraden berühren.

Zeichne eine Gerade, die einen Kreis ($r = 55\text{ mm}$) schneidet, auf ein weißes Blatt Papier. Konstruiere eine zur Geraden parallele Tangente an den Kreis.

9 zu 4.6 und 4.7

Die Abbildung zeigt die Konstruktion der Tangenten vom Punkt P an den Kreis k mit Mittelpunkt M und Radius r.

a) Begründe, dass die Dreiecke MPB_1 und MB_2P kongruent sind.
b) Welche Aussage lässt sich über die Länge der Strecken $\overline{B_1P}$ und $\overline{B_2P}$ folgern?

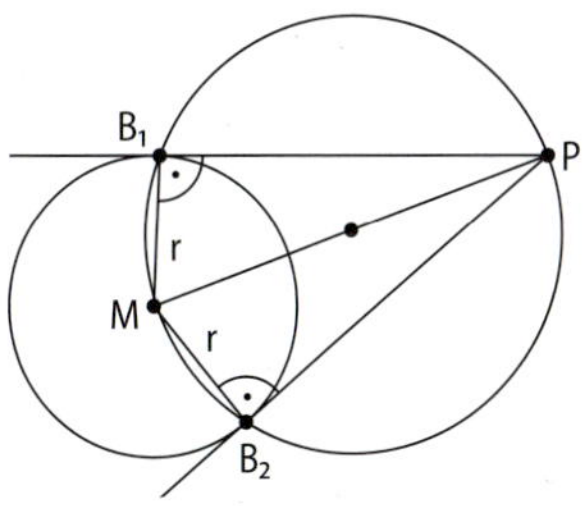

Gegeben sind die Punkte M (0 | 0), A (6,5 | −2) und C (2 | 4).

a) Zeichne den Kreis k mit Mittelpunkt M und Radius $r = 2{,}5\text{ cm}$ sowie die Gerade AC in ein Koordinatensystem (Einheit 1 cm).
b) Konstruiere die beiden Tangenten t_1 und t_2 an den Kreis k, die parallel zu AC verlaufen. Ermittle die Koordinaten der Berührpunkte B_1 und B_2.
c) Konstruiere den zu AC parallelen Kreisdurchmesser und gib die Koordinaten seiner Endpunkte U und V an.

10 Gib jeweils die fehlenden der Kreisgrößen (Umfang, Radius, Flächeninhalt) an. zu 4.8 und 4.9

a) $r = 3\text{ cm}$

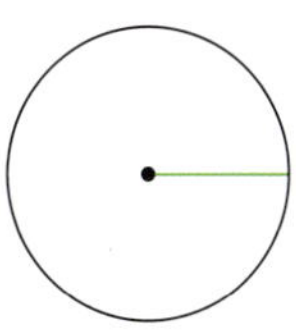

b) $d = 13\text{ dm}$

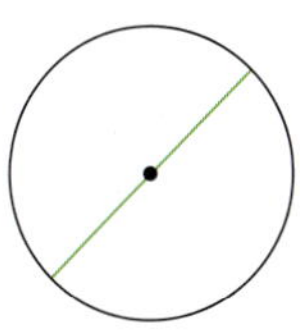

a) $u = 10\text{ cm}$

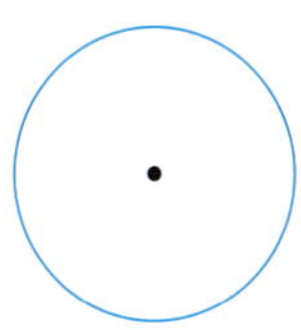

b) $A = 12{,}6\text{ m}^2$

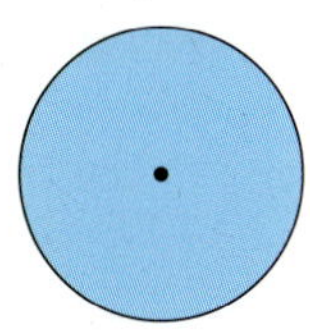

11 Berechne Umfang und Flächeninhalt der gefärbten Figuren.

a)

$r = 4\text{ cm}$

b)

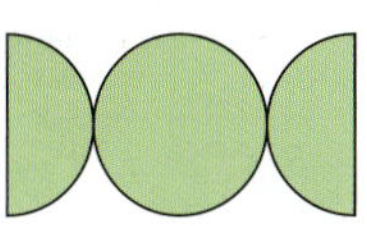

$r = 2{,}5\text{ dm}$

a)

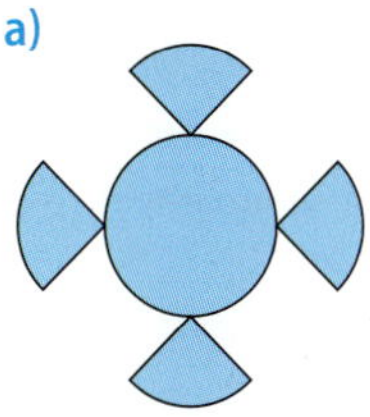

$r = 2{,}5\text{ cm}$

b)

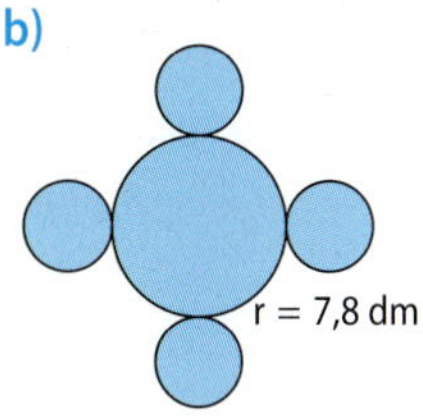

$r = 3{,}9\text{ dm}$

4 Vermischte Aufgaben

1 Überprüfe, ob das Dreieck $A_1B_1C_1$ zum Dreieck $A_2B_2C_2$ kongruent sein kann.

a) $a_1 = c_2;\ c_1 = b_2;\ b_1 = a_1$
b) $b_1 = c_2;\ a_1 = b_2;\ \beta_1 = \alpha_1$
c) $c_1 = a_2;\ \beta_1 = \gamma_2;\ \alpha_1 = \beta_2$
d) $a_1 = b_2;\ c_1 = c_2;\ \alpha_1 = \alpha_2$
e) $b_1 + c_1 = b_2 + c_2;\ a_1 = a_2;\ \beta_1 = \beta_2$
f) $b_1 = a_2;\ \alpha_1 = \beta_2;\ \gamma_1 = \alpha_2$

2 Überprüfe, ob ein Dreieck mit den gegebenen Maßen möglich ist. Begründe mithilfe eines geometrischen Zusammenhangs.

a) $a = 4{,}2\text{ cm};\ b = 3{,}6\text{ cm};\ c = 2{,}1\text{ cm}$
b) $a = 3{,}5\text{ cm};\ b = 4{,}1\text{ cm};\ \beta = 90°$
c) $a = 4{,}1\text{ cm};\ b = 3{,}5\text{ cm};\ \beta = 90°$
d) $b = 2{,}8\text{ cm};\ \beta = 85°;\ \gamma = 95°$
e) $a = 6{,}5\text{ cm};\ \alpha = 120°;\ \beta = 60°$
f) $a = 6\text{ cm};\ b = 4{,}2\text{ cm};\ \beta = 85°$

3 Konstruiere das Windrad. Beschreibe die Konstruktion.

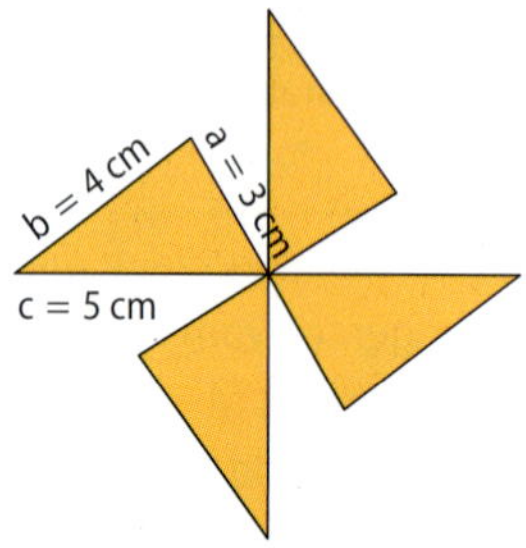

4 **a)** Konstruiere folgende Dreiecke ABC.

1 $\overline{AB} = 12\text{ cm};\ \overline{BC} = 7\text{ cm};\ \gamma = 90°$
2 $a = 7{,}8\text{ cm};\ b = 10{,}2\text{ cm};\ \beta = 90°$
3 gleichschenkliges Dreieck mit der Basis $c = 5\text{ cm}$ und Basiswinkeln von 65°

b) Konstruiere mithilfe eines dynamischen Geometrieprogramms ein gleichseitiges Dreieck ABC mit $a = 6{,}5\text{ cm}$.

5 Berechne den Flächeninhalt und den Umfang der Figur.

a)

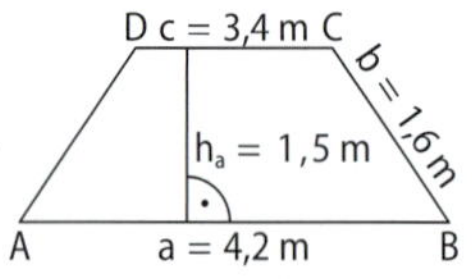

b)

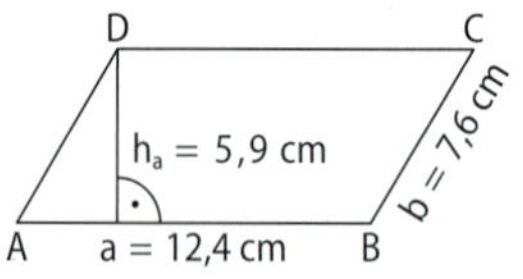

c)

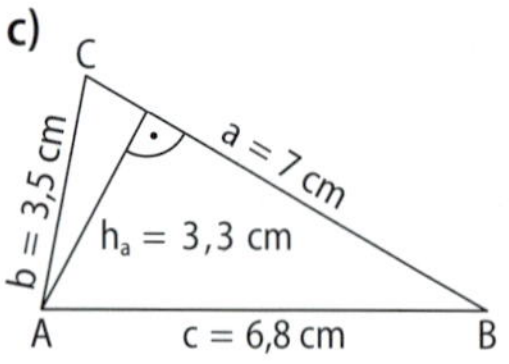

6 Berechne die fehlenden Angaben.

a) Dreieck ABC
1 $c = 1{,}2\text{ cm};\ A = 144\text{ cm}^2;\ h_c =$ ▢
2 $h_a = 25\text{ cm};\ A = 125\text{ cm}^2;\ a =$ ▢

b) Parallelogramm ABCD
1 $a = 5{,}3\text{ cm};\ h_a = 4{,}5\text{ cm};\ A =$ ▢
2 $b = 6{,}2\text{ cm};\ A = 0{,}95\text{ dm}^2;\ h_b =$ ▢

c) Trapez ABCD
1 $a = 3{,}6\text{ cm};\ c = 5{,}2\text{ cm};\ h = 4{,}5\text{ cm};\ A =$ ▢
2 $a = 4{,}6\text{ cm};\ h = 5{,}5\text{ cm};\ A = 33\text{ cm}^2;\ c =$ ▢

7 **a)** Berechne die Fläche der Außenwand (ohne Dach). Fenster und Türen müssen nicht berücksichtigt werden.

b) Wie viel Liter Farbe benötigt man für die Außenwand, wenn ein 15-ℓ-Eimer für 25 m^2 reicht?

c) Was kostet das Neudecken des Daches, wenn 1 m^2 55 € kostet?

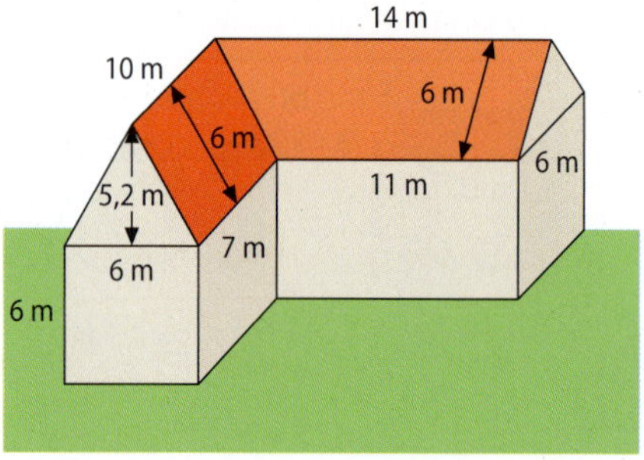

8 Der 20 m hohe Pulverturm in Jena soll bei Nacht beleuchtet werden. Dazu soll im Abstand von 5 m ein Strahler aufgestellt werden. Der Strahler hat einen Öffnungswinkel von 90°. In welcher Höhe ist der Strahler aufzustellen?
Löse die Aufgabe mit einer maßstabsgetreuen Zeichnung.

9 Konstruiere mithilfe des Thaleskreises ein rechtwinkliges Dreieck ABC.

a) $c = 7\,\text{cm};\ b = 5\,\text{cm};\ \gamma = 90°$
b) $c = 6\,\text{cm};\ \beta = 45°;\ \gamma = 90°$
c) $c = 6\,\text{cm};\ a = 4\,\text{cm};\ \gamma = 90°$
d) $c = 8\,\text{cm};\ \gamma = 90°;\ h_c = 3\,\text{cm}$

10 **1** A (2|4); B (7,5|2); C (9|6) **2** A (−5|0,5); B (1,5|−4); C (2|−0,5)

a) Zeichne das Dreieck ABC in ein Koordinatensystem und miss seinen Umfang.
b) Überprüfe mithilfe des Thaleskreises, ob das Dreieck rechtwinklig ist. Wie lauten die Koordinaten des Kreismittelpunktes?

11 Berechne Flächeninhalt und Umfang (innen und außen) der farbigen Figuren.

a) 4 cm

b) 4 cm
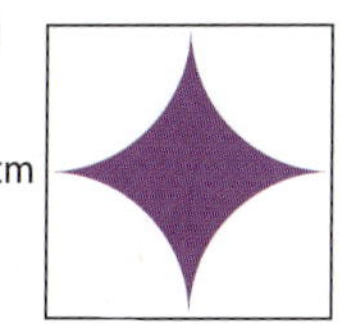

c)

4 cm

12 Um eine kreisförmige Rasenfläche mit einem Durchmesser von 5,80 m soll ein Streifen von 70 cm Breite mit Blumen bepflanzt werden. Berechne die Größe der zu bepflanzenden Fläche.

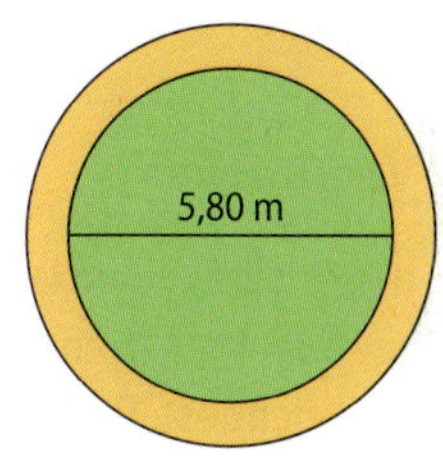

13 **1** M (2|4); P (3|1); Q (7|6) **2** M (−5|0,5); P (−2|2); Q (1|1)

a) Zeichne den Kreis mit Mittelpunkt M und Radius $r = \overline{MP}$ in ein Koordinatensystem. Konstruiere die Tangenten an den Kreis durch P und Q.
b) Konstruiere die Tangente an den Kreis aus a), die parallel zur Tangente in P verläuft.

14 Roland rollt eine 1-ct-Münze an einer anderen 1-ct-Münze, die mit ihrer Unterseite auf einem Tisch festgeklebt ist, wie abgebildet ab. Rita behauptet, dass die abgerollte 1-ct-Münze dabei genau eine Umdrehung macht.

a) Hat Rita Recht? Begründe deine Meinung.
b) Probiere es selbst aus.

15 Das abgebildete Verkehrsschild hat im Original den Durchmesser 60 cm.

a) Um welches Verkehrsschild handelt es sich?
b) Schätze rechnerisch ab, ob Andys Vermutung zutreffend ist.
c) In welchem Maßstab ist das Schild abgebildet?

Wir lernen ein Geometrie-Programm kennen

Es gibt inzwischen eine Vielzahl von sogenannten dynamischen Geometrie-Programmen, deren Bedienung sehr ähnlich ist. Unten siehst du ein Beispiel für ein solches Programm. Die folgende Anleitung wird sich an dieser beispielhaften Oberfläche orientieren. Sämtliche Aufgaben lassen sich aber auch mit jedem anderen dir zur Verfügung stehenden Geometrie-Programm bearbeiten.

Nach dem Start des Programms erscheint auf dem Bildschirm eine Zeichenebene, meist umgeben von verschiedenen Leisten. Oben in der **Werkzeugleiste** finden sich die verschiedenen Werkzeuge, die du zur Bearbeitung brauchst. Häufig sind die Werkzeuge durch **Register** in verschiedene Kategorien unterteilt. Die Icons der Werkzeuge zeigen dir an, was du damit machen kannst. Wenn du mit deinem Mauszeiger auf ein Icon kommst, dann erhältst du eine zusätzliche Information in einem kleinen Kasten.

Wenn du das passende Werkzeug ausgewählt hast ( ), kannst du mit gedrückter linker Maustaste einen Punkt „greifen" und in der Zeichenebene bewegen. Die Geometrie ist dynamisch geworden. Probiere diese Funktion einmal an beliebigen Objekten aus.

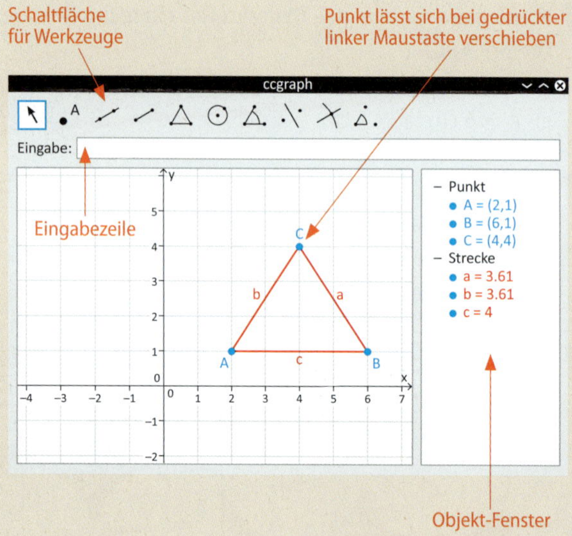

Verwinkeltes

a) Zeichne einen Winkel, indem du zwei Strecken ( ) mit einem gemeinsamen Startpunkt, dem Scheitel, zeichnest. Bewege einen Punkt so, dass du verschiedene Winkelarten erhältst. Schätze die Größe des Winkels und benenne die Winkelart.

b) Miss die Größe eines Winkels, indem du mit dem Icon die drei Punkte, die den Winkel festlegen, der Reihe nach anklickst. Wiederhole damit die Teilaufgabe a).

c) Zeichne mit dem Icon ein Dreieck und miss anschließend die Größe der drei inneren Winkel. Bewege die Eckpunkte des Dreiecks und beobachte jeweils, wie groß die Summe aus der Größe der drei Winkel ist. Du kannst die Summe auch berechnen lassen, indem du in der Eingabezeile die Bezeichnungen der Winkel eingibst und dazwischen jeweils das Additionszeichen setzt, z. B. $\alpha + \beta + \gamma$. Bestätige den Befehl mit der „Enter"-Taste. Das Ergebnis der Berechnung wird dir im Objekt-Fenster angezeigt. Bewege wiederum die Eckpunkte des Dreiecks.

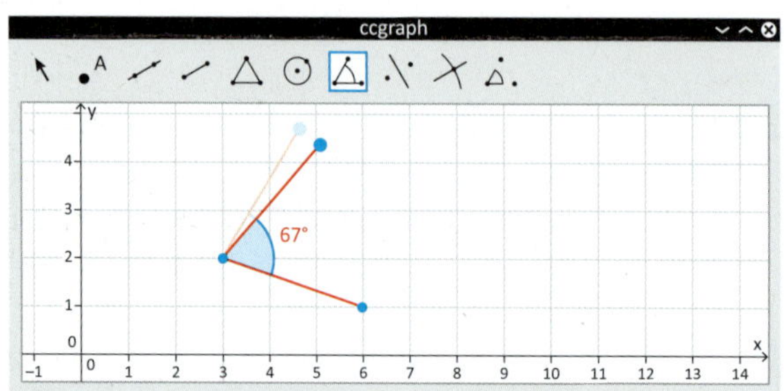

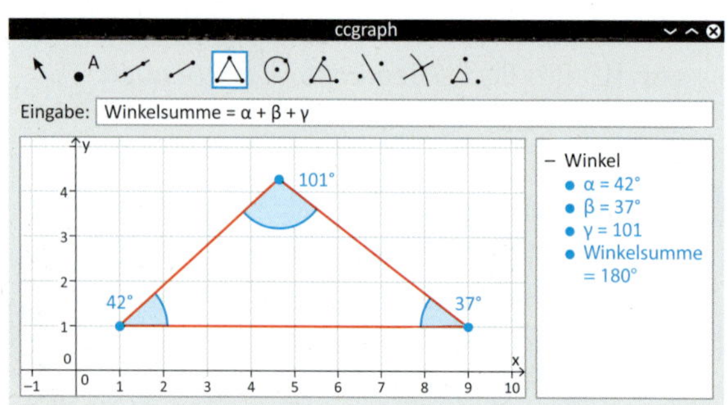

Kreisornamente

a) Zeichne mit dem Werkzeug einen Kreis, indem du zunächst den Mittelpunkt und dann einen Kreispunkt bestimmst. Zeichne anschließend einen weiteren Kreis, dessen Mittelpunkt nun der Kreispunkt und dessen Kreispunkt der Mittelpunkt des ersten Kreises ist. Klicke anschließend auf . Markiere irgendwo den ersten Kreis und den zweiten Kreis: Die Schnittpunkte beider Kreise werden markiert. Wiederhole mit den Schnittpunkten die Konstruktionsschritte zum zweiten Kreis und zu den neuen Schnittpunkten so lange, bis eine Rosette entsteht. Wenn du den Mittelpunkt des ersten Kreises bewegst, darf die Konstruktion nicht „kaputt" gehen. Beschreibe die Symmetrien der Rosette.

b) Erweitere deine Rosette mit neuen Formen, die möglichst viele Symmetrien aufweisen. Suche das Werkzeug, mit dem du Linien und Flächen auch farblich gestalten kannst, und färbe die Figur ein.

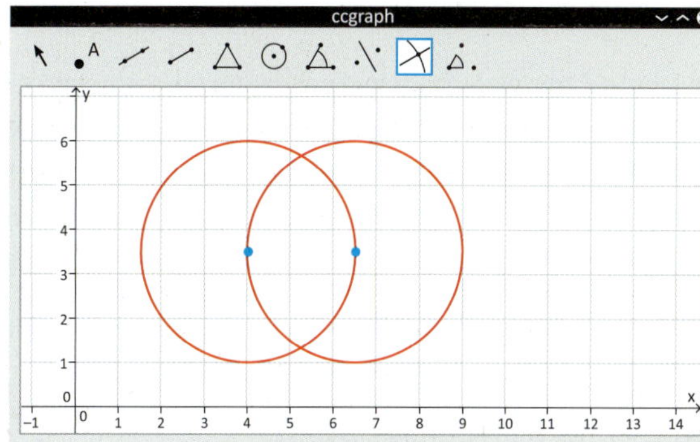

Symmetrisches leicht gemacht

Mit einem Geometrie-Programm kannst du auch symmetrische Figuren erzeugen. Zeichne dazu eine beliebige Figur und eine Symmetrieachse mit . Mit dem passenden Werkzeug kannst du eine Achsenspiegelung durchführen, indem du zuerst deine Figur und anschließend die Symmetrieachse anklickst.

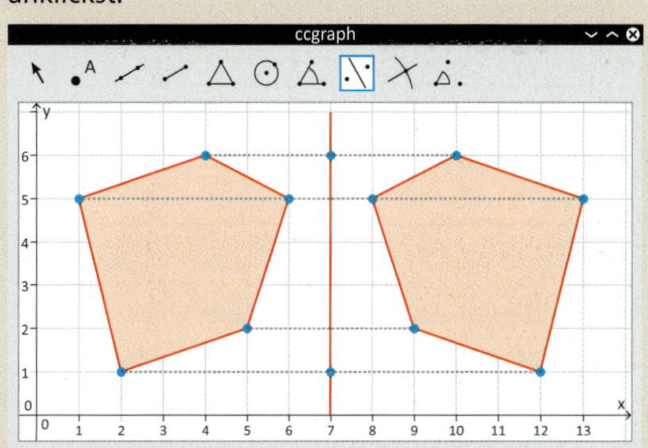

a) Versuche ein Gesicht zu konstruieren, indem du möglichst viele Symmetrien ausnutzt.

b) Erfinde eigene kunstvolle Figuren.

Der Wind, der Wind, …

Wir entwerfen eine Windmühle. Zeichne dazu einen Winkel am Rand des Zeichenblattes und miss seine Größe. Zeichne anschließend ein Dreieck, indem du das dazugehörige Werkzeug verwendest. Nutze das passende Werkzeug zum Drehen . Markiere damit das Dreieck, einen Eckpunkt des Dreiecks, der das Drehzentrum sein wird, und den Winkel als Drehwinkel. Wiederhole mit dem jeweils entstandenen Bilddreieck die Schritte mehrere Male. Es entsteht ein „Windrad", das sich mit dem Drehwinkel bewegen lässt. Probiere aus und beschreibe verschiedene Drehsymmetrien.

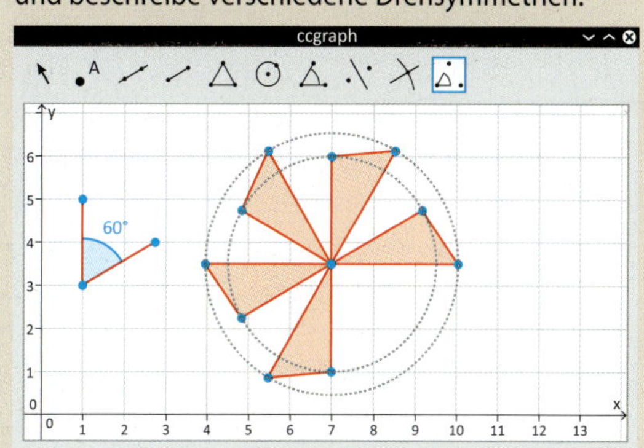

Monte-Carlo-Methode

In Monte-Carlo, einer Stadt im Fürstentum Monaco, steht eines der berühmtesten Spielcasinos der Welt. Spielcasinos sind Orte des Zufalls – und so verwundert es nicht, dass eine mathematische Simulation, bei der Zufallszahlen zum Einsatz kommen, nach dieser Stadt benannt ist. Mit der **Monte-Carlo-Methode** kannst du zum Beispiel einen Näherungswert für die Kreiszahl π bestimmen.

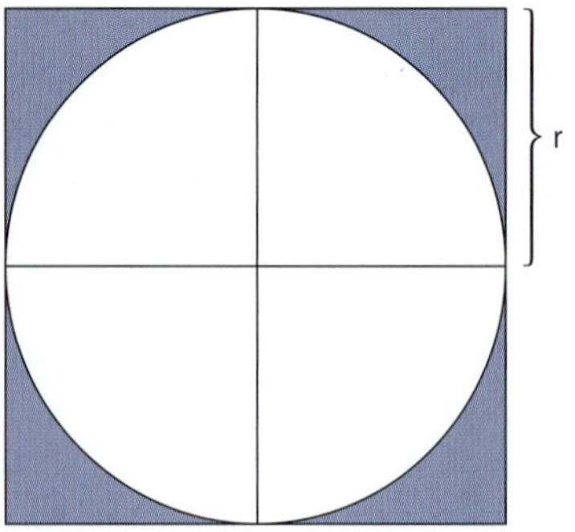

Die Idee ist, den Flächeninhalt eines Kreises gegenüber dem des umschriebenen Quadrats mithilfe von Zufallssimulationen abzuschätzen.

Es gilt für das Verhältnis der Flächen:

$$\begin{matrix} A_{Kreis} = \pi \cdot r^2 \\ A_{Quadrat} = 4 \cdot r^2 \end{matrix} \Rightarrow \frac{A_{Kreis}}{A_{Quadrat}} = \frac{\pi \cdot r^2}{4 \cdot r^2} = \frac{\pi}{4}$$

π mit Reiskörnern bestimmen

Lässt man Reiskörner zufällig auf das oben abgebildete Quadrat regnen, landen manche Körner im Kreis, manche außerhalb. Die Anzahl der Körner, die im Inneren liegen, verhält sich zu der Gesamtzahl der Körner wie das oben angegebene Verhältnis der Flächen von Kreis und Quadrat. Die **relative Häufigkeit** der Körner im Inneren des Kreises ist also ein Schätzwert von $\frac{\pi}{4}$.

a) Bastle eine Schachtel mit quadratischer Grundfläche. Zeichne einen Kreis so ein, dass sein Rand die Quadratseiten berührt. Bestimme einen Näherungswert für π.
Führe dazu das Experiment mit 100 Reiskörnern 20-mal durch und berechne den Mittelwert. Körner auf der Kreislinie gehören zum Kreis.

b) Führe das Zufallsexperiment mit einem Viertelkreis durch und nimm statt Reiskörnern 100 Reißnägel. Was ändert sich in der Berechnung für π? Gib die Abweichung deiner Näherungslösung vom Taschenrechner-Wert von π in Prozent an.

π mit dem Telefonbuch bestimmen

In einem Telefonbuch werden die letzten beiden Ziffern der Telefonnummern von x aufeinander folgenden Personen betrachtet:

Person	Endziffern der Telefonnummer	Daraus resultierender Punkt P
1	…4384	P_1 (0,84 | 0,78)
2	…2778	
3	…9214	P_2 (0,14 | 0,07)
4	…1807	
…	…	…

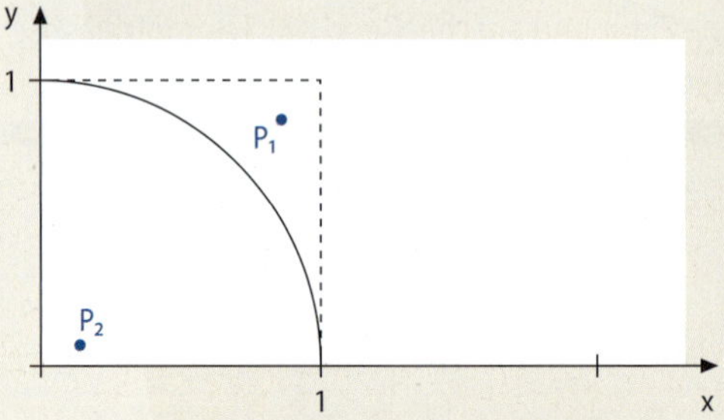

a) Ermittle von einer beliebigen Seite eines Telefonbuchs aus 40 aufeinander folgenden Telefonnummern 20 Zufallspunkte.

b) Bestimme mit diesen Punkten analog zum ersten Experiment einen Näherungswert für π, indem du prüfst, ob die Punkte innerhalb des Viertelkreises liegen oder nicht.

c) Gib die Abweichung deiner Näherungslösung vom Taschenrechnerwert von π an.

π mit einem Tabellenprogramm bestimmen

Das Zufallsexperiment kann auch durch Punkte, deren Koordinaten Zufallszahlen zwischen 0 und 1 sind, simuliert werden. Die Zufallszahlen können mit einem Tabellenkalkulationsprogramm (Befehl in Excel: =Zufallszahl()) oder mittels CAS erzeugt werden.

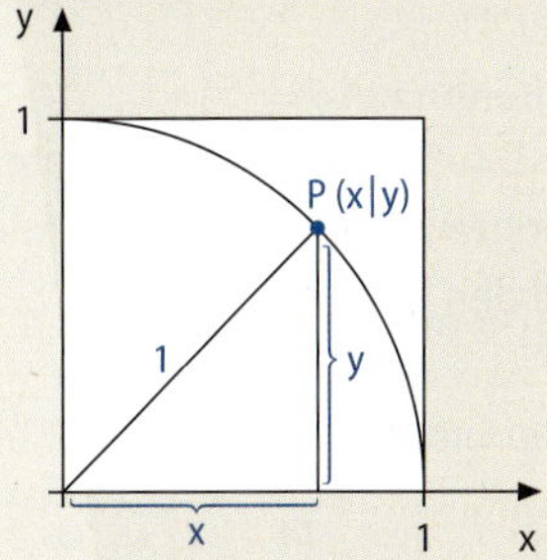

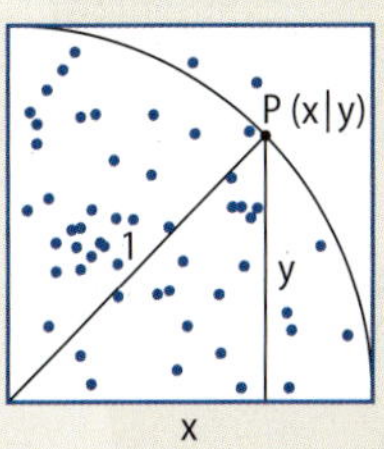

	A	B	C	D	E	F	G
1	Versuch Nr.	Zufallszahl x-Koordinate	Zufallszahl y-Koordinate	$x^2 + y^2$	Punkt auf dem Viertelkreis?	Anzahl Punkte	Näherungswert für Pi
2	1	0,747189186	0,993966403	1,54626089	Nein	0	0
3	2	0,480473244	0,908466077	1,056165151	Nein	0	0
4	3	0,06815689	0,835632986	0,702927849	Ja	1	1,333333333
5	4	0,749986385	0,016770971	0,562760844	Ja	2	2
6	5	0,092284332	0,10278039	0,019080207	Ja	3	2,4
7	6	0,562551582	0,637441037	0,722795358	Ja	4	2,666666667
8	7	0,251767678	0,428203906	0,246745549	Ja	5	2,857142857
9	8	0,901158318	0,126618409	0,828118535	Ja	6	3
10	9	0,11951898	0,674982114	0,469885641	Ja	7	3,111111111
11	10	0,356182354	0,116824173	0,140513757	Ja	8	3,2
12	11	0,679168493	0,72553596	0,98767227	Ja	9	3,272727273
13	12	0,280669146	0,998147209	1,075073021	Nein	9	3
14	13	0,652849974	0,792702226	1,054589907	Nein	9	2,769230769
15	14	0,463807703	0,821184186	0,889461053	Ja	10	2,857142857
16	15	0,066619075	0,852719163	0,731568073	Ja	11	2,933333333
17	16	0,005177015	0,303333517	0,092038024	Ja	12	3
18	17	0,612522888	0,006682898	0,37522895	Ja	13	3,058823529
19	18	0,313978597	0,026458699	0,099282622	Ja	14	3,111111111

a) Erläutere das abgebildete Tabellenblatt. Wie wird mittels der Koordinaten eines Zufallspunkts P entschieden, ob P auf dem Viertelkreis liegt oder nicht?

b) Erstelle ein Tabellenblatt und bestimme einen Näherungswert für π.

c) Erläutere das Diagramm in Abhängigkeit von der Punkteanzahl. Nimm Stellung zur Aussage: Der Wert für π wird „immer besser". Überprüfe selbst mithilfe des Tabellenblattes.

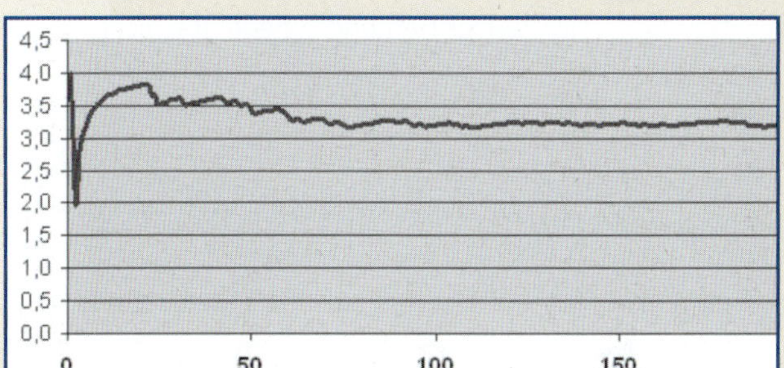

4 Das kann ich!

Überprüfe deine Fähigkeiten und Kompetenzen. Bearbeite dazu die folgenden Aufgaben und bewerte anschließend deine Lösungen mit einem Smiley. Hinweise zum Nacharbeiten findest du auf der folgenden Seite. Die Lösungen stehen im Anhang.

☺	😐	☹
Das kann ich **wirklich gut!**	Das kann ich **fast!**	Das muss ich **noch üben!**

1 In einem Dreieck hat ein Winkel das Maß 105° und seine Gegenseite ist 7,5 cm lang. Was lässt sich über die anderen Winkelmaße und Seitenlängen aussagen?

2 Welche Länge kann die fehlende Seite im Dreieck ABC jeweils haben? Gib ein passendes Intervall an.
a) $a = 3{,}7$ cm; $b = 7$ cm **b)** $b = 6$ cm; $c = 5$ cm
c) $a = c = 5{,}6$ cm **d)** $a = 5{,}8$ cm; $b = 2$ cm

3 Zeichne drei verschiedene Dreiecke, die die gegebenen Bedingungen erfüllen.
a) $\alpha = 50°$; $\beta = 70°$ **b)** $\alpha = 60°$; $\gamma = 60°$
c) $\beta = 90°$; $\gamma = 40°$ **d)** $a = 5$ cm; $\beta = 50°$

4 Konstruiere das Dreieck ABC mit den drei Schritten Planfigur, Zeichnung und Beschreibung.
a) $c = 4{,}9$ cm; $\alpha = 53°$; $\beta = 87°$
b) $b = 5{,}4$ cm; $\alpha = 75°$; $\gamma = 59°$
c) $b = 4{,}8$ cm; $c = 5{,}7$ cm; $\alpha = 57°$
d) $a = 4{,}4$ cm; $b = 3{,}3$ cm; $c = 5{,}5$ cm
e) $a = 3{,}8$ cm; $c = 5{,}4$ cm; $\gamma = 70°$

5 Miss bei den Dreiecken die Längen der Seiten sowie die Größe der Winkel und konstruiere mit genau diesen Angaben ein kongruentes Dreieck.

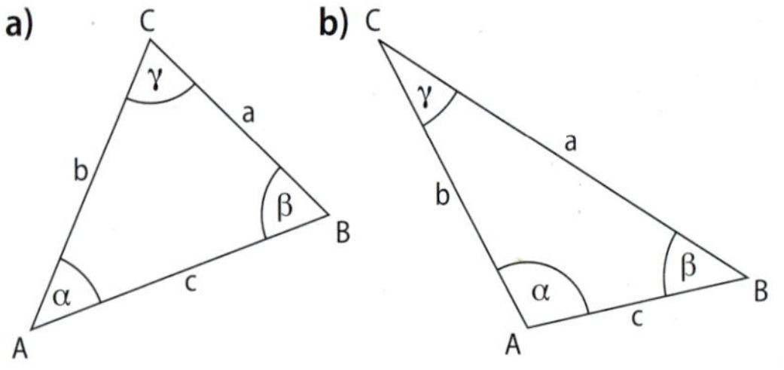

6 Konstruiere für das Dreieck ABC mit A (−5|−1), B (4|−1) und C (3|4,5) den Inkreis und den Umkreis. Gib die Koordinaten der Kreismittelpunkte an.

7 Zeichne das Parallelogramm mit A (−5|−3), B (1|−3), C (3|1) und D (−3|1) in ein Koordinatensystem. Miss die benötigten Längen und berechne den Flächeninhalt und den Umfang.

8 Berechne die fehlenden Größen des Dreiecks.

	a)	b)	c)
Grundseite g	40 mm		1,3 cm
Höhe h	12 cm	4,1 cm	
Flächeninhalt A		7,79 cm²	110,5 mm²

9 Übertrage die Trapeze ins Heft und berechne deren Flächeninhalt.

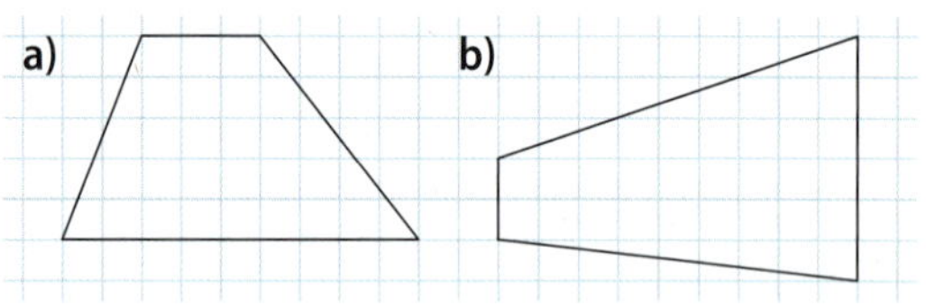

10 Berechne den Flächeninhalt der Figuren. Übertrage sie dazu ins Heft und zerlege geschickt.

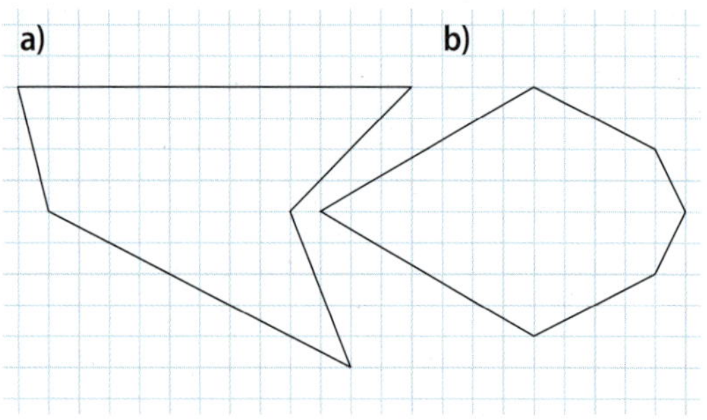

11 Gegeben sind A (8|2), M_1 (5|6), M_2 (2|2) und M_3 (8|7).
a) Zeichne die Kreise k_1 (M_1; $r = 3$ cm), k_2 (M_2; $r = 1{,}5$ cm) und k_3 (M_3; $r = 1{,}4$ cm). Ergänze die Geraden AM_2, AM_3 und M_2M_3.
b) Beschreibe die Lage der Geraden AM_3 bezüglich der Kreise.

12 Zeichne mithilfe des Satzes von Thales ein bei C rechtwinkliges Dreieck, für das gilt:
a) $c = 8$ cm; $b = 4$ cm **b)** $c = 12{,}5$ cm; $\beta = 37°$

13 Konstruiere ein Rechteck mit einer Seitenlänge $a = 4$ cm und einer Diagonalen $d = 7$ cm.

14 Berechne Umfang und Flächeninhalt der Kreise.
a) $r = 5{,}7$ cm **b)** $r = 2{,}5$ cm **c)** $r = 18$ mm
d) $r = 0{,}15$ km **e)** $d = 6{,}2$ cm **f)** $d = 1{,}91$ km

15 Berechne den Durchmesser eines Leitungsdrahtes mit einer Querschnittsfläche von 1 cm^2 (80 mm^2; 34 mm^2).

16 Beim Biathlon müssen die Athleten auf kleine schwarze Scheiben zielen. Jede von ihnen hat einen Durchmesser von 4,5 cm (liegendes Schießen) bzw. 11,5 cm (stehendes Schießen).

a) Welchen Flächeninhalt hat eine einzelne Scheibe beim liegenden (stehenden) Schießen?
b) Berechne, um wie viel Prozent der Flächeninhalt einer Scheibe beim stehenden Schießen größer ist als beim liegenden Schießen.

Aufgaben für Lernpartner

Sind folgende Behauptungen richtig oder falsch? Begründe schriftlich.

A In jedem rechtwinkligen Dreieck ist die Hypotenuse die längste Seite.

B In einem Dreieck ist jede Seite länger als die Summe der beiden anderen Seiten.

C Ein Dreieck, von dem man alle drei Innenwinkel kennt, lässt sich eindeutig konstruieren.

D Der Umkreismittelpunkt liegt immer innerhalb des Dreiecks.

E Die Formel zur Berechnung des Flächeninhalts eines Trapezes kann man auch zur Berechnung des Flächeninhalts eines Dreiecks und eines Parallelogramms verwenden.

F Jedes Vieleck lässt sich in Dreiecke zerlegen.

G Durchmesser (Radius) und Umfang eines Kreises sind zueinander proportional.

H Verdoppelt sich der Durchmesser eines Kreises, so verachtfacht sich der Umfang des Kreises.

Ich weiß und kann …	Aufgaben	Hilfe
Zusammenhänge in einem Dreieck erkennen	1, 2, A, B	S. 132
Dreiecke konstruieren	3, 4, 5, C	S. 134
besondere Punkte und Linien am Dreieck konstruieren	6, D	S. 138
Flächeninhalt und Umfang an Drei- und Vierecken bestimmen	7, 8, 9, E	S. 140, 141
Flächeninhalt und Umfang an Vielecken bestimmen	10, F	S. 142
Lagebeziehungen zwischen Kreis und Gerade erkennen, beschreiben und zeichnen	11	S. 148
mithilfe des Satzes von Thales rechtwinklige Dreiecke konstruieren	12, 13	S. 144
Berechnungen zu Umfang und Flächeninhalt am Kreis durchführen.	14, 15, 16, G, H	S. 152, 154

Seite 134

Kongruenzsätze für Dreiecke

Dreiecke sind genau dann kongruent, wenn sie …

- in der Länge aller Seiten übereinstimmen (**SSS**).
- in der Länge zweier Seiten und dem Maß des eingeschlossenen Winkels übereinstimmen (**SWS**).
- in der Länge einer Seite und dem Maß beider anliegenden Winkel übereinstimmen (**WSW**).
- in der Länge zweier Seiten übereinstimmen sowie dem Maß des Winkels, der der längeren Seite gegenüberliegt (**SsW**).

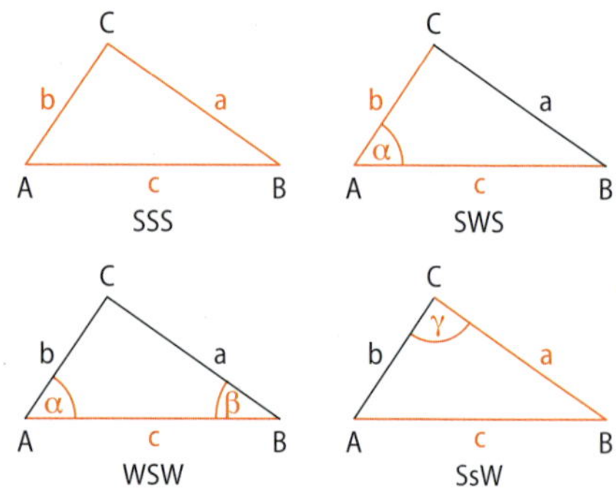

Seite 138

Besondere Punkte und Linien im Dreieck

Der Schnittpunkt der **Mittelsenkrechten** eines Dreiecks ist der **Umkreismittelpunkt**. Der Umkreis verläuft durch alle drei Ecken des Dreiecks.
Der Schnittpunkt der **Winkelhalbierenden** eines Dreiecks ist der **Inkreismittelpunkt**. Der Inkreis berührt alle Dreiecksseiten.

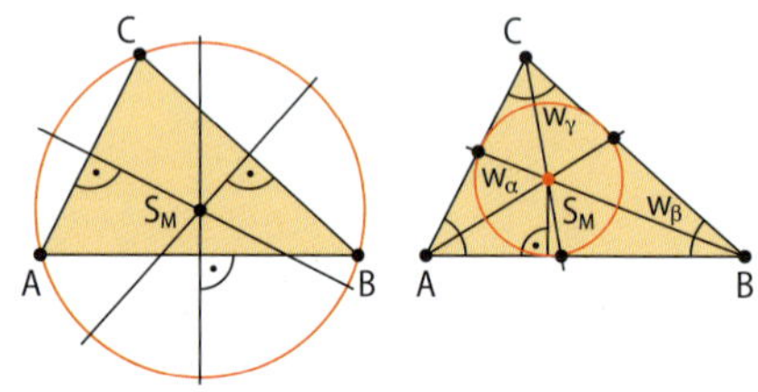

Seite 140, 141

Flächeninhalt von Vielecken

Parallelogramm:

$A_P = a \cdot h_a$ oder $A_P = b \cdot h_b$

Dreieck:

$$A_D = \frac{1}{2} \cdot a \cdot h_a = \frac{1}{2} \cdot b \cdot h_b = \frac{1}{2} \cdot c \cdot h_c$$

Trapez:

$$A_{Tr} = \frac{a + c}{2} \cdot h = \frac{1}{2} \cdot (a + c) \cdot h$$

Vieleck:

$A_{Vieleck} = A_1 + A_2 + A_3 + \ldots + A_n$

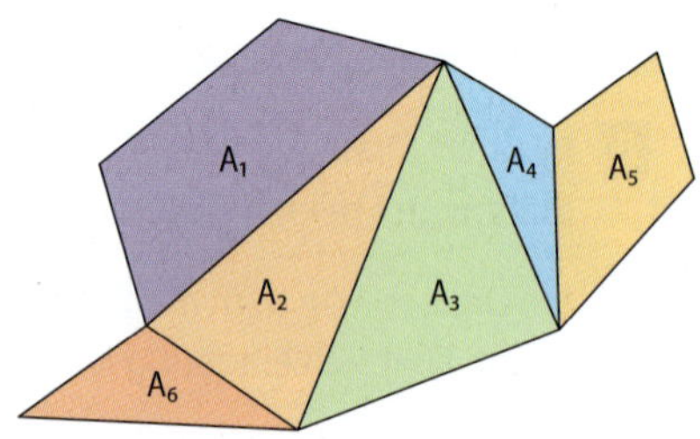

Der Umfang eines Vielecks lässt sich stets als Summe aller außenliegenden Seitenlängen bestimmen.

Seite 148, 150

Kreis und Geraden

Berührt eine Gerade einen Kreis in nur einem Punkt, dann ist die Gerade eine Tangente t an den Kreis. Die Tangente steht senkrecht auf dem Berührradius. Die Sekante berührt den Kreis in zwei, die Passante in keinem Punkt.

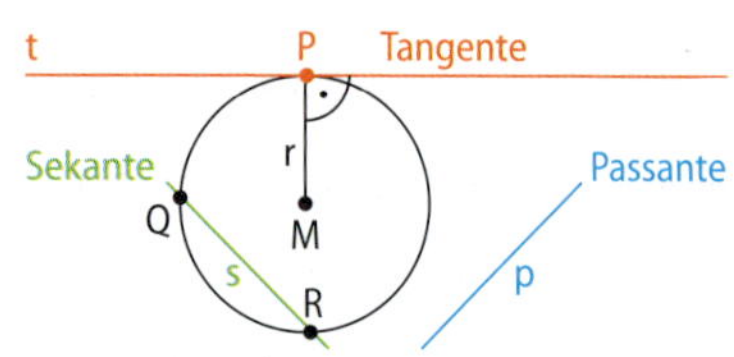

Seite 152, 154

Rund um den Kreis

Umfang u_K eines Kreises:

$u_K = \pi \cdot d = 2 \cdot \pi \cdot r$ mit $\pi \approx 3{,}14$

Flächeninhalt eines **Kreises:**

$A_K = \pi \cdot r^2 = \frac{\pi}{4} \cdot d^2$

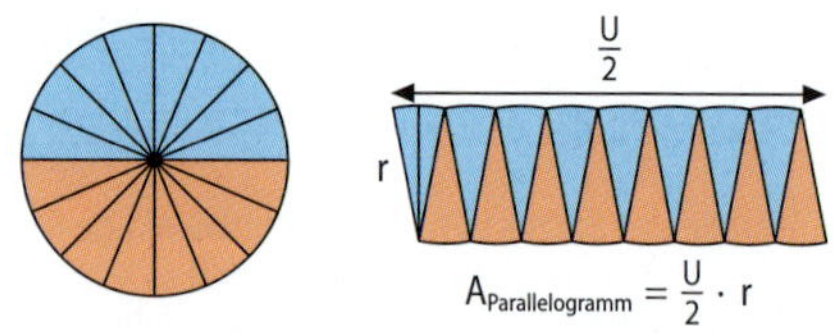

5 Rund um Prisma und Zylinder

Einstieg

- Welche Form hat dieses Aquarium?
- Schätze, wie viel Wasser sich im Aquarium befindet.
- Wie kann man die Füllmenge für das Aquarium ausrechnen?
- Wie viel Quadratmeter Glas müssen bei einer Reinigung geputzt werden?
- Unterscheidet sich die Größe der Glasfläche innen und außen?

Ausblick

Am Ende dieses Kapitels hast du gelernt, …

- wie man Prisma und Zylinder auf verschiedene Arten darstellen kann.
- wie man den Oberflächeninhalt von Prisma und Zylinder bestimmt.
- wie das Volumen von Prisma und Zylinder ermittelt werden kann.

5 Das kann ich schon ...

Geometrische Körper erkennen

Körper werden von ebenen oder gekrümmten Flächen begrenzt. Zwei aneinander stoßende Flächen bilden eine **Kante**, aufeinander treffende Kanten bilden eine **Ecke**.

Ein **Quader** wird von sechs Rechtecken begrenzt, von denen **gegenüberliegende Rechtecke deckungsgleich** sind. Er besteht aus acht Ecken und zwölf Kanten, von denen jeweils vier gleich lang und parallel zueinander sind.

Ein **Würfel** ist ein besonderer Quader, der aus sechs gleichen Quadraten besteht. Alle zwölf Kanten sind dabei gleich lang.

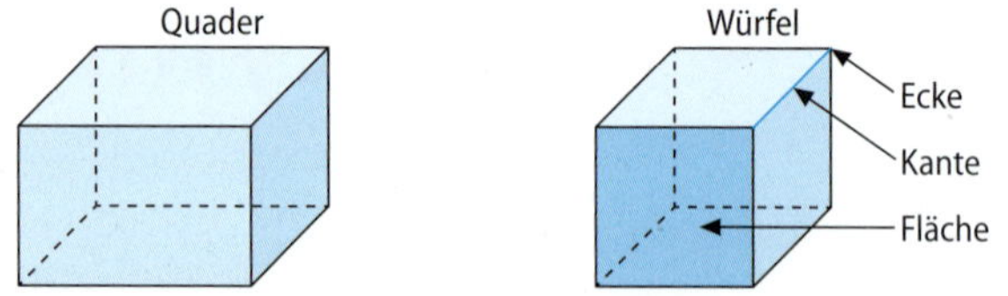

Weitere Körper, die bekannt sind:

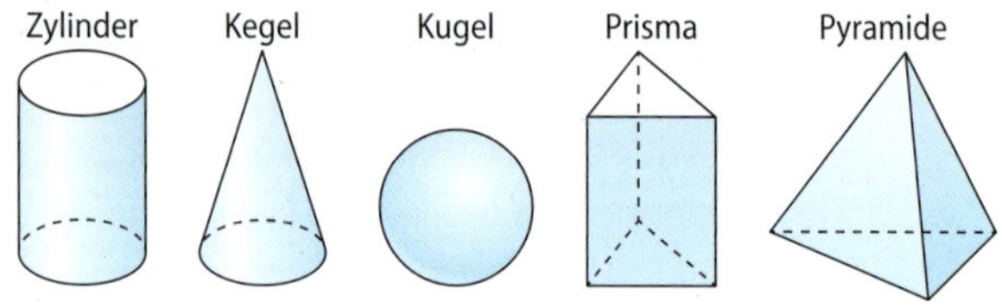

Netze von Quadern und Würfeln erkennen und zeichnen

Ein **Netz** eines Quaders oder eines Würfels erhält man, wenn man eine quader- oder würfelförmige Schachtel entlang ihrer Kanten aufschneidet und flach ausbreitet. Einzelne Teile hängen an den Kanten zusammen. Die Form der Netze hängt davon ab, welche Kanten aufgeschnitten werden.

Quadernetz

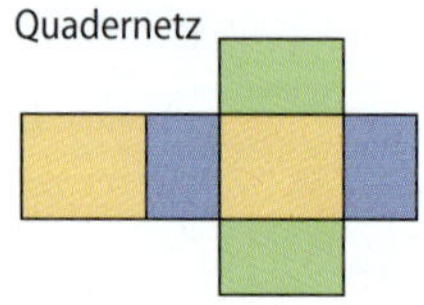

Würfelnetz

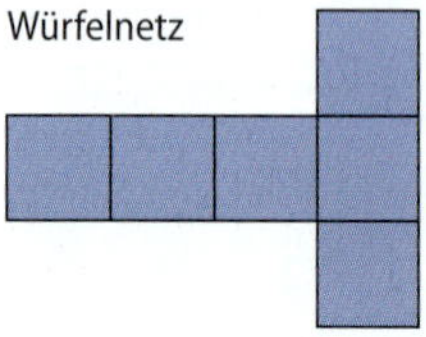

Schrägbilder von Quadern und Würfeln zeichnen

Um einen Körper räumlich darzustellen, wird er häufig im **Schrägbild** gezeichnet.

Im Schrägbild werden die Kanten der Vorder- und Rückfläche mit den angegebenen Längenmaßen gezeichnet. Die nach hinten verlaufenden Kanten werden in halber Länge und unter einem Winkel von 45° gezeichnet. Nicht sichtbare Kanten werden gestrichelt.

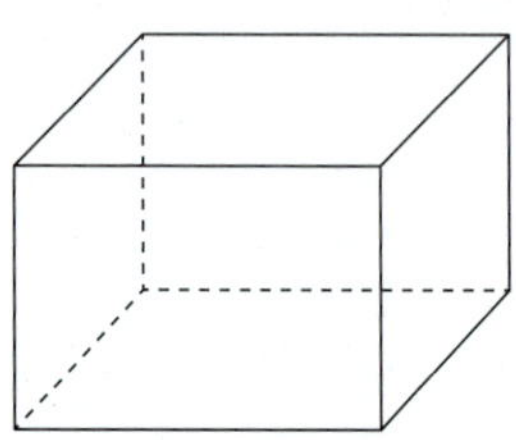
Schrägbild eines Quaders

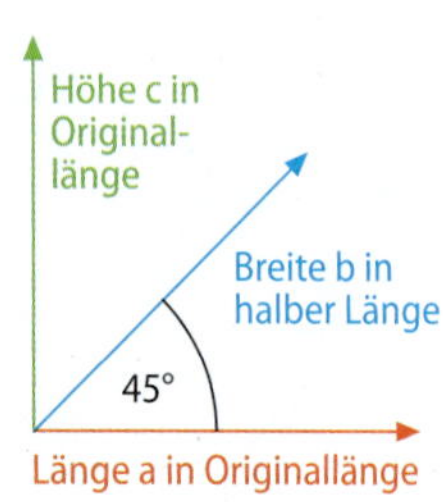

Flächen- und Volumeneinheiten umwandeln

Als Maßeinheit für das **Volumen** (Rauminhalt) verwendet man Einheitswürfel mit der Kantenlänge 1 mm, 1 cm, 1 dm, 1 m oder 1 km.
Die **Umwandlungszahl** zwischen benachbarten Volumeneinheiten ist 1000.

$1\ m^3 \underset{\cdot 1000}{\overset{:1000}{\rightleftarrows}} 1\ dm^3 \underset{\cdot 1000}{\overset{:1000}{\rightleftarrows}} 1\ cm^3 \underset{\cdot 1000}{\overset{:1000}{\rightleftarrows}} 1\ mm^3$

Hohlmaße: $1\ \ell = 1\ dm^3$ $\quad 1\ m\ell = 1\ cm^3$ $\quad 1\ h\ell = 100\ \ell$

Die **Umwandlungszahl** zwischen benachbarten Flächeneinheiten ist 100.

$\ldots \underset{\cdot 100}{\overset{:100}{\rightleftarrows}} 1\ a \underset{\cdot 100}{\overset{:100}{\rightleftarrows}} 1\ m^2 \underset{\cdot 100}{\overset{:100}{\rightleftarrows}} 1\ dm^2 \underset{\cdot 100}{\overset{:100}{\rightleftarrows}} \ldots$

Geometrische Körper erkennen

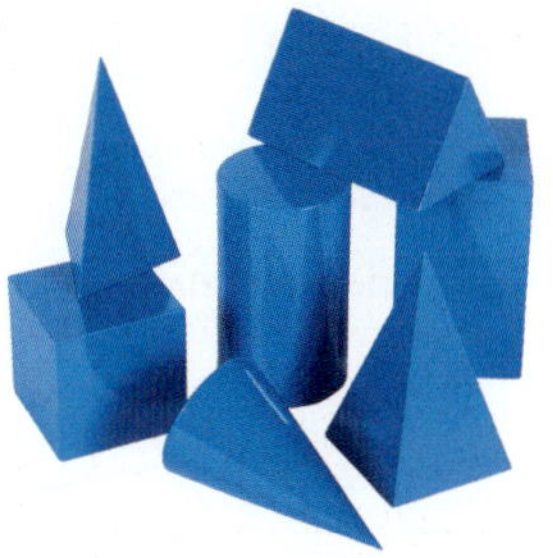

1 Um welchen Körper handelt es sich? Der gesuchte Körper besitzt …

a) sechs Ecken und neun Kanten.
b) keine Kante und eine Fläche.
c) sechs Flächen und zwölf Kanten.
d) fünf Flächen und acht Kanten.
e) drei Flächen und keine Ecke.
f) sechs Kanten und vier Flächen.

Netze von Quadern und Würfeln erkennen und zeichnen

2 In welchen Fällen liegt das Netz eines Quaders bzw. Würfels vor? Begründe.

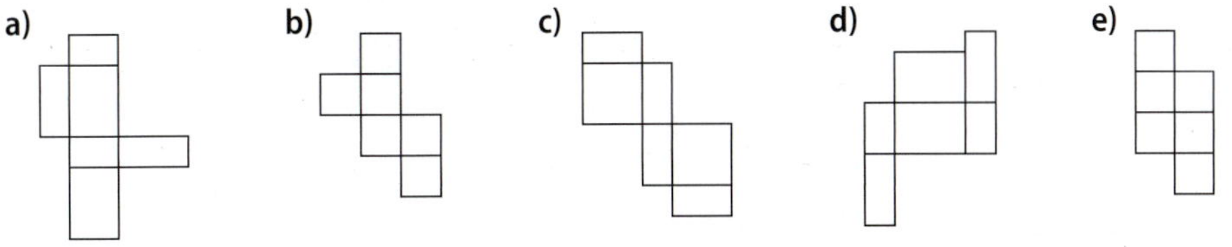

3 Zeichne zwei verschiedene Netze eines Quaders bzw. Würfels, der die angegebene Kantenlänge besitzt.

	a)	b)	c)	d)	e)	f)
Länge	3 cm	3,5 cm	45 mm	20 mm	1 cm	$\frac{1}{10}$ dm
Breite	4 cm	2,5 cm	30 mm	2 cm	3 cm	1 cm
Höhe	2 cm	1,5 cm	30 mm	$\frac{1}{5}$ dm	10 mm	3 cm

Schrägbilder von Quadern und Würfeln zeichnen

4 Übertrage in dein Heft und ergänze zum Schrägbild eines Quaders.

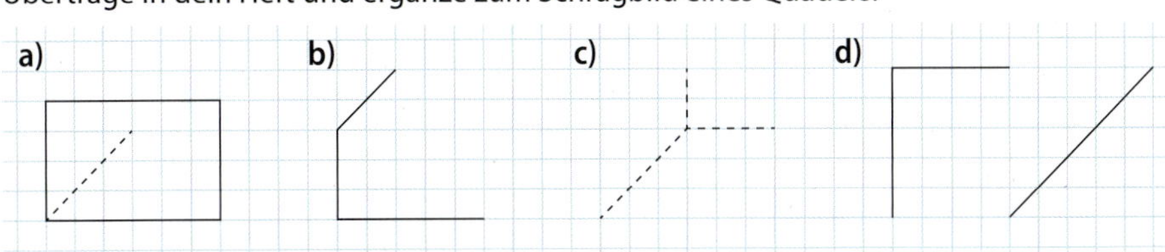

5 Zeichne das Schrägbild eines Würfels mit folgender Kantenlänge.

a) a = 6 cm **b)** a = 4 cm **c)** a = 3,5 cm **d)** a = 5,4 cm

Flächen- und Volumeneinheiten umwandeln

6 Schreibe in der angegebenen Einheit.

Wandle Brüche zunächst in Dezimalzahlen um.

a) m^2: 14 a; 500 dm^2; 650 a; $\frac{1}{2}$ ha; 5 a; 65 m^2; $4\frac{4}{5}$ ha; 12 ha 503 m^2

b) cm^2: 4 dm^2; 5 m^2; 900 mm^2; $\frac{1}{4}$ dm^2; 44 cm^2; 2045 dm^2; 6 dm^2 $\frac{31}{50}$ cm^2

c) dm^2: 9 m^2; 8 a; 700 cm^2; $\frac{3}{5}$ m^2 16 dm^2; 25 m^2 5 dm^2; 9 m^2 $\frac{3}{8}$ dm^2

d) mm^2: 12 dm^2; 14,6 m^2; $1\frac{1}{10}$ cm^2; 4 km^2; $\frac{4}{5}$ m^2; 17,8 a; 4899 dm^2; 1 ha

5 Entdecken

Kap. 5.1 und Kap. 5.3

Ansichtssache

Verpackungen können ganz verschiedene Formen haben.

- Welche mathematischen Körper erkennst du in den Verpackungen? Beschreibe.
- Besorge dir verschiedene Verpackungen.
  1. Du kennst bereist das Schrägbild als eine räumliche Darstellung. Skizziere die Verpackungen so gut wie möglich durch ein Schrägbild.
  2. Zerschneide die Verpackungen so, dass du ein Netz der Verpackung erhältst. Beschreibe, aus welchen Figuren das Netz jeweils besteht.

Kap. 5.2

Schattenspiele

Verwende für das folgende Experiment Verpackungen, die du in deiner Umwelt findest und die möglichst gut mathematischen Körpern entsprechen.

Nimm eine starke Taschenlampe und beleuchte die einzelnen Verpackungen von oben und von vorne. Halte die Verpackung dabei recht nahe an eine helle Wand.

- Beschreibe, welche Schattenfiguren durch die Körper entstehen.
- Welche Schatten ergeben dieselbe Figur? Sehen auch die Körper immer gleich aus?

Kap. 5.4

Materialeinsatz

Nimm verschiedene Verpackungen.

- Untersuche, wie viel Material für die Herstellung einer Verpackung verwendet wird.
- Verpackungen werden beispielsweise aus großen eckigen Pappbögen ausgeschnitten. Beurteile die Verpackungen nach dem Materialverschnitt, der deiner Meinung nach bei der Produktion entsteht. Nenne Annahmen, die du dabei machst.
- Erstelle eine Rangliste. Welche Verpackung hat den größten Materialverschnitt, welche den geringsten?

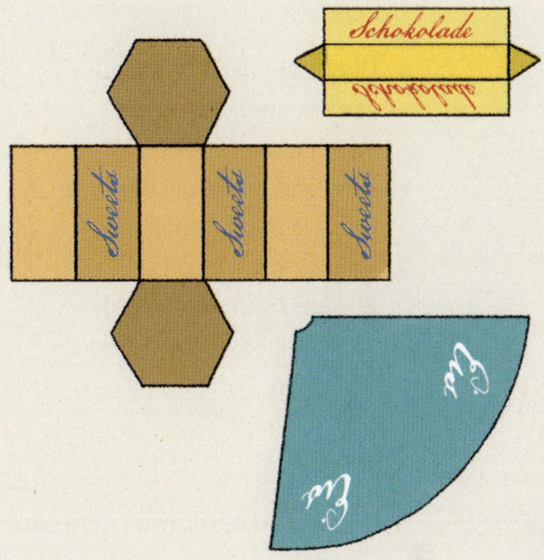

Kap. 5.5

Optimal genutzt

Untersuche Verpackungen und ihren Inhalt. Du kannst neben einer Rechnung auch andere Methoden verwenden um das Volumen zu bestimmen (z. B. Wasser befüllen, umschütten, Gegenstände in einen befüllten Messbecher tauchen, …).

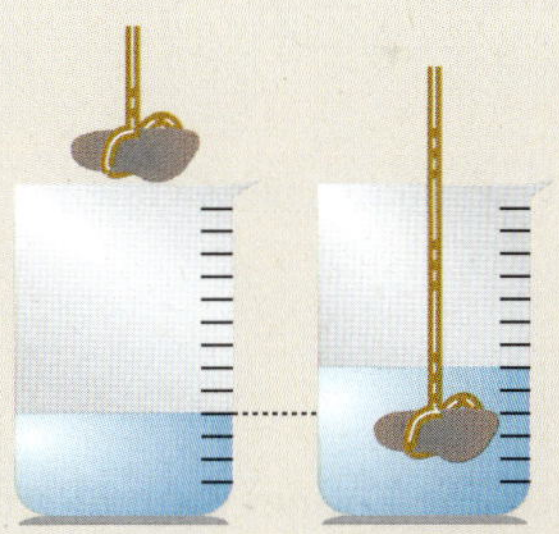

- Bestimme das Volumen, das für den Inhalt zur Verfügung steht.
- Vergleiche das Volumen der Verpackung mit dem Volumen des Inhalts: Bestimme so genau wie möglich das genutzte Volumen in Prozent.
- Stelle der Klasse Verpackungen vor, bei denen der Inhalt möglichst gut bzw. möglichst schlecht ausgefüllt wurde.

Entdecken

Du kennst bereits das Schrägbild als eine Möglichkeit, um Körper anschaulich darzustellen.

- Übertrage die Schrägbildzeichnungen von Würfel und Quader in dein Heft.
- Überlege dir Möglichkeiten, wie man mithilfe dieser Schrägbilder das eines Prismas (Zylinders) erhalten kann. Beschreibe dein Vorgehen.

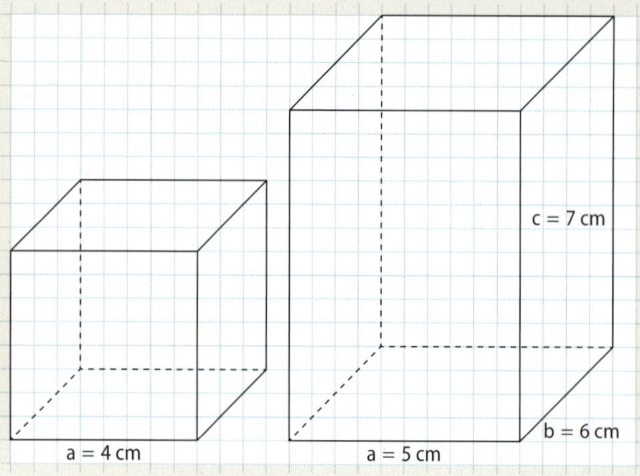

Verstehen

Wird ein Körper in einer solchen Perspektive dargestellt, spricht man auch häufig von der Kavalierperspektive.

Als Schrägbild bezeichnet man eine schräge Projektion eines Körpers auf eine Zeichenebene.

Schrägbild eines Prismas, das auf der Seite liegt:

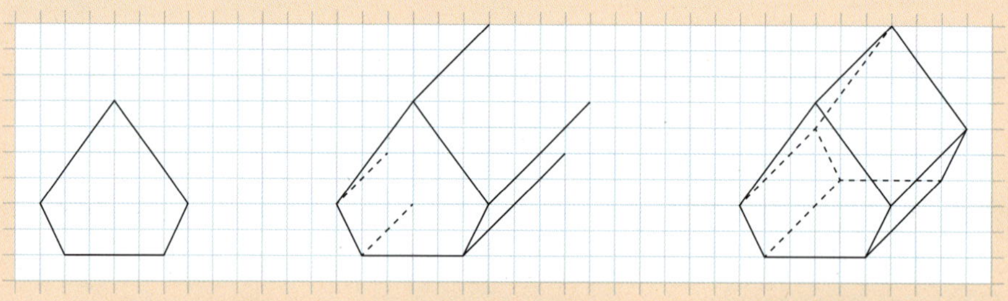

1 Vorderfläche zeichnen

2 Die nach hinten laufenden Kanten unter $\alpha = 45°$ auf die Hälfte kürzen

3 Die hinteren Eckpunkte zur Rückfläche verbinden, nicht sichtbare Kanten stricheln

Schrägbild eines Zylinders, der auf der Grundfläche steht:

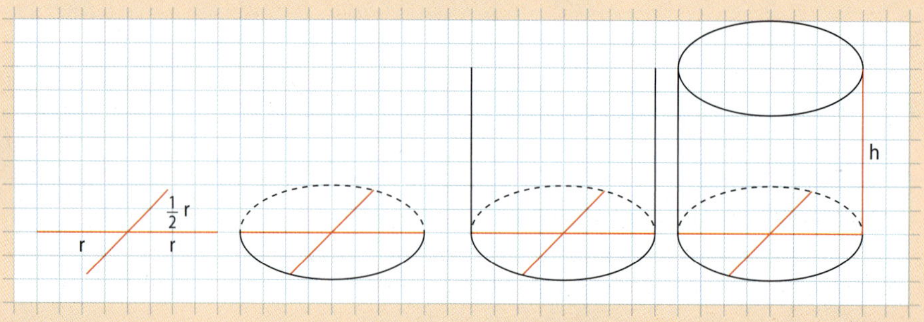

In der Mitte unter $\alpha = 45°$ je einen Radius von halber Länge antragen

Endpunkte zu einer Ellipse verbinden

An den Enden des Durchmessers jeweils die Höhe einzeichnen

Deckfläche zeichnen, unsichtbare Kanten stricheln

Beispiel

Gegeben ist ein dreiseitiges Prisma mit gleichschenklig-rechtwinkligem Dreieck als Grundfläche. Die Schenkel der Grundfläche sind 3 cm lang, die Höhe des Prismas beträgt 5 cm. Zeichne ein Schrägbild des Prismas, wenn es …

a) auf der Grundfläche steht. **b)** auf einer Seitenfläche liegt.

Lösung:

a)

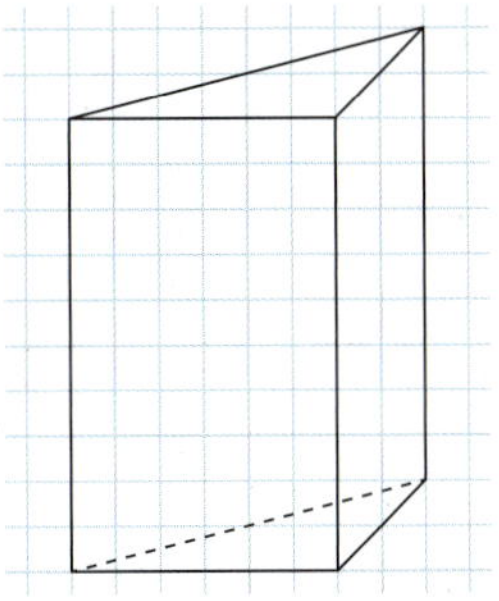

b)

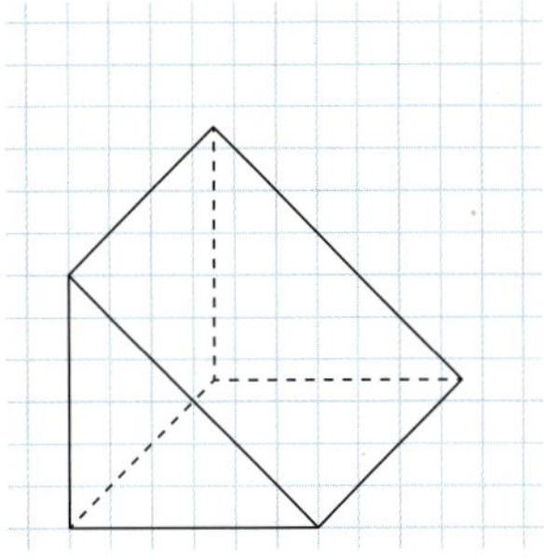

Es ist günstig, sich bei den Kanten an rechten Winkeln zu orientieren.

Nachgefragt

- Angie behauptet, dass sie von einem Quader vier verschiedene Schrägbilder zeichnen kann, die alle denselben Quader darstellen. Kann das sein? Erkläre.
- Sven meint: „Die nach hinten verlaufenden Kanten brauchen nicht verkürzt zu werden.“ Welche Folgen hätte dies für die Schrägbildwirkung? Probiere aus und beschreibe.

Aufgaben

1 Zeichne das Schrägbild des Prismas und des Zylinders aus dem Merkkasten in doppelter Größe in dein Heft.

2 Die Abbildungen stellen die Grundflächen von Prismen und deren Umquader dar, die eine Höhe von $h = 4$ cm haben. Zeichne ein zugehöriges Schrägbild.

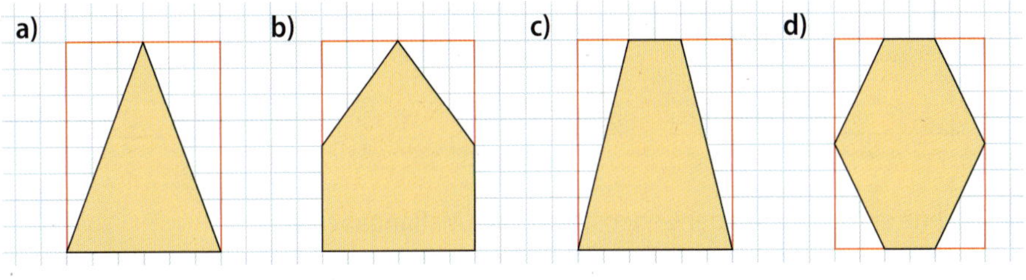

Wenn du die gelbe Fläche als Grundfläche wählst, zeichne zuerst die Grundfläche des Umquaders (das rote Rechteck) im Schrägbild. Beispiel a)

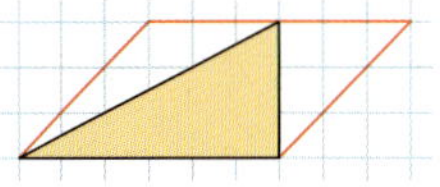

3 In welchem Schrägbild der beiden Zylinder in der Randspalte ist die Grundfläche als Ellipse, in welchem als Kreis gezeichnet?

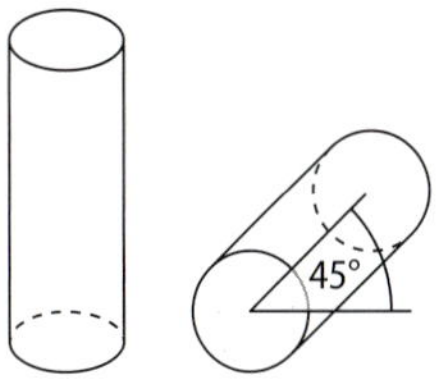

4 Zeichne anhand der Beschreibung das Schrägbild eines Zylinders in dein Heft. Wie hoch ist der Zylinder in Wirklichkeit?

1. Zeichne einen Kreis mit 4 cm Durchmesser.
2. Trage vom Kreismittelpunkt eine Zylinderachse der Länge 5 cm ab, die unter 45° nach hinten verläuft.
3. Zeichne um den Endpunkt dieser Achse einen Kreis wie in **1**.
4. Zeichne parallel zur Achse die Begrenzungslinien des Zylinders.

5 Die Grundfläche eines Körpers ist gegeben. Zeichne das jeweilige Schrägbild.
a) Quader: h = 4,4 cm b) Würfel: h = 3,2 cm c) Prisma: h = 5,6 cm

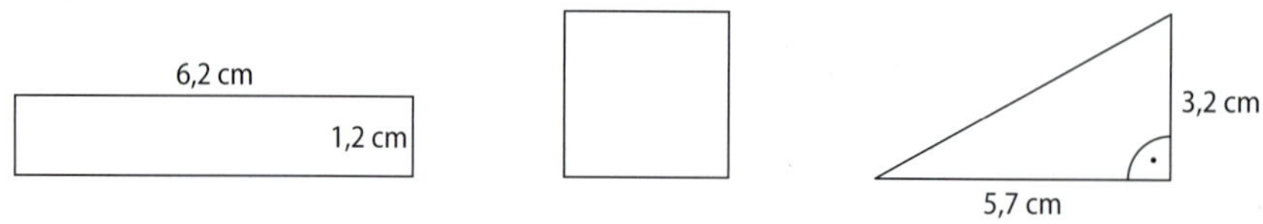

6

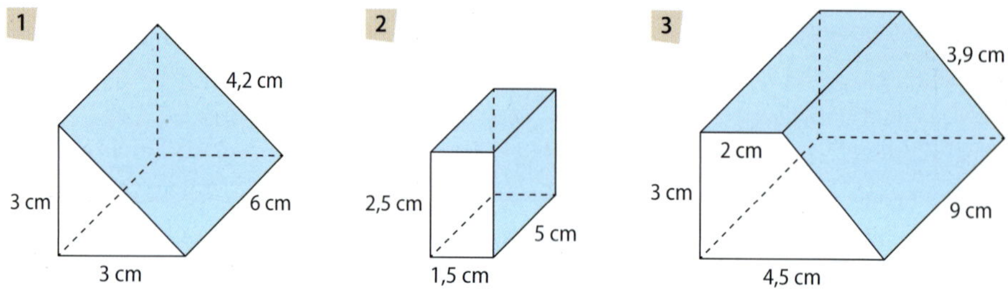

Zeichne die Schrägbilder der Prismen, wenn sie …
a) wie angegeben liegen. b) auf der Grundfläche stehen.

7 Zeichne das Schrägbild eines stehenden (liegenden) Zylinders.

	a)	b)	c)	d)	e)
Durchmesser	4 cm	5 cm	7 cm	3,6 cm	5,2 cm
Höhe	6 cm	8 cm	7 cm	9,4 cm	7,8 cm

8 Übertrage das Schrägbild des dreiseitigen Prismas in dein Heft und ergänze es dort zum Schrägbild eines Quaders.

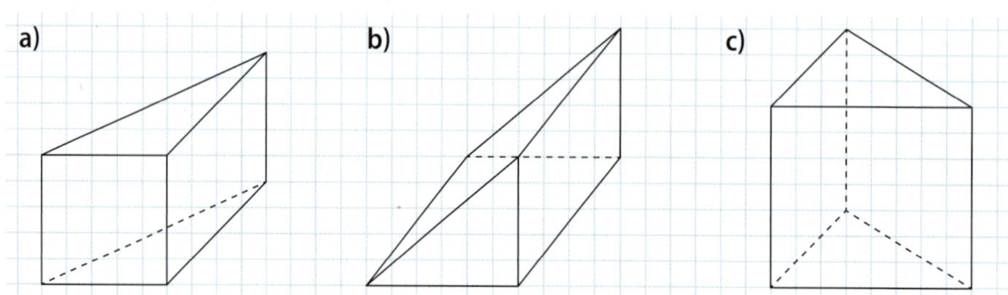

9 Zeichne ein Schrägbild der Gegenstände (alle Maßangaben in cm).

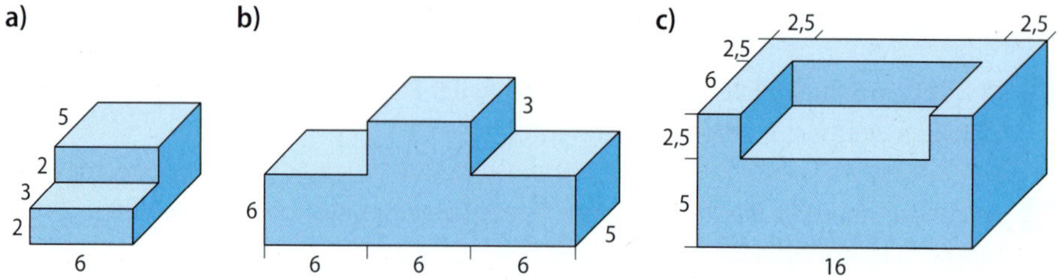

10 Ein Quader hat die Länge a = 6 cm, die Breite b = 5 cm und die Höhe c = 4 cm. Zeichne sein Schrägbild. Dabei sollen folgende Kanten in der Zeichenebene liegen:
a) die Kanten a und c b) die Kanten b und c c) die Kanten a und b

11 Zeichne das Schrägbild. Beschreibe das Vorgehen.

a) Prisma mit Grundfläche ABCDEF und Höhe $h = 3$ cm.

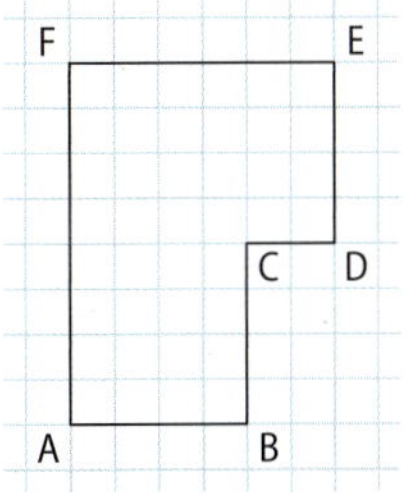

b) Prisma mit Grundfläche ABCD und Höhe $h = 3{,}5$ cm.

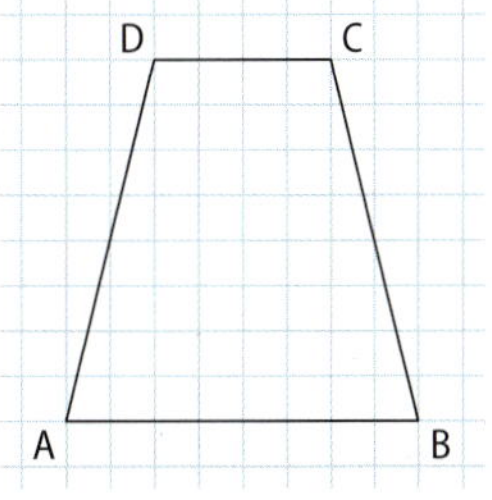

12 Zeichne das Schrägbild eines „liegenden" und das eines „stehenden" regelmäßigen dreiseitigen Prismas mit der Kantenlänge $a = 4{,}5$ cm und der Höhe $h = 7$ cm.

13 Konstruiere das Schrägbild eines 4 cm hohen Zylinders mit $d = 5$ cm, der

a) auf der Mantelfläche liegt,

b) auf der Grundfläche steht.

14 Gegeben sind die Schrägbilder eines Quaders und eines Prismas.

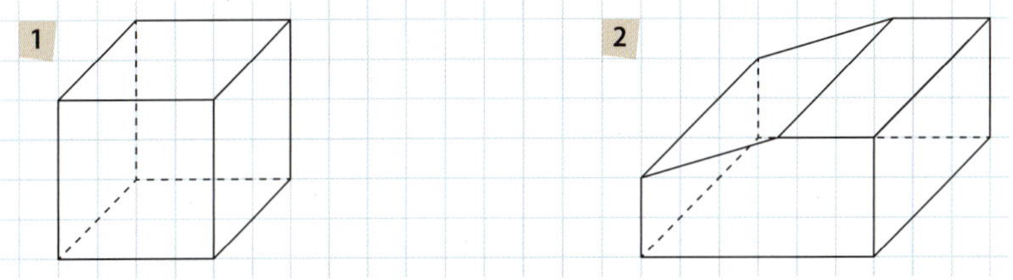

a) Übertrage die Schrägbilder in dein Heft. Zeichne die Höhe, die Diagonale der Grundfläche, eine Diagonale der Seitenfläche und zwei Raumdiagonalen farbig ein.

b) Schraffiere die Schnittebene, in der die Raumdiagonale liegt.

Wissen

Schrägbilder von Pyramiden

Noch immer ist es erstaunlich, wie es den alten Ägyptern gelang, die Pyramiden von Gizeh zu errichten. Selbst heute wäre dies mit moderner Bautechnik noch eine Herausforderung. Eine Pyramide ist durch die Grundfläche und den aus Dreiecken zusammengesetzten Mantel begrenzt. Die Mantelflächen treffen sich an der Spitze. Hier kannst du lernen, wie man eine quadratische Pyramide im Schrägbild zeichnet.

- **1** Zeichne die quadratische Grundfläche als Parallelogramm ABCD nach den Regeln für ein Schrägbild.
  2 Markiere die Spitze S der Pyramide senkrecht über dem Mittelpunkt der Grundfläche ABCD (Schnittpunkt der beiden Grundflächendiagonalen). Die Länge dieser Strecke ist die Höhe der Pyramide.
  3 Verbinde die Spitze S der Pyramide mit den Eckpunkten der Grundfläche. Dabei werden die nicht sichtbaren Kanten gestrichelt.

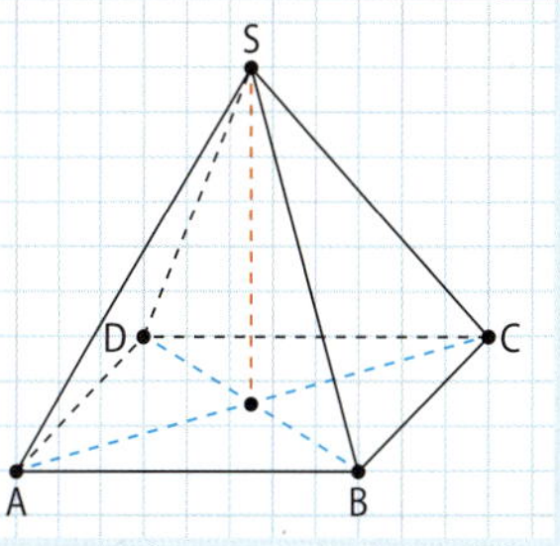

- Finde eine andere Möglichkeit, das Schrägbild einer Pyramide zu zeichnen, die genauso hoch wie breit ist. Tipp: Verwende das Schrägbild eines Würfels.

Entdecken

Körper lassen sich aus verschiedenen Perspektiven betrachten.

- Welche Ansicht gehört jeweils zu dem mathematischen Körper, wenn man ihn von vorne (von der Seite, von oben) betrachtet?

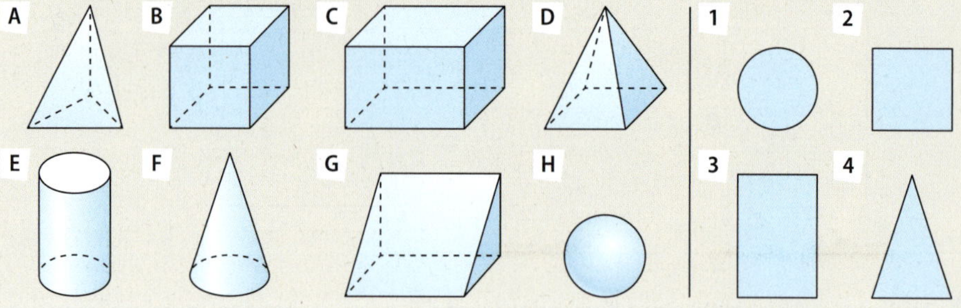

Verstehen

Schrägbilder sind nicht die einzige Möglichkeit, einen Körper darzustellen.

Bei einem **Zweitafelbild** stellt man einen Körper:
1 senkrecht von oben betrachtet im **Grundriss** dar.
2 von vorne betrachtet im **Aufriss** dar.

Werden nun beide Ansichten in derselben Ebene dargestellt, entsteht ein sogenanntes **Zweitafelbild**.

An der Rissachse werden die beiden Ansichten in der Ebene abgegrenzt.

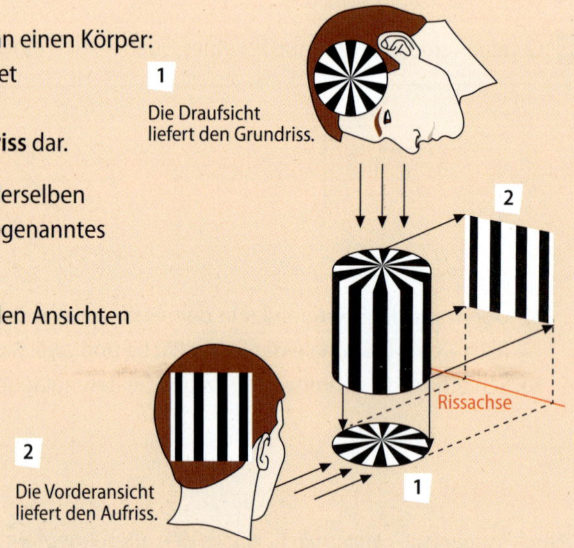

Beispiel

Stelle das Zweitafelbild des Körpers dar.

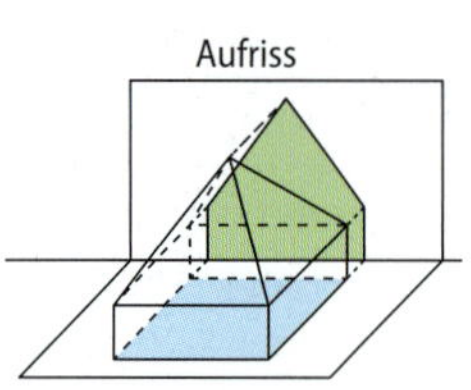

Lösung:

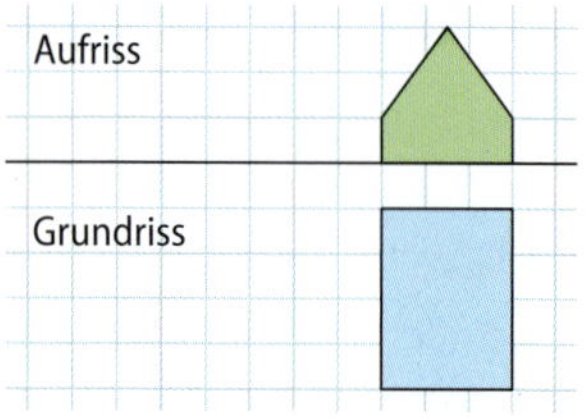

Nachgefragt

- Welche Bedeutung hat es, wenn der Grundriss eines Körpers direkt an der Rissachse des Zweitafelbildes beginnt?
- Finde Beispiele für Körper mit gleicher Vorderansicht und Seitenansicht.

Aufgaben

Alle Maßangaben sind in mm.

1

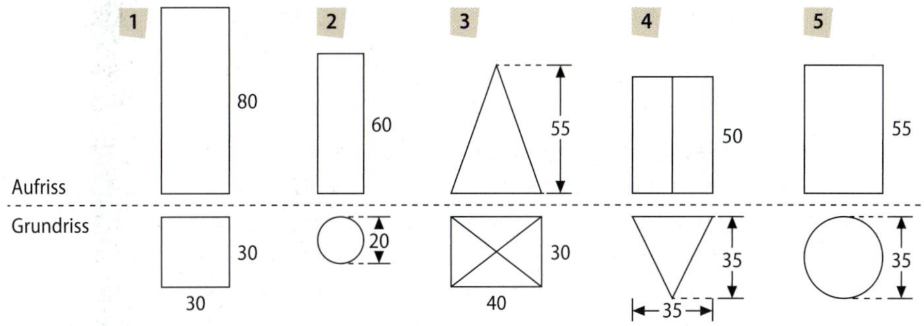

a) Beschreibe das Aussehen der Körper.

b) Übertrage die Zweitafelbilder in dein Heft.

2 Zeichne Zweitafelbilder folgender Körper. Nutze die Rechenkästchen für die Maße.

Bei den nach hinten verlaufenden Kanten gilt hier: 1 Kästchendiagonale entspricht 1 cm.

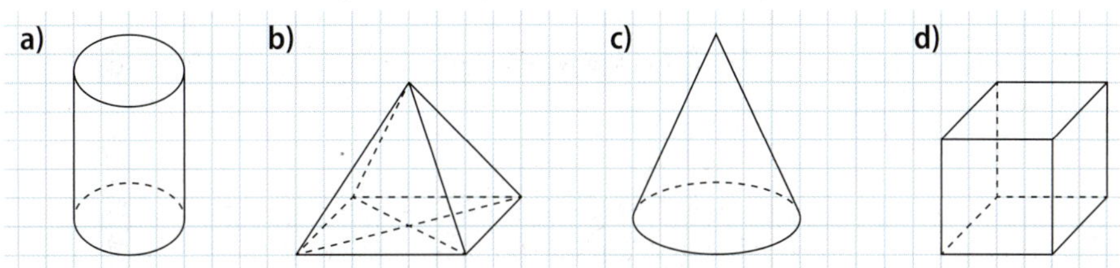

3 Vergleiche Grund- und Aufriss miteinander. Was fällt dir auf? Erkläre.

a)

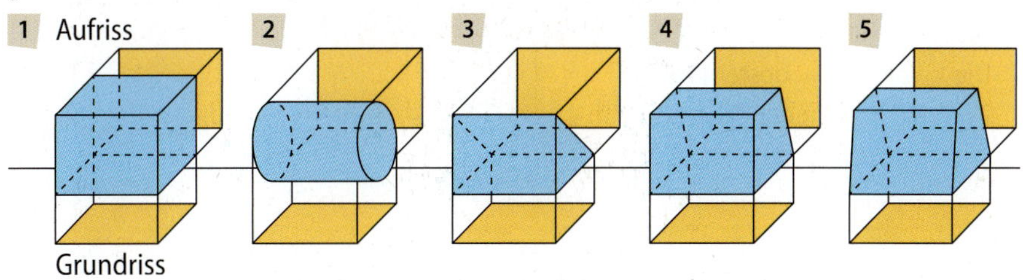

b)

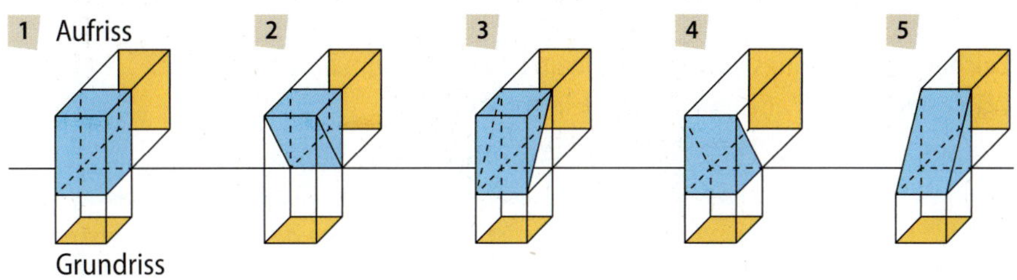

4 Um Körper eindeutig zu beschreiben, zeichnet man zum Grund- und Aufriss noch eine Seitenansicht. Auf diese Weise entsteht ein sogenanntes Dreitafelbild.

Die Darstellung in der Seitenansicht nennt man auch Seitenriss.

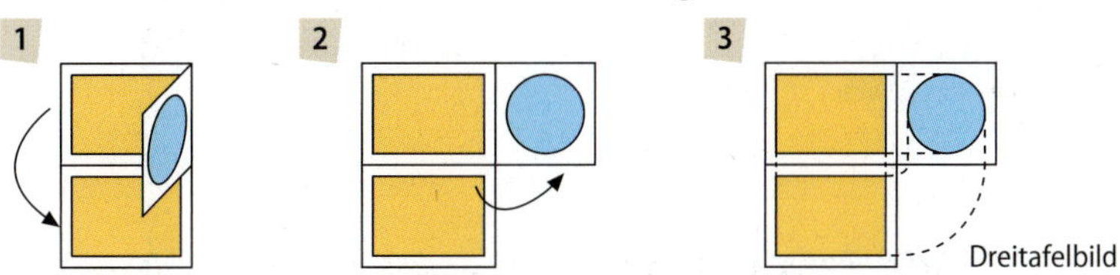

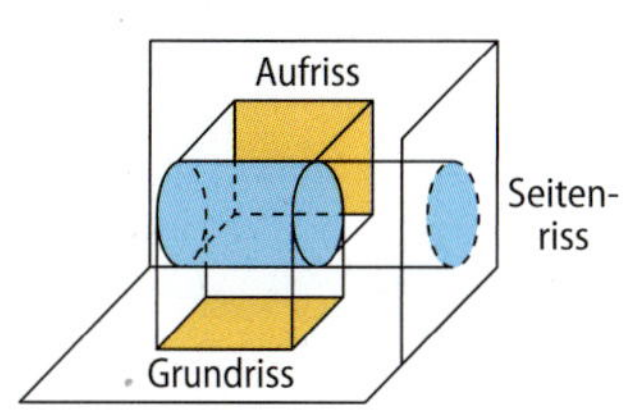

a) Erläutere die Entstehung des Dreitafelbildes.

b) Zeichne das Dreitafelbild eines Zylinders mit $d = 4\text{ cm}$ und $h = 5\text{ cm}$.

c) Skizziere die Dreitafelbilder der verschiedenen Körper aus Aufgabe 3.

Entdecken

Die Abbildungen zeigen, wie man die Netze von Gegenständen erhält.

- Aus welchen Flächen besteht das Netz der einzelnen Gegenstände?
- Beschreibe, wie man das Netz eines Körpers erhalten kann.
- Stelle weitere Netze von Gegenständen aus deinem Alltag her.

Verstehen

Die Netze von Würfeln und Quadern kennst du bereits. Auf die gleiche Weise lassen sich auch die Netze von anderen Körpern herstellen.

Es gibt verschiedene Möglichkeiten für das Netz eines Körpers.

Wird ein Körper entlang seiner Kanten aufgeschnitten und können alle Begrenzungsflächen in eine Ebene geklappt werden, so entsteht ein Körpernetz.

Das Netz eines Prismas bzw. Zylinders besteht aus zueinander kongruenten Grund- und Deckflächen. Die Mantelfläche besteht beim Zylinder aus einem Rechteck, beim Prisma aus mehreren Rechtecken.

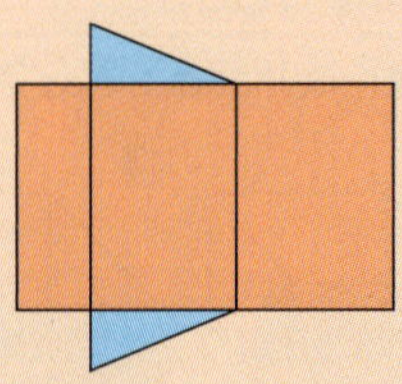

dreiseitiges Prisma

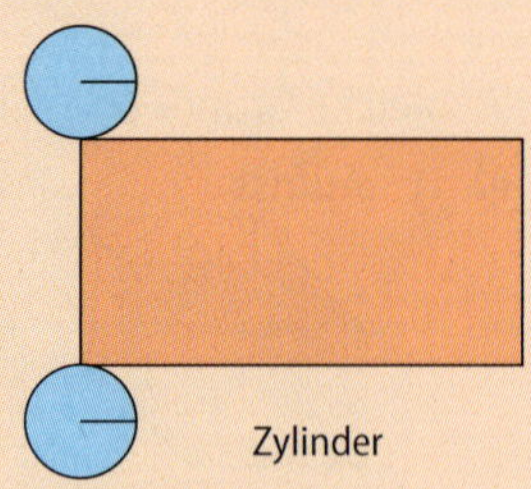

Zylinder

Beispiel

Zeichne ein Netz eines Prismas mit einem Parallelogramm als Grundfläche.
Wähle geeignete Maße. Beschreibe dein Vorgehen.

Lösung:

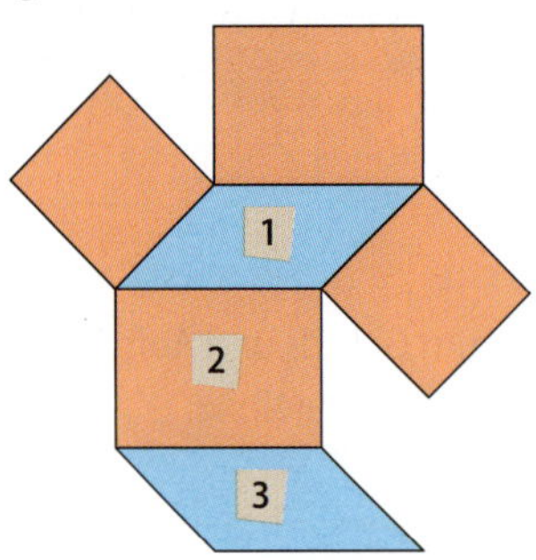

mögliches Vorgehen:

1. Zeichne die Grundfläche.
2. An jede Seite der Grundfläche hänge das zugehörige Rechteck der Mantelfläche an.
3. Zeichne an ein Rechteck der Mantelfläche die Deckfläche an. Achte darauf, dass es im Zusammengeklappten Zustand deckungsgleich zur Grundfläche ist.

Nachgefragt

- Zu jedem Körper gibt es genau ein Netz. Was meinst du dazu?
- Erkläre den Unterschied zwischen dem Netz eines Zylinders und dem eines Prismas.

Aufgaben

1 Zu welchem Körper gehört jeweils das Netz?

a) 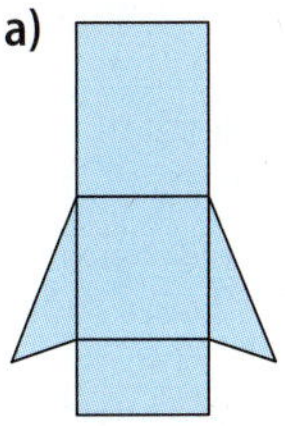

b) 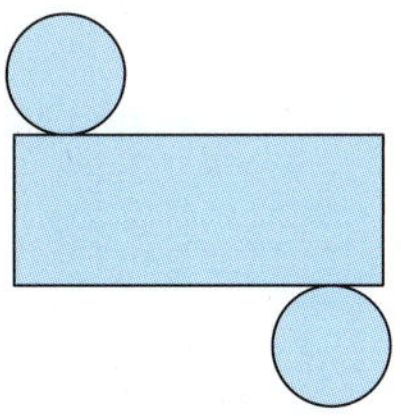

c) 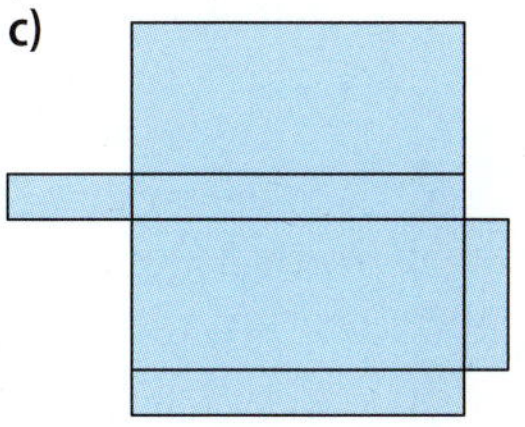

d) 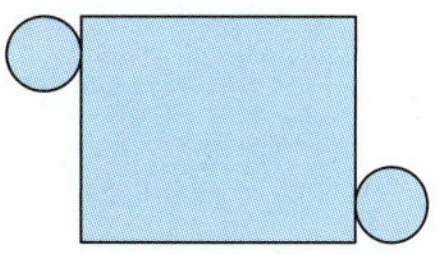

2 Zeichne jeweils ein Netz des Körpers.

Denke bei c) an den Thaleskreis und bei f) an die Kongruenzsätze.

a) 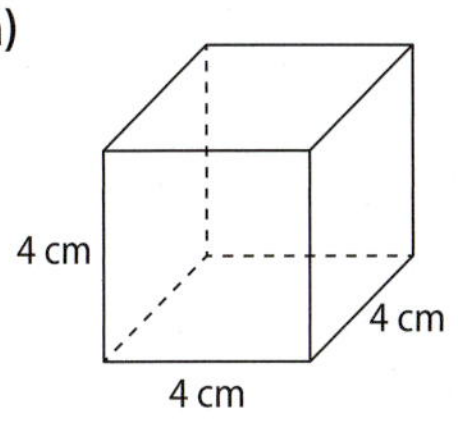

b) 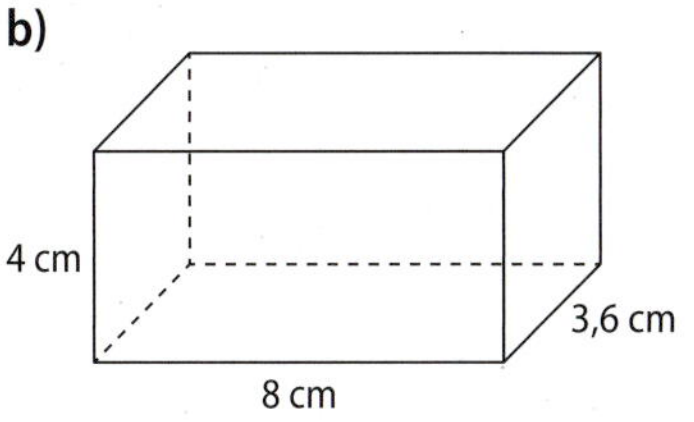

c) 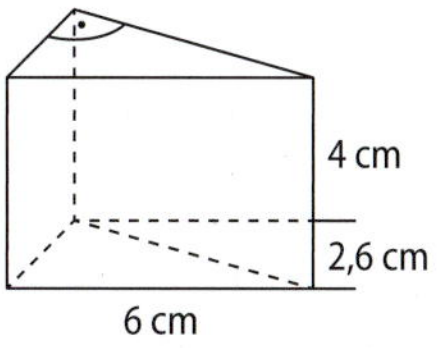

d) 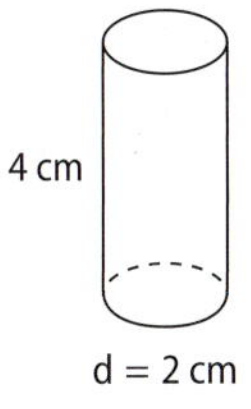

e) 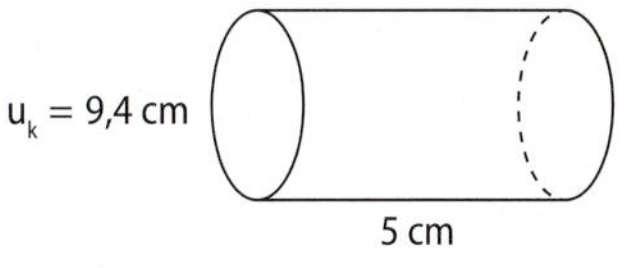

f) 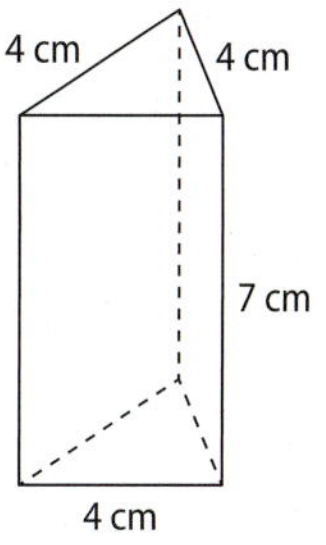

3 Das Netz ist jeweils unvollständig.

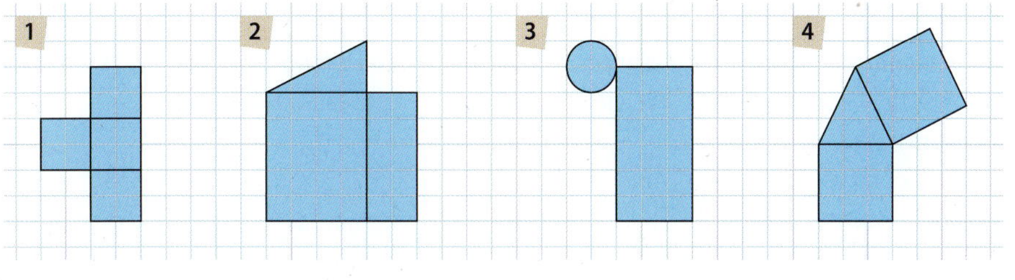

a) Welcher Körper kann zu dem Netz passen?
b) Übertrage in dein Heft und ergänze zu einem möglichen Netz.

Findest du mehrere Möglichkeiten?

4 Bei den folgenden Abbildungen ist etwas schief gelaufen. Übertrage in dein Heft. Finde die Fehler und korrigiere so, dass sich das Netz eines Prismas oder Zylinders ergibt.

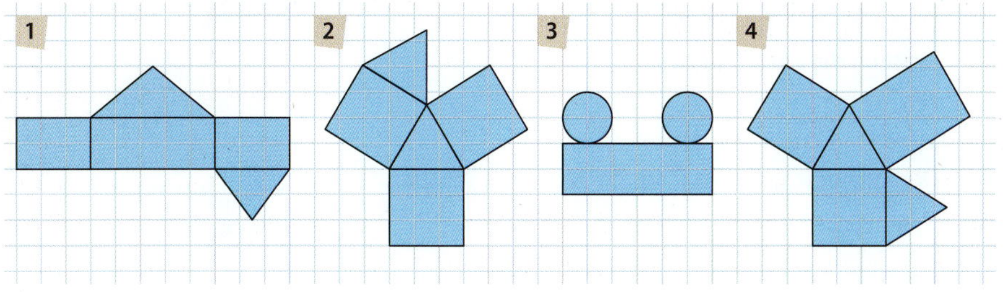

Entdecken

Verpackungen haben oft die Form von Prismen oder Zylindern.

- Finde Gemeinsamkeiten bei den Netzen dieser Verpackungen.
- Gibt es bei den Verpackungen Flächen, die kongruent zueinander sind?
- Welche Größen musst du bestimmen, um die Oberfläche eines Prismas oder Zylinders zu berechnen?

Verstehen

Die Mantelfläche eines dreiseitigen Prismas besteht aus drei Rechtecksflächen; die eines vierseitigen Prismas aus vier Rechtecksflächen, usw.

Die Oberflächen von Körpern lassen sich mithilfe ihrer Netze bestimmen.

Prisma:

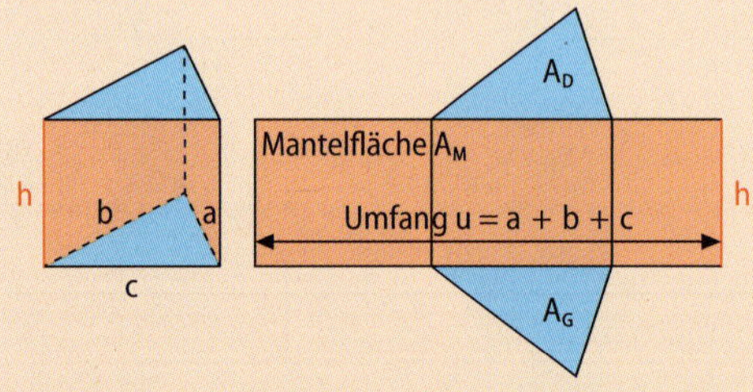

Zylinder:

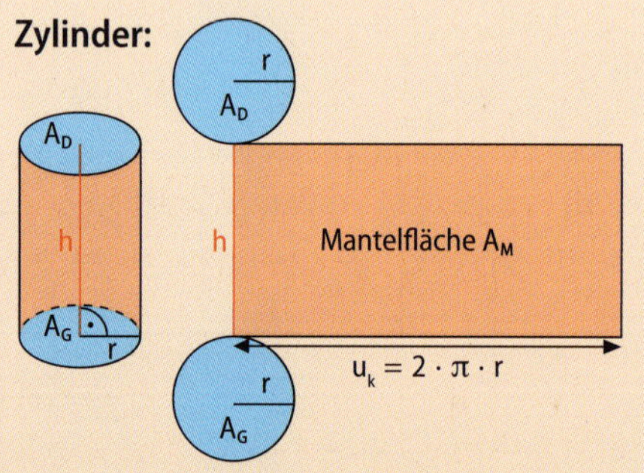

Für die Berechnung des **Oberflächeninhalts A_O** eines **Prismas** oder **Zylinders** mit der Grundfläche A_G und der Mantelfläche A_M gilt: $A_O = 2 \cdot A_G + A_M = 2 \cdot A_G + u \cdot h$
Beim Zylinder gilt speziell: $A_{O_Z} = 2 \cdot \pi \cdot r^2 + 2 \cdot \pi \cdot r \cdot h = 2\pi r \cdot (r + h)$

Beispiele

1. Eine handelsübliche 425-mℓ-Konservendose hat einen Durchmesser von 7,4 cm und eine Höhe von 11 cm. Berechne, wie viel Blech mindestens dafür benötigt wird.

Lösung:

$A_{O_Z} = 2 \cdot A_G + A_M$

$A_{O_Z} = 2 \cdot \pi \cdot r^2 + 2 \cdot \pi \cdot r \cdot h$ mit $r = 7{,}4\ \text{cm} : 2 = 3{,}7\ \text{cm}$

$A_{O_Z} = 2 \cdot \pi \cdot (3{,}7\ \text{cm})^2 + 2 \cdot \pi \cdot 3{,}7\ \text{cm} \cdot 11\ \text{cm} \approx 342\ \text{cm}^2$

Man benötigt mindestens 342 cm² Blech.

2. Ein Zylinder hat einen Durchmesser und eine Höhe von 2 cm.

a) Wie hoch und wie lang ist der Zylindermantel?

b) Zeichne ein Netz dieses Zylinders.

Lösung:

a) Die Länge des Zylindermantels entspricht dem Umfang der Grundfläche.

$u_k = \pi \cdot d$

$u_k = \pi \cdot 2\ \text{cm} = 6{,}3\ \text{cm}$

Der Zylindermantel ist 2 cm hoch und 6,3 cm lang.

b)

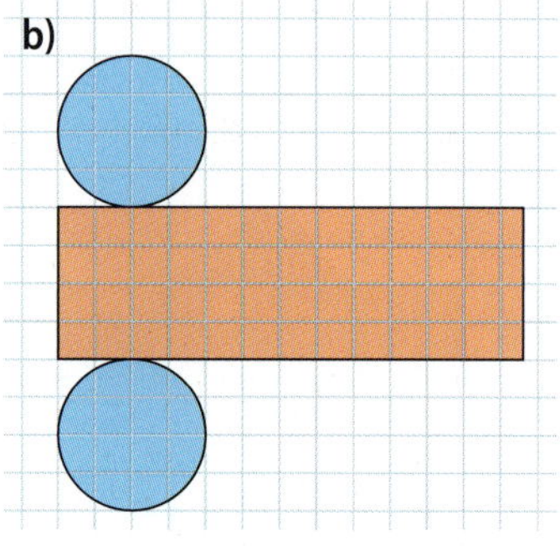

Nachgefragt

- Sophie behauptet: „Die Mantelflächen eines gleichseitigen Prismas sind immer Quadrate." Hat sie Recht?
- Wie verändert sich die Mantelfläche eines Zylinders, wenn man nur den Radius (nur die Höhe) verdoppelt?

Aufgaben

1 **1** $u = 15{,}7$ cm; $h = 3{,}5$ cm   **2** $r = 3$ cm; $h = 2$ cm   **3** $d = h = 4$ cm

a) Berechne den Oberflächeninhalt der Zylinder.
b) Zeichne jeweils ein Netz der Zylinder.

2 Der Durchmesser einer Litfaßsäule beträgt 1,40 m. Welche Fläche kann beklebt werden, wenn die Säule 2,75 m hoch ist?

3 Berechne die Oberflächeninhalte O_P der Prismen (Maße in mm).

a)

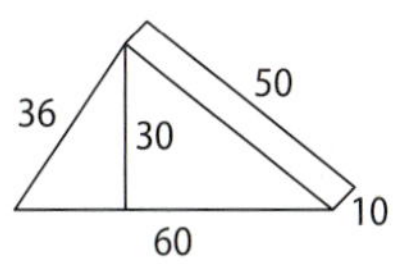

b)

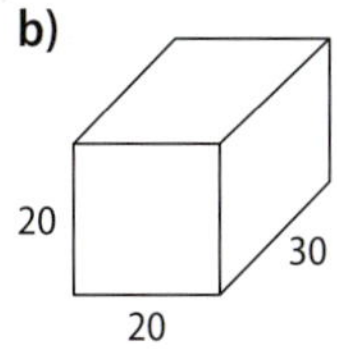

c)

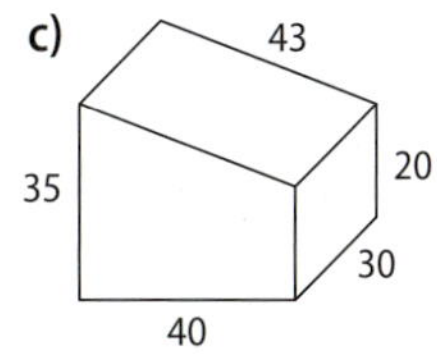

d)

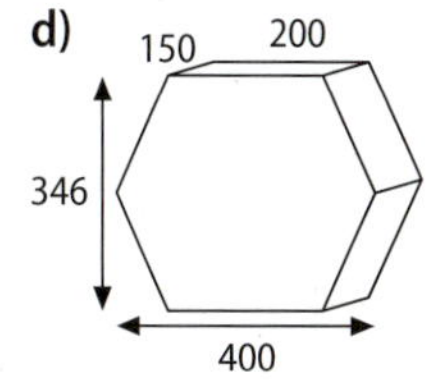

4 Berechne die fehlenden Größen eines Prismas.

	a)	b)	c)	d)	e)
Grundflächenumfang u	15 cm	52,2 m	10,8 cm	3,4 m	6 m
Körperhöhe h	8 cm	8 m		2,5 m	
Grundflächeninhalt A_G	14 cm²		25 cm²	7,2 m²	18 m²
Mantelflächeninhalt A_M			54 cm²		24 m²
Oberflächeninhalt A_O		900,6 m²			

Lösungen zu 4:
417,6; 5; 104; 8,5; 4; 241,5; 120; 148; 22,9; 60

5 Berechne die fehlenden Stücke eines Zylinders.

	a)	b)	c)	d)	e)
Radius r	6 cm			0,7 m	
Zylinderhöhe h	8 cm	6 cm			
Grundflächeninhalt A_G		113,1 cm²	28,3 cm²		
Mantelflächeninhalt A_M			56,5 cm²		376,8 m²
Oberflächeninhalt A_O				15,2 m²	533,8 m²

Lösungen zu 5:
6,0; 3,0; 3,0; 12,0; 113,1; 226,2; 301,6; 527,8; 113,1; 452,4; 5; 12; 1,54; 12,12; 2,76; 78,5; 5,0

6 Gegeben sind die Grundflächen von drei Prismen.

1

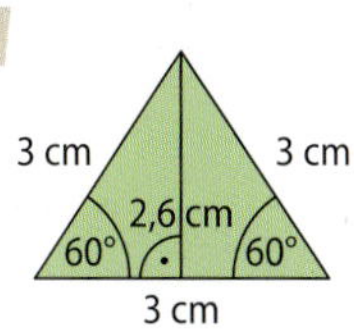

2

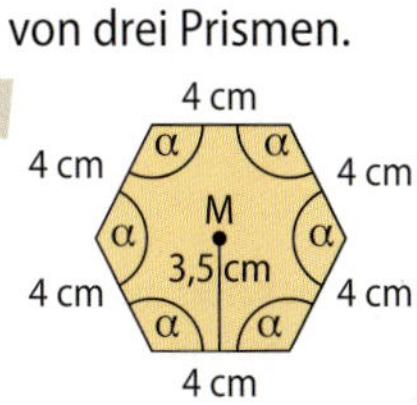

3

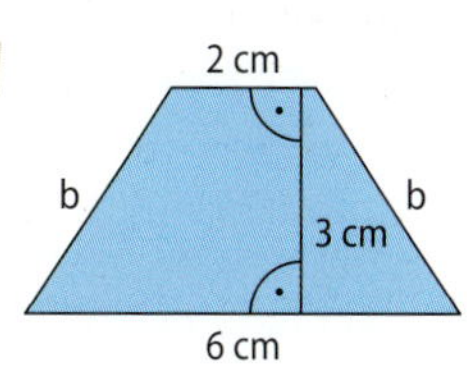

a) Vervollständige die Netze der Prismen, wenn jedes Prisma 4 cm hoch ist.
b) Berechne den Oberflächeninhalt der Prismen.

Entdecken

Uwe möchte für seinen Wintergarten ein Klimagerät kaufen. In der Anleitung steht: *„Die Leistung des Klimageräts muss so gewählt werden, dass die Luft im Inneren des Raumes pro Stunde mindestens 20-mal ausgetauscht wird."*

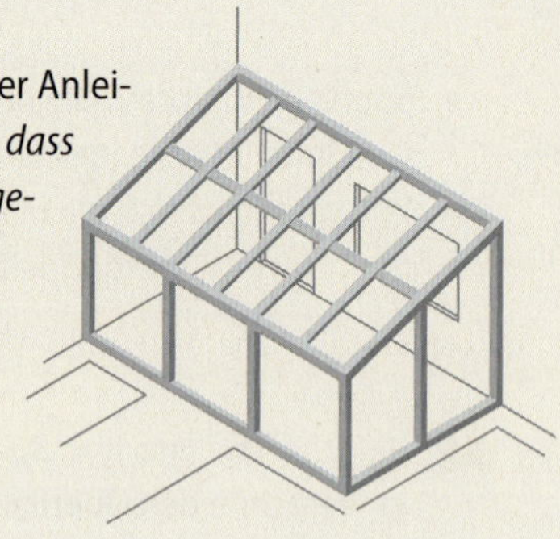

- Durch welchen geometrischen Körper kann man den Wintergarten mathematisch beschreiben?
- Wie würdest du das Volumen dieses Körpers bestimmen?
- Welche Maße des Wintergartens musst du dafür messen?

Verstehen

Das Volumen eines Prismas oder eines Zylinders lässt sich mithilfe der Grundfläche und der Körperhöhe bestimmen.

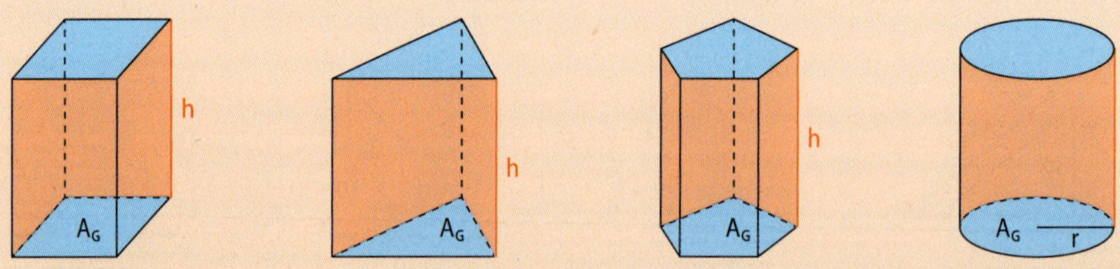

Für die Berechnung des **Volumens V** eines **Prismas** oder eines **Zylinders** mit der Grundfläche A_G und der Höhe h gilt: $V = A_G \cdot h$.
Beim Zylinder gilt speziell: $V_Z = \pi \cdot r^2 \cdot h$

Beispiele

1. Kann man diesen Eichenstamm tragen, wenn 1 cm^3 Eichenholz 0,67 g wiegt?

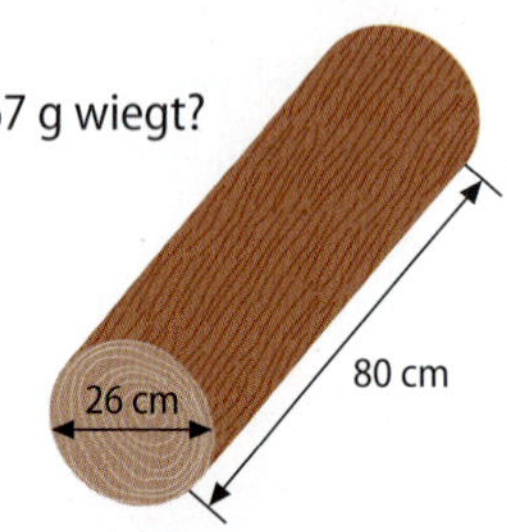

Lösung:
$V_Z = \pi \cdot r^2 \cdot h$
$V_Z = \pi \cdot (13\text{ cm})^2 \cdot 80\text{ cm} \approx 42\,474\text{ cm}^3$
$m = 42\,474\text{ cm} \cdot 0{,}67\,\frac{\text{g}}{\text{cm}^3} \approx 28\,458\text{ g}$
Der Stamm wiegt fast 28,5 kg und kann getragen werden.

2. Wie viele 50-ℓ-Säcke Blumenerde benötigt man, um den Blumenkübel randvoll zu füllen?

Lösung:
$V_P = A_{Trapez} \cdot h \qquad V_P = \left(\frac{a + c}{2}\right) \cdot h_{Trapez} \cdot h$

$V_P = \left(\frac{40\text{ cm} + 51\text{ cm}}{2}\right) \cdot 35\text{ cm} \cdot 94\text{ cm} \approx 150\ \ell$

Man benötigt drei 50-ℓ-Säcke Blumenerde, um den Kübel zu füllen.

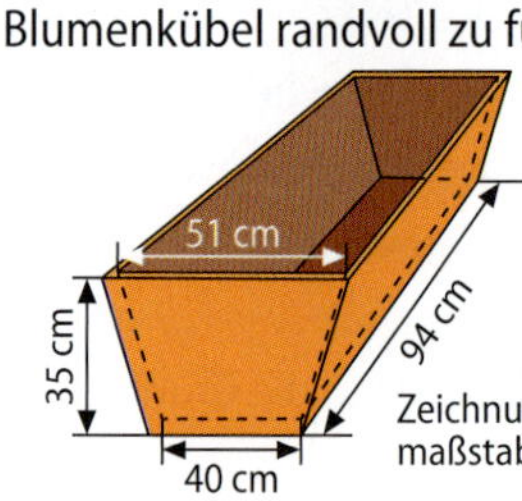

Zeichnung nicht maßstabsgetreu

Nachgefragt

- Mit welcher Flächenformel musst du rechnen, wenn die Grundfläche A_G eines Prismas ein Trapez (Parallelogramm, Drachenviereck) ist?
- Wie ändert sich das Volumen eines Zylinders, wenn du nur die Höhe h (die Grundfläche A_G, den Radius r) verdoppelst?

Aufgaben

1 Berechne das Volumen des Zylinders. Runde sinnvoll.

a) $r = 7{,}5\text{ cm}$; $h = 17\text{ cm}$ b) $d = 8{,}4\text{ m}$; $h = 55{,}4\text{ m}$ c) $A_G = 75\text{ cm}^2$; $h = 2\text{ dm}$

2 Berechne das Volumen des Prismas.

a) $A_G = 36\text{ cm}^2$; $h = 7{,}5\text{ cm}$ b) $A_G = 5{,}6\text{ m}^2$; $h = 42\text{ dm}$ c) $A_G = 16\frac{1}{3}\text{ m}^2$; $h = 150\text{ cm}$

Lösungen zu 1 und 2: 24,5; 3070,14; 3004,15; 270; 23,52; 1500 Die Einheiten sind nicht angegeben.

3 Berechne das Volumen des Prismas (Maße in mm; Zeichnungen nicht maßgenau).

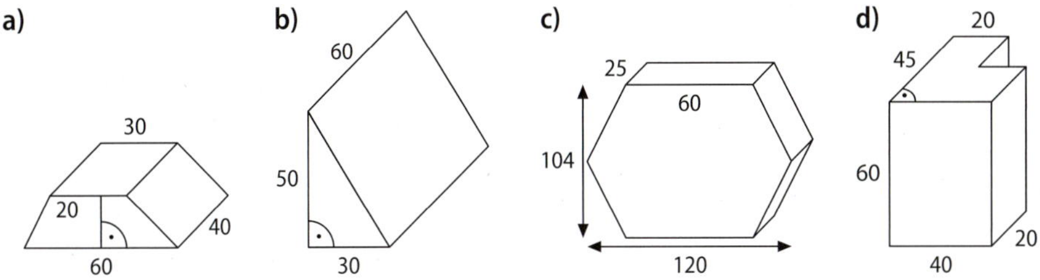

4 Berechne die fehlenden Größen des Zylinders.

	a)	b)	c)	d)
Radius r	6 cm			0,70 m
Umfang u			18,84 cm	
Grundflächeninhalt A_G		113,0 cm²		
Zylinderhöhe h	8 cm		5,6 cm	
Volumen V_Z		1356 cm³		77 m³

5 Wie viele Kubikmeter Bauschutt passen in diese Mulde, wenn sie randvoll gefüllt ist? Versuche zuerst die Grundfläche aus den Maßangaben zu skizzieren.

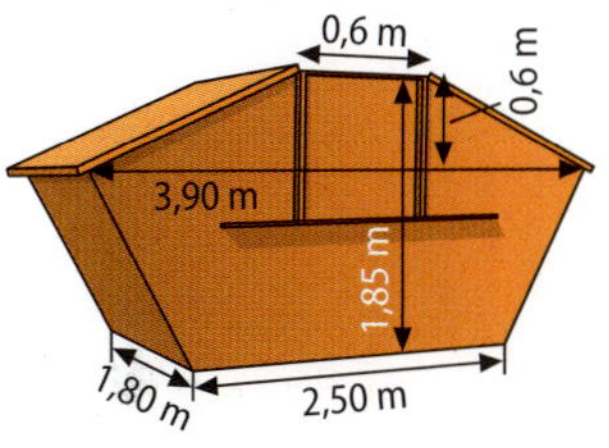

6 Fertige eine Schrägbildskizze an und berechne das Volumen folgender Prismen:

a) dreieckige Grundfläche mit $b = 5{,}6\text{ cm}$; $h_b = 4{,}2\text{ cm}$; $h = 7\text{ cm}$

b) Grundfläche Trapez mit $a \parallel c$; $a = 72\text{ mm}$; $c = 48\text{ mm}$; $h_T = 25\text{ mm}$; $h = 60\text{ mm}$

Wissen

Volumenformel – gut erklärt

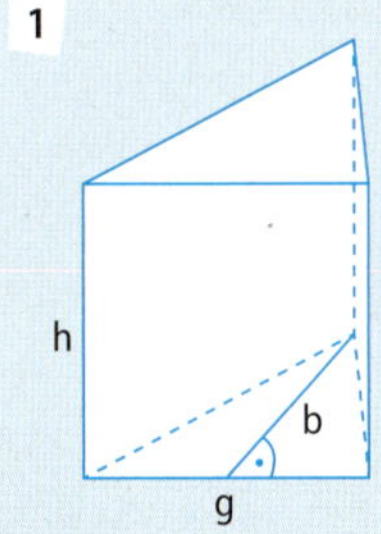

$V_P = A_G \cdot h$

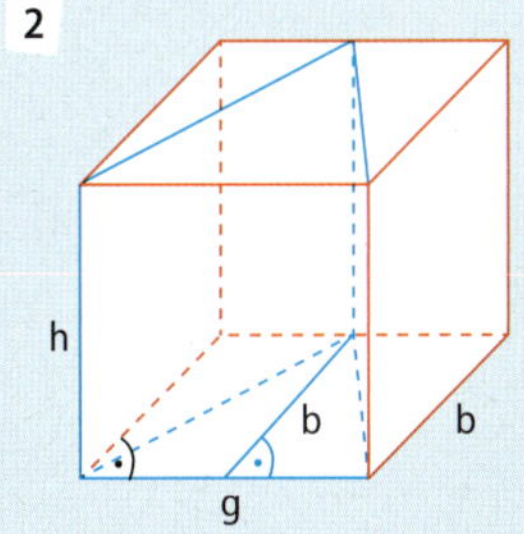

$2 \cdot V_P = V_Q = g \cdot b \cdot h$

$V_P = \frac{1}{2} \cdot g \cdot b \cdot h = A_G \cdot h$

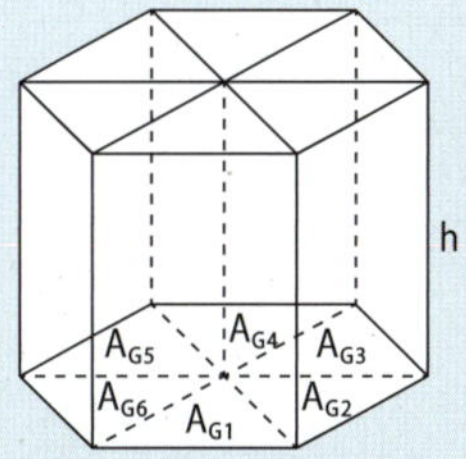

$V_P = V_{P1} + V_{P2} + \dots + V_{Pn}$
$= A_{G1} \cdot h + A_{G2} \cdot h + \dots + A_{Gn} \cdot h$
$= (A_{G1} + A_{G2} + \dots + A_{Gn}) \cdot h = A_G \cdot h$

- Zeige: Durch geschickte Wahl der Schnitte kann jedes n-seitige Prisma in n Dreiecksprismen zerlegt werden. Begründe damit die Volumenformel.

5 Aufgaben zur Differenzierung

zu 5.1

1 Einen Körper kann man von vorne aus vier verschiedenen Perspektiven betrachten.

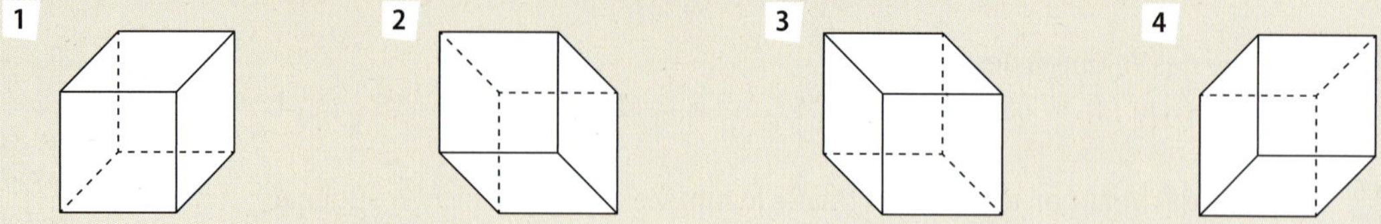

a) Beschreibe jeweils, wo sich der Betrachter befindet, der das Schrägbild sieht.
b) Zeichne auf diese Weise vier verschiedene Ansichten eines 4 cm hohen Zylinders mit Radius r = 2,5 cm.

a) Beschreibe den Standpunkt des Betrachters.
b) Zeichne auf diese Weise vier verschiedene Ansichten eines 4 cm hohen rechtwinkligen Dreiecksprismas mit $a = 3\,cm$, $b = 4\,cm$, $c = 5\,cm$ und $\gamma = 90°$.

2 Zeichne das Schrägbild des Prismas in dein Heft.

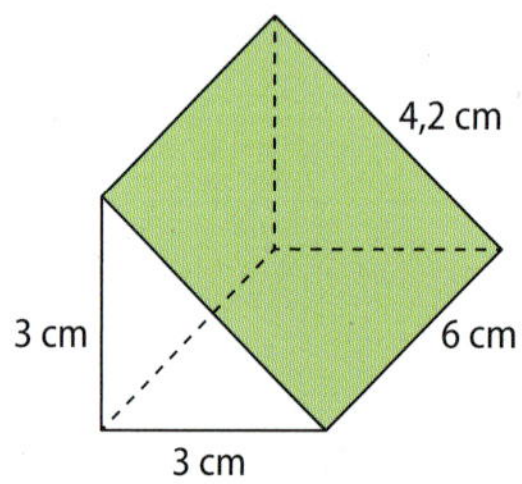

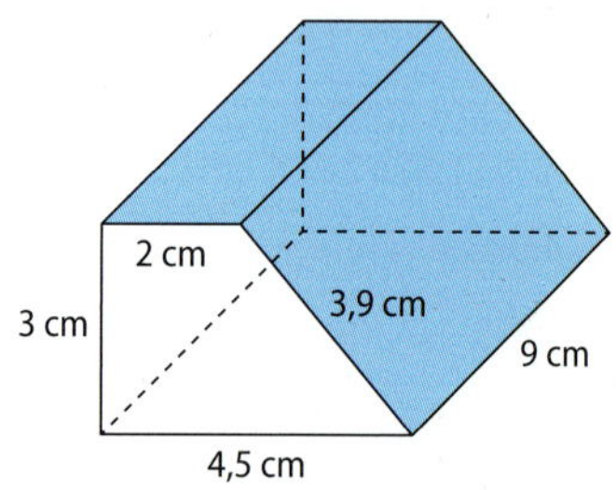

3 Gegeben sind die folgenden Maße eines Zylinders.

	a)	b)	c)	d)	e)
Durchmesser d	8 cm	12 cm	11 cm	7 cm	6,4 cm
Körperhöhe h	6 cm	5 cm	4 cm	3,5 cm	4,5 cm

Zeichne das Schrägbild des stehenden Zylinders.

Zeichne das Schrägbild des liegenden Zylinders.

zu 5.2

4 Um welchen Körper kann es sich handeln?

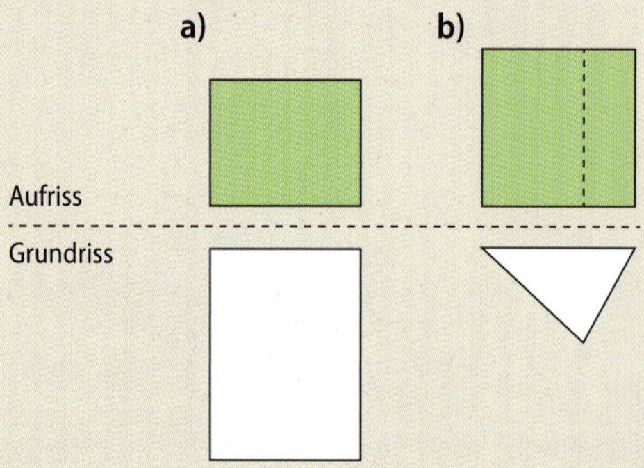

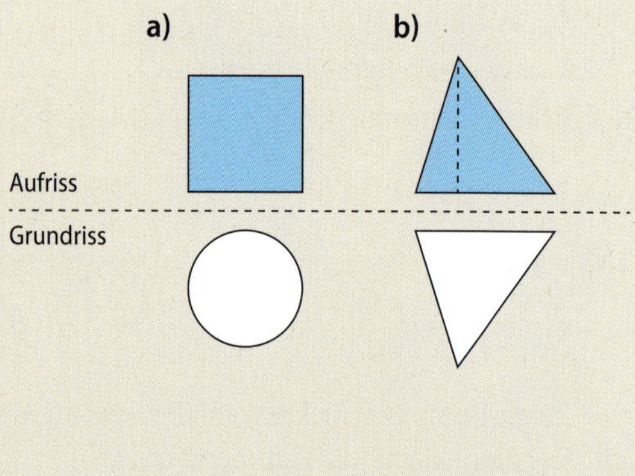

5 Stelle die Netze verschiedener Zylinder mit den gegebenen Eigenschaften her. *zu 5.3 und 5.4*

a) Die Mantelfläche ist ein Rechteck mit 7 cm Höhe und 12 cm Breite.
b) Das Mantelrechteck ist quadratisch.

a) Der Radius des Kreises beträgt 3 cm und eine Seitenlänge der Mantelfläche ist doppelt so lang wie die andere.
b) Die Flächeninhalte von Mantelviereck und Grundfläche sind je 85 cm^2 groß.

6 Ein dreiseitiges Prisma ist 12 cm hoch. Seine Grund- und Deckfläche besteht aus Dreiecken mit lauter Seiten der Länge 6 cm.

a) Zeichne ein Netz des Prismas im Maßstab 1 : 2 in dein Heft.
b) Bestimme die Oberfläche des Prismas.

a) Zeichne drei verschiedene Netze des Prismas im Maßstab 1 : 2 in dein Heft.
b) Bestimme, welchen Anteil eines DIN-A4-Blattes das verkleinerte Netz einnimmt.

7 Berechne die fehlenden Angaben beim Prisma. *zu 5.4*

	a)	b)
Grundfläche Prisma (Maße in cm)		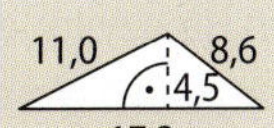
Höhe Prisma	12 cm	8,5 cm
A_O		

	a)	b)
Grundfläche Prisma (Maße in cm)	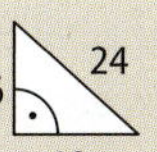	
Höhe Prisma	12 cm	8,5 cm
A_O		

8 Gegeben ist jeweils die Grundfläche eines Prismas. Berechne das Volumen und die Oberfläche für eine Höhe von 5 cm. *zu 5.4 und 5.5*

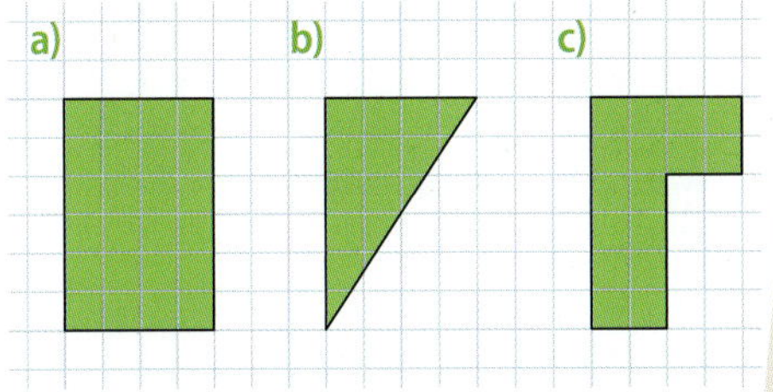

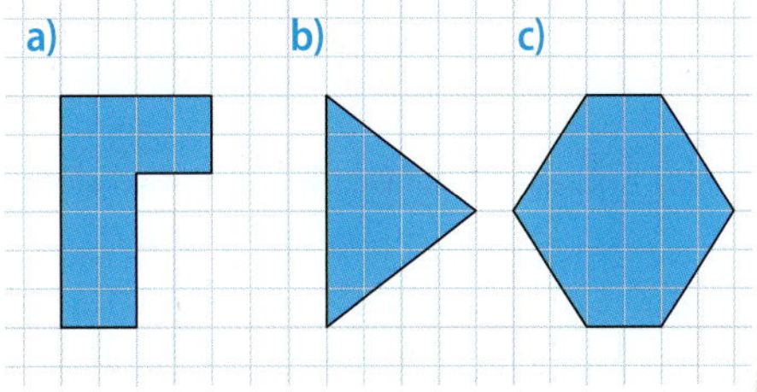

9 **a)** Berechne das Volumen des Prismas. *zu 5.5*
b) Gib die Kantenlänge eines volumengleichen Würfels an.

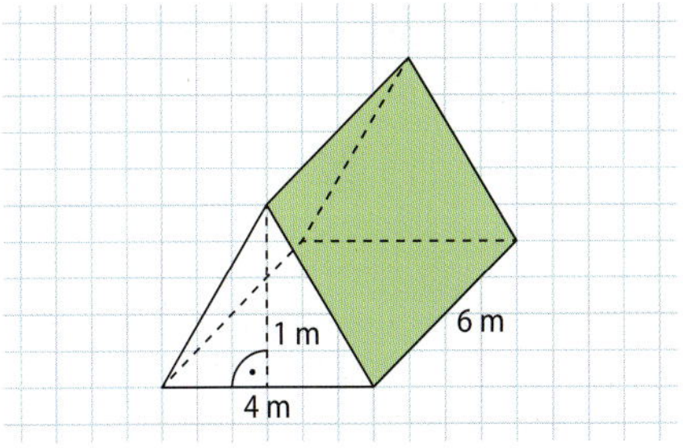

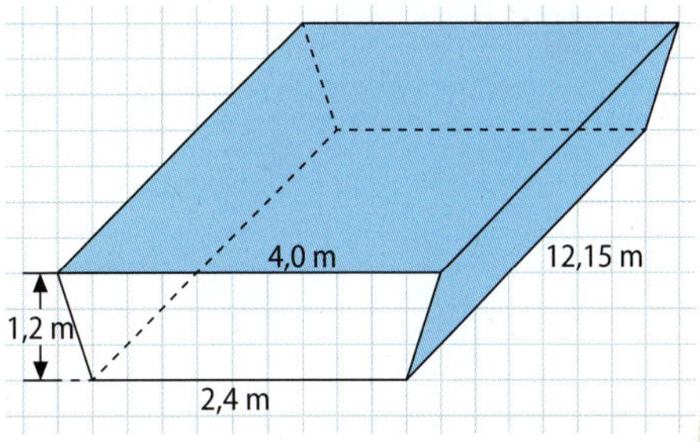

Findest du mehrere Möglichkeiten?

1 Welcher Körper kann mit seiner Grundfläche einen solchen Abdruck hinterlassen?

a) **b)** **c)** **d)**

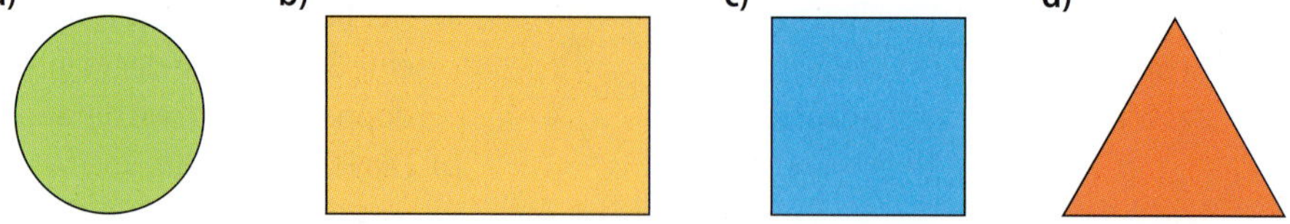

2 Ein Haus hat die Maße a = 15 m, b = 10 m, c = 7 m und h = 12 m. Zeichne im Maßstab 1 : 200 die Drauf- und Vorderansicht des Hauses mit …

a) seitlich liegendem Giebel.

b) vorne liegendem Giebel.

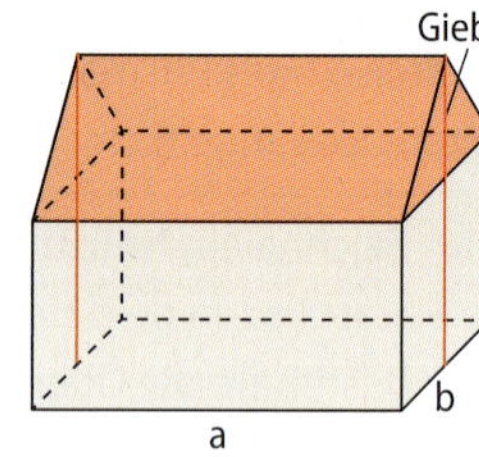

3 Zeichne von den gegebenen Körpern folgende Ansichten:

1 Grund- und Aufriss 2 Schrägbild

a) Würfel (a = 5 cm)

b) Sechsseitiges Prisma (a = 3 cm; h = 5 cm)

4 Eine Tennishalle hat die Gestalt eines liegenden Halbzylinders. Sie ist 42 m lang und 32 m breit. Das gewölbte Dach besteht aus Stahltrapezblech, Vorder- und Rückwand bestehen aus Holz.

a) Wie viele Quadratmeter Stahltrapezblech werden benötigt?

b) Eine Malerfirma streicht die Außenseite der Vorder- und Rückwand. Wie hoch sind die Kosten, wenn die Firma pro m^2 mit 8,40 € ohne Mehrwertsteuer rechnet?

5 Ein Prisma hat als Grundfläche das gleichschenklige Trapez ABCD mit $\overline{AB} = a = 7{,}0$ cm, $\overline{BC} = b = 3{,}0$ cm, $\overline{CD} = c = 4{,}0$ cm und $\alpha = \beta = 60°$. Das Prisma ist 5,0 cm hoch.

a) Zeichne ein Zweitafelbild dieses Prismas.

b) Berechne das Volumen dieses Prismas.

6 **a)** Berechne die fehlenden der Größen A_G, A_M, A_O und V eines regelmäßigen …

1 dreiseitigen Prismas mit $h = 8$ cm und $A_M = 96$ cm².

2 sechsseitigen Prismas mit $h = 6$ cm, $V = 140{,}4$ cm³ und $a = 3$ cm.

b) Berechne bei einem Zylinder die fehlenden der Größen r, h, A_M, A_O und V.

1 $r = 20$ cm; $A_M = 240$ cm²

2 $h = 12$ cm; $A_M = 96$ cm²

3 $h = 6{,}8$ cm; $V = 458{,}4$ cm³

7 Die Abbildung zeigt die Grundflächen verschiedener Prismen. Alle Prismen haben dieselbe Höhe. Welche Prismen haben das gleiche Volumen? Begründe deine Antwort.

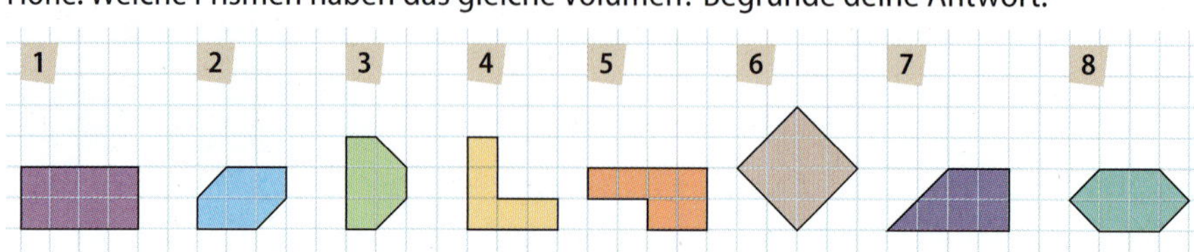

8

Würfel	**1** $a = 3$ cm **2** $a = 6{,}5$ cm **3** $a = 4{,}8$ cm
Quader	$a = 5{,}6$ cm; $b = 4$ cm; $c = 3{,}6$ cm
Prisma	**1** Grundfläche Dreieck: $a = b = 3{,}5$ cm; $\gamma = 90°$; $h = 5$ cm **2** Grundfläche Dreieck: $a = b = c = 4{,}2$ cm; $A_M = 31{,}5\ \text{cm}^2$
Zylinder	**1** $r = 5$ cm; $h = 6$ cm **2** $d = 6{,}2$ cm; $A_M = 90\ \text{cm}^2$

a) Zeichne zu jedem Körper ein Netz. Berechne fehlende Streckenlängen. Verwende gegebenenfalls einen geeigneten Maßstab.
b) Zeichne zu jedem Körper ein geeignetes Schrägbild.
c) Berechne den Oberflächeninhalt des Körpers.
d) Berechne das Volumen des Körpers.

9 Berechne Volumen und Oberflächeninhalt der Körper (Maße in cm).

a)

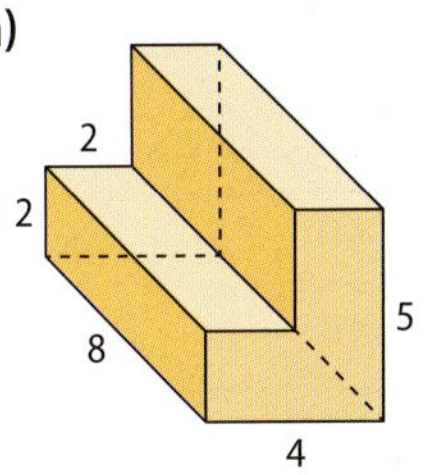

b)

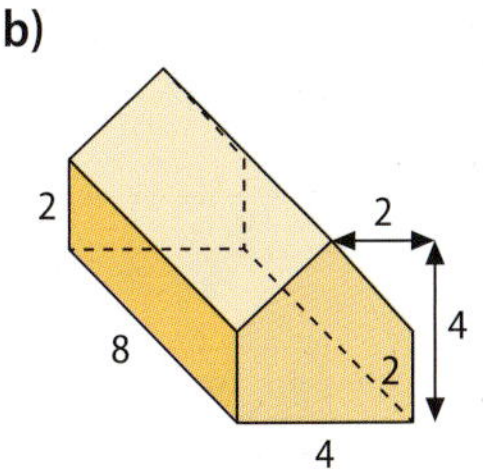

c)

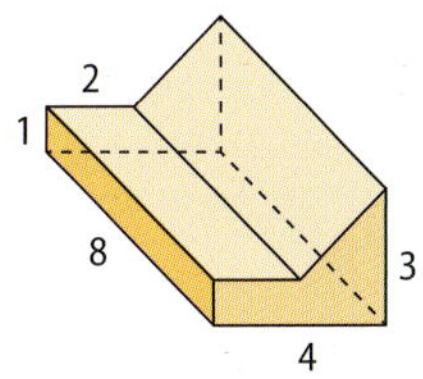

10 **1**

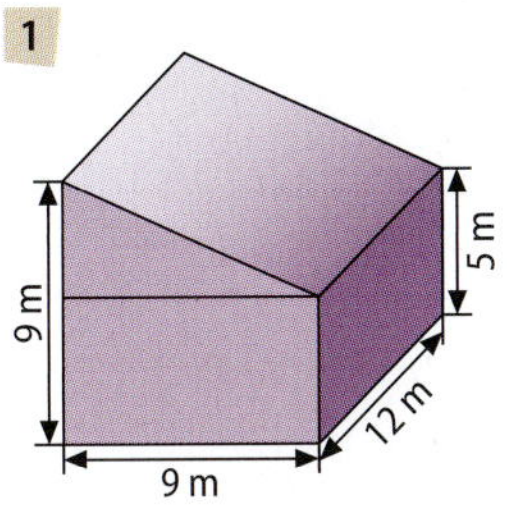

2

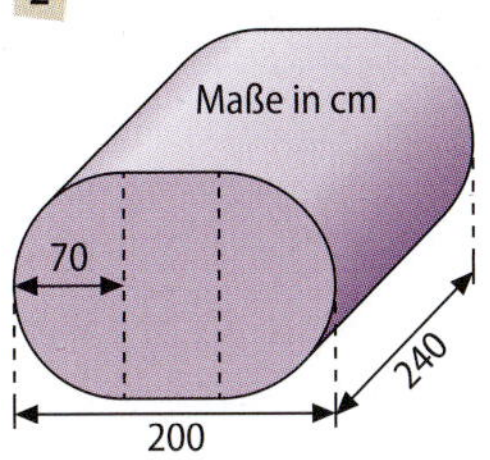

3

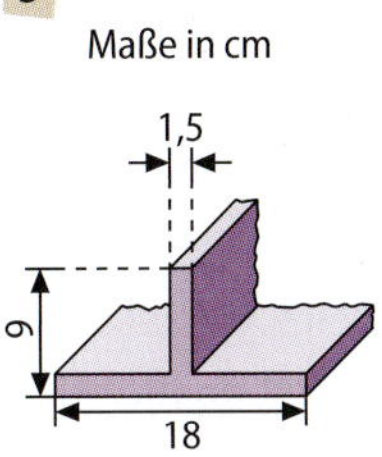

4

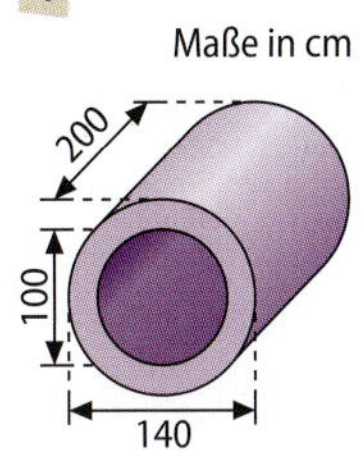

a) Berechne den umbauten Raum der Scheune **1**.
b) Wie groß ist das Fassungsvermögen des Öltanks **2**?
c) Wie schwer ist das Profilstück **3** aus Aluminium $\left(\text{Dichte } \rho = 2{,}7\,\frac{\text{g}}{\text{cm}^3}\right)$, wenn es 1 m lang ist?
d) Wie schwer ist das Rohr **4** aus Stahl $\left(\text{Dichte } \rho = 7{,}4\,\frac{\text{g}}{\text{cm}^3}\right)$?

11 Bei Verbrennungsmotoren bewegen sich Kolben in zylinderförmigen Kammern auf und ab. Die Bewegungshöhe der Zylinder nennt man Hub. Das Gesamtvolumen der Kammern ist der Hubraum.
Berechne den Hubraum eines Pkw-Motors mit vier Zylindern, wenn der Kolbendurchmesser $d = 80$ mm und der Kolbenhub $h = 145$ mm beträgt.

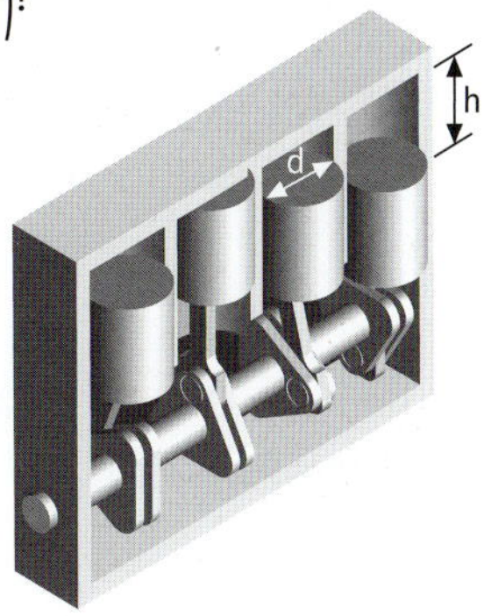

Die Masu-Schachtel

1

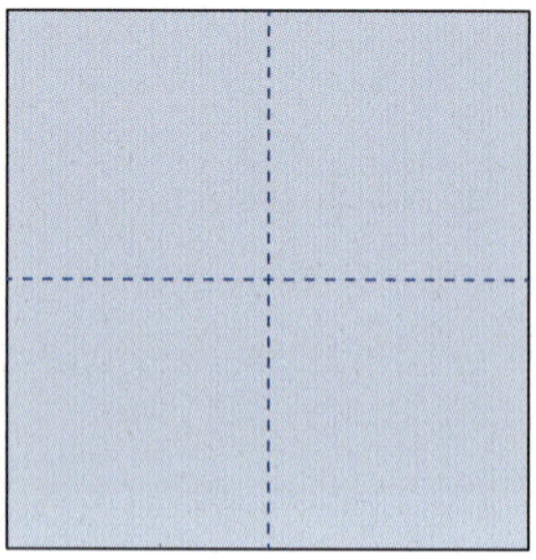

Lege die farbige Fläche nach oben, falte die Mittellinien und öffne wieder.

2

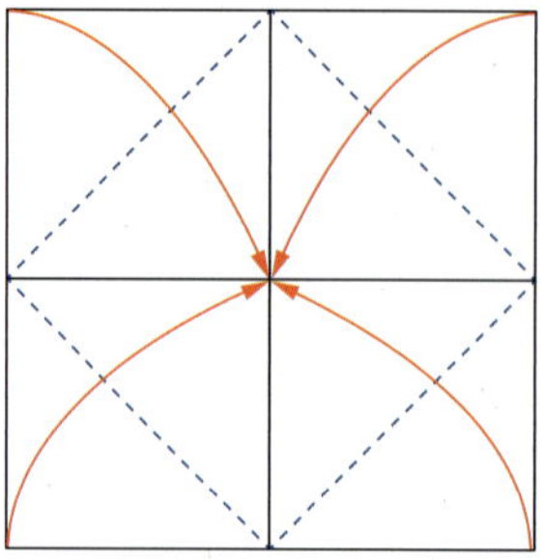

Wende das Blatt und falte alle vier Ecken zur Mitte.

3

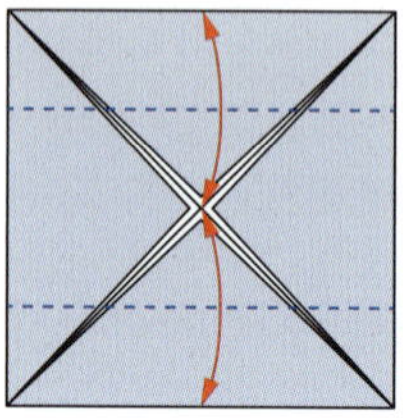

Falte die obere und untere Kante bis zur Mitte und öffne sie wieder. Arbeite sorgfältig, sonst verrutschen die Spitzen.

4

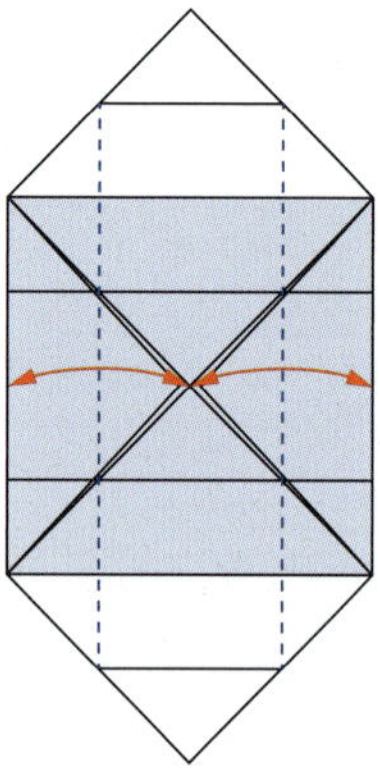

Öffne die obere und untere Klappe und wiederhole Schritt 3 mit den beiden seitlichen Kanten. Stelle diese nun als Seitenwände auf.

5

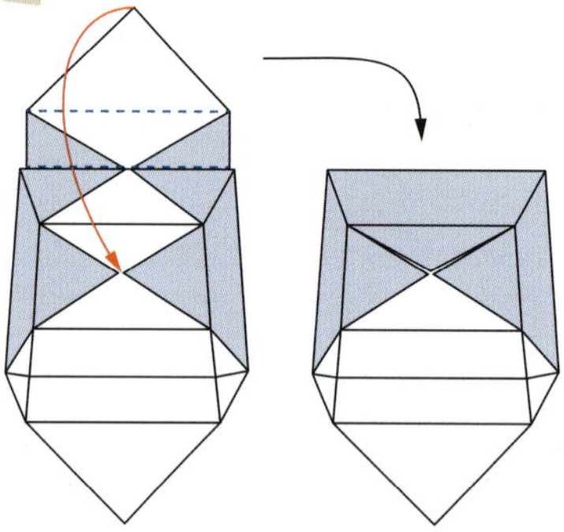

Beim Aufstellen der Rückwand musst du die überstehenden Seitenteile vorsichtig nach innen falten. Die Spitze der Rückwand passt genau auf den Boden.

6

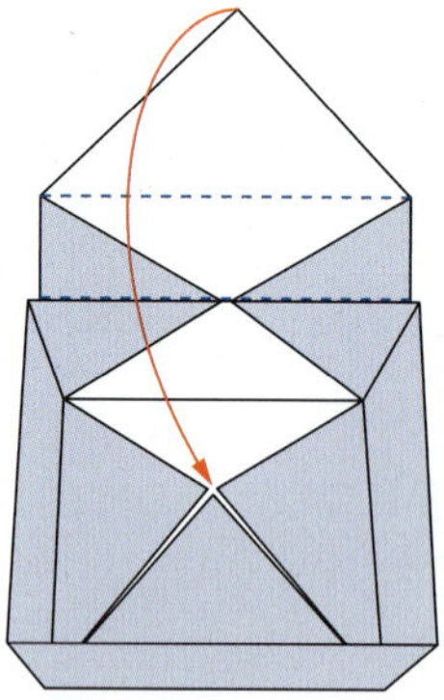

Wiederhole Schritt 5 mit der vorderen Seite. Fertig ist die Schachtel.

a) Wie groß ist das Volumen der Schachtel? Schätze zunächst und bestimme das Volumen anschließend sowohl rechnerisch durch Messen der Kantenlängen als auch durch Ausfüllen mit Wasser und Messbecher (die Schachtel hält für kurze Zeit dicht, arbeite zügig). Vergleiche die Ergebnisse miteinander.

	geschätzt	berechnet	ausfüllen
V =			

b) Bestimme die Größe der sichtbaren Oberfläche (Außenfläche und Innenfläche). Miss die notwendigen Längen.

„Masu" ist der japanische Ausdruck für Quadrat. Jahrhunderte lang wurden in Japan Schüttgüter und Flüssigkeiten in quadratischen Masu-Schachteln aus Holz gemessen.

Würfel selbst gemacht

Die Faltung dieses Würfels ist schwierig. Probiere mit einem quadratischen Blatt Papier aus.

1

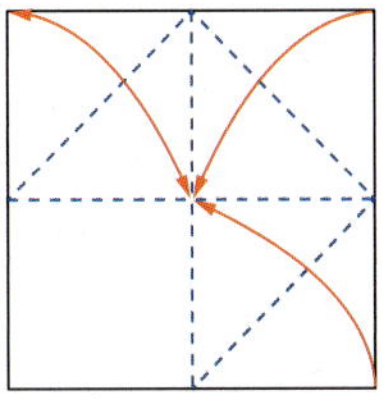

Lege die weiße Fläche nach oben, falte die Mittellinien und öffne wieder. Falte zwei Ecken, die nebeneinander liegen, zur Mitte. Falte eine weitere Ecke zur Mitte, aber öffne sie diesmal wieder.

2

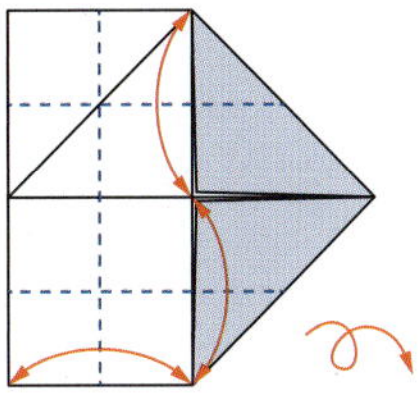

Wie in der Abbildung werden die drei Quadratseiten geviertelt.
Wende anschließend die Figur und drehe sie so, dass sie wie in Schritt **3** vor dir liegt.

3

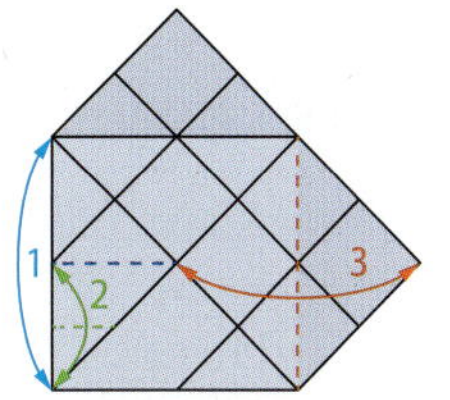

Falte die drei gestrichelten Linien, öffne nach jedem Vorgang:

1. Falte die untere linke Ecke auf die linke obere Ecke.
2. Halbiere die Faltung aus 1.
3. Falte die rechte Ecke zur Mitte.

4

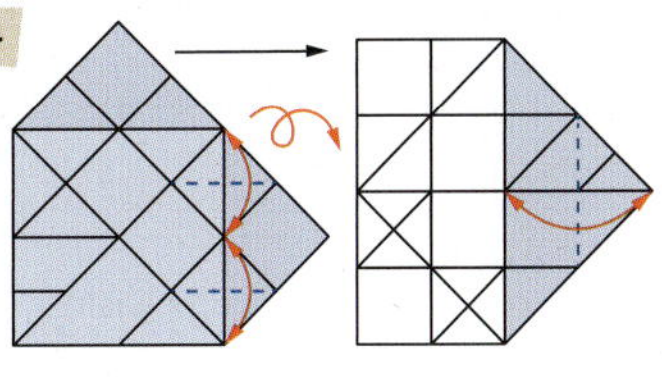

Falte zwei weitere Linien an die gekennzeichnete Stelle in der Abbildung. Wende die Figur wieder. Falte die rechte Ecke bis zur Mitte. Öffne wieder.

5

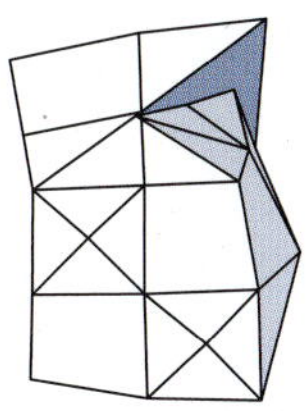

Stelle zuerst die rechte Ecke an der Mittellinie auf, dann die obere Hälfte entlang der anderen Mittellinie. Falte dann den überlappenden Teil nach innen.

6

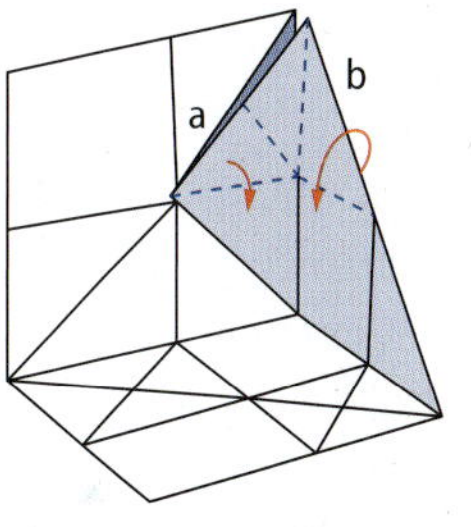

Knicke zuerst Kante a nach unten, danach Kante b. Es entsteht das Bild von Schritt **7**.

7

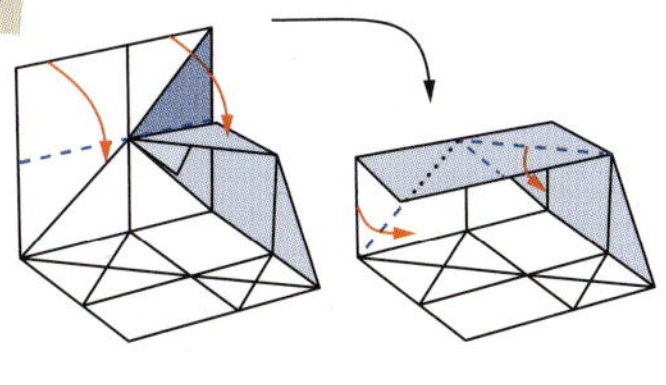

Knicke den oberen Teil um 90°. Schlage entlang der Knicklinien den oberen Teil nach innen ein.

8

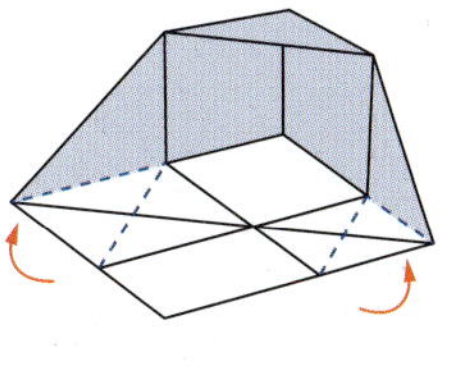

Falte den vorderen Teil entlang der Knickkanten hoch.

9

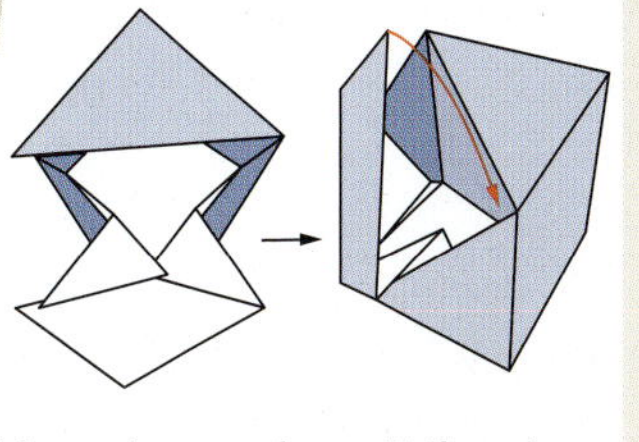

Schlage den vorderen Teil nach innen, fertig ist der Würfel.

a) Zeichne ein Netz des abgeschnittenen Raumwürfels. Überlege dir, welche Flächen vollständig und welche abgeschnitten sind.

b) Zeichne ein Schrägbild (Zweitafelbild) des angeschnittenen Würfels. Gehe vom Schrägbild eines vollständigen Würfels aus und ändere es entsprechend ab.

Das kann ich!

Überprüfe deine Fähigkeiten und Kompetenzen. Bearbeite dazu die folgenden Aufgaben und bewerte anschließend deine Lösungen mit einem Smiley. Hinweise zum Nacharbeiten findest du auf der folgenden Seite. Die Lösungen stehen im Anhang.

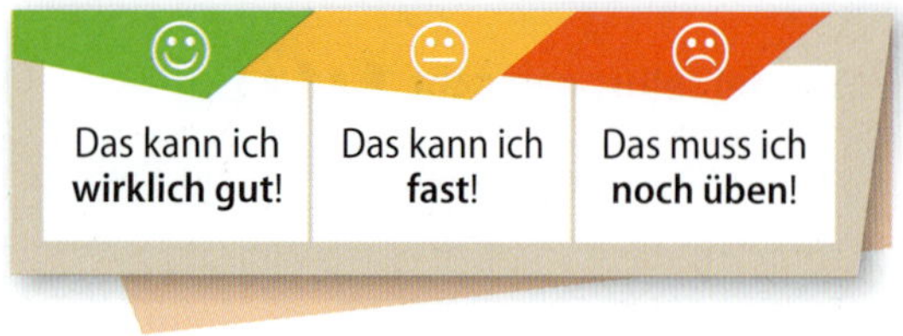

Aufgaben zur Einzelarbeit

1 Benenne die Körper und beschreibe jeweils ihre Eigenschaften.

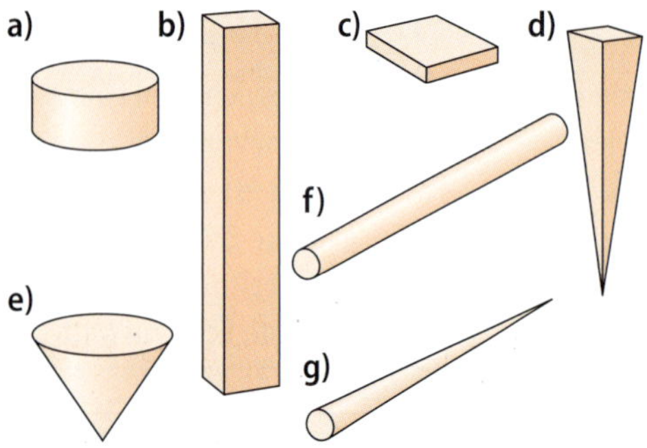

2 Welcher Körper hat folgende Eigenschaften? Findest du mehrere Möglichkeiten?

a) Der Körper hat nur Rechtecke als Begrenzungsflächen.
b) Der Körper hat Dreiecke als Grund- und Deckfläche.
c) Der Körper hat 12 Kanten und 8 Ecken.
d) Der Körper hat 1 Kante und keine Ecke.
e) Der Körper hat 3 Flächen und keine Ecke.
f) Der Körper hat nur 2 Begrenzungsflächen.

3 Vervollständige die Schrägbilder der Körper.

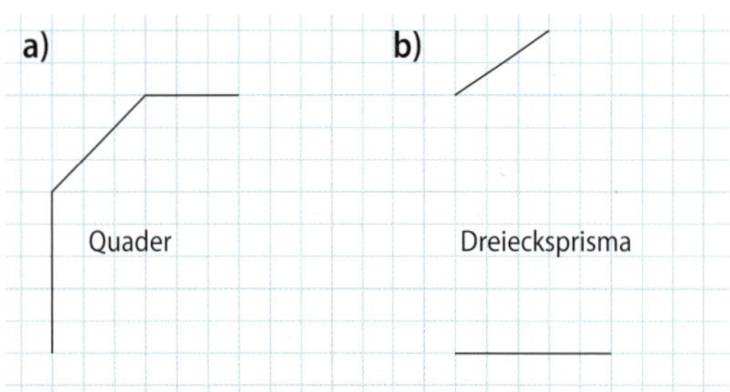

4 Zeichne ein Schrägbild …

a) einer quadratischen Pyramide mit Kantenlänge $a = 4{,}5$ cm und Pyramidenhöhe $h = 3{,}5$ cm.
b) eines Zylinders mit dem Radius $r = 2$ cm und einer Höhe von $h = 3$ cm.

5 Welche geometrischen Körper erkennst du?

a) Grundriss:

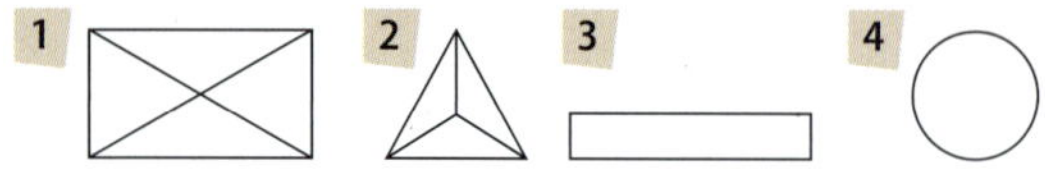

b) Aufriss:

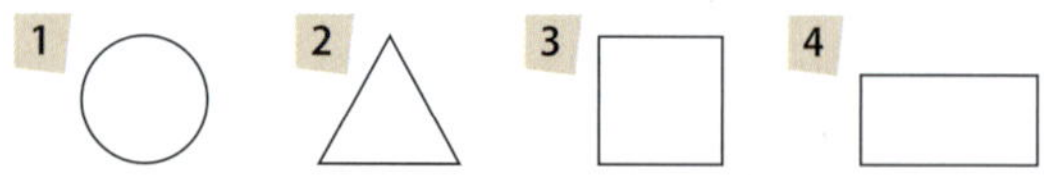

6 Zeichne Grund- und Aufriss der abgebildeten Körper (alle Maßangaben in cm).

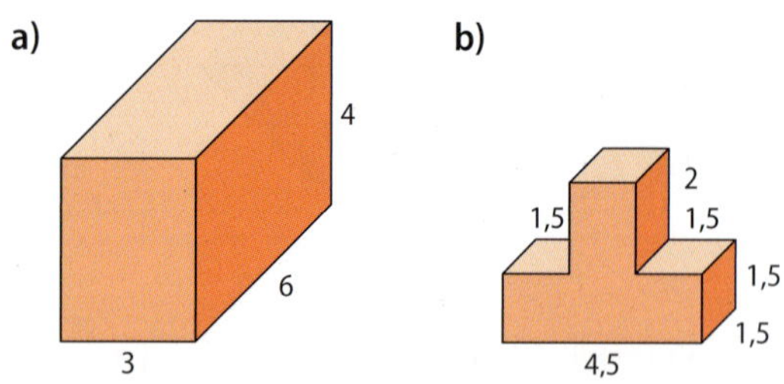

7 Zu welchem Körper gehört das jeweilige Netz?

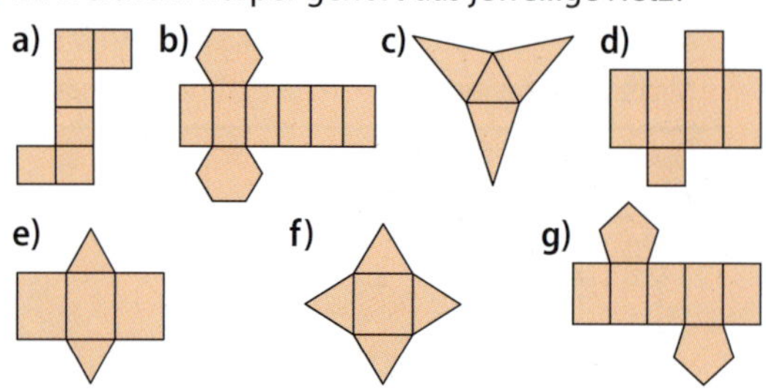

8 Berechne das Volumen und die Oberfläche eines geraden Prismas mit 5,6 cm Körperhöhe. Die Grundfläche des Prismas ist ein …

a) rechtwinkliges Dreieck mit $a = 3{,}6$ cm, $b = 2{,}4$ cm, $c = 4{,}3$ cm und $\gamma = 90°$.
b) Parallelogramm mit $a = 8{,}4$ cm, $b = 6{,}2$ cm und $h_a = 5{,}0$ cm.
c) gleichschenkliges Trapez mit $a = 7{,}0$ cm, $b = 3{,}2$ cm, $c = 4{,}0$ cm und $h_a = 2{,}8$ cm.

9 Ein 8 cm hohes Prisma hat ein gleichseitiges Dreieck (12 cm Seitenlänge; 10,4 cm Höhe) als Grundfläche. Berechne Volumen und Oberfläche.

10 Ein zylindrischer Gasbehälter hat einen Durchmesser von 20 m. Er fasst 7200 m^3 Gas. Wie hoch ist dieser Behälter?

11 Berechne Volumen und Oberfläche der Körper.

a)

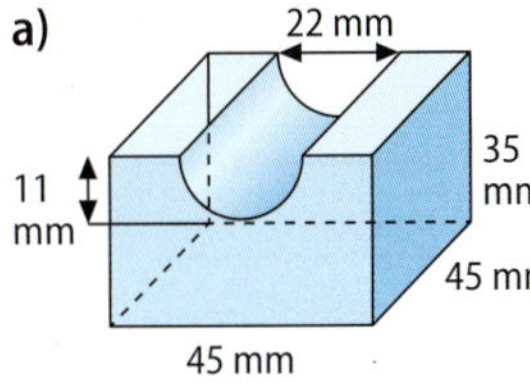

b)

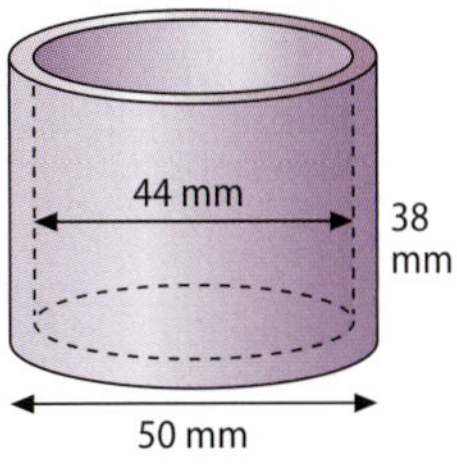

12 In einen Holzwürfel der Kantenlänge 8 cm werden von jeder Seite quadratische Aussparungen mit einer Seitenlänge von 4 cm gefräst.

a) Wie viel Prozent des ursprünglichen Volumens hat der neue Körper?

b) Vergleiche die Oberfläche des ursprünglichen Würfels mit der des gefrästen Körpers.

Aufgaben für Lernpartner

Sind folgende Behauptungen richtig oder falsch? Begründe schriftlich.

A In einem Schrägbild werden alle nach hinten verlaufenden Kanten auf die Hälfte gekürzt und in einem Winkel von 90° gezeichnet.

B Rechte Winkel werden im Schrägbild stets als rechte Winkel dargestellt.

C In einem Prisma kann der Winkel zwischen zwei Flächen niemals stumpfwinklig sein.

D Das Netz eines Prismas hat so viele Rechtecksflächen wie das Vieleck der Grundfläche Seiten hat.

E Bei einem Zweitafelbild wird die Ansicht eines Körpers von vorne und von der Seite in einer Ebene gezeichnet.

F Wenn von einem Prisma die Höhe nicht bekannt ist, kann man versuchen die Höhe über das Volumen und den Flächeninhalt der Grundfläche zu bestimmen.

G Radius und Flächeninhalt der Grundfläche des Zylinders sind zueinander proportional.

H Die Mantelfläche eines Zylinders ist immer so groß wie die Summe der Grund- und Deckfläche.

I Das Volumen hat bei gleichen Grundeinheiten stets eine größere Maßzahl als die Oberfläche.

J Verdoppelt man den Radius eines Zylinders, dann vervierfacht sich das Volumen.

Ich weiß und kann …	Aufgaben	Hilfe
Körper anhand ihrer Eigenschaften erkennen und beschreiben.	1, 2, C	S. 168
Schrägbilder mathematischer Körper zeichnen.	3, 4, A, B	S. 172
Körper aus Zweitafelbildern erkennen.	5	S. 176
Zweitafelbilder von Körpern zeichnen.	6, E	S. 176
Körper anhand ihrer Netze erkennen.	7, D	S. 178
Berechnungen am Prisma durchführen.	8, 9, 12, F, I	S. 180, 182
Berechnungen am Zylinder durchführen.	10, 11, G, H, J	S. 180, 182

Seite 172

Schrägbilder von Körpern

Als **Schrägbild** bezeichnet man eine **schräge Projektion eines Körpers** auf eine Zeichenebene. Streckenlänge und Winkelmaße an Flächen, die parallel zur Zeichenebene liegen, bleiben unverändert.
Nach hinten verlaufende Kanten werden in der Länge halbiert und unter einem Winkel von 45° dargestellt. Verdeckte Kanten werden gestrichelt gezeichnet.

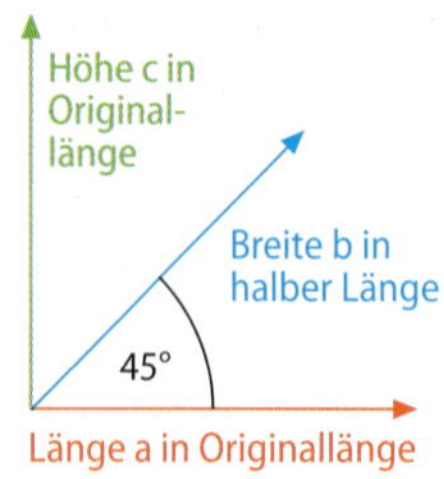

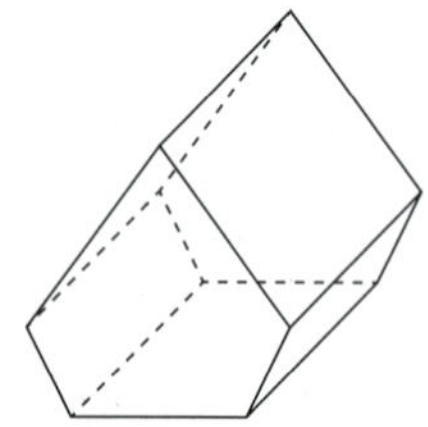

Seite 176

Körperansichten

Bei einem **Zweitafelbild** betrachtet man den Körper einmal senkrecht von oben (**Grundriss**) und waagrecht von vorne (**Aufriss**). Werden beide Ansichten in einer Ebene dargestellt, dann erhält man ein **Zweitafelbild**.

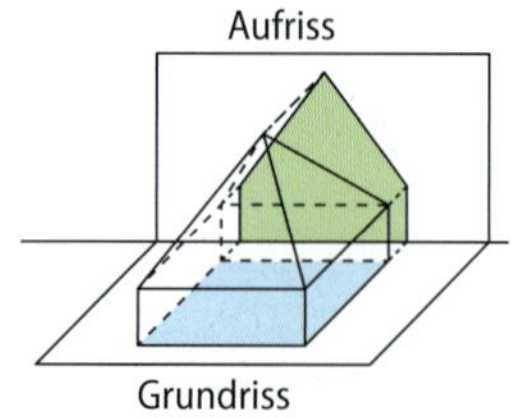

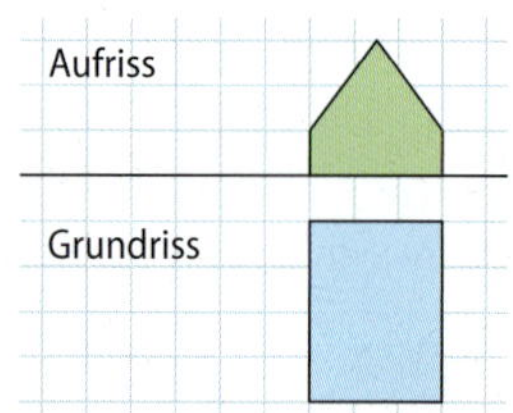

Seite 178

Netze

Wird ein Körper entlang seiner Kanten aufgeschnitten und können alle Begrenzungsflächen in eine Ebene geklappt werden, so entsteht ein Körpernetz.

dreiseitiges Prisma

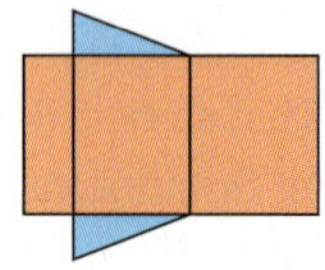

Zylinder

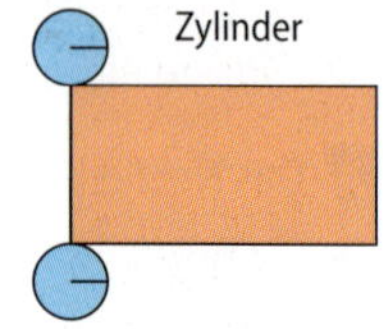

Seite 180, 182

Volumen und Oberfläche von Prisma und Zylinder

Für das **Volumen V** eines Prismas oder **Zylinders** gilt:
$V = A_G \cdot h$

Für den Inhalt der **Oberfläche O** eines **Prismas** oder **Zylinders** mit der Grundfläche A_G und der Mantelfläche A_M gilt:
$A_O = 2 \cdot A_G + A_M = 2 \cdot A_G + \mathbf{u} \cdot \mathbf{h}$

Insbesondere gilt für den Zylinder:
$A_{O_Z} = 2 \cdot \pi \cdot r^2 + 2 \cdot \pi \cdot r \cdot h$

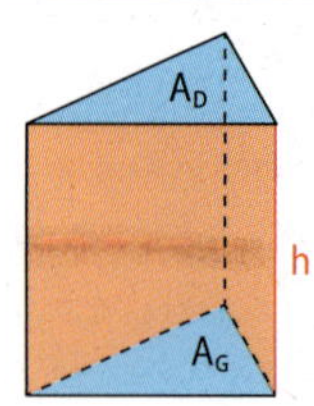

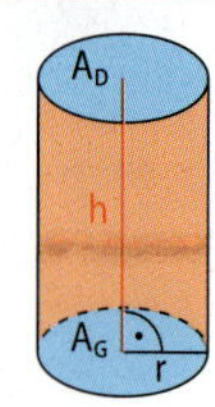

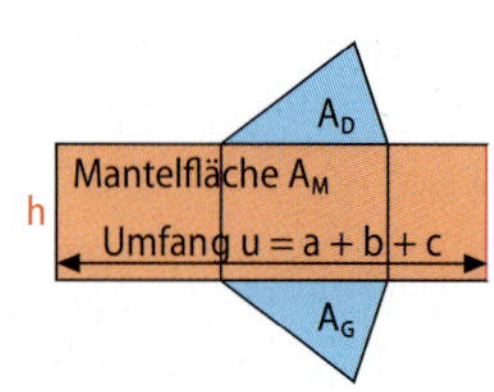

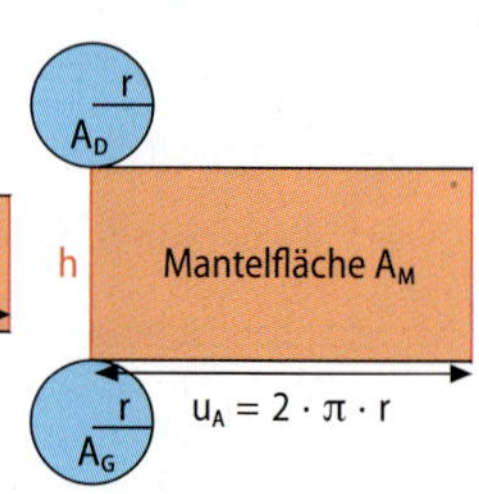

6 Daten

Einstieg

- Welche Ergebnisse lassen sich aus der Grafik ablesen?
- Wie viele der Handys haben eine Kamera (Bluetooth, …)?
- Führe eine Umfrage zur Ausstattung von Handys in deiner Klasse durch. Beschreibe die Ergebnisse mithilfe von Mittelwerten. Erstelle ein Diagramm zu dem Sachverhalt und vergleiche deine Ergebnisse mit denen der Studie.

Ausstattung von Handys von 12- bis 19-Jährigen: Von 100 Handys haben …

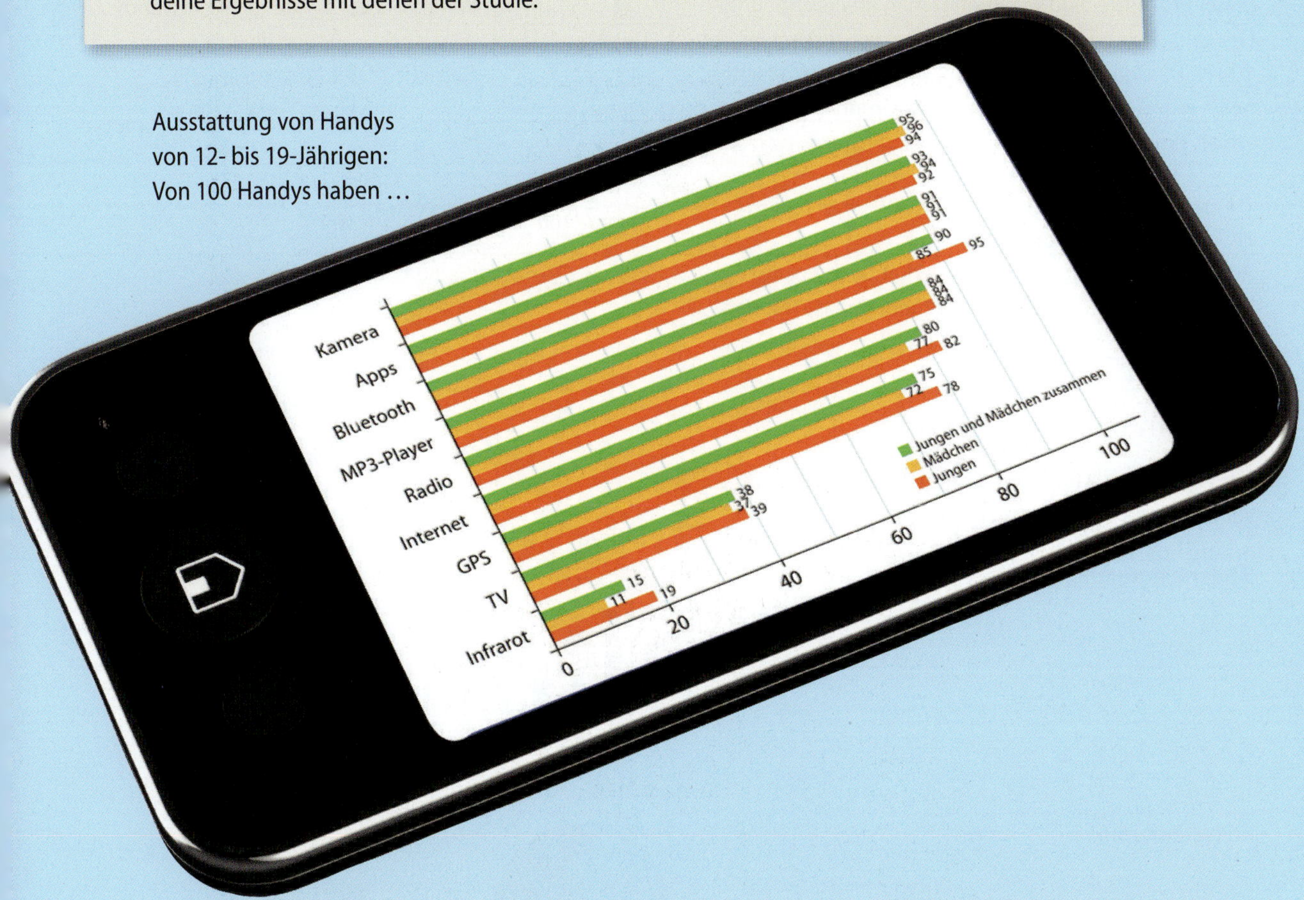

Ausblick

Am Ende dieses Kapitels hast du gelernt, …

- wie man Daten erheben und auswerten kann.
- wie man Daten anhand von Kennwerten beschreiben kann.
- was eine Stichprobe ist.
- wie man die Verteilung von Daten durch einen Boxplot darstellen kann.

6 Das kann ich schon ...

Rechnen mit Brüchen

Ungleichnamige **Brüche** werden vor dem **Addieren** (**Subtrahieren**) erst auf denselben **Nenner** erweitert bzw. gekürzt.
Anschließend wird der Zähler addiert (subtrahiert), der gemeinsame Nenner bleibt erhalten.
Unter dem Hauptnenner versteht man das kleinste gemeinsame Vielfache der Nenner.

1 $\frac{1}{12} + \frac{4}{9} = \frac{3}{36} + \frac{16}{36} = \frac{3 + 16}{36} = \frac{19}{36}$

Hauptnenner: 36, denn

$V_{12} = \{12; 24; 36; 48; \ldots\}; V_9 = \{9; 18; 27; 36; 45; \ldots\}$

2 $\frac{3}{2} - \frac{2}{3} = \frac{9}{6} - \frac{4}{6} = \frac{5}{6}$

Rechnen mit Prozenten

In der Prozentrechnung benötigt man drei Fachbegriffe. Der Grundwert G bezeichnet „das Ganze" und entspricht 100 %. Der Teil, den wir mit dem Grundwert vergleichen, heißt Prozentwert P. Den Anteil vom Grundwert G, den wir als Prozente angeben, nennt man Prozentsatz p %.

$$\frac{G}{100\,\%} = \frac{P}{p\,\%}$$

Von 25 Schülern haben 24 ein Handy.
Also ist $G = 25$ und $P = 24$.
Gesucht ist der Prozentsatz p %.

$$p\,\% = \frac{P \cdot 100\,\%}{G} = \frac{24 \cdot 100\,\%}{25} = 96\,\%$$

Zehnerbrüche mit dem Nenner 100 lassen sich direkt als Prozentangabe schreiben.
Auch die Umrechnung einer Prozentangabe in eine Dezimalzahl geht am einfachsten über Brüche mit dem Nenner 100.

$$1\,\% = \frac{1}{100} = 0{,}01; \quad 10\,\% = \frac{10}{100} = 0{,}1$$

$$25\,\% = \frac{25}{100} = 0{,}25; \quad 50\,\% = \frac{50}{100} = 0{,}5$$

Diagramme

Zur Veranschaulichung bestimmter Daten kann man verschiedene Diagrammarten nutzen.

Säulendiagramm:

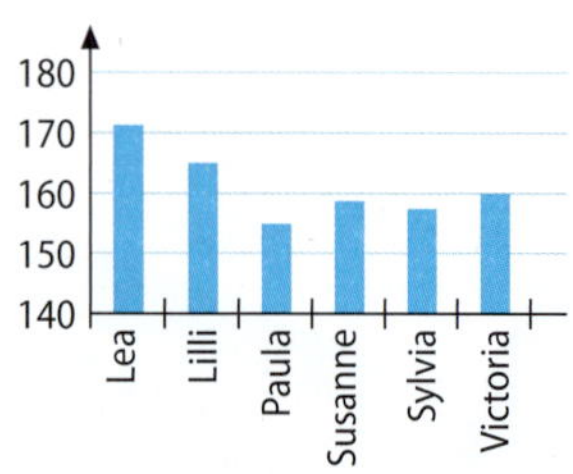

Kreisdiagramm:

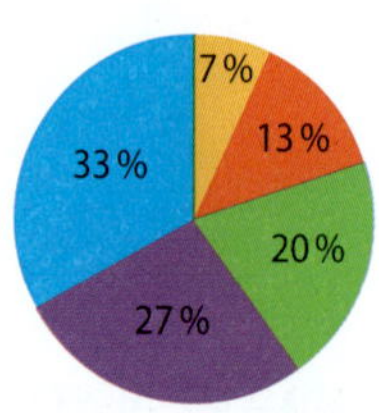

100 % ≙ 360°
1 % ≙ 3,6°

Streifendiagramm:

geeignete Länge: 10 cm = 100 mm
somit 1 % ≙ 1 mm

Rechnen mit Brüchen

1 Berechne und kürze so weit wie möglich.

a) $\frac{2}{3} + \frac{3}{4}$ **b)** $\frac{3}{7} + 4$ **c)** $\frac{4}{7} + \frac{2}{21} - \frac{1}{42}$

2 Eine Lottogemeinschaft gewinnt 5000 €. Herr Schwarz bekommt $\frac{2}{5}$ davon. Ermittle, wie viel Geld er bekommt.

Rechnen mit Prozenten

3 Berechne!

a) 30 % von 120 € **b)** 40 % von 30 kg **c)** 75 % von 300 ℓ

4 Unter 28 Schülern einer Klasse sind 12 Mädchen. Wie viel Prozent sind das?

5 Paul bekommt auf sein Sparguthaben von 2500 € jährlich 1,5 % Zinsen. Wie viel Geld hat er nach einem Jahr?

6 **a)** Schreibe als Dezimalzahl und in Prozent.
$\frac{17}{100}$; $\frac{12}{25}$; $\frac{49}{50}$; $\frac{7}{10}$; $\frac{9}{10}$; $\frac{3}{5}$; $\frac{21}{25}$; $\frac{4}{4}$

b) Schreibe als Bruch. Kürze so weit wie möglich.
0,15; 18 %; 3,455; 0,005; 1,2 %; 0,99; 4,02

Diagramme

7 Die Schüler der Klasse 7c wurden nach dem von ihnen für den Schulweg genutzten Verkehrsmittel befragt. Stelle diese Daten in einem geeigneten Diagramm dar.

Rad	Fuß	Bus	Auto	sonstige
12	4	8	2	4

8 Die beiden Diagramme veranschaulichen das Ergebnis einer Umfrage unter 14-Jährigen nach der Höhe ihres monatlichen Taschengelds.

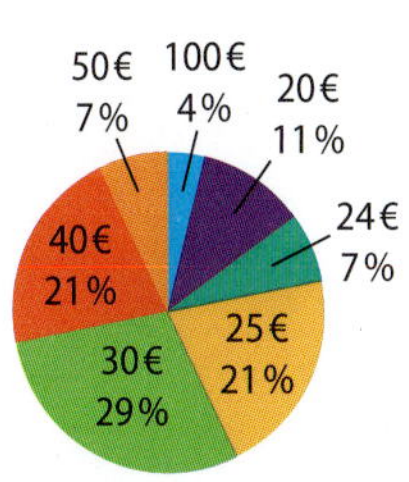

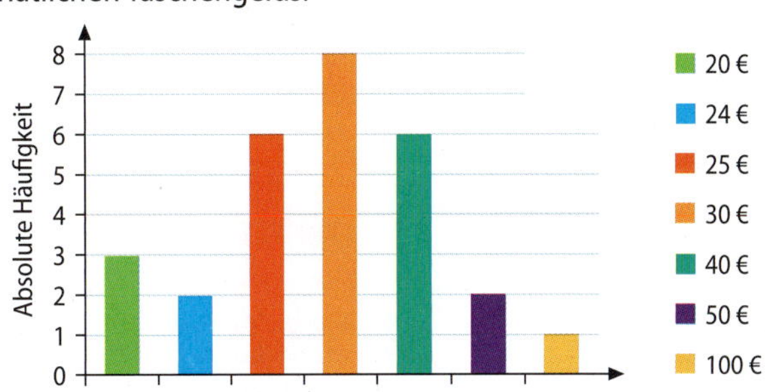

a) Beschreibe und vergleiche die beiden Diagramme.

b) Gib den Inhalt der beiden Diagramme in Tabellenform an.

c) Finde heraus, wie viele der befragten Jugendlichen mehr als 30 € pro Monat erhalten und wie viel Prozent der befragten Jugendlichen mindestens 30 € pro Monat erhalten.

Kap. 6.1

Daten um uns herum

- Erfasse nach nebenstehendem Muster die Daten der Schülerinnen und Schüler deiner Klasse.
- Ergänze die Tabelle um 2 Spalten zu Fragen, die du gern erfassen möchtest.
- Überlege dir Möglichkeiten, wie du diese Daten übersichtlich auswerten kannst.

Name	Geschlecht	Körperhöhe (in cm)	Schuhgröße	Ellenlänge (in cm)
Anja	w	153	37	21
Bernd	m	177	40	26
Elif	w	165	41	25
Franz	m	169	42	25
Conrad	m	167	42	26
Max	m	178	41	26
Jakub	m	182	43	27
Paula	w	176	39	23

Kap. 6.2

Mit dem Fahrrad unterwegs

Die Klasse 7c untersucht, wie viele Schülerinnen und Schüler mit und wie viele ohne Helm Fahrrad fahren.
Die Ergebnisse wurden in dem Kasten festgehalten.

- Begründe, warum die abgebildete Darstellung der Daten eher ungünstig ist.
- Erstelle eine Tabelle zu den abgebildeten Daten, in der du die verschiedenen Möglichkeiten auflistest und pro Nennung einen Strich machst.
- Wie sieht es in deiner Klasse aus? Wie viele deiner Mitschülerinnen und Mitschüler fahren mit Helm, wie viele ohne? Mache eine Umfrage und halte das Ergebnis in geeigneter Form fest.
- In Zeitungen werden Daten oft in Diagrammen dargestellt. Recherchiere, welche Möglichkeiten es dazu gibt. Versuche, deine Daten in einem Diagramm deiner Wahl darzustellen.

JH	JH	JO	JH	MH	MO	MH	MO	MH	JH
JH	JH	JH	MH	MH	JO	JH	JH	JH	MH
MO	MH	MH	JO	MH	JH	JH	JH	JH	JH

MH: Mädchen mit Helm
JH: Junge mit Helm
MO: Mädchen ohne Helm
JO: Junge ohne Helm

Kap. 6.3

Vergleichen und gewichten

- Erstelle eine Liste der Körpergrößen deiner Mitschülerinnen und Mitschüler.
- Wer in deiner Klasse ist am größten/am kleinsten?
- Betrachte nun Jungen und Mädchen getrennt. Wie groß ist die Differenz zwischen dem größten und dem kleinsten Jungen deiner Klasse? Wie sieht es bei den Mädchen aus?
- Jungen sind im Durchschnitt größer als Mädchen. Stimmt diese Behauptung?

Kap. 6.4

Ungefähr und ganz genau

Viele Daten lassen sich nicht oder nicht sofort genau ermitteln. Dann versucht man, durch eine geeignete Stichprobe Zahlen zu erhalten, die möglichst nahe an der gesuchten Zahl liegen. So werden Personen zufällig auf der Straße angesprochen oder auch angerufen.

Das Ergebnis einer Befragung von 1000 repräsentativ ausgewählten Personen war: „Vier von fünf Bundesbürgern sind für einen sofortigen Ausstieg aus der Kernenergie."

- Nenne mögliche Kriterien, die bei der Auswahl der Stichprobe berücksichtigt worden sein könnten.
- Gib die relative sowie die absolute Häufigkeit der Befragten an, die sich für einen sofortigen Ausstieg aus der Kernenergie ausgesprochen haben.
- Ermittle, wie groß die Anzahl der Bundesbürger ist, die gemäß dem Ergebnis der Befragung für einen sofortigen Ausstieg aus der Kernenergie sind. Recherchiere dazu die Einwohnerzahl Deutschlands im Internet.

Entdecken

Mädchen mögen Pferde, Jungen mögen Hunde. Jungen spielen gerne Fußball, Mädchen mit Puppen. Stimmt das?

- Welche weiteren Vorurteile kennst du über Jungen und Mädchen?
- Führe in deiner Klasse eine Befragung durch und untersuche, ob sich die Vorurteile bestätigen. Stelle die Ergebnisse übersichtlich dar.

Verstehen

Im Alltag erheben wir Daten, um mehr Informationen über einen Sachverhalt zu bekommen.

Die Ergebnisse einer Untersuchung oder Umfrage werden zunächst in der sogenannten **Urliste** gesammelt, in der die Daten noch völlig unsortiert sein können.

Name	Alter	Lieblingstier	Lieblingssport	Geschwister
Sabine	11	Pferd	Reiten	2
Marina	12	Hamster	Trampolin	0
Peter	11	Hund	Fußball	1

Strichlisten sind Tabellen, in denen man mit Strichen erfasst, wie oft etwas vorkommt.

Anna	||||
Nikos	|||
Lisa	~~||||~~ |

Die Anzahl der Striche gibt die Häufigkeit an, entsprechend nennt man eine solche Tabelle auch **Häufigkeitstabelle**.

Name	Anzahl
Anna	4
Nikos	3
Lisa	6

Beispiel

Untersuche die Farben der Autos auf dem Bild.

a) Lege dazu eine Strichliste und Häufigkeitstabelle an.

b) Wie viele Autos sind insgesamt zu sehen?

c) Welche Farbe tritt am häufigsten auf?

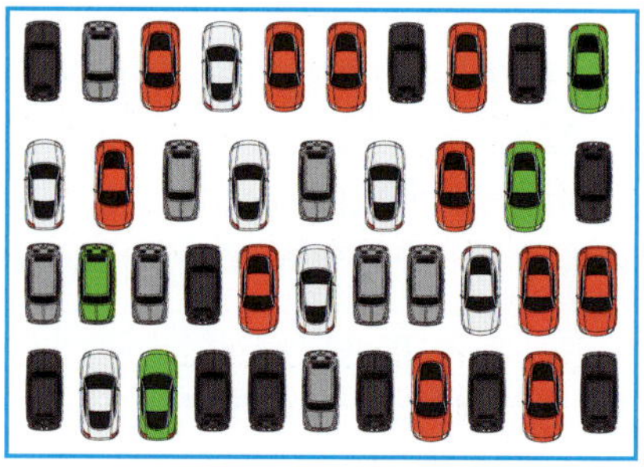

Lösung:

a)

Farbe	Strichliste	Anzahl
Schwarz	~~||||~~ ~~||||~~ |	11
Rot	~~||||~~ ~~||||~~ |	11
Grau	~~||||~~ |||	8
Weiß	~~||||~~ ||	7
Grün	||||	4

b) Insgesamt sind 41 Autos auf dem Bild zu sehen.

c) Mit jeweils 11-mal kommen die Farben Rot und Schwarz am häufigsten vor.

- Einige Antworten kommen in einer Urliste nur ganz selten vor. Wie kann man mit ihnen umgehen?
- Warum verwendet man oftmals zunächst Strichlisten, statt direkt eine Häufigkeitstabelle anzulegen?

Nachgefragt

Aufgaben

1 Basti hat seine Mitschülerinnen und Mitschüler nach ihrem Lieblingsessen befragt.

Klasse	7a	7b	7c	7d	7e
Spaghetti	𝍸 III	𝍸 𝍸 I	𝍸 𝍸 I	𝍸 𝍸 𝍸 II	𝍸 II
Pommes	𝍸	𝍸 III	𝍸 I	𝍸 𝍸 𝍸 𝍸 I	𝍸 II
Pizza	𝍸 𝍸 II	𝍸 I	𝍸 II	𝍸 𝍸 I	𝍸 III
Hähnchen	III	IIII	II	𝍸 𝍸 I	II
Salat	II	II	II	I	III
Sonstiges	I	II	I	𝍸 III	II

a) Welche Informationen kannst du der Tabelle entnehmen?
b) Erstelle eine Häufigkeitstabelle für die Lieblingsessen. Welches ist das beliebteste?

2 Von der Klassenfahrt sind Fotos ausgehängt, die man nachbestellen kann.
a) Erstelle eine Liste für das Fotogeschäft, bei dem die Bilder bestellt werden.
b) Wie teuer sind alle Fotos zusammen, wenn ein Bild 12 ct kostet?
c) Wie viel Geld muss von Toni (Perth, Celin, Rike) eingesammelt werden?

Yasmin	1, 5, 6, 7
Mathias	1, 2, 4, 7
Sebastian	1, 3, 6
Toni	1, 2, 3, 5, 7
Laura	1, 4, 6, 7
Andreas	2
Amira	3, 5, 7
Perth	1, 7
Alex	6, 7
Ahmed	2, 5, 7
Silvia	3, 7
Matze	2, 5, 7
Celin	3, 5, 7
Thomas	2, 7
Rike	1, 3, 4, 7
Moritz	2, 5, 7
Leni	1, 5, 7
Kirsten	4, 6, 7
Jordan	2, 5, 6, 7
Yvonne	1, 4, 5, 7
Natascha	4, 5, 7
Ali	7
Sabrina	5, 6, 7

3 Die Strichliste gibt an, wie viel Zeit Schülerinnen und Schüler einer 7. Klasse täglich für ihre Hobbies aufwenden.
a) Werte die Strichliste aus.
b) Bestimme die Häufigkeiten derjenigen, die
  1 mehr als 1 Stunde Zeit aufwenden.
  2 weniger als 60 Minuten brauchen.
  3 mehr als 15 Minuten für ihre Hobbies aufwenden.

Zeit pro Woche	
weniger als 15 min	𝍸 III
weniger als 30 min	𝍸 𝍸 𝍸 II
weniger als 1 h	𝍸 𝍸 𝍸 I
weniger als 90 min	𝍸 𝍸 𝍸 𝍸 IIII
mehr als 90 min	III

c) Die Beschreibung „weniger als 30 min“, „weniger als …“ ist nicht ganz klar. Warum? Mache Vorschläge für eine besser verständliche Einteilung der Liste.

4 Erstelle selbst eine kleine Befragung unter Freunden, der Familie, … zum Thema „Bücher“. Werte sie aus und präsentiere sie vor der Klasse.

Entdecken

Wir befinden uns im Jahre 50 v. Chr. Ganz Gallien ist von den Römern besetzt … Ganz Gallien? Nein! Ein von unbeugsamen Galliern bevölkertes Dorf hört nicht auf, dem Eindringling Widerstand zu leisten. Und das Leben ist nicht leicht für die römischen Legionäre, die als Besatzung in den befestigten Lagern Babaorum, Aquarium, Laudanum und Kleinbonum liegen …

Nous sommes en 50 avant Jésus-Christ. Toute la Gaule est occupée par les Romains. Toute? Non! Un village peuplé d'irréductibles Gaulois résiste encore et toujours à l'envahisseur. Et la vie n'est pas facile pour les garnisons de légionnaires romains des camps retranchés de Babaorum, Aquarium, Laudanum et Petitbonum …

The year is 50 BC. Gaul is entirely occupied by the Romans. Well, not entirely … One small village of indomitable Gauls still holds out against the invaders. And life is not easy for the Roman legionaries who garrison the fortified camps of Totorum, Aquarium, Laudanum and Compendium …

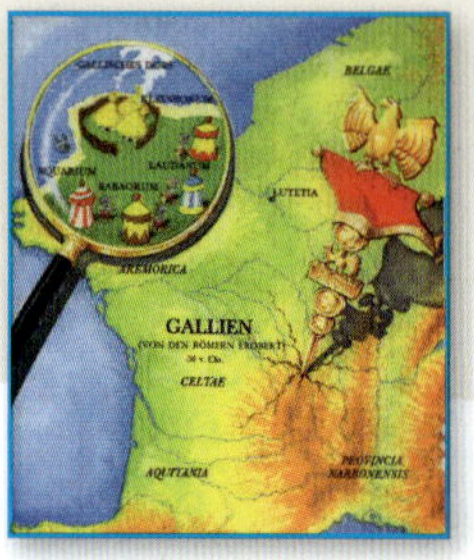

- Diesen Text kennst du bestimmt. Kennst du auch die Sprachen?
- Finde heraus, welche der Sprachen mit den wenigsten Wörtern (Buchstaben) auskommt (d'irréductibles: 2 Wörter, l'envahisseur: 2 Wörter, n'est: 2 Wörter).
- Welche Sprache enthält die meisten Vokale (a, á, à, e, é, è, i, o, u, ä, ö, ü)? Wie groß ist der Anteil der einzelnen Vokale in den Texten?

Verstehen

Bei der Auswertung von Daten kann man verschiedene Kennwerte angeben.

Die **tatsächliche Anzahl**, wie oft ein Ergebnis vorkommt, bezeichnet man als **absolute Häufigkeit H.** Man kann sie durch Abzählen herausfinden.
Den **Anteil** für ein Ergebnis in Bezug auf die Gesamtanzahl aller Ergebnisse nennt man **relative Häufigkeit h.** Die Summe aller relativen Häufigkeiten ergibt stets 1 (bzw. 100 %).

Beispiel: ja; nein; ja; ja; ja; nein; ja; nein; ja
absolute Häufigkeit von „nein": H („nein") = 3

relative Häufigkeit von „nein": $h(\text{„nein"}) = \dfrac{\text{absolute Häufigkeit von „nein"}}{\text{Gesamtanzahl aller Ergebnisse}} = \dfrac{3}{9} = \dfrac{1}{3}$

Beispiele

1. Astrid wirft 40-mal eine Münze und erhält die abgebildeten Ergebnisse. Gib die absolute und die relative Häufigkeit für „Wappen" W an.

Z W Z W W	W Z Z Z Z
W W Z W Z	Z W Z Z W
Z Z W Z W	W Z Z W Z
Z W Z Z W	Z Z W Z Z

Lösung:
W kommt bei den 40 Würfen 16-mal vor. H (W) = 16.
16 von 40 Würfen bedeutet: $h(W) = \dfrac{16}{40} = \dfrac{4}{10} = \dfrac{2}{5}$ (oder 0,4 bzw. 40 %).

2. Sebastian würfelt 200-mal und erhält die folgenden relativen Häufigkeiten. Mit welchen absoluten Häufigkeiten hat Sebastian die Zahlen 1 bis 6 gewürfelt?

Augenzahl	1	2	3	4	5	6
relative Häufigkeit h	18 %	11 %	23 %	16 %	17 %	15 %

Lösung:

Augenzahl	1	2	3	4	5	6
absolute Häufigkeit H	36	22	46	32	34	30

- Welchen größten (kleinsten) Wert kann die relative Häufigkeit höchstens haben?
- Gehören zu gleichen relativen Häufigkeiten auch immer die gleichen absoluten Häufigkeiten? Begründe.

Nachgefragt

Aufgaben

1 In der 7. Klasse wurde eine Umfrage zum Thema „Raubtiere" durchgeführt. Übertrage die Tabelle in dein Heft und vervollständige sie.

Raubtier	Strichliste	H	h
Tiger	𝍸 𝍸 𝍸 𝍸 ||||		
Löwe	𝍸 𝍸 𝍸 𝍸 𝍸 𝍸 𝍸 𝍸		
Leopard	𝍸 |||		
Marder	||||		
Sonstiges	||||		
Summe			

2 Mateo würfelt 50-mal. Die Eins kommt zwölfmal, die Zwei siebenmal, die Drei neunmal, die Vier und die Fünf jeweils sechsmal und die Sechs zehnmal. Erstelle eine Häufigkeitstabelle und bestimme die relativen Häufigkeiten der Zahlen.

3 Am schwarzen Brett der Entbindungsstation des Humboldt-Klinikums war zum Jahresbeginn dieser Anschlag zu sehen.

a) Wie hoch ist der Anteil an Jungen?

b) Bestimme die absoluten Häufigkeiten für Jungen und Mädchen im Klinikum Eisenach, wenn es insgesamt 525 Geburten gab.

Im vergangenen Jahr sind 60 % aller Geburten in unserem Haus Mädchen gewesen. Wir gratulieren allen frischgebackenen Eltern herzlich!

4 a) Nimm eine 2-€-Münze und wirf sie 50-mal. Fertige eine Strichliste an und bestimme damit die relative Häufigkeit von „Zahl".

b) Wie viele verschiedene Möglichkeiten für die relative Häufigkeit von „Zahl" sind bei diesem Experiment denkbar? Nenne einige von ihnen.

5 Die amtliche Schulstatistik erfasst Schüler nach ihrer Staatsangehörigkeit. Die Tabelle zeigt einen Ausschnitt daraus.

a) Bestimme die relativen Häufigkeiten für die einzelnen Staatsangehörigkeiten.

b) Vergleiche mit der Verteilung in deiner Klasse (Schule). Woher kommen Unterschiede?

Staatsangehörigkeit	Anzahl
Deutschland	7295
Türkei	1003
Afghanistan	266
EU-Staaten	169
Russland	59
Sonstiges	759

Musik

Wie beliebt ist welche Musik?

Finde den Beliebtheitsgrad verschiedener Musikrichtungen (Rock, Pop, Klassik, Jazz, Hip-Hop, Techno, ...) heraus.

- Erstelle zunächst eine Liste verschiedener Musikrichtungen.
- Frage Menschen aus deiner Umgebung nach ihrer Lieblingsmusik und halte ihre Antworten auf deiner Liste fest.
- Werte die Ergebnisse aus und stelle sie deiner Klasse vor.
- Vergleicht die Ergebnisse miteinander. Gibt es Gemeinsamkeiten oder Unterschiede? Könnt ihr ein Klassenergebnis herstellen?

Entdecken

Dreikampf auf einer Geburtstagsfeier: Die Tabelle zeigt die Ergebnisse.

Name	Sackhüpfen	Teebeutelweitwurf	Schokowettessen
Sina	14,6 s	1,2 m	5,2 s
Jörn	12,1 s	3,7 m	4,9 s
Vivien	15,3 s	4,5 m	6,2 s
Leon	20,1 s	4,4 m	4,6 s
Mark	18,4 s	0,8 m	4,1 s
Susi	16,8 s	6,2 m	4,3 s
Lara	12,9 s	3,2 m	5,0 s
Kai	25,9 s	5,2 m	3,5 s

- Bestimme für jede Disziplin die drei besten Teilnehmer.
- Wer hat den Dreikampf gewonnen? Erstelle die Rangfolge für jede Disziplin und bilde für jeden Teilnehmer die Summe seiner Platzierungen. Bestimme damit die besten Dreikämpfer.
  Beispiel: Vivien
  Sackhüpfen: Platz 4
  Teebeutelweitwurf: Platz 3
  Schokowettessen: Platz 8
  Summe: 4 + 3 + 8 = 15
- Finde auch andere sinnvolle Möglichkeiten, um die Sieger des Dreikampfes zu bestimmen.

Verstehen

Daten lassen sich auf unterschiedliche Weise beschreiben.

Beim Median liegen in der geordneten Datenreihe genauso viele Werte rechts wie links. Gibt es zwei mittlere Werte, so wählt man als Median die Zahl in der Mitte zwischen diesen beiden Werten.

Zur Beschreibung von Daten gibt es die folgenden Kennwerte:

Mittelwerte
- Modalwert: am häufigsten vorkommende Wert
- Median (Zentralwert): Wert in der Mitte einer geordneten Datenreihe („Rangliste")
- Arithmetisches Mittel: Gleichverteilung der Summe aller Werte auf die Anzahl der Werte

$$\bar{x} = \frac{\text{Summe aller Einzelwerte}}{\text{Anzahl der Einzelwerte}}$$

Streuung
- Maximum: Größter Wert einer Datenreihe
- Minimum: Kleinster Wert einer Datenreihe
- Spannweite: Differenz zwischen Maximum und Minimum (Spannweite = Maximum − Minimum)

Beispiel: Schuhgrößen
Urliste: 38; 39; 37; 40; 42; 38; 40; 36; 39; 39; 38; 41; 38; 37
Rangliste: 36; 37; 37; 38; 38; 38; 38; Median 38,5; 39; 39; 39; 40; 40; 41; 42

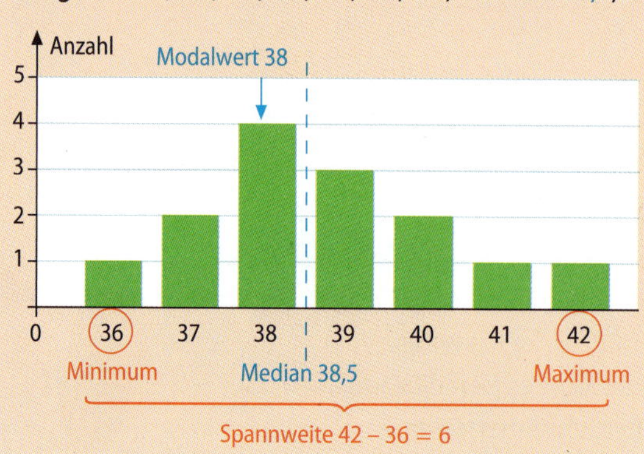

arithmetisches Mittel:

$$\bar{x} = \frac{36 + 37 + 37 + \ldots + 41 + 42}{14} \approx 38{,}7$$

Im Durchschnitt hat jede Person eine Schuhgröße von fast 39.

Beispiel

Martin vergleicht die Preise pro Kugel Eis in Eisdielen in seiner Stadt.
50 ct; 70 ct; 45 ct; 70 ct; 60 ct; 60 ct; 50 ct; 75 ct; 70 ct; 55 ct
Wie viel kostet eine Kugel Eis mindestens (höchstens)? Wie groß ist der Preisunterschied zwischen der billigsten und der teuersten Kugel Eis? Beschreibe die Eispreise anhand der verschiedenen Mittelwerte.

Lösung:
niedrigster Preis (Minimum): 45 ct höchster Preis (Maximum): 75 ct
größter Preisunterschied ist die Spannweite: 75 ct − 45 ct = 30 ct
Modalwert: 70 ct (häufigster Wert) Median: 60 ct (Mitte einer Rangliste)
arithmetisches Mittel: $\bar{x} = \frac{45\text{ ct} + 2 \cdot 50\text{ ct} + 55\text{ ct} + 2 \cdot 60\text{ ct} + 3 \cdot 70\text{ ct} + 75\text{ ct}}{10} = 60{,}5\text{ ct}$

Taucht ein Wert häufiger auf, kann man bei der Berechnung des arithmetischen Mittels beispielsweise statt 70 + 70 + 70 auch kurz 3 · 70 schreiben.

Nachgefragt

- Zeige an einem einfachen Zahlenbeispiel, dass Modalwert und Median (arithmetisches Mittel) auch gleich sein können.
- Der Median einer Datenreihe kann auch das Maximum sein. Finde ein Beispiel.
- Der Median wird oft als Zentralwert bezeichnet. Finde eine Begründung.

Aufgaben

1
1 15; 20; 15; 30; 25; 15; 30; 25; 10; 15
2 −5; −3; −2; 0; 0; 0; 0; 2; 4; 4
3 −100 000; 200 000; 100 000; −100 000; 400 000
4 2,5; 12,6; 28,3; 14,1; 27,9; 1,0; 14,8; 19,3
5 0,6; 0,8; 0,2; 0,5; 0,7; 1,2

a) Gib jeweils Minimum, Maximum sowie die Spannweite der Datenreihe an.
b) Bestimme die drei Mittelwerte von jeder Datenreihe.

2 Ergänze jeweils eine weitere Zahl so, dass …

a) der Median 100 ist.	1 50; 99; 100; 101	2 50; 99; 101; 102
b) die Spannweite 13 ist.	1 10 000; 9991; 10 001	2 27; 28; 40; 32
c) der Modalwert 21 ist.	1 99; 21; 13 000; 11	2 22; 23; 23; 21
d) das arithmetische Mittel 25 ist.	1 3; 19; 30; 44	2 17; 22; 23

3 Beim Eiskunstlaufen wird der Sprung von einer Jury aus neun Wettkampfrichtern beurteilt. Jeder vergibt pro Sprung 0 (nicht gelaufen) bis 6 Punkte (perfekt gelaufen). Eine Eisläuferin erhält folgende Wertung:

5,4 5,1 5,8 5,3 5,6 5,4 5,4 5,2 5,5

a) Ordne die Wertungen in einer Rangliste.
b) Bestimme Minimum, Maximum und die Spannweite der Wertung.
c) Bestimme Modalwert, Median und arithmetisches Mittel der Wertung.
d) Bei Wettkämpfen werden jeweils die beiden höchsten und niedrigsten Wertungen gestrichen. Bestimme die Kennwerte nach dieser Streichung und vergleiche mit den ursprünglichen Werten.
e) Finde Gründe, warum es zu der Streichung der Werte in Aufgabe d) kommt.

Aufgaben

4 Zwei Schützen messen sich beim Luftgewehrschießen. Die beiden Zielscheiben zeigen das Ergebnis an. Die einzelnen Trefferzonen werden aufgrund der Anordnung der Bewertungen als „Ringe" bezeichnet.

Ein Treffer genau in der Mitte ist 12 Punkte wert.

1 Schütze Marius

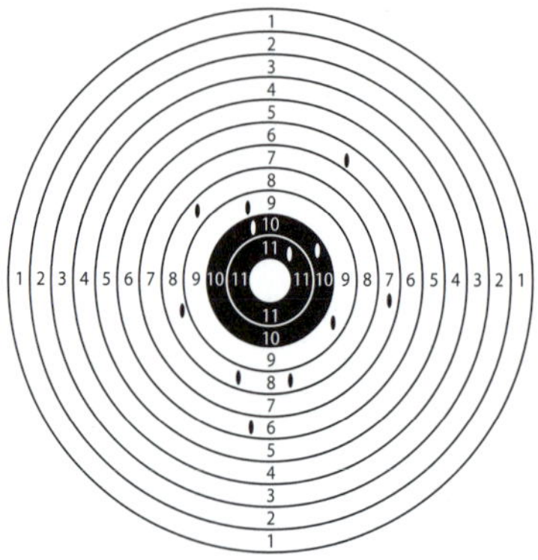

2 Schütze Sascha

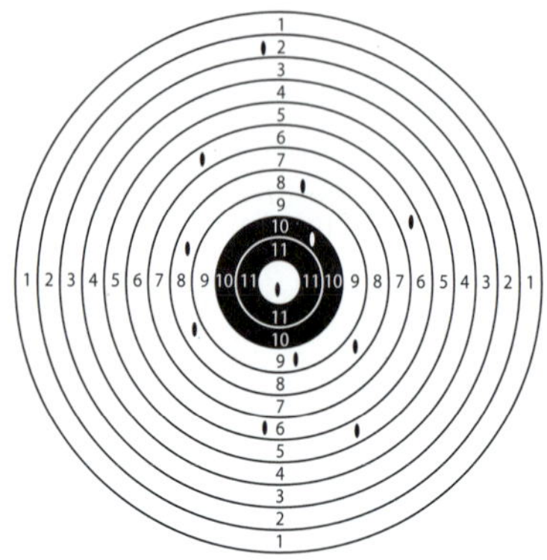

a) Erstelle für jeden Schützen eine Rangliste der getroffenen Ringe.
b) Beschreibe die Schießleistung jedes Schützen anhand des Maximums, des Minimums und der Spannweite.
c) Bestimme die drei Mittelwerte für das Schießergebnis jedes Schützen.
d) Bewerte die Schießleistung. Wer ist der bessere Schütze? Begründe.

5 Die Übersicht zeigt die Spielergebnisse ab dem Achtelfinale („K.-o.-Runde") während der Fußballweltmeisterschaft 2014.

Achtelfinale		**Viertelfinale**	
Brasilien – Chile	4 : 3	Frankreich – Deutschland	0 : 1
Kolumbien – Uruguay	2 : 0	Brasilien – Kolumbien	2 : 1
Niederlande – Mexiko	2 : 1	Argentinien – Belgien	1 : 0
Costa Rica – Griechenland	6 : 4	Niederlande – Costa Rica	4 : 3
Frankreich – Nigeria	2 : 0		
Deutschland – Algerien	2 : 1	**Halbfinale**	
Argentinien – Schweiz	1 : 0	Brasilien – Deutschland	1 : 7
Belgien – USA	2 : 1	Niederlande – Argentinien	2 : 4
Spiel um Platz 3		**Finale**	
Brasilien – Niederlande	0 : 3	Deutschland – Argentinien	1 : 0

a) Betrachte die Anzahl der gefallenen Tore pro Spiel.
   1 Welches war das torreichste (torärmste Spiel) während der K.-o.-Runde?
   2 Wie viele Tore fielen im Durchschnitt pro Spiel?
   3 Bestimme, wie viel Prozent der Tore in der K.-o.-Runde von den einzelnen Ländern geschossen wurden.
b) Vergleiche die Anzahl der Tore von Brasilien, den Niederlanden, Argentinien und Deutschland miteinander.
   1 Erstelle eine Häufigkeitstabelle für die Länder mit den erzielten und bekommenen Toren.
   2 Vergleiche die Tore dieser Länder anhand der verschiedenen Kennwerte.
   3 Stelle den Sachverhalt grafisch dar.

6 Verändere zwei der Größen 2 €, 3 €, 5 €, 5 €, 7 €, 3 €, 5 € und 2 € so, dass …
a) der Modalwert sich nicht verändert.
b) das arithmetische Mittel gleich bleibt.
c) der Median sich ändert, aber der Modalwert gleich bleibt.
d) das arithmetisches Mittel sich ändert, aber der Modalwert gleich bleibt.

7 Wähle aus den Zahlen 1, 2, 3, 4, 5, 6, 7 und 8 fünf Zahlen so aus, dass der Median 4 ist. Wie groß ist das arithmetische Mittel dieser fünf Zahlen höchstens (mindestens)?

8 Erfinde zu den Kennwerten eine passende Datenreihe und eine Sachsituation.
a) Minimum: 1,34 m Maximum: 1,68 m Modalwert: 1,46 m
b) Spannweite: 17 kg Modalwert: 42 kg Durchschnitt $\overline{x}$: 46,5 kg

Werkzeug

Tabellenkalkulation

Beim Schlagballwerfen hat jeder drei Versuche. Um die gewonnenen Daten möglichst schnell auszuwerten, kann man die Wurfweiten (in m) in ein Tabellenkalkulationsprogramm eingeben und die statistischen Kennwerte bestimmen. Dafür werden die folgenden Befehle benötigt:
Minimum: =MIN(B3:D3) oder =MIN(B3;C3;D3)
Das Minimum der Werte aus den Zellen B3, C3 und D3 wird berechnet und in der gewünschten Zelle angezeigt. Die Berechnung des Maximums erfolgt analog über das Kürzel MAX.

	A	B	C	D	E
1	**Schlagballwurf 7c am 16.05. (Weiten in Meter)**				
2	**Name**	**1. Wurf**	**2. Wurf**	**3. Wurf**	**Bester Wurf**
3	Laura	22,4	31,7	29,9	=MAX(B3:D3)
4	Sebastian	45,1	38,7	41,0	45,1
5	Nico	36,9	38,7	37,4	38,7
6	Sarah	31,9	33,5	39,0	39,0
7	Linda	34,7	16,7	35,6	35,6
8	Mert	9,6	27,2	25,8	27,2
9	Pascal	41,8	43,0	38,1	43,0
10	Stefan	53,9	60,3	57,2	60,3
11	Paul	37,0	31,8	37,9	37,9
12	Sophia	18,3	22,9	20,7	22,9
13	Jakob	45,8	48,9	42,3	48,9
14	Marie	38,8	58,3	49,7	58,3
15	Alina	26,6	30,0	19,0	30,0

Arithmetisches Mittel: =MITTELWERT(B4:D4) oder =MITTELWERT(B4;C4;D4)

3	Laura	22,4	31,7	29,9	28,0
4	Sebastian	45,1	38,7	41,0	=MITTELWERT(B4:D4)
5	Nico	36,9	38,7	37,4	37,7

Das arithmetische Mittel der Werte aus den Zellen B4, C4 und D4 wird berechnet und in der gewünschten Zelle angezeigt.

Modalwert: =MODALWERT(B3:D15) bzw. **Median:** =MEDIAN(B3:D15)
Der Modalwert bzw. der Median der Werte wird unter Nutzung von allen Werten bestimmt, die in dem rechteckigen Feld zwischen der Zelle B3 im linken oberen Eck und D15 in der rechten unteren Ecke liegen.

- Erstelle aus den Daten mithilfe eines Tabellenkalkulationsprogramms eine Rangliste der besten Weiten.
- Bestimme das arithmetische Mittel für jeden Schüler.
- Erstelle eine Rangliste, wenn nicht die beste Wurfweite, sondern der Mittelwert der drei Wurfweiten gewertet wird. Vergleiche diese mit der ersten Rangliste.
- Bestimme den Mittelwert aller durchgeführten Würfe.
- Bestimme den Modalwert und den Median der Wurfweiten und vergleiche diese beiden Werte mit dem arithmetischen Mittelwert aller Würfe.
- Welche Aussagen kann man mithilfe der drei Mittelwerte machen?

Entdecken

Ein Safthersteller hat den Verdacht, dass seine Abfüllanlage immer etwas zu viel in die Flaschen füllt. Daher soll bei einigen Flaschen die Füllmenge gemessen werden.

- Warum ist es für den Hersteller schlecht, wenn die Flaschen zu voll sind?
- Warum untersucht der Hersteller nicht alle Flaschen? Warum reicht nicht eine Flasche?
- Wie sollte der Hersteller die Flaschen auswählen, die er untersuchen möchte?
- Angenommen, es wird einen Tag lang jede zehnte Flasche untersucht, das entspricht 1000 Flaschen. Von diesen enthalten 200 mehr als 1 ℓ Saft. Schätze ab, wie viele Flaschen pro Tag abgefüllt werden, die zu viel Saft enthalten.

Verstehen

Wenn eine Grundgesamtheit (z. B. alle Bewohner in Berlin) nicht vollständig untersucht werden kann, wird nur ein Teil untersucht. Man spricht von einer **Stichprobe**.

Auswahl der Stichprobe:
- *Der Stichprobenumfang darf nicht zu klein sein.*
- *Die Stichprobe muss zufällig ausgewählt sein.*

Bei einer Stichprobe unterscheidet man zwischen **quantitativen Merkmalen**, die sich in Zahlen ausdrücken lassen (Alter, Masse, …) und **qualitativen Merkmalen**, die sich nur in Worten beschreiben lassen (Beruf, Geschlecht, …).
Aus dem Ergebnis der Stichprobe kann man **Rückschlüsse auf die Grundgesamtheit** ziehen.
Der **Stichprobenumfang** bezeichnet die Größe einer Stichprobe.

Beispiele

1. In einer Stadt werden 2500 zufällig ausgewählte Menschen befragt, welches Verkehrsmittel sie auf dem Weg zur Arbeit nutzen.

Verkehrsmittel	Auto	Bus	Rad
abs. Häufigkeit	1000	950	550

a) Bestimme für die einzelnen Verkehrsmittel die relativen Häufigkeiten.
b) Die Stadt hat 80 000 Einwohner. Wie viele dieser Einwohner der Stadt nutzen schätzungsweise die einzelnen Verkehrsmittel auf dem Weg zur Arbeit?

Lösungsmöglichkeiten:

a)

Verkehrsmittel	Auto	Bus	Rad
relative Häufigkeit h	$\frac{1000}{2500} = \frac{2}{5} = 40\,\%$	$\frac{950}{2500} = 0{,}38 = 38\,\%$	$100\,\% - 40\,\% - 38\,\% = 22\,\%$

b) Auto: $\frac{40}{100} \cdot 80\,000 = 32\,000$ Bus: $0{,}38 \cdot 80\,000 = 30\,400$ Rad: $17\,600$

2. Das Bundesfamilienministerium möchte wissen, wie lange Jugendliche jeden Tag durchschnittlich fernsehen. Bewerte folgende Vorschläge für eine Befragung.
1 Man könnte allen Schulen für jeden ihrer Schüler einen Fragebogen schicken.
2 Man könnte einen Nachmittag lang Jugendliche in Berlin befragen.

Lösung:

1 Das Ergebnis wäre sehr genau, der Aufwand aber riesig und damit sehr teuer.
2 In dieser kurzen Zeit würden sehr wenig Jugendliche befragt. Zudem ist eine Beschränkung auf (nur) eine Stadt nicht sinnvoll, da sich Fernsehgewohnheiten in verschiedenen Regionen (z. B. Stadt – Land) unterscheiden können.

- Häufig wird eine Stichprobe mithilfe eines Losverfahrens ausgewählt. Finde Argumente für dieses Vorgehen.
- Nenne mindestens drei Beispiele, bei denen es nicht möglich ist, jedes Mitglied der Grundgesamtheit zu befragen.

Nachgefragt

Aufgaben

1 Im linken Kasten findest du Merkmale, im rechten Kasten mögliche Ausprägungen. Finde passende Paare und gib bei jedem Merkmal an, ob es ein qualitatives oder ein quantitatives Merkmal ist.

Bestand einer Firma an Autos
Lieblingsfarbe
Note in der letzten Deutschklassenarbeit
Anzahl der Geschwister
Beruf der Mutter
Masse eines Apfels
Alter
Fettgehalt des Joghurts
Operationsdauer
Berufswunsch
Haarfarbe
Zeitpunkt des Schlafengehens
Straßensteigung
Staatsangehörigkeit
monatliches Taschengeld
Lieblingssportart

Rot
Apothekerin
13,5 %
1
15 €
Physiker(in)
schwarz
3
Inline-Skaten
800
3,5 %
14 Jahre
2,5 h
21.30 Uhr
153 g
deutsch

2 Ein Obsthändler bekommt eine Lieferung mit 4500 Pfirsichen.

a) Eine Stichprobe aus 150 Pfirsichen enthält 7 Pfirsiche, die matschig sind. Mit wie vielen matschigen Pfirsichen muss der Obsthändler wohl rechnen?

b) Warum ist eine Stichprobe aus 15 Pfirsichen nicht aussagekräftig? Begründe.

3 Überprüfe, ob die folgenden Verfahren zur Gewinnung einer Stichprobe geeignet sind. Mache gegebenenfalls Verbesserungsvorschläge.

a) Der Tierschutzverband möchte wissen, wie viel Auslauf Hunde in Deutschland durchschnittlich haben. Dazu werden in zehn deutschen Großstädten je 100 Hundebesitzer befragt, deren Wohnung im Stadtzentrum liegt.

b) An einem Kiosk wird jeder 20. Kunde befragt, wie häufig er eine Zeitung kauft.

c) Das Jugendamt möchte wissen, wie viele Familien vier oder mehr Kinder haben. Es bittet eine Schule mit 560 Schülern, eine Umfrage durchzuführen.

4 In einer Papierfabrik werden täglich 60 000 Packungen Kopierpapier verpackt. Laut Aufdruck enthält eine Packung 500 Blatt. An einem Tag wird eine Stichprobe von 5 % der Tagesproduktion untersucht. Das Ergebnis ist in der Tabelle angegeben.

a) Wie groß ist der Umfang der Stichprobe?

b) Wie viele Packungen enthalten genau 500 Blatt?

c) Wie viele Packungen kann man in der Tagesproduktion erwarten, die eine Füllmenge von 500 Blatt unterschreiten?

d) Mit wie vielen Blättern kann man im Durchschnitt pro Packung rechnen?

e) Die Packungen sollten zwischen 496 und 504 Blätter enthalten. Wie viel Prozent der Packungen erfüllen diese Vorgabe?

Blätter pro Packung	Anzahl Packungen
492	4
496	18
498	51
499	753
500	
501	612
503	26
504	28
507	1

5 Beschreibe, wie du vorgehen würdest, um herauszufinden, welcher Song bei den Siebtklässlern an deiner Schule aktuell am beliebtesten ist.

Entdecken

Ein Trainer braucht für das nächste Spiel noch einen Stürmer. Zur Auswahl hat er Kemal und Moritz. Der Trainer hat sich aus den letzten Spielen die Tore der beiden notiert.

- Erstelle für jeden der beiden Stürmer ein eigenes Säulendiagramm. Was fällt dir auf?
- Bestimme für beide Spieler arithmetisches Mittel und Modalwert. Zeichne beide Werte ins Diagramm ein.
- Zu welchem Stürmer würdest du dem Trainer raten? Argumentiere mithilfe statistischer Kennwerte.

Spiel	Kemal	Moritz
1	3	2
2	4	1
3	4	1
4	2	5
5	3	3
6	3	7

Verstehen

Neben den dir bekannten Methoden zur Darstellung von Daten (Kreisdiagramm, Säulendiagramm …) gibt es noch eine weitere Möglichkeit. Dabei werden die Kennwerte genutzt, um die Daten zu veranschaulichen.

Man markiert neben einem Zahlenstrahl das **Minimum**, das **Maximum** sowie den **Median**. Da der Median die Daten in zwei gleich große Teile teilt, kann man von **jeder Hälfte** wiederum den **Median** bestimmen, und hat dadurch die Datenreihe in **vier gleich große Teile** geteilt. Einen solchen Wert bezeichnet man als Quartil („Viertelwert"). Da man die mittlere Hälfte der Daten als Box markiert, heißt diese Darstellung **Boxplot**.

Die Box umfasst den Bereich zwischen dem unteren und dem oberen Quartil.

Beispiel:

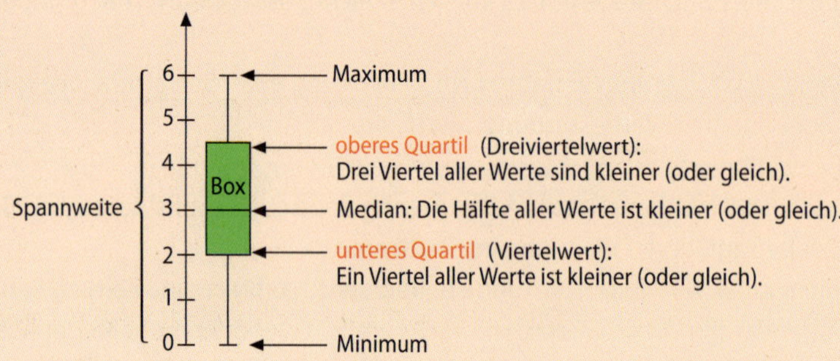

Beispiele

1. Zehn Schüler wurden nach der Anzahl ihrer Geschwister befragt: 2; 3; 1; 1; 2; 0; 0; 2; 2; 1
Veranschauliche die Daten mit einem Boxplot.

Lösung:

Rangliste: 0 0 1 1 1 2 2 2 2 3

unteres Quartil: 1 Median: 1,5 oberes Quartil: 2

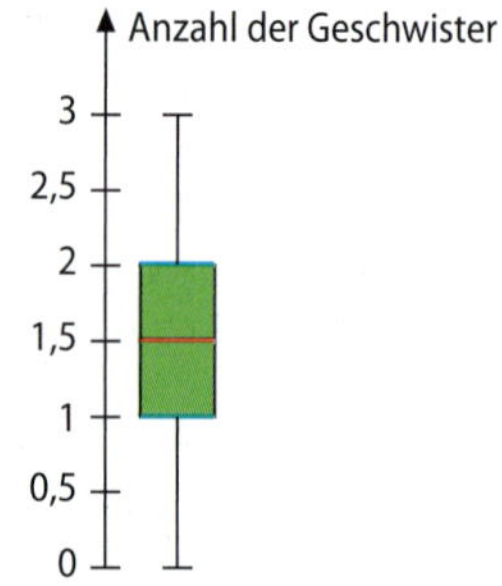

Beschreibe und vergleiche Boxplots anhand der Kennwerte.

2. Die Boxplots zeigen die Größen von Jungen und Mädchen in einer Klasse. Welche Bedeutung hat die unterschiedliche Größe der Box?

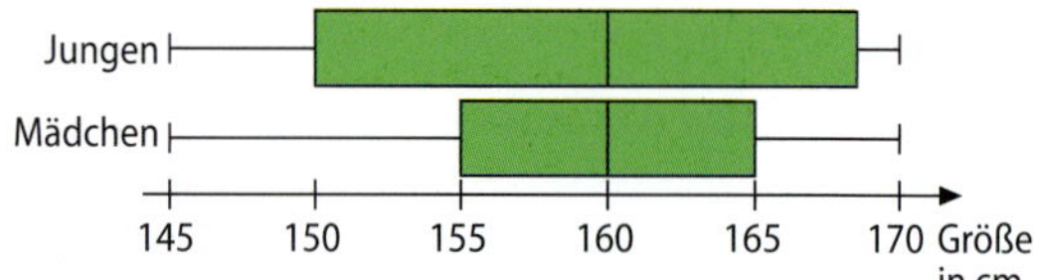

Lösung:

In beiden Boxplots sind der Median, das Minimum, das Maximum und somit auch die Spannweite gleich. Das heißt, die Daten für Jungen und Mädchen schwanken in demselben Bereich. Die kleinere Box bei den Mädchen bedeutet, dass die mittlere Hälfte viel dichter um den Median herum liegt. Bei den Jungen verteilt sich die mittlere Hälfte über einen größeren Bereich, die Daten streuen mehr. Dafür gibt es viele Jungen im oberen Viertel, die alle fast gleich groß sind.

Anstatt „Daten schwanken" sagt man auch „Daten streuen".

3. Die Boxplots stellen die Ergebnisse einer Umfrage nach der Höhe des wöchentlichen Taschengeldes bei Grundschülern (GS) und Gymnasiasten (GY) dar.
Gib für jeden Boxplot die Kennwerte an und vergleiche die beiden Darstellungen.

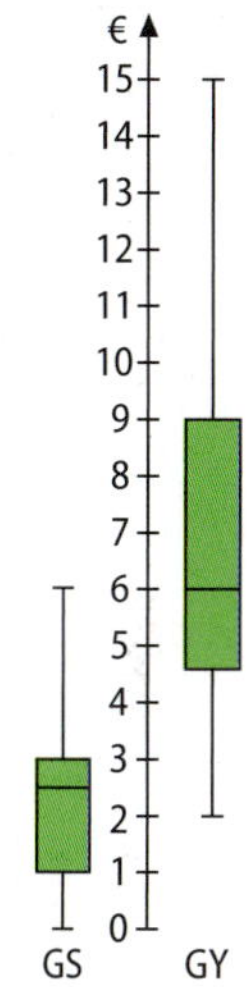

Lösung:

Grundschüler:	Minimum:	0 €	Maximum:	6 €	Spannweite:	6 €
	Median:	2,5 €	unteres Quartil:	1 €	oberes Quartil:	3 €
Gymnasiast:	Minimum:	2 €	Maximum:	15 €	Spannweite:	13 €
	Median:	6 €	unteres Quartil:	4,5 €	oberes Quartil:	9 €

Die Grundschüler bekommen insgesamt weniger Taschengeld. Es gibt Grundschüler, die kein Taschengeld bekommen. Das meiste Taschengeld eines Grundschülers entspricht dem mittleren Taschengeld eines Gymnasiasten. Jeweils ein Viertel der Grundschüler bekommt zwischen 0 € und 1 €, 1 € und 2,5 €, 2,5 € und 3 € und zwischen 3 € und 6 €.
Die Gymnasiasten bekommen zwischen 2 € und 15 €, davon liegt die Hälfte zwischen 4,5 € und 9 €.

Nachgefragt

- Erkläre die Begriffe „oberes Quartil" und „unteres Quartil" mit eigenen Worten.
- Die beiden Bereiche außerhalb der Box werden oft als „Antennen" bezeichnet. Welche Bedeutung haben sie?

Aufgaben

1 Vervollständige die Tabelle und zeichne jeweils einen zugehörigen Boxplot.

	Minimum	Maximum	Spannweite	Median	unteres Quartil	oberes Quartil
a)	2	18		13	9	15
b)		1000	1000	600	500	700
c)	390		340	500	420	640
d)	1,5	6,5		3,0	2,5	5,0

2 Welche Datenreihen passen zum dargestellten Boxplot? Begründe deine Antwort.

a) 15; 50; 60; 60; 80; 95; 100; 110 **b)** 15; 40; 60; 60; 70; 90; 100; 110
c) 10; 15; 50; 60; 80; 95; 100; 110 **d)** 15; 50; 50; 65; 65; 95; 95; 110

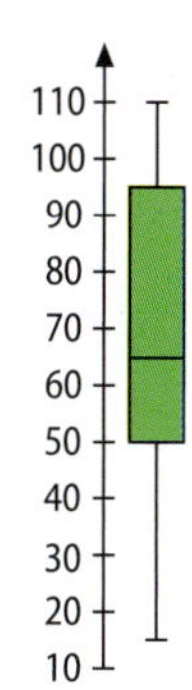

3 Erstelle aus den gegebenen Daten zuerst eine Rangliste, bestimme dann die für den Boxplot notwendigen Kennwerte und zeichne den Boxplot.

a) 7; 13; 5; 8; 9; 2; 6; 6; 10; 12
b) 999; 994; 1003; 1010; 988; 1005; 998; 990; 1006; 996; 1002; 1001
c) 25,5; 23; 27; 24,5; 28,5; 25; 23,5; 27; 28,5; 28; 25,5
d) 1,0; 0,7; 1,6; 1,2; 0,1; 0,5; 1,2; 1,6; 0,8; 1,4; 0,1; 1,3; 1,5; 0,9

4 Beim Schulfest traten Jungen und Mädchen im Kirschkern-Weitspucken gegeneinander an. Das Diagramm zeigt die auf halbe Meter gerundeten Ergebnisse.

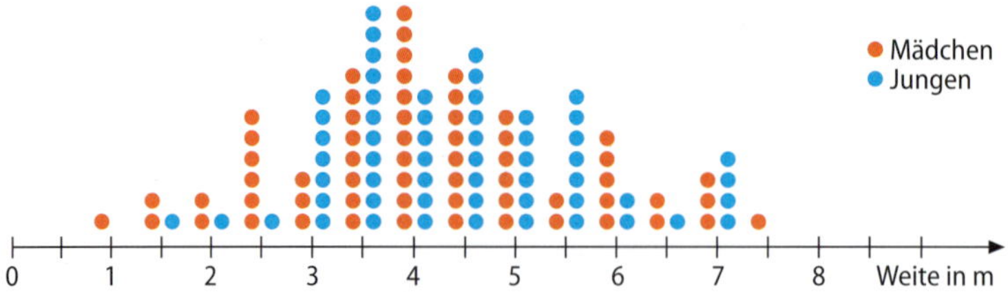

a) Übertrage die Werte in eine Tabelle und bestimme die absoluten und relativen Häufigkeiten für Jungen und Mädchen (alle Teilnehmer).

b) Wie viel Prozent aller Teilnehmer (Jungen, Mädchen) haben …
1 weiter als 6 m 2 weniger als 3 m weit 3 genau 4,5 m weit
gespuckt?

c) Zeichne für Jungen und Mädchen jeweils einen Boxplot über denselben Zahlenstrahl. Entscheide mithilfe der Boxplots, wer den Wettbewerb gewonnen hat.

5 Erfinde zu jedem Boxplot jeweils eine Datenreihe mit mindestens neun Werten.

a)

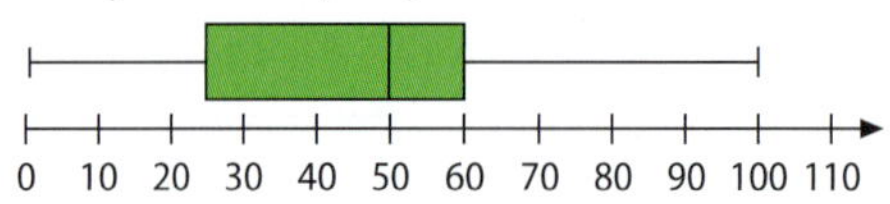

b)

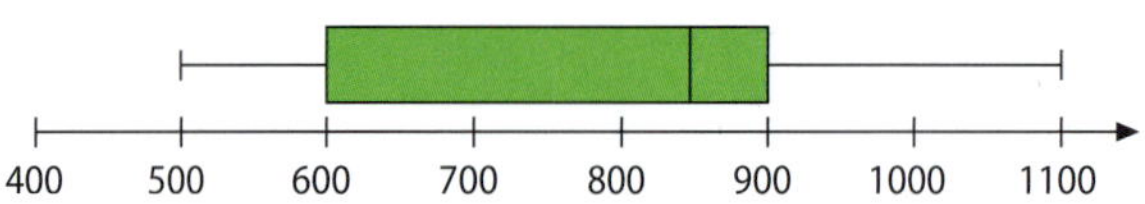

6 Die beiden Boxplots zeigen die Verteilung der Körpergrößen der Jungen und Mädchen in der Klasse 7a.
Vergleiche die Verteilung der Körpergrößen.

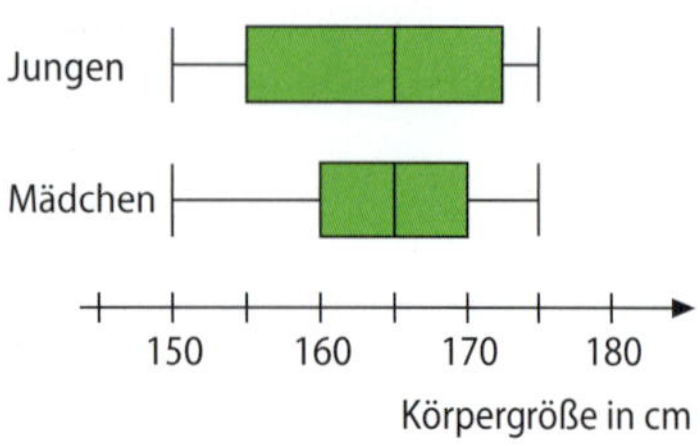

7 Welche Aussagen zu den Boxplots sind richtig?
Berichtige falsche Aussagen.

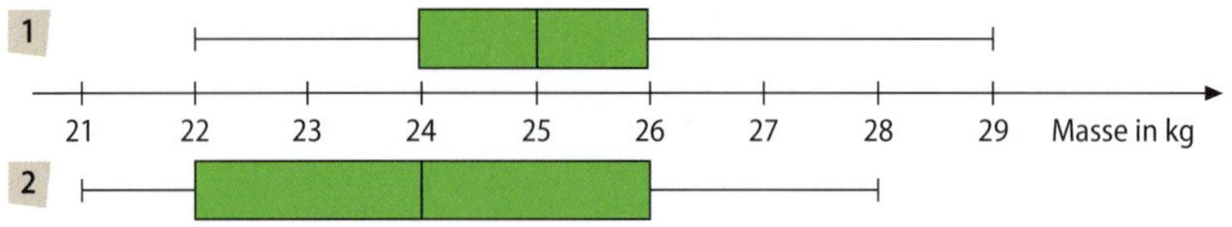

a) Die Spannweiten beider Datenreihen sind gleich groß.

b) Wenn die Spannweiten von 1 und 2 gleich sind, dann sind auch Minimum und Maximum gleich.

c) Wenn in 2 50 % der Daten in der Box liegen, dann kann es in Reihe 1 nur halb so viele Daten geben, weil die Box nur halb so lang ist.

d) Die kürzere Box von 1 gegenüber 2 bedeutet, dass die mittleren 50 % von 1 dichter um den Median herum liegen als bei 2.

e) Außerhalb der Box liegen mehr als 50 % aller Daten.

f) Bei 2 liegen die unteren 25 % der Daten dichter beieinander als die oberen 25 %.

8 Das Säulendiagramm veranschaulicht die Krankheitstage der Klasse 7b im vergangenen Schuljahr.

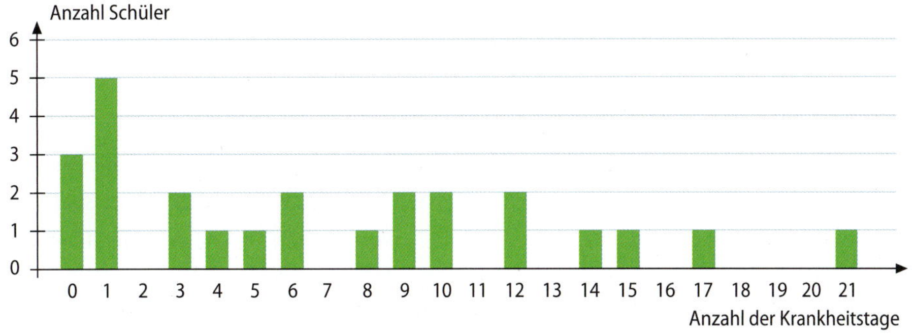

Sabrinas Lösung:

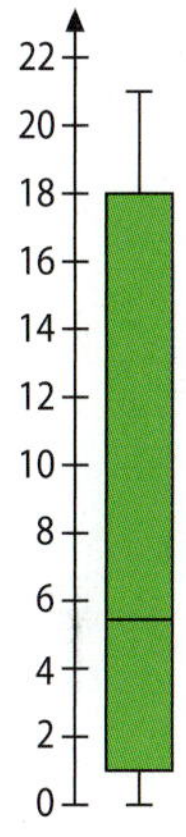

a) Stelle den Sachverhalt in einer Häufigkeitstabelle dar. Bestimme die relativen Häufigkeiten für die Anzahl der Krankheitstage in Prozent. Runde geeignet.

b) Wie viel Prozent aller Schüler der Klasse hatten mehr als 10 Krankheitstage (weniger als 6 Krankheitstage)?

c) Stelle die Daten in einem Boxplot dar und mache Aussagen zu ihrer Verteilung.

d) Sabrina hat zu dem Säulendiagramm den Boxplot nebenan gezeichnet. Dabei sind ihr einige Fehler unterlaufen. Benenne die Fehler.

e) Erfinde Daten, die zu Sabrinas Boxplot passen. Achte dabei auf die Kennwerte.

Alltag

Boxplots beurteilen

1 Besucherzahlen eines Zaubermuseums an den verschiedenen Wochentagen im Jahr 2015

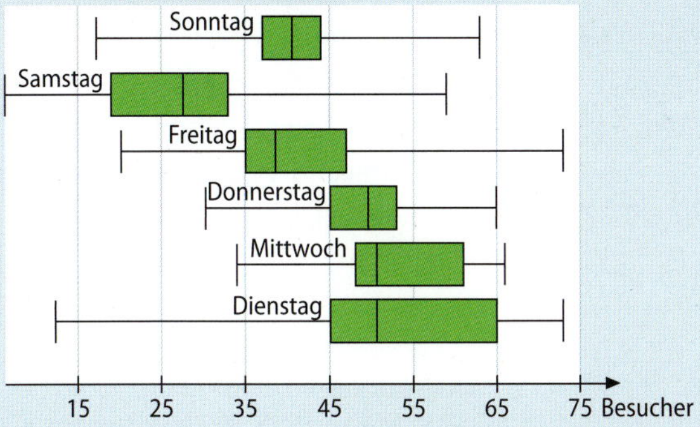

2 Wochenabsatz des Shampoos einer Firma in verschiedenen Regionen im Jahr 2015

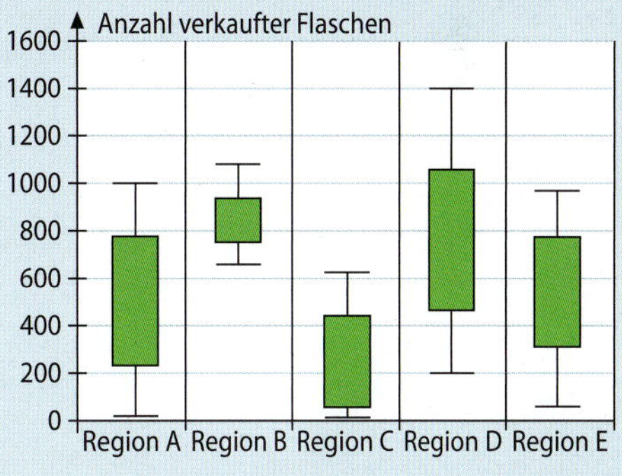

In der Berufswelt und im Internet findest du zahlreiche Darstellungen von Daten mit Boxplots.

- Beschreibe, welche Informationen in den Abbildungen dargestellt werden.
- Beurteile anhand der Darstellungen, welche Wochentage bzw. Regionen besonders erfolgreich waren.
  Begründe deine Antwort.
- Finde im Internet Boxplots zu Themen aus der Wirtschaft und stelle sie deiner Klasse vor.

zu 6.1 und 6.2

1 Faruk würfelt wiederholt zweimal mit einem „Würfel“, auf dem die Zahlen 0 bis 9 abgebildet sind. Er notiert die Summe der beiden Würfe in einer Tabelle.

0	1	2	3	4	5	6	7	8	9	10	11	12	13	14	15	16	17	18
II	III	II	𝍸	IIII	𝍸 II	𝍸 𝍸	𝍸 IIII	𝍸 IIII	𝍸 𝍸 I	𝍸 II	𝍸	𝍸 I	𝍸	III	𝍸	II	II	III

a) Erstelle aus der Strichliste eine Häufigkeitstabelle.
b) Stelle die Daten in einem geeigneten Diagramm dar.
c) Vermute, wie oft die Augensumme 18 bei 1000-maligem Würfeln auftritt.

a) Ermittle die absoluten Häufigkeiten.
b) Begründe, warum sich ein Kreisdiagramm nicht für die Darstellung des Sachverhaltes eignet.
c) Die Augensumme 18 wird bei 1000-maligem Würfeln immer weniger auftreten, als die Augensumme 10. Stimmt das? Begründe.

zu 6.2

2 Stelle die Daten mit Hilfe eines geeigneten Diagramms dar. Bestimme die absolute und die relative Häufigkeit der einzelnen Werte. Ermittle einen Sachzusammenhang, zu dem die Daten gehören könnten.

a) 7; 13; 5; 8; 9; 2; 6; 6; 10; 12; 8; 13
b) 3,80 m; 3,75 m; 4,20 m; 4,05 m; 3,85 m; 4,00 m; 3,90 m

a) 10 ct; 20 ct; 5 ct; 50 ct; 20 ct; 2 ct; 50 ct; 1 ct
b) 0,21 s; 0,30 s; 0,19 s; 0,24 s; 0,27 s; 0,32 s; 0,22 s; 0,28 s; 0,21 s; 0,31 s; 0,30 s; 0,25 s; 0,24 s

3 In einem Betrieb wurde erfasst, aus welchen Gründen die Angestellten fehlen. Im folgenden Diagramm ist die Verteilung der Gründe dargestellt:

a) Wie viel Prozent der gesamten Fehlzeiten werden durch Krankheit verursacht?
b) Zeichne hierzu ein passendes Säulendiagramm.

a) Was kannst du für Informationen aus dem Streifendiagramm ablesen?
b) Zeichne hierzu ein passendes Kreisdiagramm.

zu 6.3

4 Vervollständige die fehlenden Werte.

a) 2; 4; 6; 8; 10 Median: □; $\bar{x}$ = □
b) 1; 3; 5; 7; 9; 11 Median: □; $\bar{x}$ = □
c) 7; 10; 90; 40; 3 Median: □; $\bar{x}$ = □

a) 5; 5; 5; 5; 5; 5; 5; 5 Median: □; $\bar{x}$ = □
b) 1; 6; □; 19; 4 Median: □; $\bar{x}$ = 7
c) □; 13,0; 14,1; 17,8; 9,2 Median: □; $\bar{x}$ = 15,6

5 8,0; 6,0; 3,2; 3,2; 3,6; 4,0; 5,2; 5,6; 5,6; 5,6; 6,0; 2,8

a) Ermittle für die Datenreihe die Mittelwerte und die Spannweite.
b) Verändere genau einen Wert der Datenreihe so, dass das arithmetische Mittel kleiner als der Median ist.

a) Beschreibe die Datenreihe anhand der bekannten Kennwerte.
b) Verändere genau einen Wert so, dass der Median und das arithmetische Mittel gleich groß sind.

6 In einem Mathematiktest wurden folgende Punktzahlen erreicht. zu 6.3

Anton	12	Dörte	18	Gustav	12	Johann	4	Martha	19
Adrian	7	Detlef	5	Gerda	20	Josephine	20	Moritz	20
Berta	9	Emil	2	Hella	17	Klara	6	Nikolas	7
Birte	15	Ella	9	Hubert	16	Karl	12	Nelli	9
Cindy	20	Frieda	7	Ines	9	Linda	7	Olaf	12
Chris	20	Felix	18	Ivo	6	Luis	13	Olivia	14

Entscheide, ob folgende Aussagen wahr oder falsch sind.

a) Die Spannweite beträgt 20.
b) Das arithmetische Mittel ist 12,17.
c) Der Modalwert ist 12.
d) Das Minimum ist bei 1.

a) Das Maximum liegt bei 20.
b) Die Mädchen erreichten im Durchschnitt höhere Punktzahlen als die Jungen.
c) Der Median ist 12.

7 Beurteile die Auswahl der Stichprobe. zu 6.4

a) Um herauszufinden, ob die Mehrheit der Mannschaft hinter dem Trainer steht, befragt der Präsident des Fußballclubs den Kapitän.
b) Bevor sich Frau Heinz entscheidet, ob sie die ganze Kiste Tomaten kauft, sucht sie zehn Tomaten zufällig aus und prüft sie.

a) Um das Einzugsgebiet der Kunden zu erfassen, wird in einem Elektromarkt beim Bezahlen jeder zweite Kunde nach seiner Postleitzahl befragt.
b) Bevor Frau Kraft eine Kiste Äpfel kauft, nimmt sie stets die beiden obersten Äpfel prüfend in die Hand.

8 Bei einer Stegreifaufgabe sind maximal 15 Punkte erreichbar. Nach der Korrektur stellt die Lehrerin die von den 30 Schülern erreichten Punktzahlen als Boxplot dar: zu 6.5

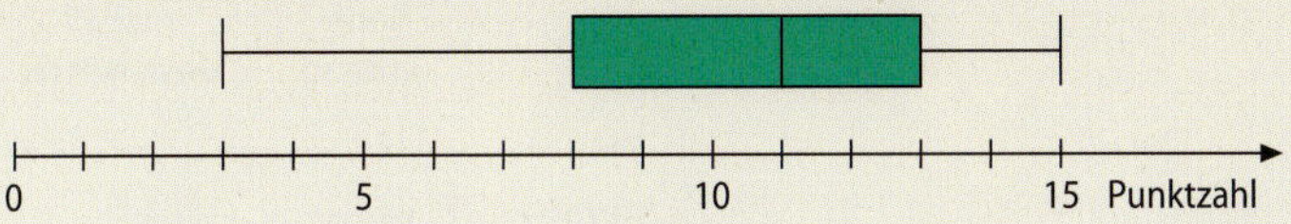

a) Entnimm dem Boxplot alle relevanten Kennwerte.
b) Gib eine mögliche Liste von erreichten Punktzahlen an.

a) Entnimm dem Boxplot die relevanten Kennwerte und interpretiere das Ergebnis.
b) Erstelle ein Balkendiagramm, das zu dem Boxplot gehören könnte.

9 Bei einem 2000-m-Lauf gab es folgende Zeiten:
8 min 24 s; 9 min 3 s; 7 min 57 s; 8 min 12 s; 8 min 49 s; 8 min 11 s; 7 min 20 s; 7 min 27 s; 9 min 28 s; 7 min 51 s; 6 min 36 s; 9 min 42 s; 8 min 39 s; 8 min 17 s; 9 min 8 s; 8 min 18 s; 9 min 37 s; 7 min 12 s; 8 min 39 s; 8 min 20 s

a) Erstelle eine Rangliste.
b) Bestimme den Modalwert sowie den Median.
c) Zeichne den zugehörigen Boxplot.

a) Zeichne den zugehörigen Boxplot.
b) Beschreibe anhand des Boxplots die Verteilung der gemessenen Zeiten.
c) Verändere drei Werte und beschreibe die Auswirkungen auf den Boxplot.

1 a) Gib die relative Häufigkeit aller Buchstaben an, die in dem Satz „Im Deutschen ist der Buchstabe ‚e' der häufigste Buchstabe." vorkommen („ä" soll durch „ae" ersetzt werden). Übertrage dazu die Tabelle in dein Heft und ergänze sie dort.

Buchstabe	a	b	c	d	e	f	g	h	i	j	k	l	m	n	o	p	q	r	s	t	u	v	w	x	y	z
Absolute Häufigkeit	3																									
Relative Häufigkeit	$\frac{3}{49}$																									

b) Folgt aus der Tabelle zu a), dass der Buchstabe „s" in jedem deutschen Text ebenso häufig vorkommt wie der Buchstabe „t"? Folgt aus dieser Tabelle, dass in jedem deutschen Text der Buchstabe „b" häufiger vorkommt als der Buchstabe „n"? Begründe.

2 Die drei Sektoren des abgebildeten Glücksrads sind gleich groß. Beim Spiel mit dem Glücksrad wurden die in der Tabelle abgebildeten absoluten Häufigkeiten erhalten.

Der Zeiger zeigte so oft	**auf Sektor**
𝍸 𝍸 𝍸 𝍸 𝍸 𝍸 |	1
𝍸 𝍸 𝍸 𝍸 𝍸 𝍸 𝍸 𝍸	2
𝍸 𝍸 𝍸 𝍸 𝍸 ||||	3

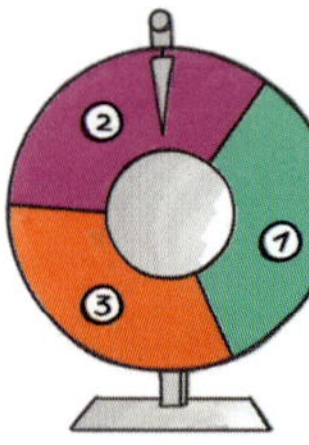

a) Bestimme die relativen Häufigkeiten der drei Versuchsergebnisse und gib an, welchem Wert sich deiner Meinung nach die relative Häufigkeit jedes der drei Versuchsergebnisse nähern wird.

b) Erkläre, wann absolute Häufigkeiten weniger aussagekräftig sind als relative Häufigkeiten.

Du kannst auch ein Tabellenprogramm nutzen.

3 Vor der Einschulung werden Kinder von einem Arzt untersucht. Dabei erhebt er eine Menge Daten. Die Tabelle zeigt einen Ausschnitt aus den Daten von Kindern, die in einer Kindergartengruppe vor der Einschulung stehen.

Name	**Alter**	**Größe**	**Schuhgröße**	**Gewicht**	**Kopfumfang**	**Anzahl Geschwister**
Amelie	5	1,25 m	27	19 kg	47 cm	2
Emilian	6	1,20 m	29	20 kg	51 cm	1
Emma	5	1,25 m	28	21 kg	54 cm	0
Fu Jang	6	1,10 m	26	17 kg	45 cm	0
Jennifer	5	1,15 m	29	18 kg	44 cm	0
Jule	5	1,10 m	27	17 kg	48 cm	1
Max	6	1,15 m	27	17 kg	46 cm	1
Mirja	5	1,20 m	28	20 kg	49 cm	1

a) Beschreibe die Ergebnisse der Einschulung durch Kennwerte (arithmetisches Mittel, Median, Modalwert, Maximum, Minimum, Spannweite).

b) Rita behauptet, dass es oftmals nicht sinnvoll ist, den Modalwert zu den einzelnen Daten anzugeben. Wie kommt Rita zu dieser Einschätzung? Begründe.

c) Beschreibe die einzelnen Kinder anhand ihrer Daten im Vergleich zu den anderen Kindern.
Beispiel: Emilian gehört zu den älteren Kindern in der Gruppe. Seine Körpergröße liegt in der oberen Hälfte der Daten, seine Schuhgröße entspricht dem größten Wert.

4 In Deutschland wird statt einer Volkszählung jedes Jahr ein sogenannter Mikrozensus durchgeführt. Dazu werden 1 % der Haushalte befragt. Beispiele: Anzahl der Personen im Haushalt, Staatsangehörigkeit, Religionszugehörigkeit, Beruf.

a) In Deutschland leben ca. 81 Millionen Menschen. In einem Haushalt leben durchschnittlich 2,25 Personen. Wie viele Haushalte gibt es ungefähr in Deutschland?

b) Wie viele Haushalte werden jedes Jahr befragt?

c) Welche Möglichkeiten gibt es, die Haushalte auszuwählen? Mache Vorschläge.

d) Berufe werden international in vier Berufsgruppen unterschieden. Die Tabelle stellt das Ergebnis einer Befragung in Deutschland dar.

Berufsgruppe	Anlernberufe	Ausbildungsberufe	Fachberufe	akademische Berufe
Anteil	7 %	42 %	19 %	32 %

Es gibt etwa 35 Millionen Menschen in Deutschland in diesen Berufsgruppen. Wie viele Menschen sind das etwa in jeder Berufsgruppe?

5 Das Diagramm zeigt die bei Jugendlichen beliebtesten Serien.

a) Lies aus dem Diagramm den Modalwert ab.

b) Erkläre, warum es nicht sinnvoll ist, den Median zu bestimmen.

c) Die Stichprobe umfasste 300 Jugendliche. Stelle den Sachverhalt in einem Säulendiagramm dar mit der absoluten Anzahl an Nennungen. Bestimme die Anteile im Kreisdiagramm so genau wie möglich.

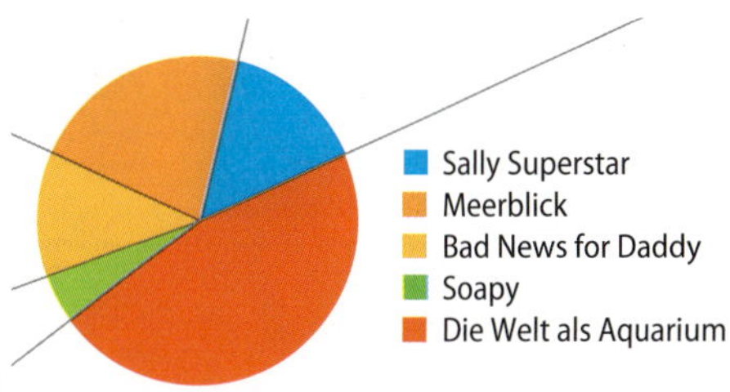

6 Eine Ernährungspyramide zeigt, woraus eine ausgewogene Ernährung besteht.

a) Erkläre die Darstellung.

b) Übertrage die Darstellung in ein Kreisdiagramm.

c) Notiere einen Tag lang, was und wie viel du isst, und zeichne daraus ein Kreisdiagramm. Vergleiche mit dem Diagramm aus b). Beschreibe Unterschiede und Gemeinsamkeiten.

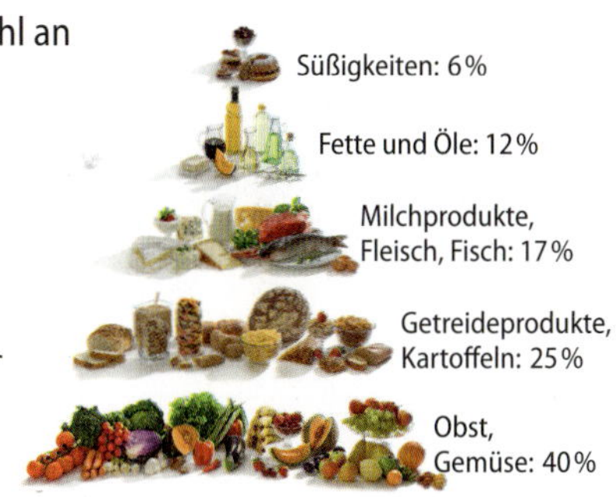

7 Begründe, zu welchen beiden Datenreihen sich der gleiche Boxplot ergibt.

1 5; 7; 22; 10; 13; 29; 13; 11; 17; 12; 13

2 14; 10; 18; 11; 5; 29; 14; 12; 6; 14

3 10; 29; 13; 5; 12; 10; 20; 7; 13; 14; 13

Es ist nicht nötig, die einzelnen Boxplots zu zeichnen.

8 Vitali ist Professor für Mathematik und sein Auto vorübergehend in der Werkstatt. Morgens fährt er deshalb mit dem Zug zur Arbeit, abends bringt ihn ein Kollege nach Hause. Akribisch wie Vitali ist, notiert er jeden Morgen die Abweichung von der im Fahrplan ausgewiesenen Ankunftszeit am Zielbahnhof:
2 min; 1 min; 6 min; −1 min; 0 min; 3 min; 13 min; 0 min; 0 min; 2 min; −1 min; 1 min; −1 min; 8 min; 6 min; 4 min

a) Erkläre die Bedeutung der negativen Zeitangaben.

b) Erstelle den zugehörigen Boxplot.

Wir zahlen immer mehr

Die Grafik beschreibt die Entwicklung der Mehrwertsteuer in Deutschland seit über 40 Jahren.

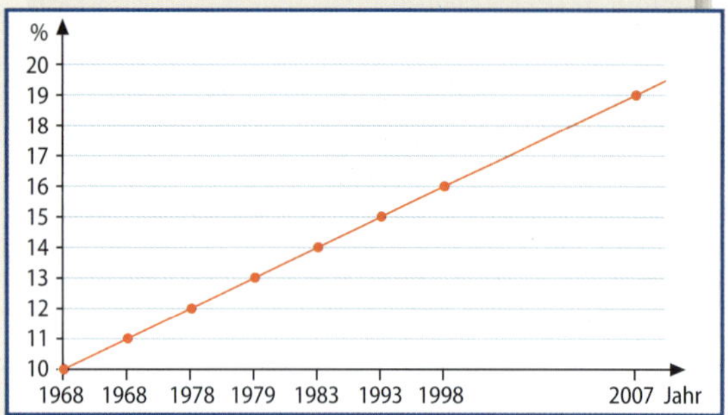

a) Beschreibe, welcher Eindruck durch diesen Graphen vermittelt wird und wie dieser Eindruck zustande kommt.

b) Stelle den Sachverhalt geeigneter dar.

Alles mobil

Die Abbildung stellt die Ausgaben von Jungen einer 7. Jahrgangsstufe für ihr Handy in einem Monat dar. Die Angaben wurden auf ganze Euro gerundet.

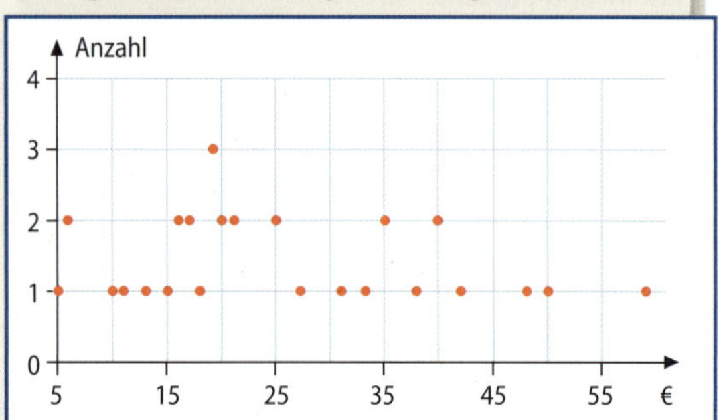

a) Erstelle eine Häufigkeitstabelle und lies die Daten ab. Nutze dein Lineal.

b) Bestimme den Median und das arithmetische Mittel der Ausgaben in einem Monat.

c) Stelle den Sachverhalt in einem Boxplot dar.

d) Überlege dir eine Veranschaulichung, sodass der Sachverhalt manipuliert wird. Welches Diagramm wählst du, um eine solche Wirkung zu erzeugen? Stelle das Diagramm auf einem Plakat dar und präsentiere es in der Klasse.

Tankstellen in Not?

In der Tabelle ist die Anzahl an Tankstellen von 1991 bis 2010 in Deutschland dargestellt. Du kannst für die folgenden Aufgaben ein Tabellenprogramm nutzen

Jahr	1991	1992	1993	1994	1995
Anzahl	19015	18632	18521	18139	17972

Jahr	1996	1997	1998	1999	2000
Anzahl	17935	17339	16745	16284	16051

Jahr	2001	2002	2003	2004	2005
Anzahl	15980	15724	15621	15409	15065

Jahr	2006	2007	2008	2009	2010
Anzahl	14812	14662	14527	14449	14415

a) Bestimme das Minimum, das Maximum und die Spannweite der Anzahl in diesem Zeitraum.

b) Wie viel Prozent der Tankstellen gibt es 2010 gegenüber 1991 noch? Runde geeignet.

c) Zeichne anhand der Daten ein Diagramm zu folgendem Thema:

1 Versorgungsnotstand droht: Anzahl der Tankstellen dramatisch gesunken.

2 Rückgang der Tankstellen weitgehend gestoppt.

Lustige Statistik

Auf den Bildern wird mit statistischen Werten gespielt. Erkläre die Situationen mit eigenen Worten.

a)

b)

c)

Wundersamer Vergleich

a) Die Grafik zeigt die Mitgliederzahlen einiger Fußballvereine. Beschreibe, welche Wirkung mit dem Diagramm erzeugt wird.

b) Bestimme die Mitgliederzahlen so genau wie möglich und zeichne ein Diagramm, das deiner Meinung nach den Sachverhalt angemessen darstellt.

c) Ist auch dein Fußballverein dabei? Ergänze gegebenenfalls das Diagramm.

Wer einmal lügt …

Überprüfe Darstellungen, Diagramme, Abbildungen, … in Zeitungen, Zeitschriften und im Internet. Wird hier manipuliert? Stelle in deiner Klasse solche vor, die einen Sachverhalt verzerrt darstellen. Vielleicht könnt ihr ja eine „Hitliste" der größten Manipulationen erstellen.

Das kann ich!

Überprüfe deine Fähigkeiten und Kompetenzen. Bearbeite dazu die folgenden Aufgaben und bewerte anschließend deine Lösungen mit einem Smiley. Hinweise zum Nacharbeiten findest du auf der folgenden Seite. Die Lösungen stehen im Anhang.

☺	😐	☹
Das kann ich **wirklich gut!**	Das kann ich **fast!**	Das muss ich **noch üben!**

1 Frau May fragt die 26 Schüler der Klasse 7c, wie viele Bücher sie haben. Erkläre jeweils die Angaben.

a) Der Median aller Antworten liegt bei 11.

b) Der Modalwert der Antworten liegt bei 9.

c) Ist es nach Aufgabe a) und b) möglich, dass 13 Schüler der Klasse 10 Bücher haben?

2 Ergänze zu den Daten je eine Zahl so, dass …

a) das arithmetische Mittel unverändert bleibt.
0; 1; 3; 4

b) das arithmetische Mittel der Zahlen 30 wird.
10; 40; 30; 10

c) der Modalwert 0 ist.
0; 1; 2; 3; 4

d) der Median 2 ist.
3; 13; 1; 1; 7

e) die Spannweite 11 ist.
5; 2; 5; 9

3 Benenne jeweils die Stichprobe.
Sind die Stichproben sinnvoll ausgewählt?
Begründe deine Antwort und mache gegebenenfalls Verbesserungsvorschläge.

a) Julia möchte untersuchen, welcher Schokoladenbrotaufstrich am besten schmeckt. Dazu gibt sie allen 86 Schülern in ihrem Jahrgang drei Brotscheiben mit unterschiedlichen Aufstrichen.

b) Eine Lehrerin möchte wissen, ob die Schüler ihrer Schule ihre Schulbücher ordnungsgemäß einbinden. Sie lässt sich sämtliche Bücher der Klasse 7a zeigen.

c) Rüdiger will untersuchen, zu welcher Jahreszeit das Wetter in seiner Stadt am schönsten ist. Er erstellt ein Wetterprotokoll für den 4. April, den 18. Juli, den 24. Oktober und den 30. Dezember.

4 Das Diagramm zeigt, welche Instrumente die 16 Schüler des Wahlkurses Theater spielen:

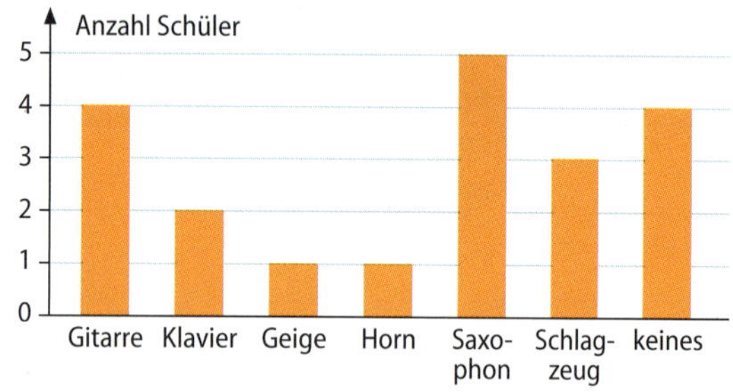

a) Einige Schüler spielen mehr als ein Instrument. Wie viele sind es mindestens (höchstens)?

b) Wie viele Instrumente spielen die Schüler des Wahlkurses durchschnittlich?

5 Zainab hat einen Tetraederwürfel mit vier gleichen Seiten wiederholt geworfen. Die Tabelle zeigt die Häufigkeitsverteilung.

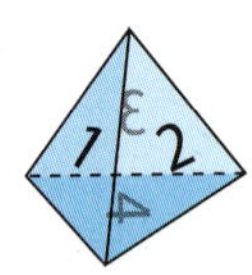

1	2	3	4
9	7	8	6

a) Bestimme die relativen Häufigkeiten der verschiedenen Zahlen. Ermittle die Kernwerte.

b) Finde drei andere Verteilungen für 30 Würfe mit demselben Median (Spannweite) wie in a).

6 Patrick und sein Freund Timo haben jeweils neun Wochen lang den Benzinverbrauch ihrer Motorräder (im Durchschnitt pro 100 km) notiert und einen Boxplot angefertigt.

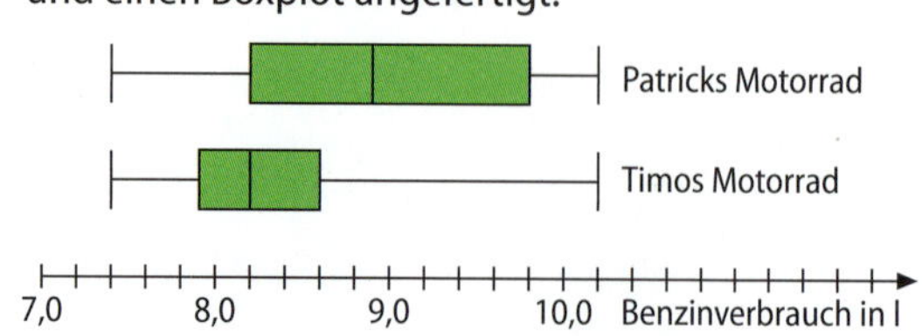

a) Gib eine Datenreihe mit neun Werten an, die zu Patricks Motorrad gehören könnte.

b) Vergleiche beide Verteilungen miteinander.

7 Im Jahr 2009 bekam ein 13-Jähriger durchschnittlich 7 € Taschengeld pro Monat. Das Diagramm zeigt die Veränderung des Taschengelds gegenüber dem Vorjahr.

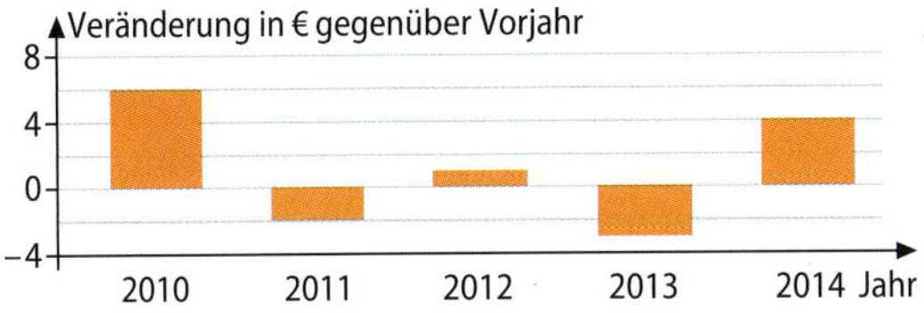

Wie viel Taschengeld bekommen 13-Jährige durchschnittlich 2014? Bestimme so genau wie möglich.

8 Die Schüler der Klasse 7b haben in einer Umfrage ermittelt, aus wie vielen Personen sich ihre Familien zusammensetzen:

3; 6; 4; 2; 4; 3; 5; 3; 3; 2; 4; 2; 4; 5; 3;
3; 2; 3; 3; 4; 4; 3; 3; 3; 4; 4; 4; 4; 4; 3

a) Erstelle eine Rangliste.
b) Ermittle die Kennwerte.
c) Erstelle den zugehörigen Boxplot.

Aufgaben für Lernpartner

Sind folgende Behauptungen richtig oder falsch? Begründe schriftlich.

A Aus einer Strichliste kann man die relativen Häufigkeiten sofort ablesen.

B Der Modalwert ist immer ein tatsächlich vorkommender Wert.

C Der Median ist immer ein tatsächlich vorkommender Wert.

D Das arithmetische Mittel ist immer ein tatsächlich vorkommender Wert.

E Wenn das arithmetische Mittel von zwei Zahlen den gleichen Wert hat wie eine der beiden Zahlen, so hat die zweite Zahl ebenfalls denselben Wert.

F Die Spannweite ist höchstens so groß wie das Maximum.

G Die Spannweite ist mindestens so groß wie das Minimum.

H Die Grundgesamtheit kann niemals untersucht werden, weil sie zu groß ist.

I Je größer die Grundgesamtheit ist, desto geringer ist der Anteil einer gleichen Stichprobe.

J Ist die absolute Häufigkeit gleich Null, dann gilt dies auch für die relative Häufigkeit.

K Martin fragt seine Freunde, welches ihre Lieblingssportart ist, und möchte die Ergebnisse in einem Diagramm darstellen. Ein Kreisdiagramm ist dabei nicht sinnvoll.

L Bei einem Boxplot umschließt die Box immer genau die Hälfte der Werte.

M Der Zentralwert markiert bei einem Boxplot stets die Mitte der Box.

N Zwischen dem oberen Quartil und dem Maximum liegen 25 % aller Werte.

Ich weiß und kann …	Aufgaben	Hilfe
Kennwerte von Datenreihen bestimmen und ihre Bedeutung erkennen.	1, 2, 5, 8, B, C, D, E, F, G	S. 198, 202
Stichproben sinnvoll auswählen und begründen.	3, H, I	S. 206
aus Diagrammen Daten entnehmen.	4, 7, K	S. 194, 202
absolute und relative Häufigkeiten ermitteln und darstellen.	5, A, J	S. 200
Boxplots erstellen und mit ihnen arbeiten.	6, 8, L, M, N	S. 208

Seite 198

Daten sammeln

- **Urliste:** ungeordnete Daten
- **Strichliste:** Abzählen der Daten durch Striche
- **Häufigkeitstabelle:** Angabe der Daten als absolute (relative) Häufigkeit

Strichliste

Anna	||||
Nikos	|||
Lisa	~~||||~~ |

Häufigkeitstabelle

Name	Anzahl
Anna	4
Nikos	3
Lisa	6

Seite 200

Daten auswerten

- **Absolute Häufigkeit H:** tatsächliche Anzahl, wie oft ein Ergebnis vorkommt.
- **Relative Häufigkeit h:** Anteil eines Ergebnisses in Bezug auf Gesamtanzahl aller Ergebnisse

Datenreihe:
1; 2; 6; 3; 6; 4; 5; 3; 2; 4; 6; 3

absolute Häufigkeit: H (6) = 3

relative Häufigkeit:

$$h(6) = \frac{\text{absolute Häufigkeit für 6}}{\text{Gesamtanzahl aller Zahlen}} = \frac{3}{12} = \frac{1}{4}$$

Seite 202

Kennwerte von Daten

Kennwerte, die die Streuung von Daten beschreiben:

- Minimum: kleinster Datenwert
- Maximum: größter Datenwert
- Spannweite: Unterschied zwischen Minimum und Maximum

Kennwerte, die Daten durch einen zentralen Wert beschreiben:

- Modalwert: häufigster Wert
- Median: Wert in der Mitte einer geordneten Datenreihe
- arithmetisches Mittel: $\bar{x} = \frac{\text{Summe aller Einzelwerte}}{\text{Anzahl der Einzelwerte}}$

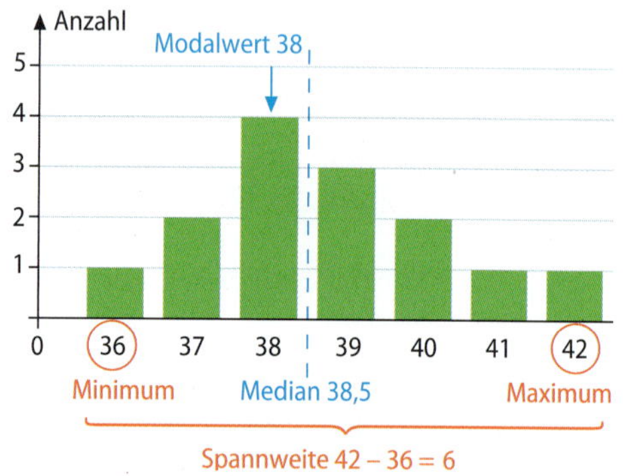

$\bar{x} = \frac{542}{14} = 38{,}7$

Seite 206

Stichproben

- **Grundgesamtheit:** alle vom Sachverhalt betroffenen Personen
- **Stichprobe:** zufällig ausgewählter Teil der Grundgesamtheit
- **Stichprobenumfang:** Größe der Stichprobe

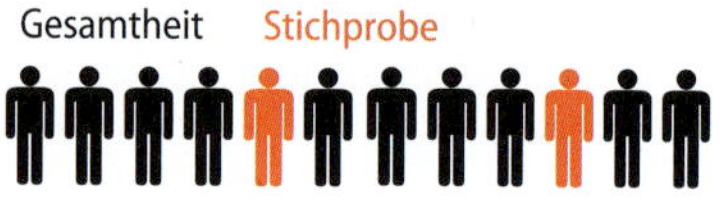

Seite 208

Boxplots

Um bei einer großen Anzahl von Daten einen Überblick über die Verteilung der Daten zu bekommen, bietet sich die Erstellung eines **Boxplots** an.
Die **Box** gibt an, in welchem Bereich die mittleren 50 % der Daten liegen.
Die **Antennen** geben an, in welchem Bereich die unteren bzw. oberen 25 % der Daten liegen.

5 7 8 8 8 8 8 9 11 11 11 13 14 14 16 18

Minimum; Maximum

z = 10 Median (Zentralwert)

$Q_u = 8$ Median der unteren Hälfte: „unteres Quartil"

$Q_o = 13{,}5$ Median der oberen Hälfte: „oberes Quartil"

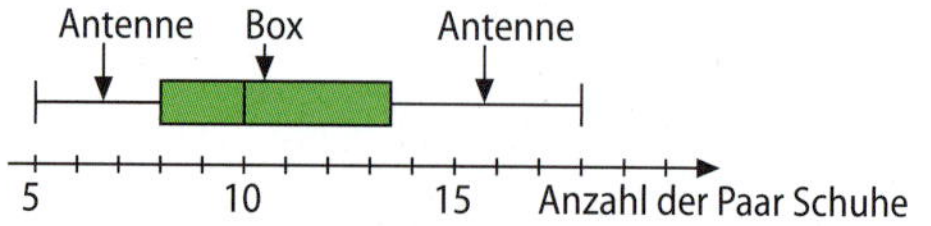

L Lösungen

Das kann ich schon … – Seite 15

1 a) $\frac{1}{2} < \frac{3}{4}$ b) $\frac{3}{6} = \frac{2}{4}$ c) $\frac{1}{5} > \frac{1}{6}$
d) $\frac{2}{7} < \frac{3}{8}$ e) $\frac{1}{2} = 0{,}5$ f) $0{,}25 < 0{,}35$
g) $12{,}34 < 123{,}4$ h) $0{,}38 > \frac{3}{8}$

2 $\frac{2}{10} < \frac{3}{6} < \frac{15}{18} < \frac{4}{3} < 2\frac{1}{2}$

3 $1{,}4 > \frac{4}{3} > 1{,}33 > \frac{1}{4} > 0{,}125$

4 a) $\frac{5}{4}; \frac{1}{4}; \frac{7}{6} = 1\frac{1}{6}$ b) $\frac{7}{8}; \frac{11}{12}; \frac{25}{6}$
c) 20,4; 29,31; 428,68

5 +

43,3
27,4 | 15,9
17,3 | 10,1 | 5,8
12,4 | 4,9 | 5,2 | 0,6

−

2,1
7,8 | 5,7
19 | 11,2 | 5,5
36 | 17 | 5,8 | 0,3

6 a)

·	$\frac{1}{10}$	$\frac{3}{5}$	2,5
$\frac{1}{2}$	$\frac{1}{20}$	$\frac{3}{10}$	$\frac{5}{4}$
$\frac{4}{7}$	$\frac{2}{35}$	$\frac{12}{35}$	$\frac{10}{7}$
0,3	$\frac{3}{100}$	$\frac{9}{50}$	$\frac{3}{4}$

b)

·	$\frac{8}{9}$	$\frac{5}{6}$	$\frac{1}{3}$
$\frac{1}{2}$	$\frac{4}{9}$	$\frac{5}{12}$	$\frac{1}{6}$
$\frac{3}{4}$	$\frac{2}{3}$	$\frac{5}{8}$	$\frac{1}{4}$
$\frac{3}{5}$	$\frac{8}{15}$	$\frac{1}{2}$	$\frac{1}{5}$

7 a) $\frac{2}{3}$ b) 3 c) 11,854 d) $\frac{3}{2}$ e) 4,5 f) 2,01

Das kann ich! – Seiten 50 und 51

1 a) Die Personen tauchen 14,5 m unter dem Wasserspiegel, also –14,5 m.
b) Die Temperaturen schwanken zwischen –4,8 °C und +3,2 °C.

2 a) A: –300 B: –200 C: –50 D: 0 E: +150
b) A: $-1\frac{1}{4}$ B: $-\frac{1}{2}$ C: $-\frac{1}{4}$ D: 0 E: $+\frac{3}{4}$ F: $+1\frac{1}{4}$

3 a)

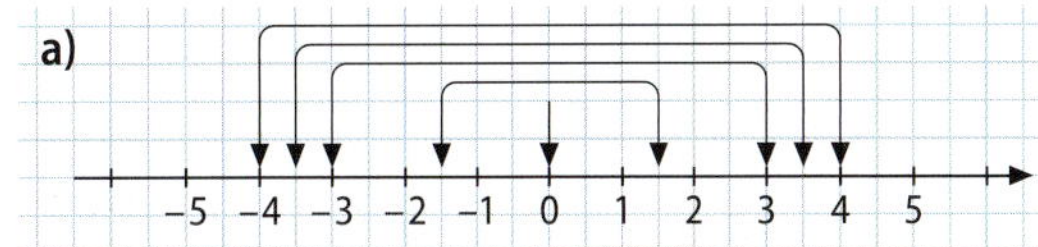

b)

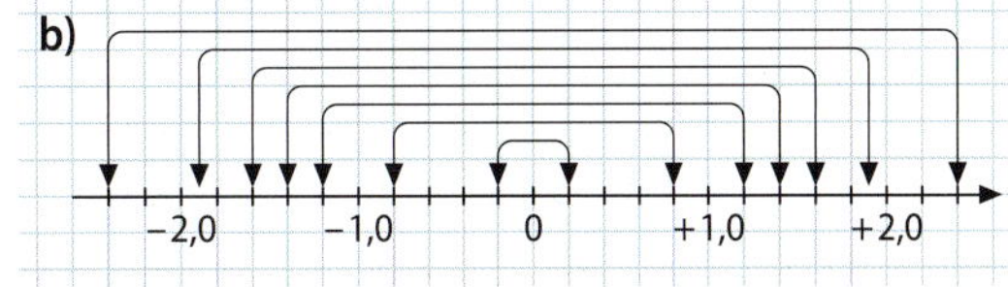

4 a) –5,5 b) +20 c) –8,9
d) $-6\frac{3}{4}$ e) $-\frac{1}{7}$ f) $-\frac{5}{18}$

5 a) –11,49 (–11)
–87,21 (–87)
35,00 (35)
b) –12,00 (–12)
–45,99 (–46)
–18,89 (–19)
c) –254,95 (–255)
–153,91 (–154)
–9999,92 (–10 000)

6 a) $-17 < -4{,}5 < -4 < 0 < 2{,}1 < 3{,}5 < 22\frac{1}{7}$
b) $-33\frac{1}{3} < -33{,}3 < -33{,}2 < -33{,}1 < |-33{,}1| < |-33{,}2|$

7 a) $0{,}235 > -0{,}235$
$|-12{,}35| = 12{,}35$
b) $|-17{,}14| > -17{,}14$
$-35{,}78 > -35{,}79$
c) $+123{,}21 > |-123{,}20|$
$|-15{,}993| > |-15{,}992|$
d) $-\frac{15}{3} < -\frac{15}{4}$
$|-16\frac{1}{2}| > |16\frac{1}{3}|$

8 a)

+	–2,75	+4,3	$-\frac{7}{10}$	$-2\frac{1}{5}$
–3,4	–6,15	+0,9	–4,1	–5,6
9,2	+6,45	+13,5	+8,5	+7
$-\frac{2}{3}$	$-3\frac{5}{12}$	$+3\frac{19}{30}$	$-1\frac{11}{30}$	$-2\frac{13}{15}$
+0,9	–1,85	+5,2	+0,2	–1,3

b)

–	7,2	–14,8	$-\frac{5}{8}$	+12,34
–15,7	–22,9	–0,9	–15,075	–28,04
+4,6	–2,6	+19,4	+5,225	–7,74
$-\frac{9}{10}$	–8,1	+13,9	$-\frac{11}{40}$	–13,24
2,78	–4,42	+17,58	+3,405	–9,56

c) Die Subtraktion ist nicht kommutativ, also wird durch die ausgefüllte Zelle die Reihenfolge der Berechnung festgelegt.

9 $x + (-56) - (-44) = x - 56 + 44 = x - 12 = 100$
$\Rightarrow$ Markus hat sich die Zahl 112 gedacht.

10

·	−3,5	+9,8	$-\frac{3}{5}$	−17,1
−6,7	+23,45	−65,66	+4,02	+114,57
$+2\frac{3}{4}$	$-9\frac{5}{8}$	+26,95	$-1\frac{13}{20}$	−47,025
−7,5	+26,25	−73,5	+4,5	+128,25
+0,25	−0,875	+2,45	−0,15	−4,275

11 a) Das Ergebnis ist positiv.
b) Das Ergebnis ist negativ.

12

:	−2,1	+5	$-\frac{3}{4}$	−3,5
220,5	−105	+44,1	−294	−63
−15,75	+7,5	−3,15	+21	+4,5
−94,5	+45	−18,9	+126	+27
$-12\frac{3}{5}$	+6	−2,52	$+16\frac{4}{5}$	+3,6

13 a) $-5 \cdot (3{,}5 + 4{,}5) = -5 \cdot 8 = -40$
b) $36{,}7 + (-6{,}7) + (-12{,}9) + (-5{,}1)$
$= 36{,}7 - 6{,}7 + (-12{,}9 - 5{,}1) = 30 - 18 = 12$
c) $\frac{1}{4} + \left(-\frac{7}{8}\right) + \left(-\frac{1}{6}\right) + \left(-\frac{5}{12}\right) = \frac{1}{4} - \frac{7}{8} + \left(-\frac{1}{6} - \frac{5}{12}\right)$
$= -\frac{5}{8} - \frac{7}{12} = -1\frac{5}{24}$
d) $-22{,}1 \cdot 98 + (-5{,}6) \cdot 98 = (-22{,}1 - 5{,}6) \cdot 98$
$= -27{,}7 \cdot 98 = -2714{,}6$
e) $-14{,}7 \cdot \left(-\frac{3}{4} + \frac{4}{3}\right) = -14{,}7 \cdot \frac{7}{12} = -8{,}575 = -8\frac{23}{40}$
f) $0{,}01 \cdot (-27{,}1 - 15{,}9) = 0{,}01 \cdot (-43) = -0{,}43$

14 a) $(4{,}3)^3 > (3{,}1)^3 > (-4{,}3)^2 > (-3{,}1)^2 > (-3{,}1)^3$
b) $(4{,}3)^3a^3 > (-2)^2a^3 > 2a^3 > \frac{1}{(-2)^2}a^3 > \frac{1}{-2^2}a^3$

Aufgaben für Lernpartner

A Die Aussage ist falsch. Beispiel: $-\frac{3}{4}$ ist eine rationale, aber keine ganze Zahl.

B Die Aussage ist richtig.

C Die Aussage ist für zwei verschiedene rationale Zahlen richtig. Man kann beispielsweise stets die Mitte nehmen.

D Die Aussage ist richtig.

E Die Aussage ist falsch. Treffen zwei Minuszeichen aufeinander, dann kann man sie durch ein Pluszeichen ersetzen.

F Die Aussage ist falsch. Wird eine Zahl durch einen negativen Bruch dividiert, dann wird diese Zahl auch mit dem negativen Kehrwert multipliziert.

G Die Aussage ist falsch. Die beiden Gesetze gelten für die alleinige Multiplikation und die alleinige Addition rationaler Zahlen. Für die Division gelten sie im Allgemeinen nicht.

H Die Aussage ist falsch. Man kann die Division einer rationalen Zahl durch die Multiplikation mit ihrem Kehrwert ersetzen.
Beispiel: $15 : \left(-\frac{3}{4}\right) = 15 \cdot \left(-\frac{4}{3}\right)$

I Die Aussage ist richtig.

Das kann ich schon … – Seite 55

1 **a)** und **b)** Lösungsmöglichkeit:

1
Stadt	$\mapsto$ *Einwohnerzahl*
Cottbus	$\mapsto$ *99 491*
Falkensee	$\mapsto$ *41 777*
Teupitz	$\mapsto$ *1812*

Hier wäre ein Balkendiagramm sinnvoll.

2
Zeit in s	$\mapsto$ *Strecke in m (Fahrradfahrer)*
1 s	$\mapsto$ *7 m*
10 s	$\mapsto$ *70 m*
30 s	$\mapsto$ *210 m*

Hier könnte man die Zuordnung in einem Liniendiagramm darstellen, um die gesamte zurückgelegte Strecke darzustellen.

3
Anzahl Eiskugeln	$\mapsto$ *Preis in €*
1	$\mapsto$ *0,80 €*
3	$\mapsto$ *2,40 €*
5	$\mapsto$ *4,00 €*

Diese Zuordnung kann man in einem Punktediagramm darstellen.

4
Wochentag	$\mapsto$ *Höhe des Flusspegels*
Montag	$\mapsto$ *5,00 m*
Mittwoch	$\mapsto$ *5,70 m*
Freitag	$\mapsto$ *5,25 m*

Hier ist es sinnvoll, ein Liniendiagramm zu wählen, um die Entwicklung darzustellen.

2 a) Hierbei handelt es sich um eine Zuordnung: Der Ausgangsgröße „Note“ wird die zugeordnete Größe „Anzahl der Schüler“ zugeordnet.

b)

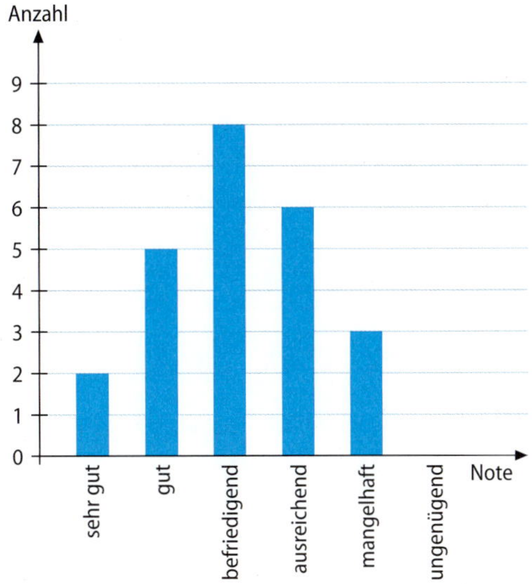

3 a) $\frac{12}{15}; \frac{20}{25}; \frac{32}{40}$ b) $\frac{4}{6}; \frac{8}{12}; \frac{20}{30}$ c) $\frac{56}{88}; \frac{63}{99}; \frac{84}{132}$

d) $\frac{48}{36}; \frac{60}{45}; \frac{84}{63}$

4 a) $\frac{1}{3}; \frac{5}{4}; \frac{13}{24}; \frac{33}{37}$ b) $\frac{2}{3}; \frac{5}{8}; \frac{9}{13}; \frac{22}{24}$ c) $\frac{2}{6}; \frac{3}{9}; \frac{5}{12}; \frac{14}{15}$

d) $\frac{1}{4}; \frac{3}{2}; \frac{9}{12}$ e) $\frac{3}{4}; \frac{5}{8}; \frac{9}{15}$ f) $\frac{3}{4}; \frac{11}{14}; \frac{37}{51}$

5 a) $\frac{2}{9} \overset{9}{=} \frac{18}{81}; \frac{8}{7} \overset{6}{=} \frac{48}{42}$ b) $\frac{11}{12} \overset{11}{=} \frac{121}{132}; \frac{7}{12} \overset{8}{=} \frac{56}{96}$

c) $\frac{9}{12} \overset{6}{=} \frac{54}{72}; \frac{13}{3} \overset{9}{=} \frac{117}{27}$ d) $\frac{12}{16} \underset{4}{=} \frac{3}{4}; \frac{56}{64} \underset{8}{=} \frac{7}{8}$

e) $\frac{121}{77} \underset{11}{=} \frac{11}{7}; \frac{9}{42} \underset{3}{=} \frac{3}{14}$ f) $\frac{105}{84} \underset{21}{=} \frac{5}{4}; \frac{13}{52} \underset{13}{=} \frac{1}{4}$

6 Jedes 5. Los ein Treffer:

$\frac{1}{5} = \frac{20}{100}$ Gewinnwahrscheinlichkeit

Auf 10 Lose 3 Gewinne:

$\frac{3}{10} = \frac{30}{100}$ Gewinnwahrscheinlichkeit

100 Lose – 22 Gewinne:

$\frac{22}{100}$ Gewinnwahrscheinlichkeit

Auf 3 Nieten 1 Gewinn:

$\frac{1}{4} = \frac{25}{100}$ Gewinnwahrscheinlichkeit

Die Gewinnchancen sind beim zweiten Los („Auf 10 Lose 3 Gewinne“) am größten.

7 a) $\frac{3}{10}; \frac{6}{1000}; \frac{12}{100}; \frac{105}{1000}; \frac{35}{100}; \frac{125}{10\,000}; \frac{12}{10}; \frac{54}{10}; \frac{10\,012}{10\,000}$

b) 0,4; 0,003; 0,017; 0,34; 0,0242; 1,2; 15,00; 25,5

8 a) $\frac{2}{10} = 0{,}2$ b) $\frac{3}{10} = 0{,}3$ c) $\frac{34}{100} = 0{,}34$

d) $\frac{16}{100} = 0{,}16$ e) $\frac{14}{10} = 1{,}4$ f) $\frac{75}{100} = 0{,}75$

g) $\frac{30}{10} = 3{,}0$ h) $\frac{96}{1000} = 0{,}096$

Das kann ich! – Seiten 92 und 93

1 a) Die Zuordnung ist indirekt proportional, weil die Wertepaare aus Ausgangsgröße und zugeordneter Größe produktgleich sind (260).

b) Die Zuordnung ist direkt proportional, weil der Quotient aus Ausgangsgröße und zugeordneter Größe stets gleich ist $\left(\frac{1}{14}\right)$.

c) Die Zuordnung ist indirekt proportional, weil die Wertepaare aus Ausgangsgröße und zugeordneter Größe produktgleich sind (128,8).

d) Die Zuordnung ist weder direkt noch indirekt proportional, weil die einander zugeordneten Wertepaare weder produkt- noch quotientengleich sind.

2 Der Graph von **2** gehört zu einer direkt proportionalen Zuordnung, der Graph von **4** zu einer indirekt proportionalen Zuordnung. Die Graphen von **1** und **3** gehören zu keinem von beiden.

3 a) $25\,\% = 0{,}25 = \frac{1}{4}$ $20\,\% = 0{,}2 = \frac{1}{5}$

$65\,\% = 0{,}65 = \frac{13}{20}$ $80\,\% = 0{,}8 = \frac{4}{5}$

$95\,\% = 0{,}95 = \frac{19}{20}$ $100\,\% = 1 = \frac{1}{1}$

$140\,\% = 1{,}4 = \frac{7}{5}$

b) $6\,\% = 0{,}06 = \frac{3}{50}$ $17\,\% = 0{,}17 = \frac{17}{100}$

$29\,\% = 0{,}29 = \frac{29}{100}$ $33\,\% = 0{,}33 = \frac{33}{100} \left(\approx \frac{1}{3}\right)$

$57\,\% = 0{,}57 = \frac{57}{100}$ $72\,\% = 0{,}72 = \frac{18}{25}$

$105\,\% = 1{,}05 = \frac{21}{20}$

c) $0{,}5\,\% = 0{,}005 = \frac{1}{200}$ $1{,}25\,\% = 0{,}0125 = \frac{1}{80}$

$4{,}5\,\% = 0{,}045 = \frac{9}{200}$ $22{,}5\,\% = 0{,}225 = \frac{9}{40}$

$66{,}8\,\% = 0{,}668 = \frac{167}{250}$ $77{,}2\,\% = 0{,}772 = \frac{193}{250}$

4 a) $\frac{27}{100} = 0{,}27 = 27\,\%$ $\quad \frac{3}{50} = 0{,}06 = 6\,\%$

$\frac{37}{50} = 0{,}74 = 74\,\%$ $\quad \frac{6}{25} = 0{,}24 = 24\,\%$

$\frac{17}{25} = 0{,}68 = 68\,\%$ $\quad \frac{3}{20} = 0{,}15 = 15\,\%$

$\frac{7}{20} = 0{,}35 = 35\,\%$

b) $\frac{7}{10} = 0{,}7 = 70\,\%$ $\quad \frac{4}{5} = 0{,}8 = 80\,\%$

$\frac{3}{4} = 0{,}75 = 75\,\%$ $\quad \frac{9}{10} = 0{,}9 = 90\,\%$

$\frac{6}{5} = 1{,}2 = 120\,\%$ $\quad 2\frac{1}{2} = 2{,}5 = 250\,\%$

$3\frac{2}{5} = 3{,}4 = 340\,\%$

c) $\frac{32}{40} = 0{,}8 = 80\,\%$ $\quad \frac{34}{60} = 0{,}566\ldots \approx 57\%$

$\frac{17}{45} = 0{,}377\ldots \approx 38\,\%$ $\quad \frac{7}{9} = 0{,}777\ldots \approx 78\,\%$

$\frac{1}{11} = 0{,}0909\ldots \approx 9\,\%$ $\quad \frac{5}{12} = 0{,}4166\ldots \approx 42\,\%$

$\frac{5}{6} = 0{,}833\ldots \approx 83\,\%$

5 Sabine: $\frac{8}{20} = 0{,}4 = 40\,\%$ $\quad$ Simon: $\frac{10}{25} = 0{,}4 = 40\,\%$

Jakob: $\frac{9}{21} = \frac{3}{7} = 0{,}429\ldots \approx 43\,\%$

Absolut spart Simon am meisten, nämlich 10 €. Bezogen auf die Höhe des Taschengeldes spart jedoch Jakob am meisten, nämlich fast 43 %, während Sabine und Simon 40 % ihres Taschengeldes sparen.

6 a)

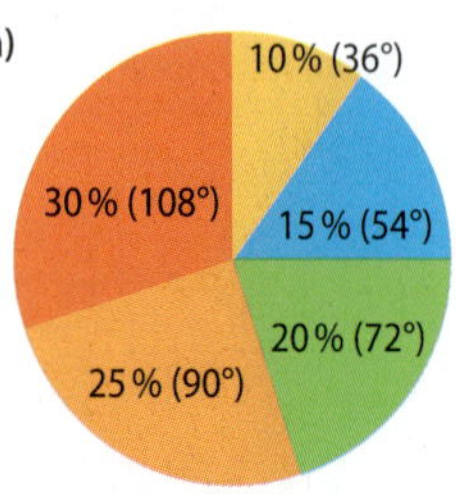

b)

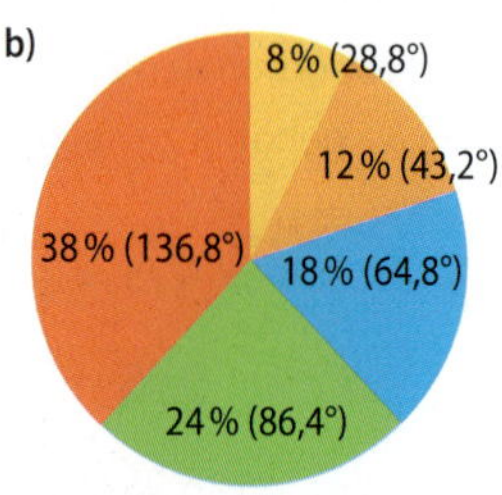

7

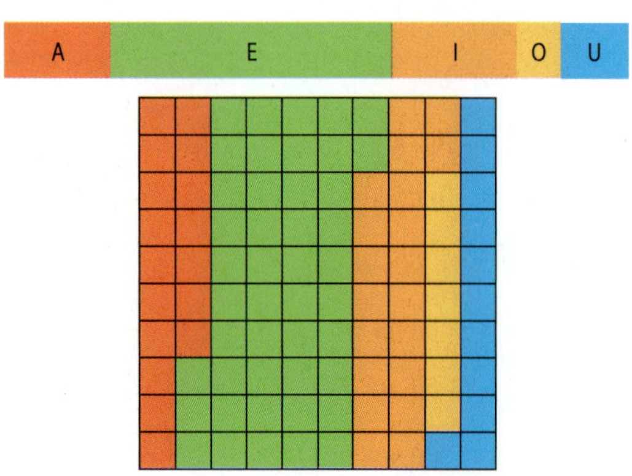

8 a) G: 32 Kinder; P: 12 Mädchen
Gesucht: Prozentsatz p % der Mädchen

b) G: 20 €; p % = 10 %;
Gesucht: Prozentwert P, um den das Taschengeld erhöht wird

c) P = 240 €; p % = 16 %
Gesucht: Grundwert G, also der ursprüngliche Preis

d) G: 20 Stimmen; P: 15 Stimmen
Gesucht: Prozentsatz p % der Stimmen

9 a) 78 % b) 36 % c) 20 % d) 38 %

10 a) P = 36 kg (54 kg) b) P = 7,5 m (35 m)

11 a) 40 % ≙ 230 ℓ $\quad$ 100 % ≙ 575 ℓ $\quad$ (≈ 418,18 ℓ)
b) G ≈ 1420,45 € (7812,50 €)

12 a) 150 € b) 24 € c) 35 €

13 $\frac{p\,\%}{100\,\%} = \frac{234}{1179} \Rightarrow p\,\% = 19{,}8\,\%$

14 Gegeben: Z = 3000 €, p % = 5,5 %; Gesucht: K

$K = \frac{100\,\%}{5{,}5\,\%} \cdot 3000\,€ = 54\,545{,}46\,€$

Antwort: Das Kapital betrug 54 545,46 €.

15 a) Gegeben: G = 145 000 €; p % = 40 %; Gesucht: P

$P = \frac{40\,\%}{100\,\%} \cdot 145\,000\,€ = 58\,000\,€$

(G = 76 000 €: P = 30 400 €
G = 240 000 €: P = 96 000 €)

Antwort: Man muss mindestens 58 000 € angespart haben.

b) Gegeben: P = 12 600 €; p % = 40 %; Gesucht: G

$G = \frac{100\%}{40\%} \cdot 12\,600\,€ = 31\,500\,€$

(P = 36 500 €: G = 91 250 €
P = 58 000 €: G = 145 000 €)

Antwort: Die vereinbarte Summe beträgt 31 500 €.

Aufgaben für Lernpartner

A Die Aussage ist so nicht richtig. Vielmehr muss man jedes Mal überprüfen, ob die Punkte sinnvoll miteinander verbunden werden können.

B Die Aussage ist falsch. Beispielsweise ist die Zuordnung *Preis in €* ↦ *Parkdauer in min* nicht eindeutig, denn wenn die erste Stunde 1,50 € kostet, kann man nicht sagen, ob jemand 20 min, 40 min oder nur 12 min geparkt hat.

C Die Aussage ist falsch. Direkt und indirekt proportionale Zuordnungen sind wichtig, aber es gibt eine Vielzahl an Zuordnungen in diesem Kapitel, die weder direkt noch indirekt proportional sind.

D Die Aussage ist richtig. Anteile lassen sich als Brüche, Dezimalzahlen, Verhältnisse und in Prozent angeben.

E Die Aussage ist falsch. Jeden Bruch kann man in Prozente umwandeln, indem man beispielsweise Zähler durch Nenner dividiert und die erhaltene Dezimalzahl dann in Prozent angibt.

F Die Aussage ist falsch. Die Anteile müssen dieselben sein (sonst wären sie nicht umwandelbar).

G Die Aussage ist richtig.

H Die Aussage ist falsch. Wenn man beispielsweise bei einer Lotterie 1 € einsetzt und 10 € gewinnt, dann ist der Prozentwert höher als der Grundwert.

I Die Aussage ist richtig.

J Die Aussage ist richtig.

K Die Aussage ist richtig.

L Die Aussage ist falsch. Rabatte sind Abschläge auf einen Rechnungsbetrag.

M Die Aussage ist richtig.

N Die Aussage ist richtig.

O Die Aussage ist richtig.

P Die Aussage ist falsch. Die Zinsen entsprechen dem Prozentwert, der Zinssatz dem Prozentsatz in der Prozentrechnung.

Das kann ich schon … – Seite 97

1 Bei a) und c) herrscht Gleichgewicht, weil bei der Multiplikation und Addition das Kommutativgesetz gilt, für den Rest ist es bei Subtraktion und Division falsch.

2 **a)** Multipliziere die Differenz aus 96 und 15 mit 4. Subtrahiere das Produkt von 15 und 4 von 96.

b) Multipliziere die Quotienten von 135 und 5 mit 3. Dividiere 135 durch das Produkt aus 5 und 3.

c) Multipliziere zur Summe aus 12 und 18 die Differenz aus 18 und 12. Multipliziere die Summe aus 12 und 18 mit 18 und subtrahiere davon 12.

d) Dividiere 45 durch 3 und multipliziere das Ergebnis mit der Summe aus 2 und 3.
Der Dividend heißt 45. Der Divisor ergibt sich als Produkt aus 3 und 2 vermehrt um 3.

3 **a)** $(9{,}7 + 3{,}6) \cdot 1{,}9 + 0{,}69 = 25{,}96$
b) $(112{,}5 + 261) : 45 = 8{,}3$
c) $169 : 13 - 12{,}2 : 2 + 153 : 17 = 15{,}9$
d) $\frac{1}{7} \cdot \left(\frac{3}{5} \cdot 5 + \frac{2}{3} \cdot 3 - \frac{1}{4} \cdot 4\right) = \frac{4}{7}$

4 **a)** 78,75 € **b)** L: 53,5 cm; B: 16 cm; H: 180 cm

5

a) 1148	KG	**b)** 2888	Potenz
27 000	KG, AG	46 305	Potenz
634	KG, AG	30	Potenz, PvS
658	KG, AG	343	Kl, Potenz
c) 18 474	Kl, PvS		
190 730	Potenz, Kl		
349	Kl		
87	Potenz, Kl		

KG: Kommutativgesetz
AG: Assoziativgesetz
Potenz: Potenz zuerst
PvS: Punkt vor Strich
Kl: Klammern zuerst

6 **a)** $x = 5$ **b)** $x = 6$
c) $x = 5$ **d)** $x = 10$

7
a) $x \xrightarrow{\cdot 4} 4x$; $x = 5{,}5$, $4x = 22$; $5{,}5 \xleftarrow{: 4} 22$
b) $y \xrightarrow{\cdot (-2)} -2y$; $y = 3{,}5$, $-2y = -7$; $3{,}5 \xleftarrow{: (-2)} -7$
c) $x \xrightarrow{-5} x - 5$; $x = 70$, $x - 5 = 65$; $70 \xleftarrow{+5} 65$
d) $u \xrightarrow{+8} u + 8$; $u = 31$, $u + 8 = 39$; $31 \xleftarrow{-8} 39$
e) $z \xrightarrow{\cdot 2} 2 \cdot z \xrightarrow{-3} 2z - 3$; $z = 9$, $2z - 3 = 15$; $9 \xleftarrow{: 2} 18 \xleftarrow{+3} 15$
f) $k \xrightarrow{\cdot (-4)} -4k \xrightarrow{+1{,}5} -4k + 1{,}5$; $k = -3$, $-4k + 1{,}5 = 13{,}5$; $-3 \xleftarrow{: (-4)} 12 \xleftarrow{-1{,}5} 13{,}5$

g)

$w \xrightarrow{\cdot\left(-\frac{1}{2}\right)} -\frac{1}{2}w \xrightarrow{+\frac{3}{4}} -\frac{1}{2}w + \frac{3}{4}$

$\parallel \qquad\qquad\qquad\qquad\qquad \parallel$

$-5 \xleftarrow{:\left(-\frac{1}{2}\right)} 2\frac{1}{2} \xleftarrow{-\frac{3}{4}} 3\frac{1}{4}$

h) $6 : x = \frac{9}{2}$ bzw. $\frac{6}{x} = \frac{9}{2}$ ist gleichwertig zu $\frac{x}{6} = \frac{2}{9}$

$x \xrightarrow{:6} \frac{x}{6}$

$\parallel \qquad\qquad \parallel$

$1\frac{1}{3} \xleftarrow{\cdot 6} \frac{2}{9}$

Das kann ich! – Seiten 124 und 125

1 a) 341 (–139,5) b) 82 (–26,5) c) 1,8 (–4,4)

2 Lösungsmöglichkeiten:

a) Sei a die kürzere Seite, dann ist $3 \cdot a$ die längere Seite.
$u = a + 3 \cdot a + a + 3 \cdot a = 8 \cdot a$

b) Sei a die kürzere Seite, dann ist die längere Seite $a + 6{,}5$ cm lang.
$u = a + a + 6{,}5\text{ cm} + a + a + 6{,}5\text{ cm} = 4 \cdot a + 13\text{ cm}$

c) Sei x die Länge eines Schenkels, dann ist die Länge der Basis $\frac{1}{5} \cdot 2x = \frac{2}{5} \cdot x$.
$u = x + x + \frac{2}{5} \cdot x = 2\frac{2}{5} \cdot x$

3 **1** a)

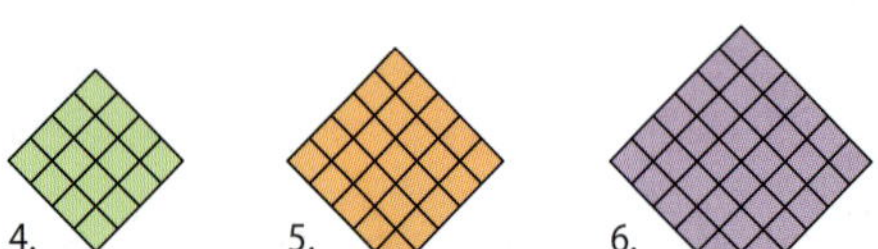

b) Anzahl der Quadrate beim n-ten Schritt: n^2

2 a)

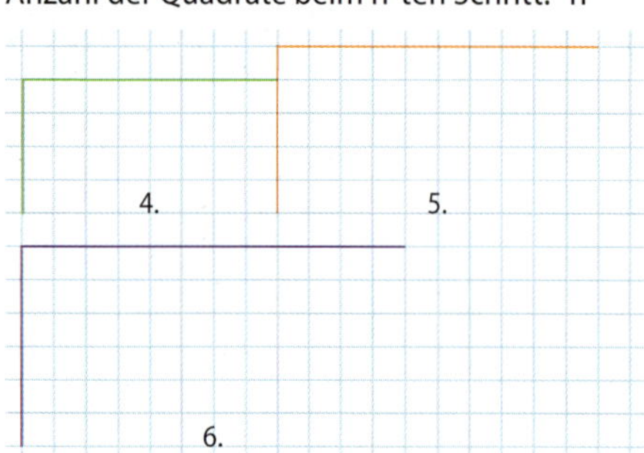

b) Die Länge der n-ten Strecke beträgt jeweils n Kästchenlängen nach oben und $2 \cdot n$ Kästchenlängen zur Seite.
Gesamtlänge des n-ten Streckenzuges:
$3 \cdot n$ Kästchenlängen

4 a) $3e - 13j + 8r - 3x$ b) $q + 5\frac{2}{3}t + \frac{2}{3}t\,q$
c) $-3y$

5 a)

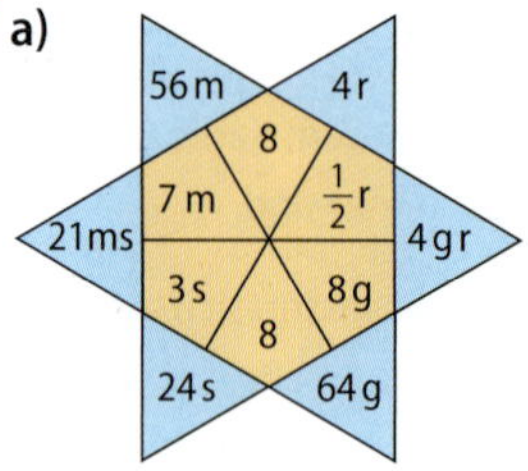

b)

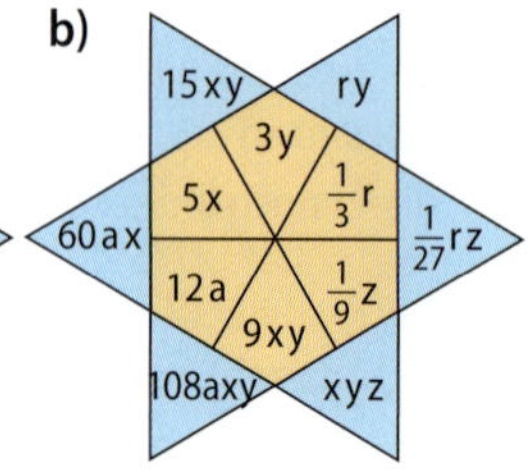

6 a) 71mt b) 2axy c) 10rs
d) 3x e) $\frac{1}{3}$xyz f) 144abc

7 a) $2 - 10r$ b) $8 + \frac{1}{2}s$ c) $-x + 2y$
d) $6\frac{1}{2} + 23p$ e) $34qr + 108qs$ f) $a - b - 15$

8 a) $a = -7$. Gleichung lösbar in $\mathbb{Z}$ und $\mathbb{Q}$. Gleichung nicht lösbar in $\mathbb{N}$.
b) $x = 6$. Gleichung lösbar für jeden Zahlenbereich $\mathbb{N}, \mathbb{Z}, \mathbb{Q}$.
c) $y = 1{,}1$. Gleichung lösbar in $\mathbb{Q}$. Gleichung nicht lösbar in $\mathbb{N}$ und $\mathbb{Z}$.
d) Gleichung immer erfüllt für alle Zahlen aus $\mathbb{N}, \mathbb{Z}, \mathbb{Q}$.
e) Gleichung nicht lösbar (in keinem Zahlenbereich).
f) $f = -1{,}25$. Gleichung lösbar in $\mathbb{Q}$. Gleichung nicht lösbar in $\mathbb{N}$ und $\mathbb{Z}$.

9 a) $x = -6 \quad \mathbb{L} = \{-6\}$ b) $y = -8{,}8 \quad \mathbb{L} = \{\,\}$
c) $z = -45 \quad \mathbb{L} = \{-45\}$ d) $a = \frac{25}{8} \quad \mathbb{L} = \{\,\}$
e) $2a + 6 = 2a + 6 \quad \mathbb{L} = \mathbb{Z}$
f) $c = 0 \quad \mathbb{L} = \{0\}$

10 a) $x = 0{,}8 \quad \mathbb{L} = \{0{,}8\}$ b) $x = 10 \quad \mathbb{L} = \{10\}$
c) $y = -30 \quad \mathbb{L} = \{-30\}$ d) $y = 6\frac{2}{3} \quad \mathbb{L} = \{6\frac{2}{3}\}$
e) $x = 3{,}25 \quad \mathbb{L} = \{3{,}25\}$ f) $r = 5\frac{1}{3} \quad \mathbb{L} = \{5\frac{1}{3}\}$
g) $s = 8\frac{1}{6} \quad \mathbb{L} = \{8\frac{1}{6}\}$

11 a) $\mathbb{D} = \mathbb{Q}\setminus\{-1; 4\}$

$$(x + 2) \cdot (x + 1) = (x - 4) \cdot (x - 3)$$
$$x^2 + 3x + 2 = x^2 - 7x + 12$$
$$10x = 10$$
$$x = 1;\ \mathbb{L} = \{1\}$$

b) $\mathbb{D} = \mathbb{Q}\backslash\{-1; 3\}$

$(x + 2) \cdot (x + 1) = (x - 3) \cdot (x - 4)$

$x^2 + 3x + 2 = x^2 - 7x + 12$

$10x = 10 \Rightarrow x = 1;\ \mathbb{L} = \{1\}$

c) $\mathbb{D} = \mathbb{Q}\backslash\{-2; -1\}$

$(x - 2) \cdot (x + 1) = (x + 2) \cdot (x + 3)$

$x^2 - x - 2 = x^2 + 5x + 6$

$-8 = 6x \Rightarrow x = -1\frac{1}{3};\ \mathbb{L} = \left\{-1\frac{1}{3}\right\}$

d) $\mathbb{D} = \mathbb{Q}\backslash\{-5; 2{,}5\}$

$(x - 5) \cdot (x - 2{,}5) = (x + 5) \cdot (x + 3{,}5)$

$x^2 - 7{,}5x + 12{,}5 = x^2 + 8{,}5x + 17{,}5$

$-5 = 16x \Rightarrow x = -\frac{5}{16};\ \mathbb{L} = \left\{-\frac{5}{16}\right\}$

e) $\mathbb{D} = \mathbb{Q}\backslash\{-5; -3{,}5\}$

$(x - 5) \cdot (x + 3{,}5) = (x + 5) \cdot (x - 2{,}5)$

$x^2 - 1{,}5x - 17{,}5 = x^2 + 2{,}5x - 12{,}5$

$-5 = 4x \Rightarrow x = -1{,}25;\ \mathbb{L} = \{-1{,}25\}$

f) $\mathbb{D} = \mathbb{Q}\backslash\{-4; 5\}$

$(x + 3) \cdot (x - 5) = (x + 4) \cdot (x - 4)$

$x^2 - 2x - 15 = x^2 - 16$

$1 = 2x \Rightarrow x = 0{,}5;\ \mathbb{L} = \{0{,}5\}$

12 Sei x die Breite der Scheune. Dann gilt für die Länge d der Dachsparren: $d = 3 \cdot \left(\frac{1}{4} \cdot x\right) = \frac{3}{4} \cdot x$.
$x = 14$ m, also $d = 10{,}5$ m
$x = 15$ m, also $d = 11{,}25$ m
$x = 16$ m, also $d = 12$ m

13 Lösungsmöglichkeit:
Sei b die Breite des Quaders,dann ist $l = 2b$ die Länge des Quaders und $h = 3l = 6b$ die Höhe des Quaders.
Gesamtkantenlänge: $4h + 4l + 4b = 72$ cm
Also: $24b + 8b + 4b = 36b$; $36b = 72$ cm
$b = 2$ cm; $l = 2b = 4$ cm; $h = 6b = 12$ cm

Aufgaben für Lernpartner

A Die Aussage ist richtig.

B Die Aussage ist falsch. $3x \cdot x = 3x^2$

C Die Aussage ist richtig für die alleinige Addition und Multiplikation. Ansonsten ist sie im Allgemeinen falsch.

D Die Aussage ist falsch. Man darf beide Seiten nur mit einer Zahl ungleich null multiplizieren, sonst ändert sich die Lösungsmenge der Gleichung.

E Die Aussage ist richtig. Beispiele findet man bei Aufgabe 8 auf dieser Seite.

F Die Aussage ist richtig.

G Die Aussage ist im Allgemeinen falsch. Terme und Gleichungen bieten oft eine Möglichkeit, Sachaufgaben zu lösen, es gibt aber noch weitere (z. B. Tabellen, Graphen, Probieren).

H Die Aussage ist falsch. Eine Formel ist eine Gleichung, die man mithilfe von Äquivalenzumformungen umstellen kann.

I Die Aussage ist richtig.

J Die Aussage ist im Allgemeinen falsch. Es gibt Gleichungen, bei denen es eine Vielzahl an verschiedenen Lösungen gibt.

Das kann ich schon … – Seite 129

1 **a)** stumpfwinkliges Dreieck
b) rechtwinkliges Dreieck
c) gleichschenklig-spitzwinkliges Dreieck
d) spitzwinkliges Dreieck

2 **a)**

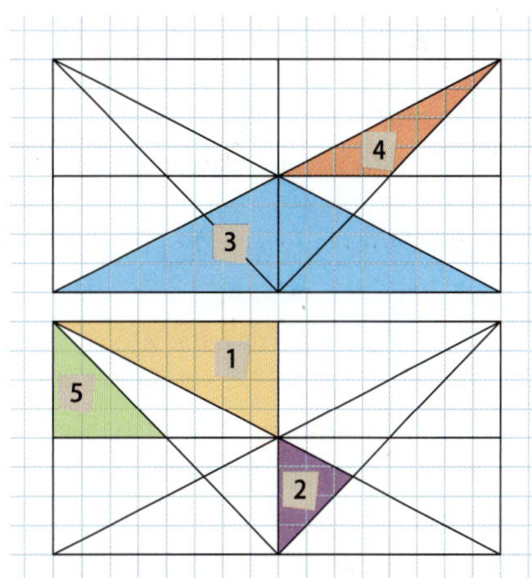

1 rechtwinklige Dreiecke
2 spitzwinklige Dreiecke
3 stumpfwinklig-gleichschenklige Dreiecke
4 stumpfwinklige Dreiecke
5 rechtwinklig-gleichschenklige Dreiecke
6 spitzwinklig-gleichschenklige Dreiecke

b) Lösungsmöglichkeit:

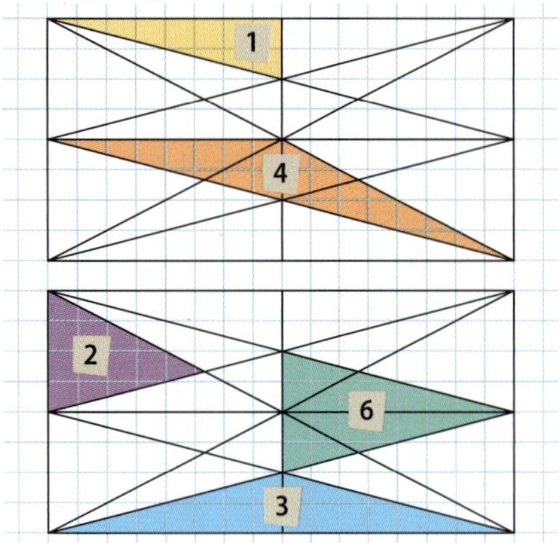

3 **a)** α und δ sind Scheitelwinkel, sie sind gleich groß:
$\alpha = \delta = 139°$
α und β sind Nebenwinkel (zusammen 180°):
$\beta = 180° - \alpha = 180° - 139° = 41°$
γ und β sind Scheitelwinkel: $\beta = \gamma = 41°$

b) δ und β sind Scheitelwinkel, sie sind gleich groß:
$\delta = \beta = 20°$
α und β sind Nebenwinkel (zusammen 180°):
$\alpha = 180° - 20° = 160°$
α und γ sind Scheitelwinkel: $\alpha = \gamma = 160°$

c) α und 125° sind Stufenwinkel: $\alpha = 125°$
α und β sind Nebenwinkel: $\beta = 180° - 125° = 55°$
β und δ sind Stufenwinkel: $\delta = \beta = 55°$
β und γ sind Nebenwinkel: $\gamma = 180° - 55° = 125°$
γ und ε sind Stufenwinkel: $\gamma = \varepsilon = 125°$

d) γ und 60° sind Scheitelwinkel: $\gamma = 60°$
γ und β sind Nebenwinkel: $\beta = 180° - 60° = 120°$
α und β sind Scheitelwinkel: $\alpha = \beta = 120°$
γ und ε sind Stufenwinkel: $\gamma = \varepsilon = 60°$
ε und δ sind Scheitelwinkel: $\varepsilon = \delta = 60°$

4 **a)** Der Nebenwinkel eines spitzen (stumpfen) Winkels ist stets ein stumpfer (spitzer) Winkel.

b) Der Scheitelwinkel zu einem spitzen (stumpfen) Winkel ist stets ein spitzer (stumpfer) Winkel.

c) Der Stufenwinkel zu einem spitzen (stumpfen) Winkel ist ein spitzer (stumpfer) Winkel.

5 **a)** Katrin hat Recht: Da man von der Raute über zwei Treppen direkt zum Trapez gelangt, weiß man, dass die Raute alle Eigenschaften eines Trapezes hat plus (zwei) weitere Eigenschaften, die beim Weg über die Treppen vom Trapez zur Raute hinzukommen.

b) Im Haus der Vierecke findet man keine direkte Verbindung vom Rechteck zum Drachen. Folglich haben beide Vierecke verschiedene Eigenschaften; insbesondere fehlt dem Rechteck die Drachen-Eigenschaft, dass die Diagonalen im rechten Winkel aufeinander stehen und eine der Diagonalen Symmetrieachse ist.

c) Auf dem Weg von einem tiefer stehenden Viereck zu einem höher stehenden Viereck im Haus der Vierecke kommt je Treppe eine weitere Eigenschaft hinzu. Bei „Verzweigungen" kommen unterschiedliche Eigenschaften hinzu und unterschiedliche Wege nach oben sind möglich.

1 Für den Weg vom allgemeinen Viereck zum Rechteck gibt es zwei Möglichkeiten:
Viereck → Trapez → Parallelogramm → Rechteck und Viereck → Trapez → gleichschenkliges Trapez → Rechteck.

Viereck ↓	Die Seiten sind beliebig lang.	Die Winkel sind beliebig groß.
Trapez ↓	Die Seiten sind beliebig lang.	Zwei Seiten sind parallel.
Parallelogramm ↓	Gegenüberliegende Seiten sind gleich lang.	Gegenüberliegende Winkel sind gleich groß.
Rechteck	Gegenüberliegende Seiten sind gleich lang.	Alle vier Winkel sind gleich groß.

Viereck ↓	Die Seiten sind beliebig lang.	Die Winkel sind beliebig groß.
Trapez ↓	Die Seiten sind beliebig lang.	Zwei Seiten sind parallel.
gleichschenkliges Trapez ↓	Die Schenkel sind gleich lang.	Die Winkel an den Grundlinien sind gleich groß.
Rechteck	Gegenüberliegende Seiten sind gleich lang.	Alle vier Winkel sind gleich groß.

Bei **2** und **3** ergeben sich verschiedene Möglichkeiten.

d) Es sind individuelle Lösungen möglich.

Das kann ich! – Seiten 164 und 165

1 Wegen der Innenwinkelsumme im Dreieck folgt mit $180° - 105° = 75°$, dass das Maß der beiden anderen Winkel jeweils kleiner als 75° ist und der Winkel mit 105° der größte der drei Winkel ist. Damit ist die Gegenseite mit 7,5 cm die längste der drei Seiten, die beiden anderen Seiten sind kürzer als 7,5 cm.

2 Damit die Dreiecksgleichungen ($a + b > c$; $a + c > b$; $b + c > a$) erfüllt sind, muss gelten:

a) $3{,}3\text{ cm} < c < 10{,}7\text{ cm}$ **b)** $1\text{ cm} < a < 11\text{ cm}$
c) $0\text{ cm} < b < 11{,}2\text{ cm}$ **d)** $3{,}8\text{ cm} < c < 7{,}8\text{ cm}$

3 Es sind unterschiedliche Abbildungen möglich.

a)

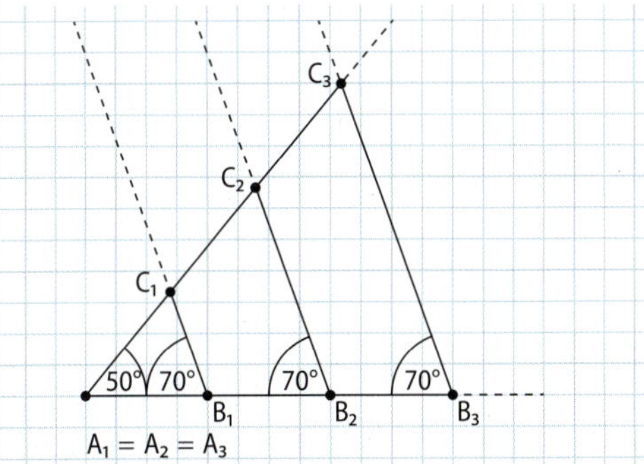

b)

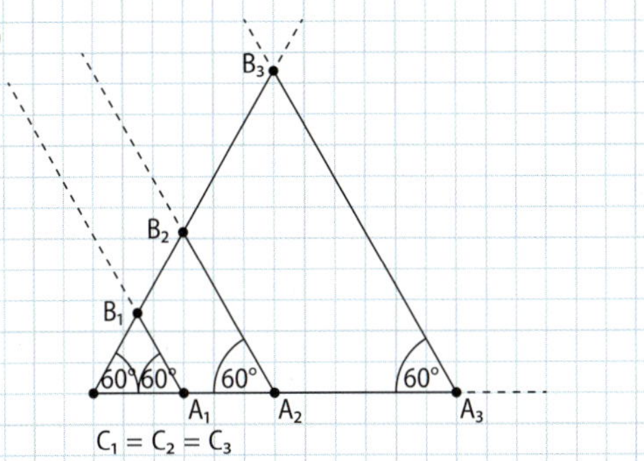

c)

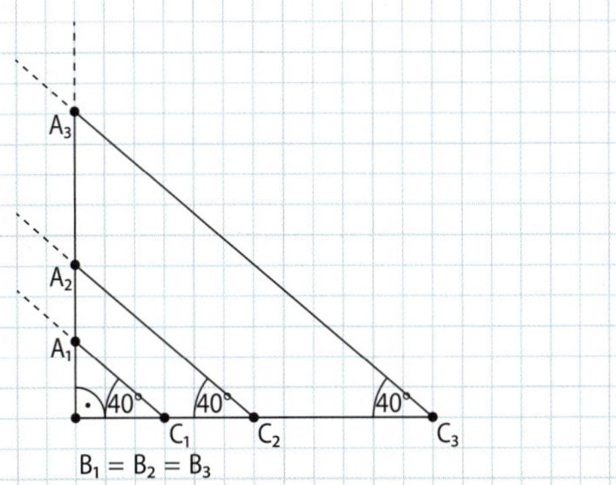

d)

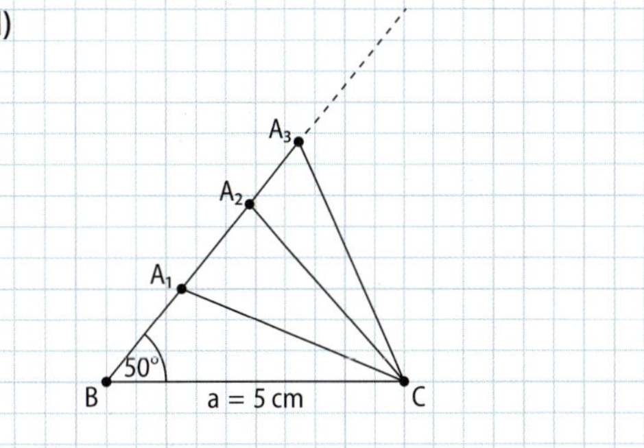

4 Konstruktion der Dreiecke mit Planfigur, Angabe des Kongruenzsatzes, Zeichnung und Beschreibung:

a) WSW:

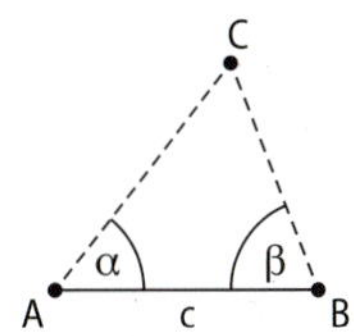

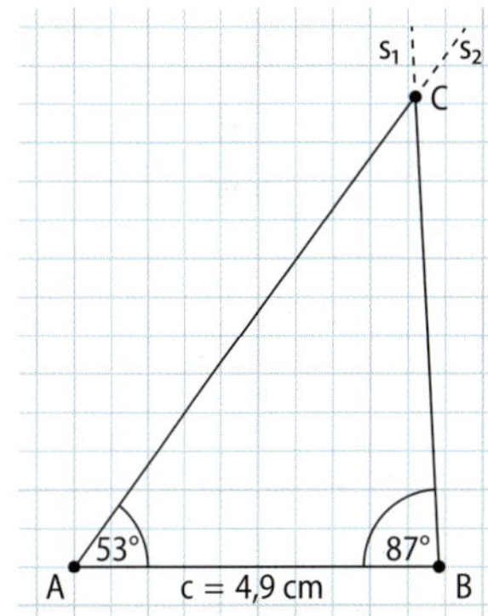

1. Zeichne die Strecke c mit den Eckpunkten A und B.
2. Trage in A den Winkel α an.
3. Trage in B den Winkel β an.
4. Der Schnittpunkt der freien Schenkel von α und β ergibt C.

b) WSW:

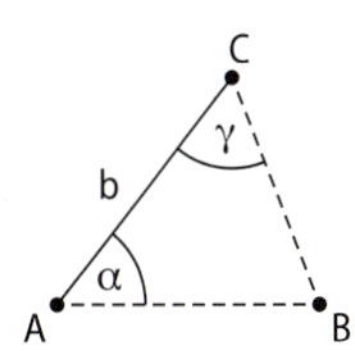

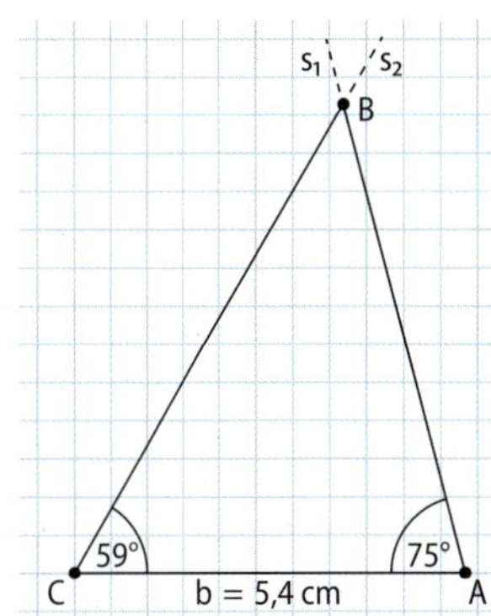

1. Zeichne die Strecke b mit den Eckpunkten A und C.
2. Trage in A den Winkel α an.
3. Trage in C den Winkel γ an.
4. Der Schnittpunkt der freien Schenkel von α und γ ergibt B.

c) SWS:

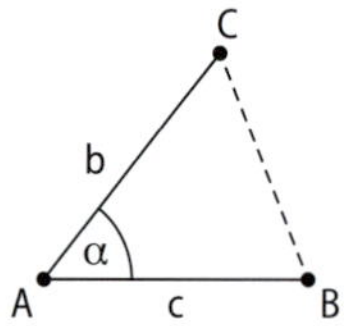

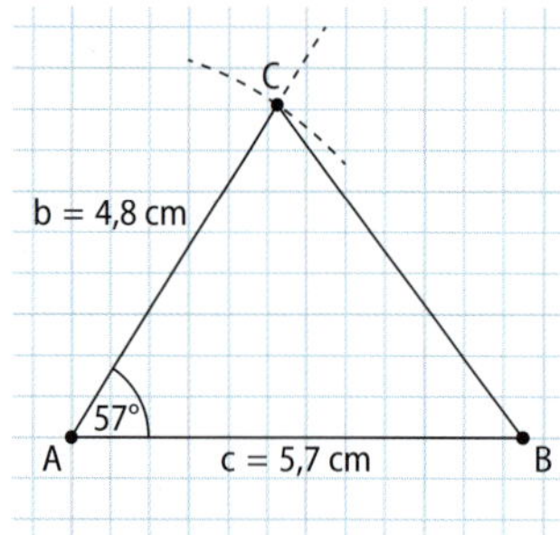

1. Zeichne die Strecke c mit den Eckpunkten A und B.
2. Trage in A den Winkel α an.
3. Die Länge des Schenkels in A beträgt 4,8 cm. Man erhält C.

d) SSS:

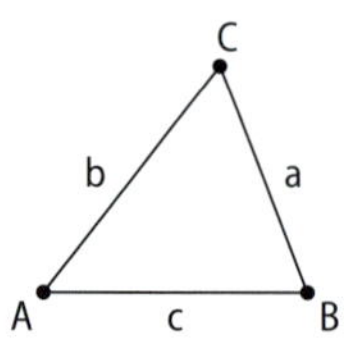

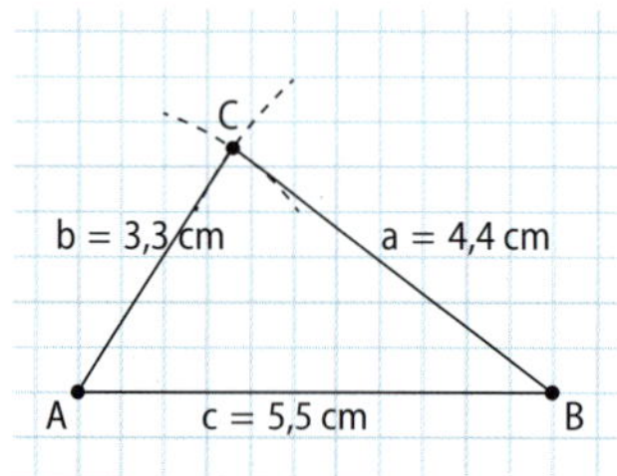

1. Zeichne die Strecke c mit den Eckpunkten A und B.
2. Zeichne um A einen Kreis mit $r = b$.
3. Zeichne um B einen Kreis mit $r = a$.
4. Der Schnittpunkt der Kreise ergibt den Eckpunkt C.

e) SsW:

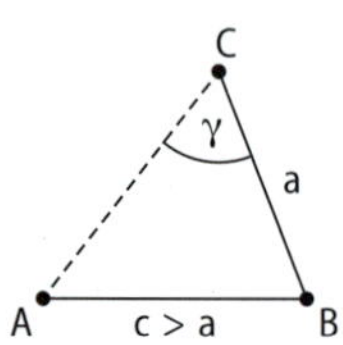

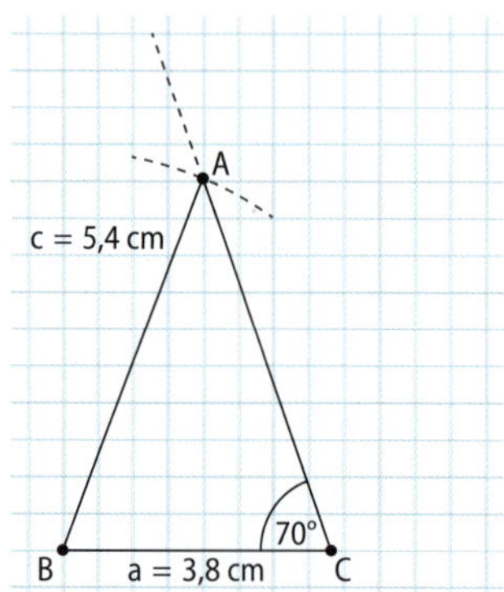

1. Zeichne die Strecke a mit den Eckpunkten B und C.
2. Trage in C den Winkel γ an.
3. Zeichne um B einen Kreis mit $r = c$.
4. Der Schnittpunkt des freien Schenkels von γ und dem Kreis ergibt A.

5 Es sind Messabweichungen möglich. Da die Seitenlängen genauer messbar sind als die Winkel, empfiehlt es sich, das Dreieck nach dem Kongruenzsatz SSS zu konstruieren.

a) $a = 2{,}3$ cm,
$b = 2{,}8$ cm,
$c = 2{,}9$ cm;
$\alpha = 48°$,
$\beta = 64°$, $\gamma = 68°$

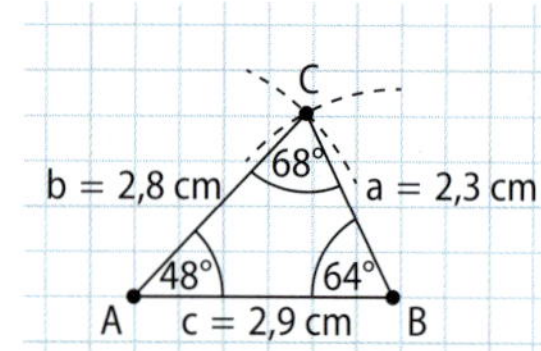

b) $a = 4$ cm,
$b = 3$ cm,
$c = 2$ cm;
$\alpha = 104°$,
$\beta = 47°$,
$\gamma = 29°$

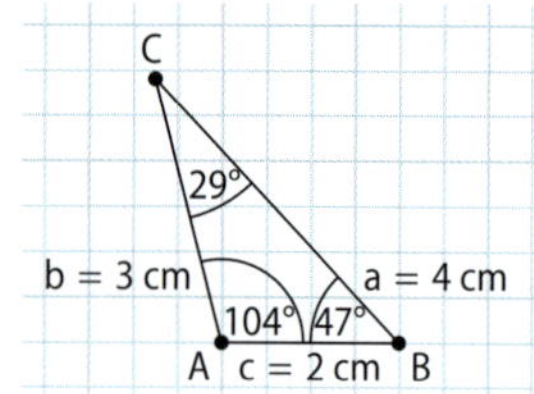

6 Zeichnung:

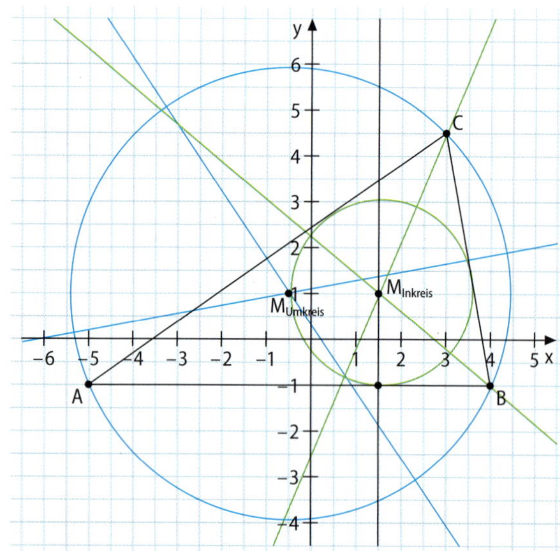

Beschreibung:
Konstruiere den Inkreis mithilfe der Winkelhalbierenden und den Umkreis mithilfe der Mittelsenkrechten; $M_{Inkreis}(1{,}5\,|\,1)$; $M_{Umkreis}(-0{,}5\,|\,1)$.

7

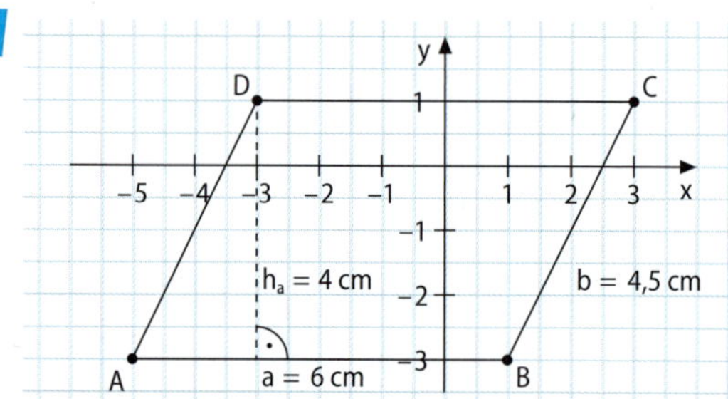

$u = 2 \cdot a + 2 \cdot b$
$u = 2 \cdot 6\text{ cm} + 2 \cdot 4{,}5\text{ cm} = 21\text{ cm}$
$A = a \cdot h_a = 6\text{ cm} \cdot 4\text{ cm} = 24\text{ cm}^2$

8 $A = \frac{1}{2} \cdot g \cdot h$

Bei der Berechnung muss man auf gleiche Einheiten achten.

	a)	b)	c)
Grundseite g	40 mm	3,8 cm	1,3 cm
Höhe h	12 cm	4,1 cm	17 mm
Fächeninhalt A	24 cm^2	7,79 cm^2	110,5 mm^2

9 **a)** $A = \frac{1{,}5\,cm + 4{,}5\,cm}{2} \cdot 2{,}5\,cm = 3\,cm \cdot 2{,}5\,cm$

$= 7{,}5\,cm^2$

b) $A = \frac{1\,cm + 3\,cm}{2} \cdot 4{,}5\,cm = 2\,cm \cdot 4{,}5\,cm = 9\,cm^2$

10 Es sind verschiedene Zerlegungen (oder auch Ergänzungen) möglich. Lösungsmöglichkeit:

a) Zerlegung in Trapez (A_1) und Dreieck (A_2):

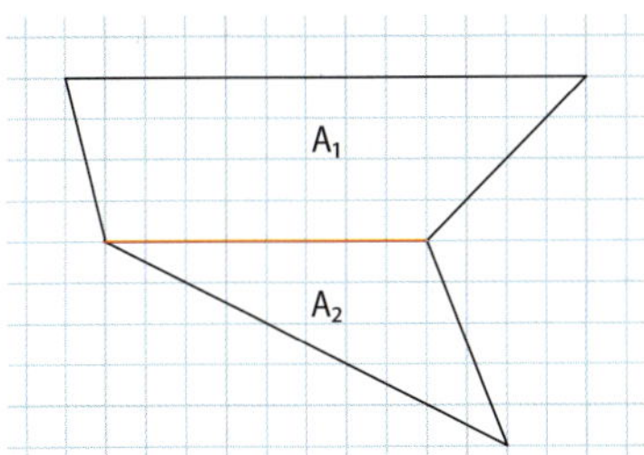

$A = A_1 + A_2$

$A_1 = \frac{4\,cm + 6{,}5\,cm}{2} \cdot 2\,cm = 10{,}5\,cm^2$

$A_2 = \frac{1}{2} \cdot 4\,cm \cdot 2{,}5\,cm = 5\,cm^2$

$A = 15{,}5\,cm^2$

b) Zerlegung in Dreiecke (A_1, A_3) und Trapez (A_2):

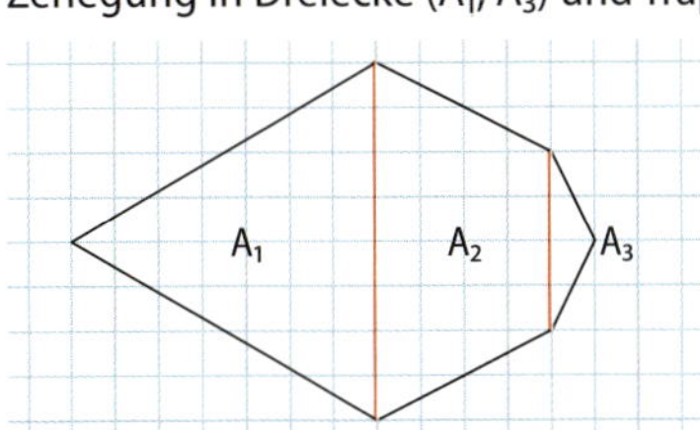

$A = A_1 + A_2 + A_3$

$A_1 = \frac{1}{2} \cdot 4\,cm \cdot 3{,}5\,cm = 7\,cm^2$

$A_2 = \frac{4\,cm + 2\,cm}{2} \cdot 2\,cm = 6\,cm^2$

$A_3 = \frac{1}{2} \cdot 2\,cm \cdot \frac{1}{2}\,cm = \frac{1}{2}\,cm^2$

$A = 13{,}5\,cm^2$

11 **a)**

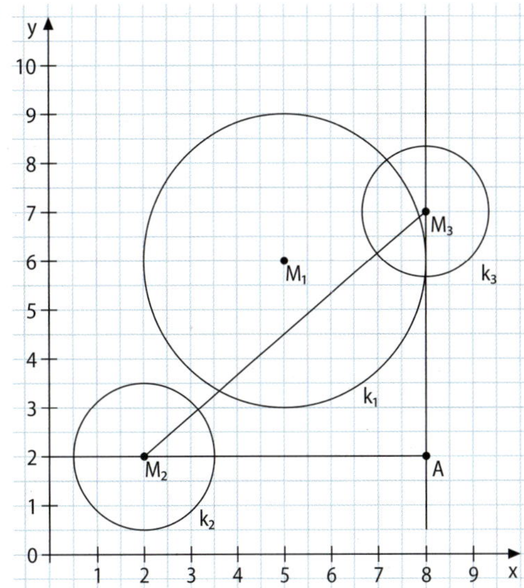

b) AM_3 ist Sekante zu k_3, schneidet aus k_3 also eine Sehne aus (Durchmesser). AM_3 ist Tangente an k_1 und Passante zu k_2.

12 **a)**

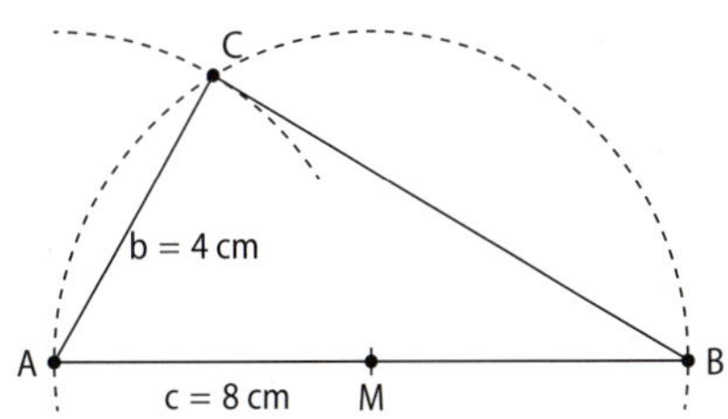

C ist der Schnittpunkt des Thaleskreises über $\overline{AB}$ mit dem Kreis um A mit r = 4 cm.

b)

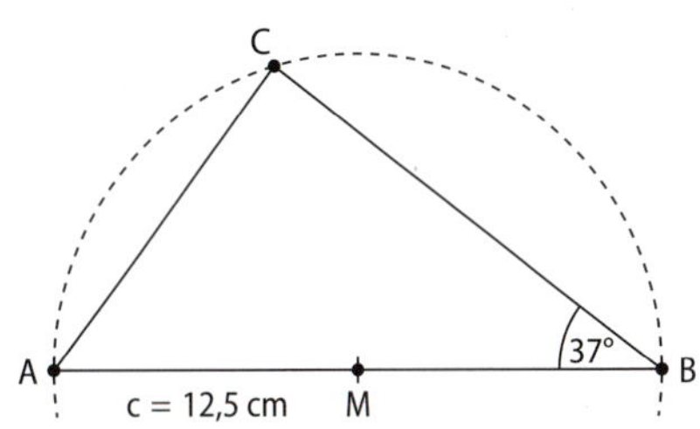

C ist der Schnittpunkt des Thaleskreises über $\overline{AB}$ mit dem freien Schenkel des in B angelegten Winkels $\beta = 37°$.

13 Beschreibung:

1. Zeichne die Diagonale d mit den Eckpunkten A und C.
2. Zeichne den Thaleskreis über dem Mittelpunkt M der Diagonalen $\overline{AC}$.

3. Zeichne einen Kreisbogen mit Mittelpunkt A und Radius r = a. Der Schnittpunkt des Kreisbogens mit dem Thaleskreis ergibt B.
4. Zeichne einen Kreisbogen mit Mittelpunkt C und Radius r = a. Der Schnittpunkt des Kreisbogens mit dem Thaleskreis ergibt den Eckpunkt D.

Begründung: Man erhält auf diese Weise ein Parallelogramm, dessen Winkel in B und D rechtwinklig sind. Folglich müssen auch die gleich großen Winkel in A und C rechtwinklig sein. Wir haben das gesuchte Rechteck konstruiert.

Zeichnung:

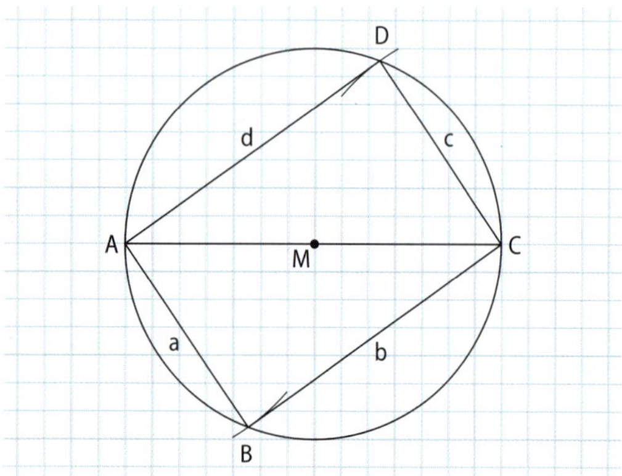

14 **a)** $u \approx 35{,}8$ cm; $A \approx 102{,}1\ cm^2$
b) $u \approx 15{,}7$ cm; $A \approx 19{,}6\ cm^2$
c) $u \approx 113{,}1$ mm; $A \approx 1017{,}9\ mm^2$
d) $u \approx 942$ m; $A \approx 7{,}1$ ha
e) $u \approx 19{,}5$ cm; $A \approx 30{,}2\ cm^2$
f) $u \approx 6{,}0$ km; $A \approx 2{,}9\ km^2$

15 $d \approx 1{,}13$ cm
($d \approx 10{,}1$ mm; $d \approx 6{,}6$ mm)

16 **a)** $A_{liegend} = (2{,}25\ cm)^2 \cdot \pi \approx 15{,}90\ cm^2$
$A_{stehend} = (5{,}75\ cm)^2 \cdot \pi \approx 103{,}82\ cm^2$
b) $A_{liegend} \mathrel{\hat{=}} 100\,\%$
$A_{stehend} \mathrel{\hat{=}} \frac{103{,}82}{15{,}90} \cdot 100\,\% = 652{,}96\,\%$
Unterschied: $652{,}96\,\% - 100\,\% = 552{,}96\,\%$
Der Flächeninhalt einer Scheibe beim stehenden Schießen ist um 552,96 % größer als der Flächeninhalt einer Scheibe beim liegenden Schießen.

Aufgaben für Lernpartner

A Die Aussage ist richtig (Grund: Seite-Winkel-Beziehung).

B Die Aussage ist falsch. Richtig ist: In einem Dreieck ist die Summe zweier Seiten immer länger als die dritte Seite (Dreiecksungleichung).

C Die Aussage ist falsch. Man benötigt für die eindeutige Konstruktion mindestens eine Seitenlänge.

D Die Aussage ist falsch. Nur bei einem spitzwinkligen Dreieck liegt der Umkreismittelpunkt innerhalb des Dreiecks. Bei einem rechtwinkligen Dreieck liegt der Umkreismittelpunkt auf der Seite des Dreiecks, die dem rechten Winkel gegenüberliegt (Hypotenuse); bei einem stumpfwinkligen Dreieck liegt er außerhalb des Dreiecks.

E Die Aussage ist zwar richtig, aber bei einem Dreieck bietet sich die Flächeninhaltsformel für Trapeze nicht unbedingt an, es sei denn man setzt eine der parallelen Seiten mit der Länge 0 LE an. Bei Parallelogrammen ist das problemloser möglich, denn Parallelogramme sind spezielle Trapeze.

F Die Aussage ist richtig.

G Die Aussage ist richtig. Es gilt: $u = \pi \cdot d$

H Die Aussage ist falsch. Wenn sich der Durchmesser verdoppelt, dann verdoppelt sich auch der Umfang.

Das kann ich schon … – Seite 169

1 **a)** Dreiecksprisma
b) Kugel
c) Würfel oder Quader
d) Pyramide mit viereckiger Grundseite
e) Zylinder
f) Pyramide mit dreieckiger Grundfläche bzw. Tetraeder

2 Quadernetz: a, c
Würfelnetz: b
Begründungen können über den Faltvorgang erfolgen.

3 Lösungsmöglichkeiten (maßstäblich verkleinert):

a)

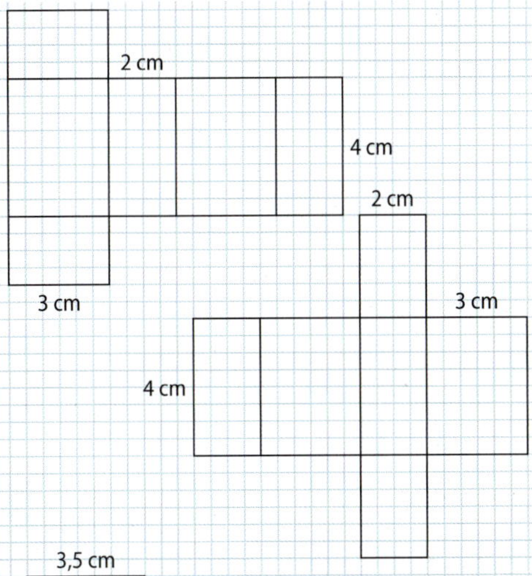

b)

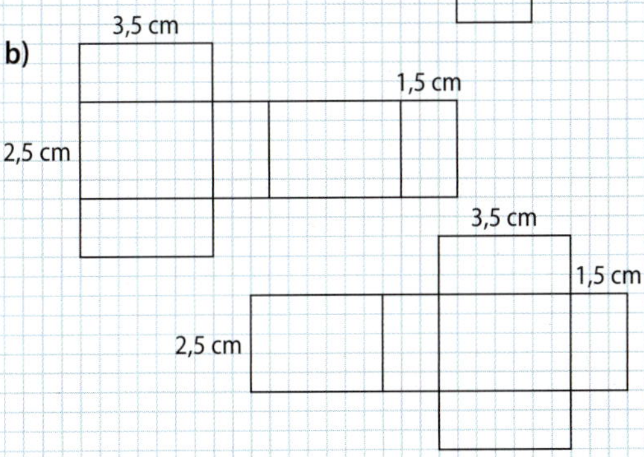

c)

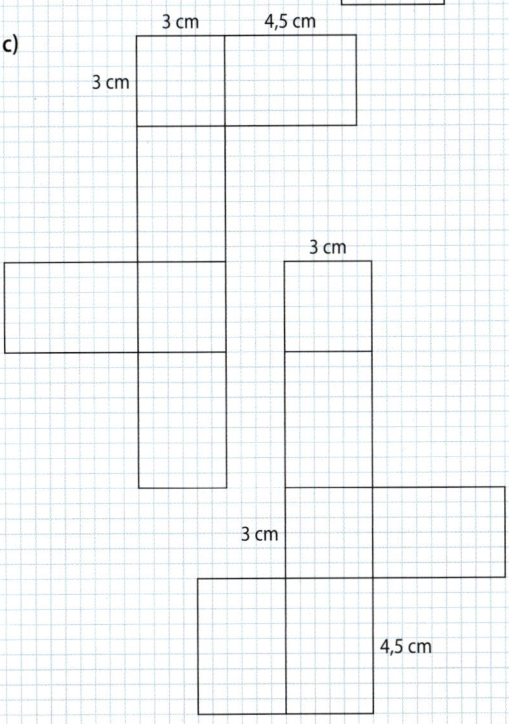

d)

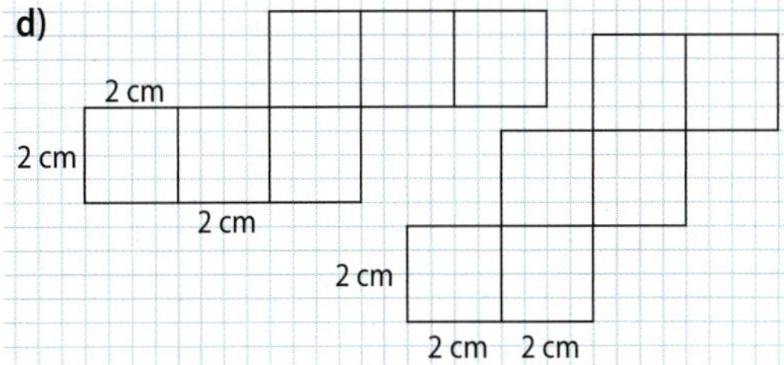

e)

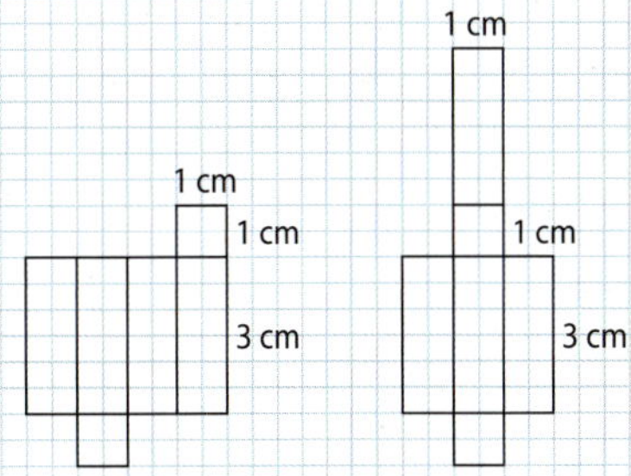

f)

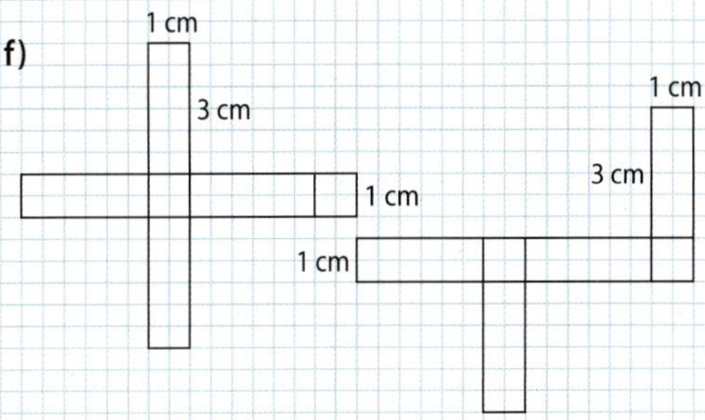

4 a) b) c) d)

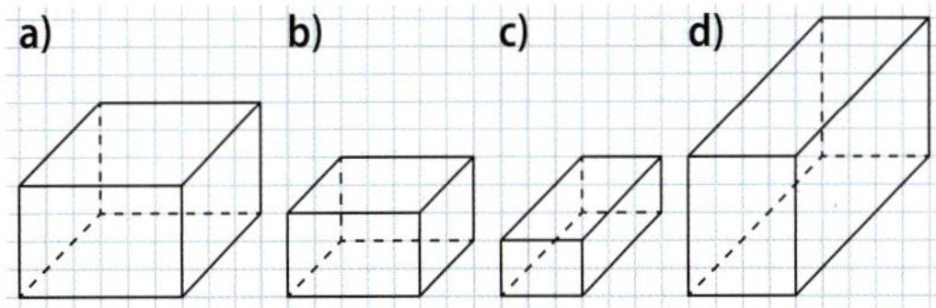

5 Lösungen maßstäblich verkleinert:

a)

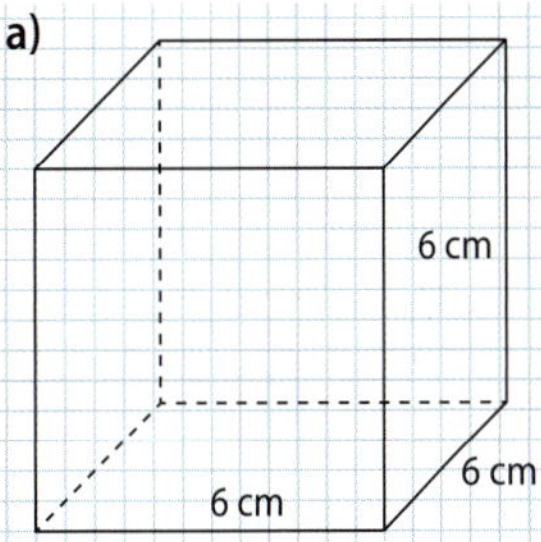

b)

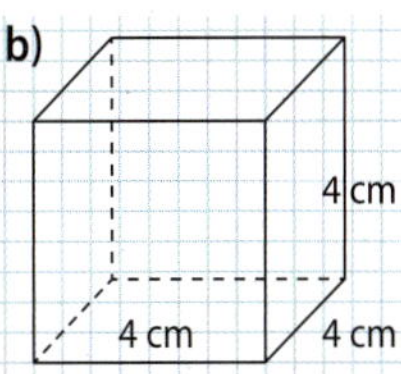

c)

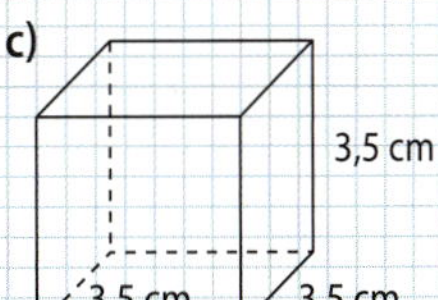

d)

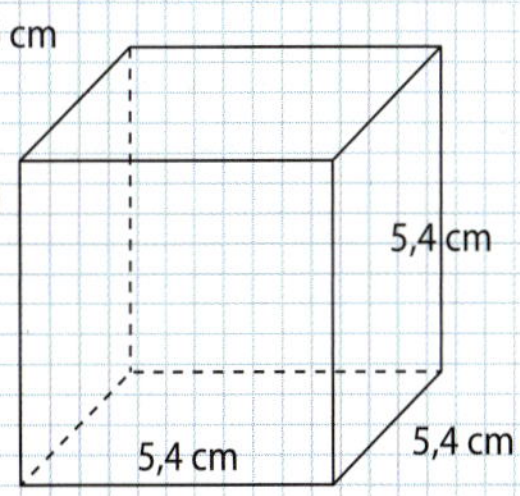

6 a) $1400\ m^2$; $5\ m^2$; $65\,000\ m^2$; $\frac{1}{2}\ ha = 50\ a = 5000\ m^2$; $65\ m^2$; $4{,}8\ ha = 480\ a = 48\,000\ m^2$; $12\ ha\ 503\ m^2 = 12\ ha\ 5\ a\ 3\ m^2 = 120\,503\ m^2$

b) $400\ cm^2$; $50\,000\ cm^2$; $9\ cm^2$; $0{,}25\ dm^2 = 25\ cm^2$; $44\ cm^2$; $204\,500\ cm^2$; $6\ dm^2\ 0{,}62\ cm^2 = 600{,}62\ cm^2$

c) $900\ dm^2$; $80\,000\ dm^2$; $7\ dm^2$; $0{,}6\ m^2 = 60\ dm^2$; $16\ dm^2$; $2505\ dm^2$; $900\ dm^2\ 0{,}375\ dm^2 = 900{,}375\ dm^2$

d) $120\,000\ mm^2$; $14\,600\,000\ mm^2$; $1{,}1\ cm^2 = 110\ mm^2$; $4\,000\,000\,000\,000\ mm^2$; $0{,}8\ m^2 = 800\,000\ mm^2$; $1\,780\,000\,000\ mm^2$; $48\,990\,000\ mm^2$; $10\,000\,000\,000\ mm^2$

Das kann ich! – Seiten 190 und 191

1 a) Quader (bzw. Prisma) mit rechteckiger Grundfläche: Sechs Rechtecke als Seitenflächen, wobei gegenüberliegende Rechtecke kongruent sind.

b) Prisma mit dreieckiger Grundfläche: Drei Rechtecke als Seitenflächen. Bei gleichschenkligem Dreieck als Grundfläche sind zwei, bei gleichseitigem Dreieck drei der Rechtecke kongruent.

c) Quader mit rechteckiger oder Prisma mit viereckiger bzw. Würfel mit quadratischer Grundfläche.

d) Kegel: Die Grundfläche ist ein Kreis und die Seitenfläche ein Kreissektor.

e) Zylinder: kongruente Kreise als Grund- und Deckfläche, Rechteck als Mantelfläche.

f) Kegel: Die Grundfläche ist ein Kreis und die Seitenfläche ein Kreissektor.

2 a) Quader bzw. Prisma mit rechteckiger Grundfläche (Sonderfall: Würfel)

b) Prisma mit dreieckiger Grundfläche

c) Würfel, Quader, vierseitiges Prisma

d) Kegel e) Zylinder f) Kegel

3

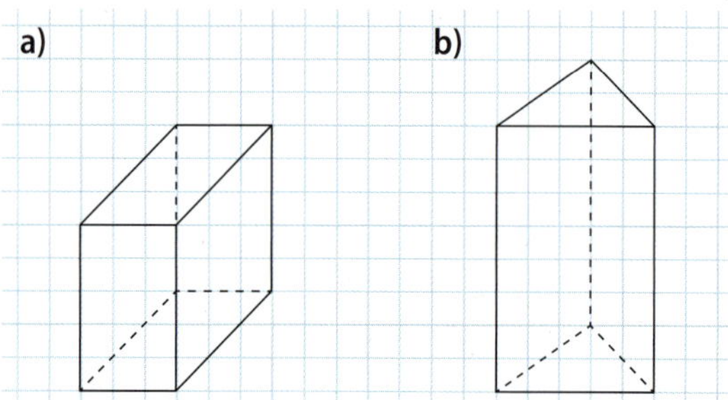

4

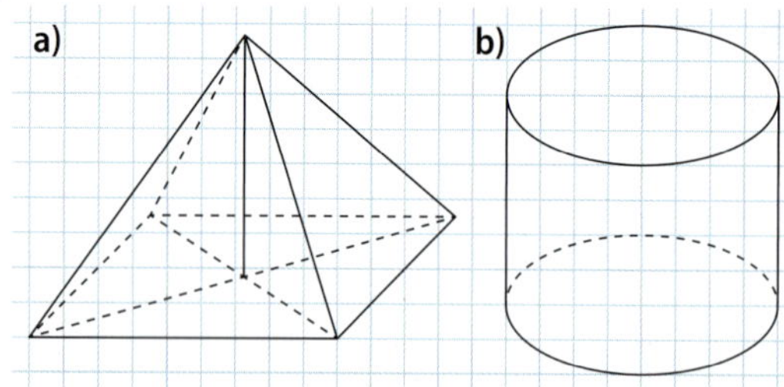

5 a)
1 rechteckige Pyramide
2 dreieckige Pyramide
3 rechteckiges Prisma, Quader
4 Zylinder, Kugel, Kegel von unten

b)
1 Kugel, Zylinder auf der Seite, liegender Kegel
2 Pyramide, dreiseitiges Prisma auf der Seite
3 Würfel, Quader, rechteckiges Prisma
4 Quader, rechteckiges Prisma

6

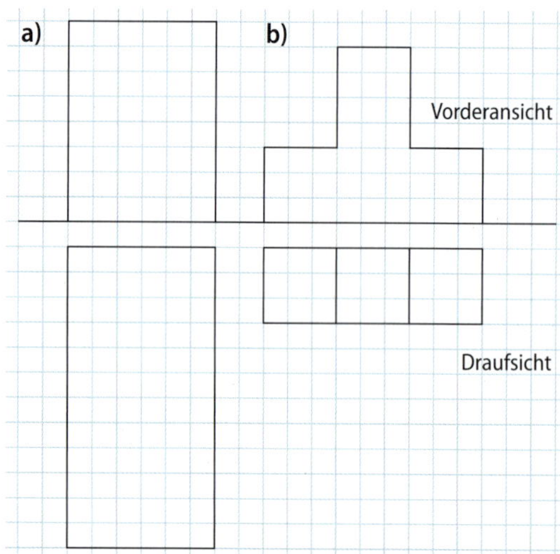

7 a) Würfel b) sechseckiges Prisma
c) dreiseitige Pyramide d) Quader
e) dreiseitiges Prisma f) quadratische Pyramide
g) fünfseitiges Prisma

8

	a)	b)	c)
A_G	$A_G = \frac{1}{2}\ ab$ $A_G = 4{,}32\ cm^2$	$A_G = a \cdot h_a$ $A_G = 42{,}0\ cm^2$	$A_G = \frac{a+c}{2} \cdot h_a$ $A_G = 15{,}4\ cm^2$
h	5,6 cm	5,6 cm	5,6 cm
O	$66{,}32\ cm^2$	$247{,}52\ cm^2$	$128{,}24\ cm^2$
V	$24{,}192\ cm^3$	$235{,}2\ cm^3$	$86{,}24\ cm^3$

9 $A_{Dreieck} = \frac{1}{2} a \cdot h_a \quad V_{Prisma} = A_{Dreieck} \cdot h$

$A_{Dreieck} = \frac{1}{2} \cdot 12 \cdot 10{,}4 = 62{,}4$

$V_{Prisma} = 62{,}4 \cdot 8 = 499{,}2$

$A_O = 2 \cdot A_{Dreieck} + 3 \cdot a \cdot h$

$A_O = 2 \cdot 62{,}4 + 3 \cdot 12 \cdot 8 = 412{,}8$

Das Volumen beträgt etwa 500 cm^3 und die Oberfläche 413 cm^2.

10 $r = 10\,m \quad V = \pi r^2 \cdot h$

$h = \frac{V}{\pi r^2} \quad h \approx 22{,}9$

Der Behälter ist 22,9 m hoch.

11 a) $V_{Gesamt} = V_{Quader} - V_{Halbzylinder}$

$V_{Gesamt} \approx 70\,875\,mm^3 - 8553\,mm^3 = 62\,322\,mm^3$

$A_O \approx 10\,534\,mm^2$

b) $V_{Gesamt} = V_{äußerer\ Zylinder} - V_{innerer\ Zylinder}$

$V_{Gesamt} \approx 74\,575\,mm^3 - 57\,751\,mm^3 = 16\,824\,mm^3$

$A_{O_{Gesamt}} \approx 12\,102\,mm^2$

12 a) In der Mitte des großen Körpers entsteht ein ausgefräster Würfel mit 4 cm Kantenlänge.
Auf diesen Würfel sind dann insgesamt noch sechs quaderförmige Aussparungen mit den Maßen 4 cm · 4 cm · 2 cm aufgesetzt:

$V_{Würfel} = 512\,cm^3$

$V_{ausgefräster\ Körper} = (4\,cm)^3 + 6 \cdot 4\,cm \cdot 4\,cm \cdot 2\,cm = 256\,cm^3$

Der Restkörper hat genau 50 % des Volumens des Würfels.

b) $A_{O_{Würfel}} = 6 \cdot 8^2\,cm^2 = 384\,cm^2$

$A_{O_{Restkörper}} = 6 \cdot (4 \cdot 2 \cdot 4\,cm^2) + 6 \cdot (8 \cdot 8\,cm^2 - 4 \cdot 4\,cm^2) = 480\,cm^2$

Die Oberfläche des Restkörpers ist um ein Viertel größer als die Oberfläche des Würfels.

Aufgaben für Lernpartner

A Die Aussage ist falsch. Die Kanten werden auf die Hälfte gekürzt und unter einem Winkel von 45° gezeichnet.

B Die Aussage ist im Allgemeinen falsch. Die nach hinten verlaufenden Kanten werden in einem kleineren Winkel dargestellt, meist 45°.

C Die Aussage ist falsch. Wenn bei der Grundfläche ein Winkel stumpfwinklig ist, ist er somit auch zwischen den Flächen des Mantels stumpfwinklig.

D Die Aussage ist richtig. Bei einem Quader wären auch die Deck- und Grundfläche ein Rechteck.

E Die Aussage ist falsch. Bei einem Zweitafelbild werden die Vorderansicht und die Draufsicht gezeichnet.

F Die Aussage ist richtig.

G Die Aussage ist falsch. Verdoppelt man den Radius, wird die Grundfläche viermal so groß.

H Die Aussage ist falsch. Die Mantelfläche ist ein Rechteck.

I Die Aussage ist im Allgemeinen falsch, wie man am Zahlenbeispiel überprüfen kann. Beispiel:
Würfel mit Kantenlänge 1 LE: O = 6 FE, V = 1 VE.

J Die Aussage ist richtig.

Das kann ich schon ... – Seite 195

1 a) $\frac{17}{12}$ b) $\frac{31}{7}$ c) $\frac{9}{14}$

2 $\frac{2}{5} \cdot 5000\,€ = 2000\,€$ Herr Schwarz bekommt 2000 €.

3 a) $0{,}3 \cdot 120\,€ = 36\,€$ b) $0{,}4 \cdot 30\,kg = 12\,kg$
c) $0{,}75 \cdot 300\,\ell = 225\,\ell$

4 $\frac{12}{28} \approx 0{,}43 = 43\,\%$

5 $1{,}015 \cdot 2500\,€ = 2537{,}50\,€$
Paul hat nach einem Jahr 2537,50 € auf seinem Konto.

6 a) $\frac{17}{100} = 0{,}17 = 17\,\%$ $\frac{12}{25} = \frac{48}{100} = 0{,}48 = 48\,\%$

$\frac{49}{50} = \frac{98}{100} = 0{,}98 = 98\,\%$ $\frac{7}{10} = \frac{70}{100} = 0{,}70 = 70\,\%$

$\frac{9}{10} = \frac{90}{100} = 0{,}90 = 90\,\%$ $\frac{3}{5} = \frac{60}{100} = 0{,}60 = 60\,\%$

$\frac{21}{25} = \frac{84}{100} = 0{,}84 = 84\,\%$ $\frac{4}{4} = 1 = 100\,\%$

b) $0{,}15 = \frac{15}{100} = \frac{3}{20}$ $18\,\% = \frac{18}{100} = \frac{9}{50}$

$3{,}455 = \frac{3455}{1000} = 3\frac{91}{200}$ $0{,}005 = \frac{5}{1000} = \frac{1}{200}$

$1{,}2\% = \frac{12}{1000} = \frac{3}{250}$ $0{,}99 = \frac{99}{100}$

$4{,}02 = \frac{402}{100} = 4\frac{1}{50}$

7 Lösungsmöglichkeit: Säulendiagramm

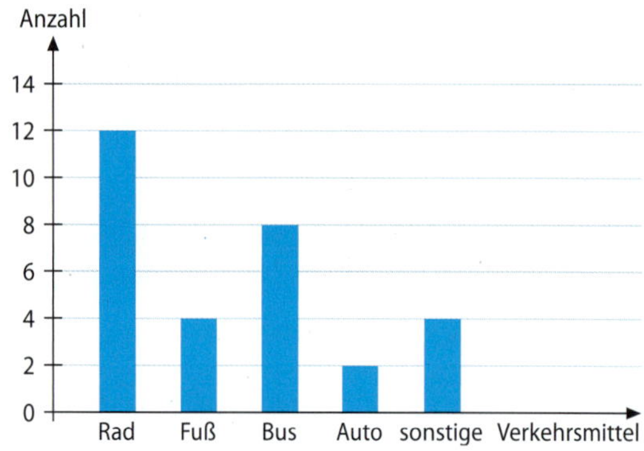

8 a) Das linke Diagramm ist ein Kreisdiagramm; es gibt die relativen Häufigkeiten an.
Das rechte Diagramm ist ein Säulendiagramm; es gibt die absoluten Häufigkeiten an.

b)

Höhe des monatlichen Taschengelds	20 €	24 €	25 €	30 €
Anzahl (absolute Häufigkeit)	3	2	6	8
Anteil (relative Häufigkeit)	≈ 11 %	≈ 7 %	≈ 21 %	≈ 29 %

Höhe des monatlichen Taschengelds	40 €	50 €	100 €
Anzahl (absolute Häufigkeit)	6	2	1
Anteil (relative Häufigkeit)	≈ 21 %	≈ 7 %	≈ 4 %

c) Neun der befragten Jugendlichen erhalten als Taschengeld mehr als 30 € pro Monat; $\left(\frac{17}{28} \approx\right)$ 61 % der befragten Jugendlichen erhalten als monatliches Taschengeld mindestens 30 €.

Das kann ich! – Seiten 218 und 219

1 a) Es haben 13 Schüler Angaben gemacht, die kleiner oder gleich 11 Bücher sind, sowie 13 Schüler Angaben, die größer oder gleich 11 Bücher sind.

b) Die meisten Schüler haben als Angabe 9 Bücher gemacht.

c) Die Angabe ist nicht möglich, denn einerseits wäre dann der Modalwert ebenfalls 10. Andererseits kann der Median nicht 11 sein, wenn die meisten Schüler gesagt haben, dass sie 9 Bücher besitzen.

2 a) bisher: $\overline{x} = 2$, somit 2 ergänzen

b) bisher: $\overline{x} = 22{,}5$. Damit $\overline{x} = 30$ gilt, muss jeder Wert im Durchschnit 30 sein, also $5 \cdot 30 = 150$. Die Summe der bisherigen Werte ist 90. Also muss 60 ergänzt werden.

c) 0 ergänzen

d) 1 ergänzen: Dann ist der Median in der Reihe 1; 1; 1; 3; 7; 13 die Zahl 2.

e) bisher: Spannweite: $9 - 2 = 7$
Zahl 13 ergänzen (oder Zahl –2)

3 a) Die Stichprobe sind alle Schüler des Jahrgangs. Wenn es um einen Geschmackstest innerhalb der Jahrgangsstufe geht, dann ist die Auswahl die Grundgesamtheit. Bei einer allgemeinen Aussage ist die Stichprobe zu einseitig. Sie müsste allein für einen Geschmackstest nur an ihrer Schule aus jedem Jahrgang zufällig eine etwa gleiche Anzahl an Schülern auswählen.

b) Stichprobe sind alle Schüler der Klasse 7a. Die Stichprobe ist nicht sinnvoll gewählt. Die Lehrerin müsste aus jedem Jahrgang zufällig etwa gleich viele Schüler auswählen.

c) Die Stichprobe umfasst vier Tage und ist sicher nicht sinnvoll gewählt, wenn man anhand eines Tages eine Aussage über das Wetter der Jahreszeit machen möchte. Da sollte Rüdiger schon mehrere Tage pro Jahreszeit auswählen.

4 a) 4 Schüler spielen kein Instrument, also spielen 12 Schüler ein Instrument. Somit spielt mindestens 1 Schüler mehr als 1 Instrument (d. h. 1 Schüler spielt dann 5 Instrumente und die restlichen 11 Schüler jeweils 1 Instrument). Höchstens 4 Schüler spielen mehr als 1 Instrument (also 4 Schüler spielen 2 Instrumente und die restlichen 8 Schüler jeweils 1 Instrument).

b) Anzahl aller Instrumente: 16

$\overline{x} = \frac{16}{16} = 1$

Von allen Schülern des Wahlkurses spielt jeder im Durchschnitt 1 Instrument.

$\overline{x} = \frac{16}{12} = 1\frac{1}{3}$

Von den Schülern, die ein Instrument spielen, spielt jeder im Durchschnitt $1\frac{1}{3}$ Instrumente (bzw. jeder 3. Schüler spielt dann 2 Instrumente).

5 a)

1	2	3	4
$\frac{9}{30} = \frac{3}{10}$	$\frac{7}{30}$	$\frac{8}{30} = \frac{4}{15}$	$\frac{6}{30} = \frac{1}{5}$

Modalwert: 1; Median: 7; $\bar{x}$: 2,4; Maximum: 4; Minimum: 1; Spannweite: 3

b) Lösungsmöglichkeit:

	1	2	3	4
1	13 (7)	5 (12)	6 (8)	6 (3)
2	8 (1)	8 (14)	8 (14)	6 (1)
3	10 (6)	8 (7)	2 (8)	10 (9)

6 a) Es sind unterschiedliche Datenreihen möglich, z. B.: Patricks Motorrad: 7,4 ℓ; 8,2 ℓ; 8,2 ℓ; 8,9 ℓ; 8,9 ℓ; 9,6 ℓ; 9,6 ℓ; 10,0 ℓ; 10,2 ℓ
Minimum: 7,4 ℓ; Maximum: 10,2 ℓ; Zentralwert: 8,9 ℓ; unteres Quartil: 8,2 ℓ; oberes Quartil: 9,8 ℓ

b) Mögliche Antwort: Bei Patricks Motorrad liegen die gemessenen Werte in der Box deutlich weiter auseinander als bei Timo, das Minimum und das Maximum sind jedoch gleich. Timos Zentralwert liegt mit 8,2 ℓ Benzinverbrauch niedriger als Patricks Zentralwert mit 8,9 ℓ. Das obere Quartil ist bei Timo deutlich niedriger als bei Patrick, das heißt, dass Timo einen deutlich niedrigeren Benzinverbrauch hat als Patrick.

7 7 € + 6 € − 2 € + 1 € − 3 € + 4 € = 13 €
Antwort: Ein 13-Jähriger bekommt 2014 im Durchschnitt 13 € Taschengeld (im Monat).

8 a) Daten geordnet: 2; 2; 2; 2; 3; 3; 3; 3; 3; 3; 3; 3; 3; 3; 3; 3; 4; 4; 4; 4; 4; 4; 4; 4; 4; 4; 4; 5; 5; 6

b) Modalwert: 3; Median: 3; $\bar{x} = 3{,}4\overline{6}$; Minimum: 2; Maximum: 6; Spannweite: 4

c) unteres Quartil: 3

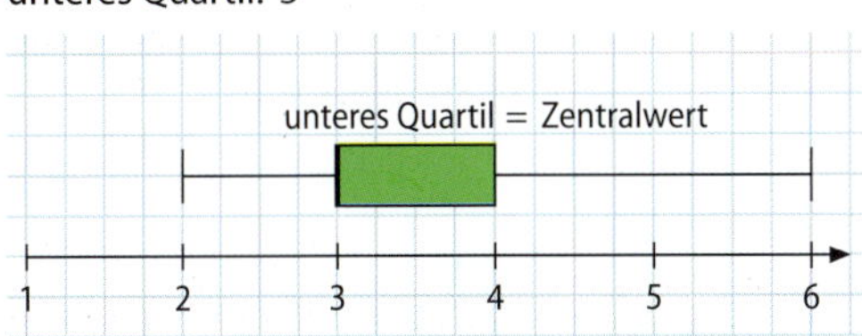

Aufgaben für Lernpartner

A Die Aussage ist falsch. Aus einer Strichliste kann man die absoluten Häufigkeiten ablesen.

B Die Aussage ist richtig, denn es ist der Wert, der am häufigsten vorkommt.

C Die Aussage ist falsch. Gegenbeispiel: 0; 1; 3; 4. Hier ist der Median 2, die Zahl 2 kommt aber nicht vor.

D Die Aussage ist falsch. Gegenbeispiel: 0; 1; 2; 9. $\bar{x} = \frac{12}{4} = 3$. Die Zahl 3 kommt aber nicht vor.

E Die Aussage ist richtig, wie man an beliebigen Beispielen ausprobieren kann.

F Die Aussage ist richtig für positive Zahlen. Wenn das Minimum jedoch eine negative Zahl ist, dann kann die Spannweite auch größer sein.

G Die Aussage ist im Allgemeinen falsch.
Beispiel: 4; 5; 6 Minimum: 4 Spannweite: 6 − 4 = 2

H Die Aussage ist in vielen Fällen richtig, wenn die Grundgesamtheit nicht erfassbar ist (z. B. Menschen in Deutschland, alle 14-Jährigen). Wenn man aber beispielsweise nur eine Untersuchung an einer Schule machen möchte, dann kann man die Grundgesamtheit, nämlich die Schüler dieser Schule, durchaus untersuchen.

I Die Aussage ist im Allgemeinen richtig, da man immer nur einen kleinen Anteil durch eine Stichprobe erfasst, der im Verhältnis zur Grundgesamtheit immer kleiner sein wird.

J Die Aussage ist richtig.

K Die Aussage ist nicht richtig, denn Martin kann die relativen Häufigkeiten durchaus in einem Kreisdiagramm angeben.

L Die Aussage ist richtig. Die untere Box-Seite ist das untere Quartil, die obere Box-Seite ist das obere Quartil. Das untere Quartil liegt bei einem Viertel der Daten, das obere Quartil liegt bei drei Viertel der Daten. Dazwischen liegt genau die Hälfte der Daten.

M Die Aussage ist falsch. Der Zentralwert markiert die Hälfte aller Daten, der Wert selbst liegt jedoch nicht unbedingt genau in der Mitte der Box.

N Die Aussage ist richtig. Das obere Quartil liegt bei drei Viertel der Daten. Zwischen dem oberen Quartil und dem Maximum liegt genau ein Viertel der Daten.

alimdi.net / Katja Kreder, Deisenhofen – S. 127;

Bayerische Motorenwerke Aktiengesellschaft, München – S. 89;

Commerzbank AG, Frankfurt – S. 89;

dpa Picture-Alliance / augenclick, firo Sportphoto, BPi – S. 204; - / Offside Sports Photography / Simon Stacpoole – S. 154; - / Frank Rumpenhorst – S. 89; / Zentralbild / Jens Büttner – S. 16;

FC Bayern München – S. 217; Fotoagentur CARO / Kruppa, Berlin – S. 167;
Fotolia / Petrus Bodenstaff – S. 89; - / contrastwerkstatt – S. 197; - / dephoto – S. 143; - / Klaus Eppele – S. 19; - / Daniel Ernst – S. 215; - / Fotowahn – S. 216; - / Yevgeny Gultarev – S. 201; - / Tino Hemman – S. 198; - / HL Photo – S. 206; - / jagodka – S. 59; -/ Jgz – S. 152; - / Manfred Karisch – S. 49; - / Jack Kunnen – S. 207; - / MariaP – S. 198; - / milosluz – S. 19; - / Przemyslaw Moranski – S. 19; - / Lara Nachtigal – S. 210; - / Tyler Olson – S. 69; - / Matthias Ott – S. 60; - / Picture-Factory – S. 90; - / Pixelspieler – S. 65; - / Peter Pyka – S. 76; -/ Silvano Rebai – Cover; - / Birgit Reitzen – S. 180; - / Mariano Pozo Ruiz – S. 70; - / Gina Sanders – S. 63; - / Serbis – S. 50; - / sil007 – S. 62; - / Tarzhanova – S. 41; - / teamarbeit – S. 201; - / Wladimir Tolstich – S. 75; - / unterwaterpics – S. 50; - / voizin – S. 106; - / VRD – S. 67; - / Moritz Wussow – S. 113; - / xmasarox – S. 53; - / zentila – S. 208;

Hertha BSC GmbH & Co KG, Berlin – S. 217;

iStockphoto / technotr – S. 203;

Michael Kleine, Büren – S. 84;

Matthias Ludwig, Würzburg – S. 130, 153;

Max-Born-Gymnasium, Backnang – S. 199 (7);

project-photos / Reinhard Eisele, Walchensee – S. 48;

RWE Group Business Service, Essen – S. 89;

Siemens AG, München – S. 89;

Thinkstock /AbleStock – S. 169; Thinkstock / Creatas – S. 91;Thinkstock / iStockphoto – S. 55, 56, 57, 195; - / iStockphoto , alenkadr – S. 117; -/ iStockphoto, Daniel Ernst – S. 197; - / iStockphoto, gbh007 – S. 196; - / iStockphoto, gojak – S. 218; - / iStockphoto, rommex – S. 117; - / iStockphoto, scanrail – S. 99; - / iStockphoto, Xesai – S. 17; Thinkstock / Stockbyte – S. 200;

VFL Wolfsburg Fußball GmbH, Wolfsburg – S. 217;

www.wikimedia.org – S. 153; www.wikimedia.org / Ricardo Liberator – S. 175; www.wikimedia.org / Michael Sander – S. 31; www.wikipedia.org / Ernst Wallis et al – S. 145; www.wikipedia.org / 2micha – S. 150.